国家出版基金资助项目
“十三五”国家重点出版物出版规划项目
先进制造理论研究与工程技术系列

机器人先进技术研究与应用系列

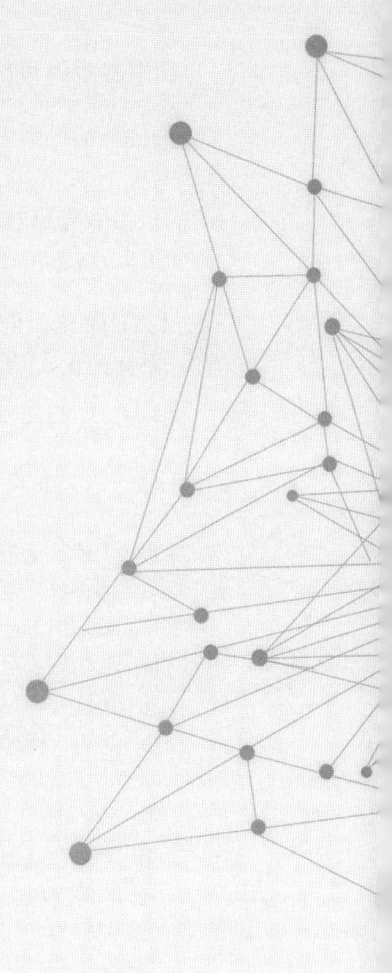

# 特种移动机器人建模与控制

## Modeling and Control of Field Robots

孙立宁　王伟东　杜志江　编著

哈爾濱工業大學出版社
HARBIN INSTITUTE OF TECHNOLOGY PRESS

## 内 容 简 介

本书针对应用于室外环境的特种移动机器人，介绍机器人与室外非结构化环境交互的建模与控制方法，包括特种移动机器人概述，移动机器人运动学建模、轨迹规划及运动控制，地面类型在线辨识及牵引特性研究，特种移动机器人越障动作规划及稳定性分析，移动机械臂建模与应用，特种移动机器人同步定位及地图构建，特种移动机器人设计举例。

本书可作为机器人专业本科生、研究生教材，也可作为相关领域研究人员和教师的参考用书。

**图书在版编目(CIP)数据**

特种移动机器人建模与控制/孙立宁，王伟东，杜志江编著. —哈尔滨：哈尔滨工业大学出版社，2022.1
（机器人先进技术研究与应用系列）
ISBN 978-7-5603-9309-4

Ⅰ.①特… Ⅱ.①孙… ②王… ③杜… Ⅲ.①特种机器人-研究 Ⅳ.①TP242.3

中国版本图书馆 CIP 数据核字(2021)第 016831 号

策划编辑　王桂芝　张　荣
责任编辑　周一曈　甄淼淼　孙连嵩　庞亭亭
出版发行　哈尔滨工业大学出版社
社　　址　哈尔滨市南岗区复华四道街 10 号　邮编 150006
传　　真　0451-86414749
网　　址　http://hitpress.hit.edu.cn
印　　刷　辽宁新华印务有限公司
开　　本　720 mm×1 000 mm　1/16　印张 22.25　字数 436 千字
版　　次　2022 年 1 月第 1 版　2022 年 1 月第 1 次印刷
书　　号　ISBN 978-7-5603-9309-4
定　　价　118.00 元

国家出版基金资助项目

机器人先进技术研究与应用系列

# 序

机器人技术是涉及机械电子、驱动、传感、控制、通信和计算机等学科的综合性高新技术，是机、电、软一体化研发制造的典型代表。随着科学技术的发展，机器人的智能水平越来越高，由此推动了机器人产业的快速发展。目前，机器人已经广泛应用于汽车及汽车零部件制造业、机械加工行业、电子电气行业、医疗卫生行业、橡胶及塑料行业、食品行业、物流和制造业等诸多领域，同时也越来越多地应用于航天、军事、公共服务、极端及特种环境下。机器人的研发、制造、应用是衡量一个国家科技创新和高端制造业水平的重要标志，是推进传统产业改造升级和结构调整的重要支撑。

《中国制造2025》已把机器人列为十大重点领域之一，强调要积极研发新产品，促进机器人标准化、模块化发展，扩大市场应用；要突破机器人本体、减速器、伺服电机、控制器、传感器与驱动器等关键零部件及系统集成设计制造等技术瓶颈。2014年6月9日，习近平总书记在两院院士大会上对机器人发展前景进行了预测和肯定，他指出：我国将成为全球最大的机器人市场，我们不仅要把我国机器人水平提高上去，而且要尽可能多地占领市场。习总书记的讲话极大地激励了广大工程技术人员研发机器人的热情，预示着我国将掀起机器人技术创新发展的新一轮浪潮。

随着我国人口红利的消失，以及用工成本的提高，企业对自动化升级的需求越来越迫切，“机器换人”的计划正在大面积推广，目前我国已经成为世界年采购机器人数量最多的国家，更是成为全球最大的机器人市场。哈尔滨工业大学出版社出版的“机器人先进技术研究与应用系列”图书，总结、分析了国内外机器人技术的最新研究成果和发展趋势，可以很好地满足机器人技术开发科研人员的需求。

“机器人先进技术研究与应用系列”图书主要基于哈尔滨工业大学等高校在机器人技术领域的研究成果撰写而成。系列图书的许多作者为国内机器人研究领域的知名专家和学者，本着“立足基础，注重实践应用；科学统筹，突出创新特色”的原则，不仅注重机器人相关基础理论的系统阐述，而且更加突出机器人前沿技术的研究和总结。本系列图书重点涉及空间机器人技术、工业机器人技术、智能服务机器人技术、医疗机器人技术、特种机器人技术、机器人自动化装备、智能机器人人机交互技术、微纳机器人技术等方向，既可作为机器人技术研发人员的技术参考书，也可作为机器人相关专业学生的教材和教学参考书。

相信本系列图书的出版，必将对我国机器人技术领域研发人才的培养和机器人技术的快速发展起到积极的推动作用。

蔡鹤皋

**2020 年 9 月**

# 前　言

移动机器人具备类人的性能，是日常生活中应用最多的机器人之一。日常生活中常见的移动机器人多数都是室内机器人，而应用于室外非结构化环境中的机器人需要进行针对性的设计和分析。本书主要针对室外恶劣环境应用的移动机器人进行介绍，突出室外环境的应用特点，有针对性地介绍室外特种移动机器人的关键技术。

第 1 章介绍了特种移动机器人的应用背景，特别是在民用灾害应急救援和军事无人平台方面的广泛应用。

第 2 章介绍的是关于移动机器人的基础部分，包括多种移动机器人的运动学建模、地图表达方式和路径规划方法等。这部分涵盖了通用移动机器人的建模和轨迹规划方法，通过本章的学习可以实现移动机器人的控制。

第 3 章和第 4 章分别是对移动机器人如何适应室外非结构化环境而进行的特殊建模与分析。室外非结构化环境可以分为物理参数和几何参数：物理参数是地面类型（草地、土壤和沙石等）；几何参数则是地面障碍物（壕沟、垂直障碍和楼梯等）。第 3 章和第 4 章分别是针对地面物理参数和几何参数进行的建模研究。

第 3 章是基于机器学习的地面类型在线辨识，即利用振动信号和视觉图像信息，采用支持向量机等机器学习方法，对机器人运行的地面进行在线辨识，也就是识别地面类型。在此基础上，基于地面力学理论建立了轮子/履带地面作用模型，分析了移动机器人的牵引特性。

第 4 章是针对机器人越障进行的建模和分析。面对障碍，机器人可以采用避障，也可以采用越障，本章是越障的理论，包括机器人对障碍物类型和尺寸识别的方法、机器人越障质心运动学模型的建立、越障动作规划和越障性能分析、稳定性评价准则和分析。

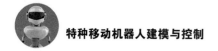

第 5 章是移动机械臂的建模介绍。说到移动机器人,必须要介绍移动机械臂,它大大地增加了移动机器人的作业能力。由于移动机械臂可作为独立的一本书来介绍,因此本书未展开讲述。本章将机械臂和移动机器人结合起来进行了建模介绍,包括雅可比矩阵、灵巧度、工作空间等,轨迹规划方面也从构型空间和工作空间介绍了轨迹规划方法。

第 6 章是移动机器人通用的经典理论 SLAM 技术,从激光和视觉 SLAM 方面介绍了机器人定位和地图构建的基本思路。

第 7 章是移动机械臂的设计方法,目的是将前面的理论综合并在一种移动机械臂的设计过程中体现。本章还介绍了如何利用 ROS 实现机器人的设计,包括利用 MoveIt! 设计机械臂和利用 move_base 开展移动机器人 SLAM 的设计过程。

本书的出版离不开在机器人技术与系统国家重点实验室从事学习和科研工作的硕士和博士研究生们,这里面包含了他们的昼夜努力和青春。

限于作者水平,书中难免存在错误和不当之处,敬请各界同仁和广大读者批评指正。

作　者<br>2022 年 1 月

# 目　录

# 第1章

# 特种移动机器人概述

移动机器人具备类人的性能，是日常生活中应用最多的机器人之一。根据应用场合和应用需求，可以将移动机器人分为室内移动机器人和室外移动机器人。在共性移动机器人技术的基础上，这两种类型机器人的研究侧重点不尽相同。本书主要针对室外恶劣环境应用的移动机器人进行介绍，突出室外环境的应用特点，有针对性地介绍室外特种移动机器人的关键技术。

本章主要介绍特种移动机器人的应用、研究现状和关键技术，首先介绍特种移动机器人的应用背景，如用于民用灾害应急救援和军事无人平台等，介绍现阶段应用较多的特种移动机器人平台及其特点和分类；然后对几个关键问题的研究现状进行介绍，包括地面类型在线辨识方法、地面/轮子作用分析、越障动作规划和稳定性分析等。

## 1.1　特种移动机器人的应用背景

随着人类的活动领域不断扩大，近年来机器人的应用也从制造领域向非制造领域发展，如灾场搜救、宇宙探索、军事侦察、海底矿藏勘测和采掘、建筑、医疗服务等特殊行业。由于在这些人类难以涉足或无法到达的恶劣、危险和有害的环境中，移动机器人需要代替人类完成相应的任务，因此与传统意义上的功能相比，移动机器人系统要具有更强的多地形自适应越野能力、生存能力、环境感知及相应的运动规划能力等。不少国家都将其当作未来技术发展的一个战略要点加以重视,对其进行相应的研究是刻不容缓、势在必行的。

总体来说,室外特种移动机器人的应用需求主要来源于军事战场和民用应急。在军事应用方面,室外特种移动机器人的应用体现在无人平台作战系统。图1.1所示为未来战争的框架图,可以看出,无人平台和士兵构成了统一的信息作战网络,无人平台作战系统在该网络中的作用包括信息获取和共享、危险目标确认、大负载物资搬运、侦察排爆和武装打击等,侦察作业机器人如图1.2所示。

图1.1 未来战争的框架图

图1.2 侦察作业机器人

在民用的应用场合中,特种移动机器人代替人类进入危险环境,进行危险环境探测和应急处置,如煤矿井下事故探测和救援、生物和化学污染环境的探测及采样、核环境的探测和处置等。国际上将危险环境作业机器人的任务总结为:爆炸装置拆解(Improvised Explosive Device(IED)defeat),爆炸物处置(Explosive Ordnance Disposal,EOD),化学(Chemical)、生物(Biological)和放射(Radiological)、核(Nuclear)、爆炸(Explosives)等危险源处置(Chemical,Biological,Radiological,Nuclear and Explosives,CBRNE),危险材料清理和处置(Hazardous Materials(HAZMAT)clearance)。生物环境和煤矿废墟环境如图1.3所示。

(a) 生物环境

(b) 煤矿废墟环境

图 1.3　生物环境和煤矿废墟环境

根据各国国情不同,特种机器人应用发展的侧重点也不同。例如,美国侧重于军事无人平台和民用反恐防暴方面的应用,日本则侧重在地震等自然灾害救援方面的应用,我国近期发展得较好的则是消防机器人、巡检机器人和物流机器人。

## 1.2　特种移动机器人的研究现状

特种移动机器人的发展动力是应用需求,最基本的需求是在危险的环境中替代人类,通过遥操作或者自主行为规划实现人类的基本动作,因此特种移动机器人应具备移动和作业的基本功能。在移动机构方面,人形机器人由于具有自由度多、控制难度高、可靠性差等缺陷,在室外非机构化环境中应用较少,因此在移动方面多数采用轮式、履带式和复合式移动机构。下面也通过履带式移动机器人和轮式移动机器人来介绍特种移动机器人的研究和应用现状。

### 1.2.1　履带式移动机器人研究现状

履带式移动机器人具有较强的越野机动性和非结构化环境通过性能,被广泛应用于废墟搜救、煤矿搜救、战场作战等非结构化环境和星球探测、极地探测等极限环境。

履带式移动机器人根据大小可以分为小型背包类(Mini Packable)、背包类(Packable)、便携类(Portable) 和较大型(Maxi)。不同类型的机器人对环境的通过性和运行速度等都不同。

**1. Mini Packable 类机器人**

Mini Packable 类机器人质量一般在 10 kg 左右,如美国 IuuKtun 公司研制的 Micro VGTV(图 1.4(a)),其机身可变位,带有摄像头和照明灯,能够实现简单的搜索功能。

**2. Packable 类机器人**

Packable 类机器人质量一般在 30 kg 以内,如美国 Irobot 公司的 Packbot 系列[1](图 1.4(b))、Foster - Miller 公司的 Lemming[2]、SPAWAR 研究中心的 Urbot[3] 等。除具有搜索功能外,Packable 类机器人一般还能携带机械臂等作业工具来完成其他任务,前面的摆臂也提高了它的越障和爬楼梯能力。

**3. Portable 类机器人**

Portable 类机器人质量一般在 40 kg 左右,可以单人携带或模块化拆卸、多人携带, 如 Foster - Miller 公司的 Talon(图 1.4(c)),Mesa Associates 公司的 MATILDA[4](图 1.4(d)) 等。这种机器人具有较高的可靠性、负载能力和速度,并且携带大量传感器。如 Talon 已在美国军方得到广泛应用,多次在阿富汗和伊拉克战争中执行任务。

**4. Maxi 类机器人**

Maxi 类机器人质量一般在 100 kg 左右, 如 REMOTEC 公司的 F6A (图 1.4(e)) 和 Mini ANDROS(图 1.4(f)) 等。

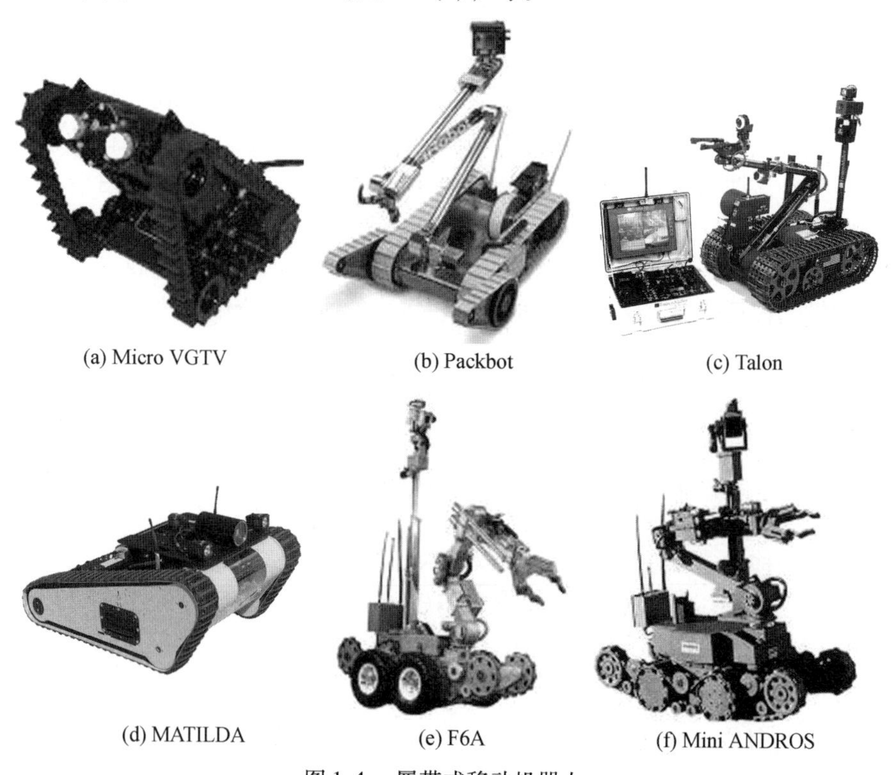

(a) Micro VGTV　(b) Packbot　(c) Talon

(d) MATILDA　(e) F6A　(f) Mini ANDROS

图 1.4　履带式移动机器人

上海交通大学研制的排爆机器人、广州卫富和沈阳自动化所研制的反恐机器人等属于 Maxi 类，这种机器人质量大、功能全，一般用于反恐防暴和战场。哈尔滨工业大学、沈阳自动化所、北京理工大学、北京航空航天大学研制了各种 Portable 类机器人[5-6]。

### 1.2.2　轮式移动机器人研究现状

苏联分别于 1970 年和 1973 年向月球发射了探测车月球车 1 号(Lunokhod - 1(图1.5))、月球车2 号(Lunokhod - 2)。月球车1 号质量为900 kg，其设计初衷是传输月球上的照片和科学数据，它在月球上运行了 11 个月。月球车 2 号为月球车 1 号的升级版本，其质量为 840 kg，运行速度更快，为 1 ~ 2 km/h，并且增加了摄像头。月球车 1 号和月球车 2 号的主体结构基本相同，都采用了扭杆独立式的摆臂机构，每个摇臂与载荷平台固定连接，在平衡杆上端和载荷平台铰接的地方安装了一个扭转弹簧，能够保证车轮和地面始终保持接触状态。

图 1.5　月球车 1 号(Lunokhod - 1)

美国喷气推进实验室(Jet Propulsion Laboratory，JPL) 的索杰纳火星车(Sojourner) 如图 1.6(a) 所示。Sojourner 于 1996 年 12 月发射向火星，1997 年 4 月登陆火星，是在火星上真正从事科学考察工作的第一台机器人。Sojourner 的质量在 11.5 kg 之内，车轮直径为 13 cm，采用不锈钢防滑链条增大车轮的摩擦力。Sojourner 共有 6 个车轮，每个车轮都有一套独立的悬挂机构，使机器人能够在各种崎岖的地形上行驶，尤其是软沙地。Sojourner 的前后方均有独立的转向机构，正常驱动功耗为 10 W · h，最大运动速度为 0.4 m/s。Sojourner 采用悬架式结构，由于质量和体积都比较小，因此其越障性能并没有得到很好的体现。

美国宇航局于 2003 年 6 月 10 日将“勇气号” 火星车 Spirit 发射到火星，2003 年 1 月 23 日成功登陆火星(图 1.6(b))。Spirit 长 1.4 m，宽 1.2 m，太阳能帆板展开之后宽 2.25 m，质量为 176.5 kg。Spirit 的车轮直径为 25 cm，采用六轮摇杆悬吊式结构，能够翻过最高 25 cm 高度的障碍物，在至少 20° 的斜坡上行驶。Spirit

在坚硬路面上的最高行驶速度为 4.6 cm/s，在松软沙地上的最高行驶速度为1 cm/s。

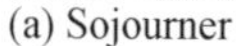

(a) Sojourner

(b) Spirit

图 1.6　国外火星车系列

日本宇宙科学研究所于 1999 年研制出了一款尺寸小、质量轻、功耗低的小型月球车 Micro5（图 1.7）。Micro5 的尺寸为 55 cm × 53 cm，质量为 5 kg，车轮直径为 0.1 m，运动速度为 1.5 m/s，能够翻越高度为 13 cm 的垂直障碍。Micro5 采用一种全新的运动系统，该系统由四个普通轮子和一个支撑轮组成，中间轮及其摆腿机构在越障过程中可以绕着横梁节点转动，从而调整机器人驱动力的分配。同时，这种运动系统简单、灵巧，使机器人既拥有四轮月球车的灵活快速性能，又拥有六轮月球车的强越障性能。

图 1.7　月球车 Mirco5

美国卡内基梅隆大学研究的无人地面车辆“压碎机”Crusher 如图 1.8 所示。Crusher 是为美国军方设计的，可以作为未来战斗系统的一部分。Crusher 的主体部分质量为 2.5 t，采用 6 × 6 的轮式通用作战平台，设计速度为 12.8 m/s[7]。车体采用六套相互独立的轮腿结构，每个轮子都采用独立的铰接式悬挂装置，每个铰链关节都是主动关节，机器人有足够的动力翻越障碍，可以作为一个通用的作战平台，既能够通过远程遥控运动，也可以通过自身安装的传感器进行自主导航

运动。机器人上安装有由激光雷达、摄像头组成的自主导航系统，能够使机器人自主感知周围的环境，规划行进路线。机器人能够使用地面远距离地雷探测系统探测、标记和排除反坦克地雷。

图1.8　无人地面车辆“压碎机”Crusher

我国无人平台系统主要面向星球探测和危险环境作业，如从2014年开始每两年举办一届的“跨越险阻”无人平台挑战赛，主要考验移动平台对复杂环境的适应性和自主感知及作业能力。“跨越险阻2021”比赛设置了无人车机动侦察、无人车机动突击、无人系统巡逻警戒、无人物资装卸载、车载能源补给、无人车编队野外战场行军、高机动无人车山地输送、仿生机器人伴随保障、陆空无人系统集群侦察打击、地下无人系统侦察搜索等项目。“跨越险阻”无人平台挑战赛如图1.9所示。

图1.9　“跨越险阻”无人平台挑战赛

在深空星球探测方面，我国的“玉兔号”月球车和“祝融号”火星车如图1.10所示。相对于地面移动平台，首先，星球车要适应极端的环境，如在极端温度下能够正常运行，并且具有能够适应星球表面复杂地面结构的行走机构，提高其通过性；其次，星球车搭载多种有效载荷，分别实现探测、考察、收集和分析样品等复杂任务；最后，星球车应具有环境感知、探测路径规划和运动控制等自主行为规划能力，以适应长延时通信情况下的自主作业。

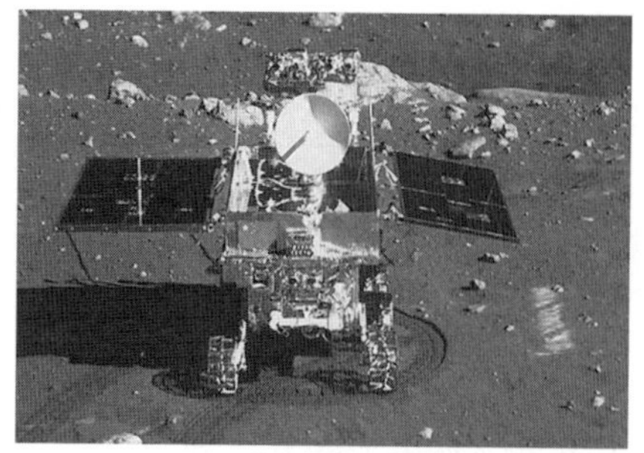

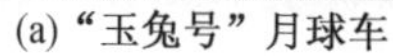
(a)“玉兔号”月球车

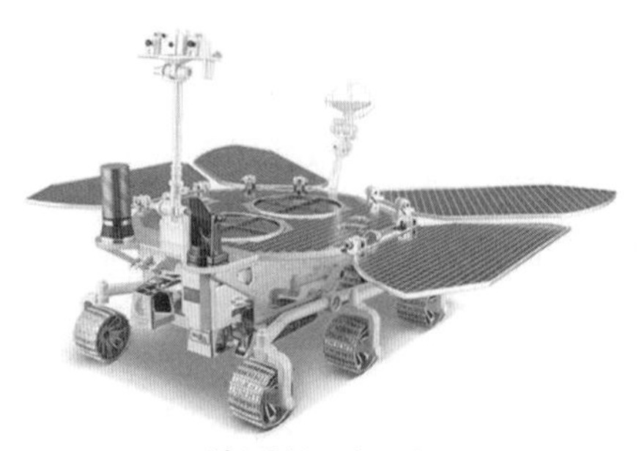

(b)“祝融号”火星车

图 1.10 “玉兔号”月球车和“祝融号”火星车

### 1.2.3 移动作业机器人研究现状

传统的移动机器人往往携带传感器和摄像头进入危险的环境进行探测和侦察,而移动作业机器人则是在移动平台的基础上增加机械臂,也就是除实现环境感知和探测外,还能进行危险源的处置作业,因此称为移动作业机器人(Mobile Manipulator)。

移动机械臂是通过机械臂的负载能力分类的。小型移动机械臂的负载能力在 5 kg 左右;中型移动机械臂的负载能力在 50 kg 以上;而大型移动机械臂则往往用于工业和建筑场合,多数都是由工程机械改造而来的。

L3Harris 公司的 T7 移动作业机器人不仅具有大负载的作业能力,并且还具有超过 2 m 的臂展,通过携带不同的作业工具实现对目标物体的探查、拆解和处置等任务(图 1.11(a));TeleRob 公司的 Telemax 机器人具备 CBRN 的功能(图 1.11 (b))。

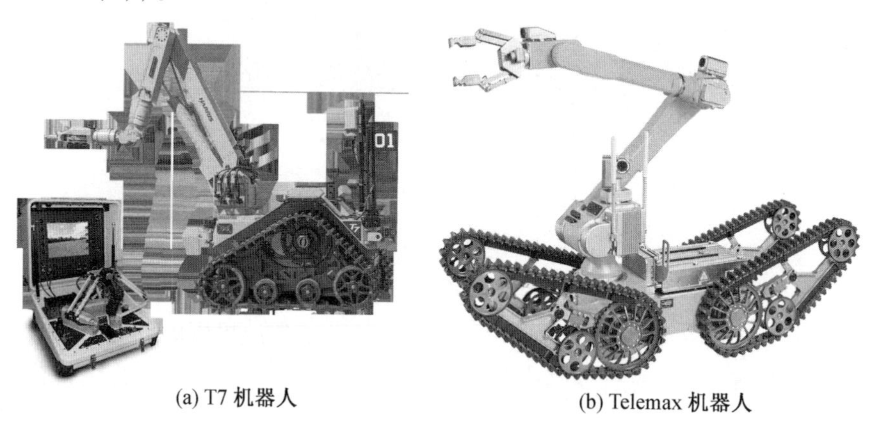

(a) T7 机器人

(b) Telemax 机器人

图 1.11 L3Harris 公司的 T7 机器人和 TeleRob 公司的 Telemax 机器人

图1.12所示为Northrop Grumman公司的Fx机器人和Cutlass机器人。Fx机器人的负载能力可以达到50 kg以上，其研究团队来自于Remotec公司。近期Remotec公司被全球第六大军火商Northrop Grumman公司收购，进一步开发了Fx移动作业机器人。Cutlass机器人与Fx机器人相比具有更大的负载能力、更长的臂展和更多的自由度，并且具有安装双作业臂的型号。

(a) Fx 机器人

(b) Cutlass 机器人

图1.12　Northrop Grumman公司的Fx机器人和Cutlass机器人

西班牙的Proytecsa公司研制了aunav. NEXT移动作业机器人，其可以实现大负载的作业，同时配有双臂版本，可以实现精巧的作业（图1.13）。

图1.13　西班牙Proytecsa公司的aunav. NEXT移动作业机器人

综上所述，移动机械臂的发展趋势是向大负载、多样性作业发展，也就是机械臂通过携带不同的作业工具，实现对目标物体的操作、破拆和搬运等任务。另一个发展趋势是从简单的移动平台向平台上安装单条机械臂，以及单条机械臂向双机械臂的构型方向发展，对应的在功能方面的发展则是从简单的无人平台侦察向移动平台携带单条作业臂的简单抓取作业，再向移动双臂的协作操作发展。为增加机械臂的作业灵巧度，机械臂的自由度也不断地增加，这进一步提高了移动机械臂的作业能力。前面介绍的移动机械臂均可在其官方网站下载详细的技术参数。

### 1.2.4 腿式移动机器人研究现状

对腿式移动机器人的研究前期主要侧重于两腿人形的研究,或者是轮腿和履腿的研究,腿在系统中起到辅助支撑、提高系统稳定性和通过性的作用。波士顿动力(Boston Dynamics) 公司将大狗(Big Dog) 机器人推向市场之后,腿式机器人重新进入应用需求市场,也相应地促进了腿式机器人技术的发展,图1.14 所示分别是波士顿动力公司的Spot 小狗机器人和瑞士苏黎世联邦理工学院的ANY机器人。此部分不是本书重点介绍的内容,但其一些相关的感知和控制方法在本书有所体现。

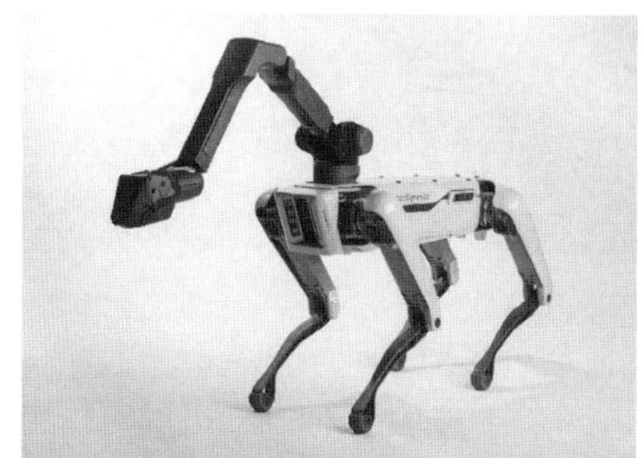

(a) Spot 小狗机器人

(b) ANY 机器人

图1.14 波士顿动力公司的Spot 小狗机器人和瑞士苏黎世联邦理工学院的ANY 机器人

### 1.2.5 关键技术研究现状总结

**1. 移动方式**

未来特种移动机器人的移动机构还是以履带式和轮式为主,因为其能适应多数的路面,并且具有较高的可靠性;而腿式机器人灵活度更高,具有更好的地面适应性,随着研究的深入,将会在一些特殊的场合发挥其优势。通过履带式和轮式的比较可知,轮式具有较高的运行速度,履带式则可适应各种复杂的地面,而轮履腿复合式综合了各种类型的优势,在室外复杂地面应用的移动平台上采用得较多。

**2. 移动机械臂**

移动机械臂的发展趋势是向大负载、多样性作业发展,移动平台携带机械臂实现类人动作的功能在现实生活中随处可见。机械臂的类型可以是简单十字坐标机器人,如自动仓储机器人;也可以是双协作机械臂,除实现简单的抓取外,双臂还可以实现一些复杂的操作。自由度的配置可以是仅仅实现位置的欠驱动机械臂,也可以是高灵活性的冗余机械臂,设计目标是轻便,因为机械臂是影响平

台机动性的负载。

**3. 控制模式**

在危险环境探测和危险物处置场合中，室外移动机器人的控制方式多采用遥操作、半自主和自主方式，主要实现延长人类操作范围的功能。在遥操作方面，随着移动机械臂操作任务复杂度的增加，传统遥控手柄对机械臂遥控的方式表现出临场感差、操作效率低的问题，因此采用遥控主手进行遥操作则能提高遥操作的临场感。自主操作则分为两部分：一是在已知地图条件下的室外环境巡检，也就是传统的SLAM(Simultaneous Localization and Mapping)技术；二是对未知环境的探测，在这种情况下，环境地图和目标物的位置不确定，如何规划探测的下一个目标点是研究的重点，称为 Active - Slam 技术。

**4. 环境适应性**

室外应用的机器人对环境的适应性也是必须要突破的技术难题，基本的环境要求有温湿度、防水防尘的密封要求、抗冲击等可靠性和防爆防辐射要求等。例如，基本的温度要求是东北冬天的天气要达到 - 30 ~ 20 ℃，而南方环境温度高达 40 ℃ 以上；基本的防水要求则是满足涉水需求，这些都是室外移动机器人需要面对的问题。而对于特殊的应用环境，进行特殊的适应性设计的难度更大，如煤矿井下的防爆设计、核环境下的防辐射设计、生化环境下的洗消设计和消防环境下的耐高温设计等。

## 1.3　特种移动机器人环境感知与交互关键技术

对于室外应用的特种移动机器人，除要满足前面介绍的对环境温湿度的适应性、防水防尘的密封性、抗冲击等可靠性和防爆防辐射等要求外，对复杂地面环境的适应性和通过性也是对其的基本要求，而表述复杂地面环境的复杂性往往借助于其几何参数(斜坡、垂直障碍、壕沟和楼梯等)和物理参数(黏土地、沙地、草地等[7-8])。因此，研究移动机器人对室外复杂环境的感知，除环境建模技术外，还要对环境地面类型和障碍物尺寸进行感知，并且做出相应的行驶建模与控制、越障动作规划和稳定性分析等。

### 1.3.1　地面类型在线辨识

地面类型在线辨识也就是机器人利用人工智能方法识别地面类型，利用此结果对机器人进行在复杂地面上的运动控制，提高机器人的适应性和通过性。地面类型在线辨识的关键技术有两点，分别是特征提取(振动信号或者视觉)和分类方法。

### 1. 基于振动信号的地面类型辨识

基于振动信号的地面类型辨识采用直接与地面接触的方式获取地面信息，具有不受光线等环境因素干扰的优点[9]。基于振动信号的分类方法还能与基于视觉的分类方法进行信息融合，提高分类准确率。

利用振动信号的特征对地面分类的方法研究由 Iagnemma 和 Dubowsky 于 2002 年首先提出[10]。在他们的实验中，振动信号首先被应用于复杂的环境感知。在此过程中，Iagnemma 和 Dubowsky 通过探测车车轮行驶过程中与地面的相互作用引起的振动来辨识地面参数，并利用直接提取未经过处理的振动波来对地面进行分类。此方法的有效性在 Sadhukhan 的实验中被证实[11]。实验结果表明，通过振动信号对地表进行参数辨别的方法，在高速行驶的小车上具有较高的准确度，但在低转速时振幅减少，这带来了精度的极度恶化。

2005 年，Brooks 和 Iagnemma 利用振动加速度计来提取振动信号，加速度计被安装在轮子正上方的运动轴上，如图 1.15 所示。提取振动信号的过程中，利用车轮交互运动实验来提取振动信号，实验平台如图 1.16 所示，其中包括一个安装在纵轴上的驱动轮，纵轴能够被驱动，以便于驱动轮的前进速度和角速度可以被独立控制。对于车轮下面长度为 90 cm 的土槽，分别设置了三种不同地形：沙砾路面、沙地和泥土地面。在信号提取的实验中，设定车轮前进速度是 0.5 ~ 5 cm/s，为模拟重力，垂直加载在 30 ~ 50 N 范围内变化。每一个信号片段包含时间为 1 s 的振动片段，在不同速度下多次采集，用来模拟车辆实地运行的振动情况[12]。

图 1.15　加速度计

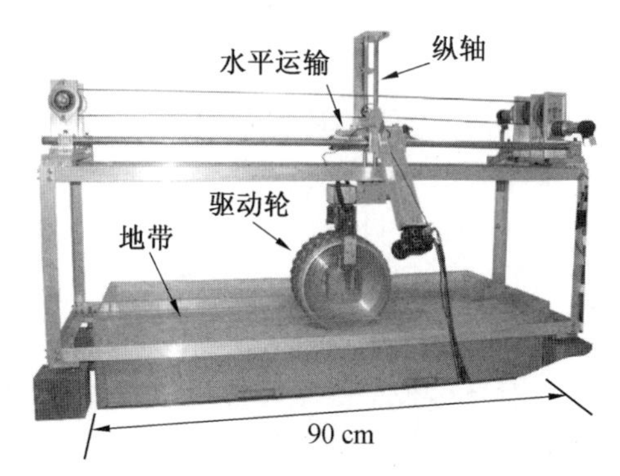


图 1.16　实验平台

2006 年，密歇根大学的 Lauro Ojeda 和 Johann Borenstein 对地面分类进行了系统的研究。在对振动信号的提取中，他们使用了陀螺仪、加速度计、电机电流、电机电压及距离传感器（包括红外距离传感器和超声距离传感器）（图 1.17），利用 P2AT 四轮驱动的移动机器人采集地面信号（图 1.18）。采集信号过程中，分别

提取了机器人在沙砾路、草地、沙地、柏油路共四种地面上的振动信号片段，每种地面采集 170 个振动信号片段用于信号的特征提取[13]。

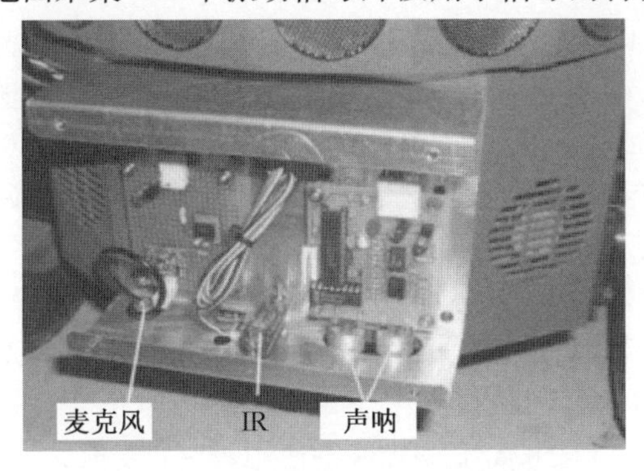


图 1.17　基于多传感器的振动采集

图 1.18　P2AT 机器人

蒂宾根大学的 Holger Frhlich 等利用手推车完成对振动信号六种地形(室内地面、沥青路、碎石、草地、方块石铺路、黏土)的分析，六种地形和采集设备[14] 如图 1.19 所示。

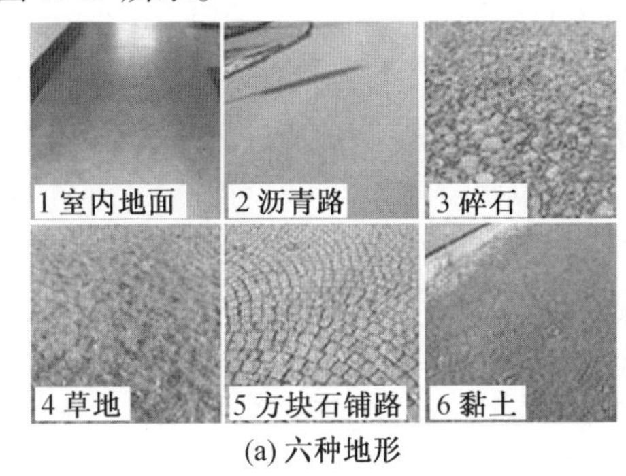


(a) 六种地形

(b) 采集设备

图 1.19　六种地形和采集设备

可以看出，地面分类识别的准确率与振动信号特征提取的方法息息相关，在对信号进行基本处理的基础上，如何寻求有效的特征来表征振动信号特征是实现地面分类的关键问题。目前，常用的特征提取的方法如下。

(1) 时域分析。时域分析法中包括振动信号片段的符号变化情况、平均值、标准差、自相关函数、最大值、范数、最小值、平均值等多个时域信息，把上述时域信息中的几个作为某种地形特征的代表进行训练[14]。

(2) 频域分析。在对振动信号特征提取的过程中，Brooks 和 Iagnemma 首先把振动信号分为许多相同长度的部分。经过对振动信号预处理后，将其从时域转换到功率谱密度(Power Spectral Density，PSD)，并使用功率谱密度的对数来减小高频率组成的影响。之后对振动信号的能量密度谱进行奇异性分解(Singular Value Decomposition，SVD)，奇异性分解后的信号片段作为振动信号的特征[12]。

Lauro Ojeda 和 Johann Borenstein 对陀螺仪采集的振动信号，使用离散傅里叶变换(Discrete Fourier Transform，DFT) 求出信号的功率谱密度作为训练模型的输入特征，而对于像电机所消耗的电流值一样可以宏观表示的传感器量，则采用时域的方法，求出某一时间段内的平均电流作为电流的特征值[13]。

C. Weiss 和 A. Zell 对采集的振动信号片段进行快速傅里叶变换(Fast Fourier Transform，FFT)，得到 196 维的振动特征，进而进行平均值为 0、方差为 1 的标准化变换，利用变换过程的系数作为振动信号的特征[15]。

信号特征提取过程中，主成分分析(Principal Components Analysis，PCA) 是一种常用的方法，哈尔滨工业大学的孙立宁教授和李庆玲博士在肌电信号特征提取过程中使用此方法，对四个通道采集的 28 维信号分别使用 K - L 变换，变换后得到四个通道的三维特征[16]。

**2. 基于视觉的地面类型辨识**

基于视觉的地面类型辨识主要应用于人工智能领域里炙手可热的分支之一 —— 自动驾驶车辆。该领域中，分类辨识是非常重要的一个阶段。对地面类型辨识的研究中，研究者利用不同的视觉传感器提出了多种解决方案。

1997 年，在非结构化环境下移动机器人的越障问题中，针对没有足够多先验知识的问题，Lorigo 提出了通过利用单目和立体相机协同等多个传感器，基于亮度、RGB 和 HSV 特征提取算法相互独立地进行对照和模式识别以实现越障等功能，地面类型的分类辨识相关的研究应运而生[17]。

Broten 在尝试解决由环境变化引起的辨识鲁棒性问题时采用了适应学习的方法。该方法通过对测试样本的学习来区分不同类型的地形，共分为两部分：首先用本征图像技术采集分割图像，生成数据和样本；其次利用第一部分处理得到的数据进行学习和测试。这种方法并未解决由光线变化产生的干扰，同时带来了计算量过大使移动机器人速度受到限制的问题[18]。

Johannes Strom 基于 3D 点云统计的分类方法，利用激光雷达和单目相机实时进行地形辨识。3D 点云统计通过局部区域中点的分布来计算明显的特征。该技术的实现分为三个阶段：特征分类、图像分割和语义辨识。该方法将环境解析成三个低级几何基元构成的系统 —— 表面、线性结构和孔洞，通过这种方式来适应环境的多变性[19](图 1.20)。

Blas 等采用 LBP 特征提取和 K 均值聚类算法进行快速在线分割，对地面类型和可通行路径进行辨识，并实现了对新地面类型的预测(图 1.21)。美中不足之处在于其对机器人和辨识路面之间的位置关系要求较高，易发生多分类导致辨识失败等问题[20]。

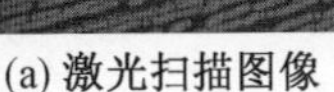

(a) 激光扫描图像

(b) 颜色分割结果

图 1.20　3D 点云统计

 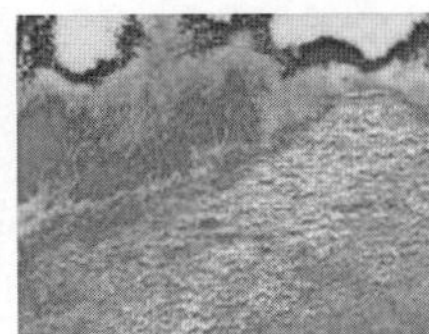 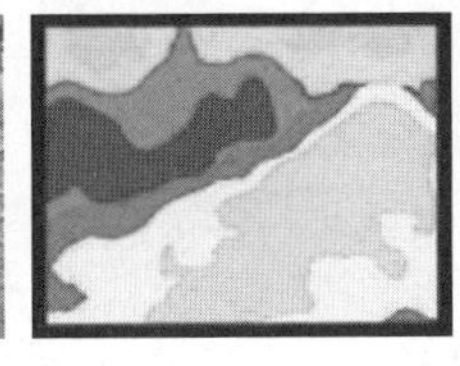 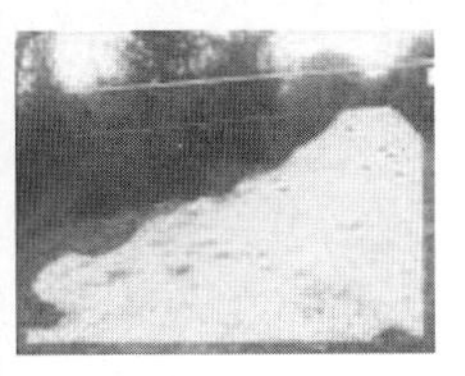

图 1.21　Blas 提出的辨识方法对路径的预测过程

印度海得拉巴国际工业信息大学的 Chetan J. 等用 RGB 直方图统计和 LBP 直方图统计法提取特征,采用 Random Forrest 方法对地面类型进行辨识学习,错误率在前有基础上降低了 10%,并提出对图像平均分块的概念,使在线学习速度加快并且使学习算法和图像位置之间的关系变得相互独立(图 1.22)。实验结果表明,当分成 4 ~ 8 块时效率最高、耗能最低[21]。

图 1.22　图像分块分析加快在线学习速度

Vernaza 等颠覆了传统的逐像素计算和学习的算法思想,提出了使用马尔可夫随机场框架对地面类型进行实时辨识的全新算法。实验结果表明,新算法的准确率比传统算法平均高出 10% 左右[22]。

2010 年,T. Y. Kim 采用小波特征提取方法,选择神经网络机器学习方法训练分类器,准确率平均可达 80%,并通过引进其他传感器对环境信息相关参数数据并行训练来提高地面类型辨识对环境和天气变化的适应性,从而使分类辨识的鲁棒性大大提升[23]。

南洋理工大学的 Peyman Moghadam 等提出了一种由近及远的学习算法(图 1.23),根据更为清楚的近景数据所提取的特征对远景地面类型进行分类辨识,并建立起自适应的离线学习算法。该实验中,辨识准确率达到90% 以上,且对环境变化具有很强的适应性,但对于以往的信息不具备遗传能力[24]。

图 1.23 根据近景数据人工添加标签对远景地面类型在线学习

Shengyan Zhou 等通过建立动态道路概率分布模型(Road Probability Distribution Model,RPDM),令采集图像各像素权重有所区分。人工添加标签进行机器学习如图 1.24 所示,以人工添加地面类型标签的方法并采用模糊支持向量机(Fuzzy Support Vector Machine,FSVM) 方法实现在线学习,其提出的算法为地面类型分类辨识提供了在线自适应学习的全新框架[25]。

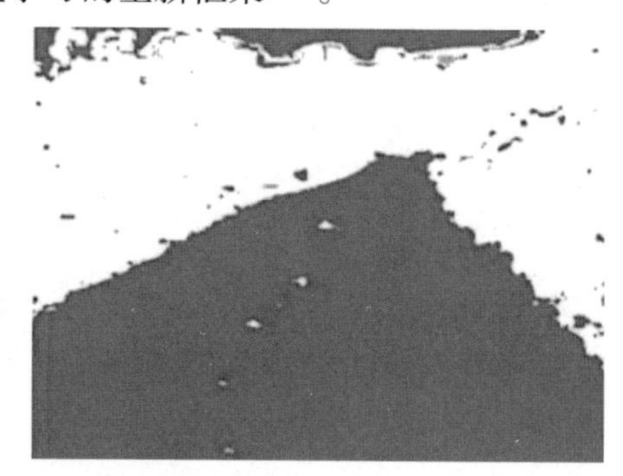

图 1.24 人工添加标签进行机器学习

2011 年,Yasir Niaz Khan 等使用基于网格提取的纹理特征,采用 Random Forrest 的机器学习方法,对照 LTP、LATP、SURF、Daisy、CCH 等多种纹理特征提取方法的准确率,在沥青、沙砾、草地、大瓷砖和小瓷砖等地面类型上进行分析。实验结果表明,LTP、LATP 等传统纹理特征的地面辨识准确率较高,而 SURF、Daisy 等新型纹理特征提取方法则计算速率更快,这证明了在快速运动产生振动及不同的天气状况下,基于视觉的地面类型辨识都是可行的[26]。

**3. 基于振动和视觉融合的地面类型辨识**

两种信号对地面类型的辨识均有长足的发展,各自又具有不同的优势,因此

将二者进行信息融合的研究是具有必然性的。

2008 年,蒂宾根大学的 Christian Weiss 和 Hashem Tamimi 等提出了根据振动信号与视觉信号分别对地面进行分类,并对这两种分类结果进行信息融合的方法[27]。图 1.25 所示为实现该算法的 ATRV - JR 移动机器人。14 种地面类型的辨识示例如图 1.26 所示,该论文采用融合方法对 14 种地面类型进行了验证,证明相同地点的视觉信号与振动信号的融合使分辨准确率相较于各自传感器单独的辨识率有大幅上升,通过这种融合方法可以提高移动机器人的运动安全性。

图 1.25　ATRV - JR 移动机器人

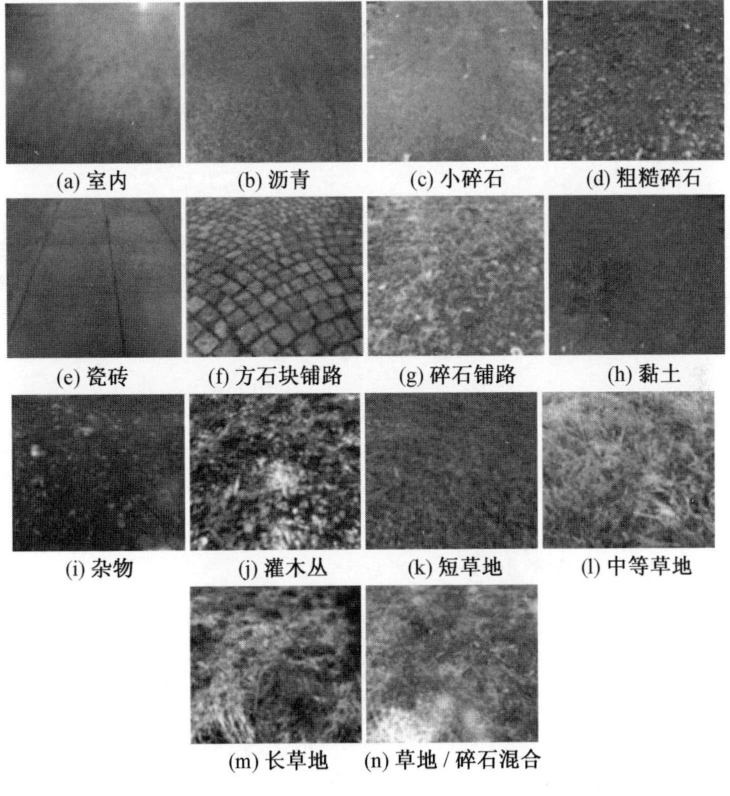


图 1.26　14 种地面类型的辨识示例

2012 年,Brooks 和 Iagnemma 提出了一种通过振动信号分辨的信息对视觉信号进行训练的自适应分类学习方法。图 1.27 所示为探测车辆传感器的设置情况。振动信号传感器与图像信号传感器融合如图 1.28 所示,在未知地面类型运行时,基于振动信号的辨识方法对地面多种参数进行感知学习,得到该类未知地面的类型和性质,将振动信号学习得到的结果作为视觉图像所提取特征向量的类别标签,再结合视觉信号采集得到的信息进行辨识模型的训练,可实现对前视其他类似地面类型的预先感知。这种利用振动信号和视觉信号彼此互补的分类辨识算法可应用于外太空探索,具有不可估量的潜力[28]。

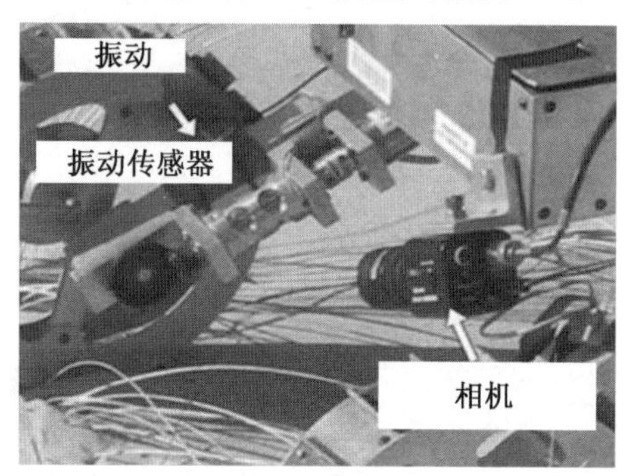


图 1.27　探测车辆传感器的设置情况

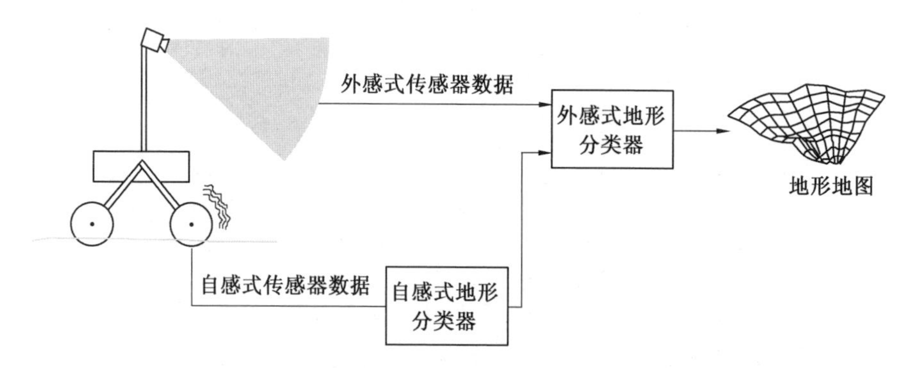


图 1.28　振动信号传感器与图像信号传感器融合

### 4. 地面类型在线分类方法

在利用履带机器人与地面作用过程中产生的振动信号进行地面分类识别的过程中,信号预处理是前提,特征提取是基础,有效地进行分类才是关键。随着模式识别理论的发展,能够用于分类识别的分类器越来越多。目前,用于地面分类识别的模式分类方法主要有贝叶斯决策理论、概率密度函数估计法、神经网络、支持向量机(Support Vector Machine,SVM) 等。

最新的地面分类研究中,Brooks 和 Iagnemma 采用非线性判别函数法,计算

出相应的最优分类函数和分类向量,采用投票机制实现了对地面的分类效果,其分类准确率在 80% 左右[12]。

Lauro Ojeda 和 Johann Borenstein 的分类实验中采用了多层神经网络组合的方法,其中每一个神经网络对应一种传感器进行地面的分类。对于不同的地面,不同传感器表现的分类效果不同。其中,地面分类效果相对较好的是加速度计和陀螺仪,准确率分别为 84.3% 和 82.7%[13]。

Holger Frhlich 等采用了 SVM 的方法,将振动信号片段的时域信息作为特征值进行训练,求出最优分类平面,对于四种地形,得到 78% 的分类准确率[14]。

在对地面进行分类的过程中,C. Weiss 和 A. Zell 采用 SVM 的方法,将 192 维信号变换生成的特征作为代表地面的特征值进行统一的训练,求出最佳的分类平面,即最优的分类向量,采用支持向量机得到平均 80% 的准确率[15]。

### 1.3.2　基于地面力学的牵引特性分析

关于地面力学的研究始于 20 世纪三四十年代,当时主要的研究对象是军车和坦克车辆,通过建立地面力学模型分析地面物理参数对车辆牵引能力的影响。近些年,随着移动机器人在复杂地面环境(如战场、月球等环境)的应用,如何在复杂地面环境下提高移动机器人的行驶稳定性、通过性等成为研究的热点。然而,将传统的地面力学模型直接应用到移动机器人上并不可行,需要对移动机器人与地面的作用机理进行研究。目前有三种研究机器人行驶机构与地面作用机理的方法:数学建模法、实验研究法和有限元分析法。

**1. 数学建模法**

美国学者 M. G. Bekker[29] 开创了车辆地面力学,经过多年的理论和实验研究,为车辆地面力学成为一个应用科学的分支奠定了基础,他提出的压力 - 沉陷理论成为车辆地面力学的基础性理论。

Bauer 等为实现漫游车在行星上成功行走的任务(图 1.29(a)),对漫游车上轮子 - 土壤相互作用模型进行了研究[30]。Yoshida 等根据行星车的动力学模型及轮子 - 土壤的相互作用模型,对行星车在复杂环境下的控制问题进行了相关研究[31]。同样也是基于行星探测的任务,Iagnemma 等分析了星球探测车的驱动轮与土壤的相互作用,对星球表面土壤参数进行了在线识别,初步建立了探测车的自我监督机制(图 1.29(b))[32]。

以上是对轮子 - 土壤相互作用模型的研究,在履带 - 土壤相互作用研究中,坦克等装甲车辆成为主要的研究对象。

Bekker 首创了履带与地面间压力分布的理论性研究,他在研究中考虑了小车重力、履带宽度、压力 - 地陷关系,然而他仅分析了两个轮子之间的履带,并且

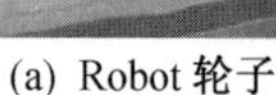
(a) Robot 轮子

(b) Iagnemma 实验

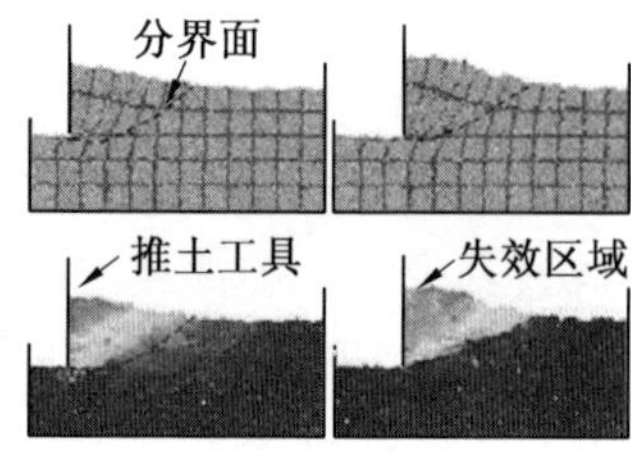

(c) 离散元模型

图 1.29　轮子 - 土壤相互作用实验平台

把履带简化为刀刃状的支撑[33]，土壤的压力 - 地陷关系也呈线性关系。

Gaber 和 Wong[34] 发现了上述缺陷并在 Bekker 的模型基础上进行了改进，但是忽略了多个轮子依次经过地面时重复加载对地面的影响。这样，得出的模型是一个静态的模型。后来，Wong 修正了模型，考虑到了重复加载的影响，但是仍然假设在履带不与轮子接触的部分没有剪切应力，这样对剪切应力的分布有一定的局限性，影响了对小车牵引性能的分析。

Okello 建立了更详细的数学模型[35]，将履带 - 地面模型分为承重轮部分和非承重轮部分，分别对其建立了数学模型，这更加符合橡胶的软特性，采用数值迭代的方法，即可以对小车动态过程进行分析。

**2. 实验研究法**

土槽实验平台是研究地面力学的室内标准设备，很多的研究都是基于该平台开展的。Hetherington[36] 等建立了对实际坦克进行等比缩小的模型，得到了增加下压力将增加模型的牵引力的结论，实验结果与模型预测结果吻合较好。

除土槽实验外，W. Y. Park 以中型履带车辆为研究对象，通过建立挂钩牵引力 - 滑动率模型与实验下的挂钩牵引力 - 滑动率进行对比[37]，并进行回归分析，验证了模型的正确性。

**3. 有限元分析法**

日本立命馆大学的 Ha H. Bui（图 1.29(c)）对月球上月壤的挖掘过程进行了离散元仿真[38]。吉林大学的邹猛[39] 模拟了车轮在月球表面土壤行驶的过程，对轮子下方的月壤颗粒的受力及位移的变化情况进行了分析，仿真结果可以明确显示月壤表面的变形及月壤颗粒的受力情况。然而，由于有限元仿真的实时性差，因此并不适用于机器人行驶动力学建模及控制。

图 1.30 所示为国内星球探测车研究情况。国内在车辆 - 地面作用机理的研究工作大部分集中在星球探测车和农业机械设备上（图 1.30(b)），如哈尔滨工业大学针对月球车与地面机理开展了数值和实验研究，并通过此模型对月面表面土壤的力学参数进行了离线辨识和在线辨识研究[40]。

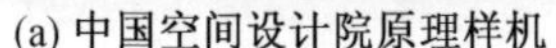

(a) 中国空间设计院原理样机　(b) 哈尔滨工业大学月球车　(c) 上海航天局原理样机

图 1.30　国内星球探测车研究情况

#### 4. 履齿效应的研究

Schwarz[41] 等在实验土槽内进行了直剪实验，在实验基础上研究了履齿高度对牵引力的影响，在此基础上建立了膨润土的剪切应力 - 剪切位移模型[41]。

Alexandr Grecenko 针对单个履带板进行了实验研究[42]，并提出了土壤压 - 滑理论用于研究牵引力 - 土壤滑移关系，进一步验证了 Bekker 剪切理论的正确性，并系统地研究了履齿形状参数对牵引力的影响。单履带板推力实验如图 1.31 所示。

图 1.31　单履带板推力实验

综上所述，比较深入的研究还是集中在星球探测车的轮子 - 地面相互作用方面，研究的思路往往是建立完善的轮子 - 地面作用的理论模型，用于行驶动力学模型的建立和运动控制，土槽实验是理论模型最好的验证方法。最后在实际应用之前，需要在实地环境中进行测试。

### 1.3.3　移动机器人越障性能及稳定性分析

研究移动机器人的越障性能及稳定性时，需要对非结构化环境进行分析。非结构化环境可以认为是多样、复杂的三维地形，包括平坦地面、斜坡、障碍、台阶、壕沟、浅沟等地形，这些地形可视为三种典型地形的组合：斜坡、壕沟和垂直障碍[43]。

(1) 越障性能分析。履带式移动机器人在越障过程中,质心起到非常重要的作用,质心与障碍之间的位置关系决定了机器人是否能够越过障碍。因此,对于履带式移动机器人的越障性能的运动学分析,主要是建立质心与障碍的几何关系,这种方法称为质心(Center of Mass,CoM) 位置分析法。

信建国[43] 通过对爬上垂直障碍和爬下垂直障碍关键位置的静态分析确定了关节机器人的越障性能,通过建立重心与障碍的静态极限关系确定了跨越的最大壕沟、最大垂直高度及可以爬上的楼梯的结构。

日本的 Arai Masayuki[44] 利用相同的方法分析了履带式多关节机器人 Souryu - 3 的越障性能。而韩国的 Lee Woosub[45] 通过仿真软件建立了复杂地形搜救机器人 ROBHAZ - DT3(图 1.32) 的运动学模型,进行了越障分析,得到了机器人的越障性能。

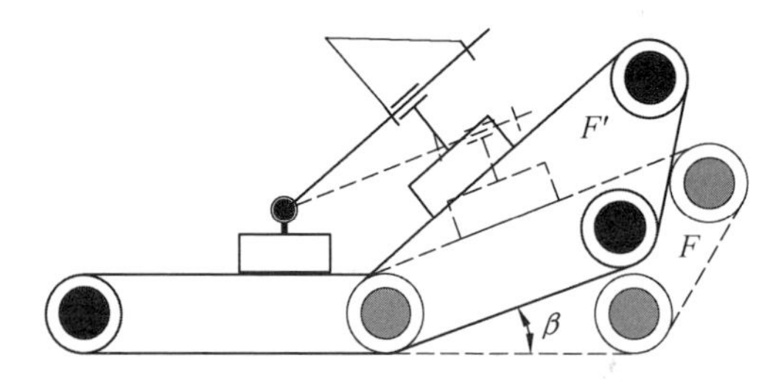


图 1.32　越障性能运动学分析

同样的方法也应用到轮式机器人或者是轮履复合式机器人中,但是在分析过程中要考虑轮子自身会陷入障碍而使越障过程中断。乔凤斌[46] 对轮子的几何包容条件进行了分析,对轮子能跨越的壕沟、垂直障碍和楼梯进行了限定。

综上所述,越障分析的基础是计算机器人的质心位置。因此,首先建立机器人质心运动学模型,在此基础上规划典型障碍的越障动作,建立越障关键步骤的越障成功准则,基于此准则优化越障动作幅度。

(2) 越障稳定性分析。机器人倾翻稳定性判别的方法有很多,主要有重心投影法(CG Projection Method)、静态稳定裕度法(Static Stability Margin)、能量稳定裕度法(Energy Stability Margin) 等。文献[47] 利用传感器信息反馈完成爬楼稳定性控制。然而,在不同的应用背景下,机器人需要不同的评判标准。

徐正飞采用重心投影法分析关节式机器人的稳定性[48],因为随着四条关节摆臂的运动机器人的重心发生变化,机器人与地面的接触投影面也发生了变化,如果重心的位置超出了接触投影面,则机器人将会倾翻。徐正飞还分析了发生反转需要的最小势能和动能,也就是在极限位置控制运动能量在这个阈值范围内从而保证稳定性,并采用模糊理论进行稳定性控制。

李斌[49] 对可变形模块机器人的倾翻稳定性进行了研究,其机器人结构与研

究方法类似于关节机器人,通过建立稳定锥来判定机器人的稳定性,并且建立了倾翻性能指数,对机器人的静态、动态稳定性进行综合判定,讨论了变形机器人俯仰、偏转、倾斜等干扰组合作用下的稳定性。

大部分对机器人越障稳定性的分析局限在静态分析,主要分析质心的影响,没有考虑机器人动态特性对机器人稳定性的影响,四足机器人静态稳定性分析方法如图 1.33(a) 所示。

近几年,研究人员也研究了动力学对移动平台的影响。冯虎田[50] 以六条履带移动机器人为目标,对自身撑起、爬越障碍、翻身三个特殊运动姿态进行了动力学建模,模型中主要考虑了四条摆臂运动产生的动载荷对动力系统的影响,并结合动力驱动能力进行参数对比分析,得出受力与驱动关系模型及状态临界条件,为机器人动力系统设计提供了参考。

Moshe Mann[51] 发表了一系列文章,分析了四轮式移动机器人在不平路面上运行的动态稳定性,从二维平面稳定性到考虑地面力学的稳定性,以及近期发表的关于三维模型的稳定性,主要分析了机器人运动速度和加速度对稳定性的影响。

为增加移动机器人的作业能力,大部分机器人都安装了作业臂等作业工具,作业工具的运动势必会改变机器人质心的分布,同时会产生动载荷,对机器人的越障性能产生影响。作业型关节式履带移动机器人类似于人形机器人,采用成熟的人形机器人稳定性分析方法进行分析成为研究热点。

人形机器人稳定性分析如图 1.33(b) 所示,最基本的是 CoM。1938 年,Elftman 第一次提出了用零力矩点(Zero Moment Position,ZMP) 分析机器人稳定性(图 1.33(b)),这种方法一直沿用至今,仍然被许多学者用于分析和控制机器人,近几年出现的新方法都是在此基础上改进得到的。1999 年,Goswami 提出了 FRI(Foot Rotation Indication),主要补充分析了脚腕处的受力。除上面两种方法外,近几年又出现了 CoP(Center of Pressure)、CMP(Centroidal Moment Point) 和 ZRAM(Zero Rate of Angular Momentum) 等方法[52]。Takhmar[53] 提出了考虑作用点高度的 MHS(Moment Height Stability) 方法(图 1.33(c))。

黄强[54] 和 Kim[55] 建立了移动机械能动力学模型,基于 ZMP 规划了移动手臂轨迹,以控制移动手臂的稳定性。

综上所述,移动机器人原始的越障分析方法还是质心投影法,也就是说质心的位置决定机器人的越障性能和稳定性。机器人附属设备的姿态也会影响质心位置,如作业臂和辅助越障的前摆臂,这就要利用机器人运动学进行越障动作规划,进而得到最稳定的越障姿态。动态稳定性判据已有很多,多数应用在类腿式机器人上。为提高移动机器人的越障能力和作业能力,移动机器人增加了辅助越障的摆臂和作业臂,类似于人形机器人,因此其稳定性分析可借鉴人形机器人的稳定性分析。

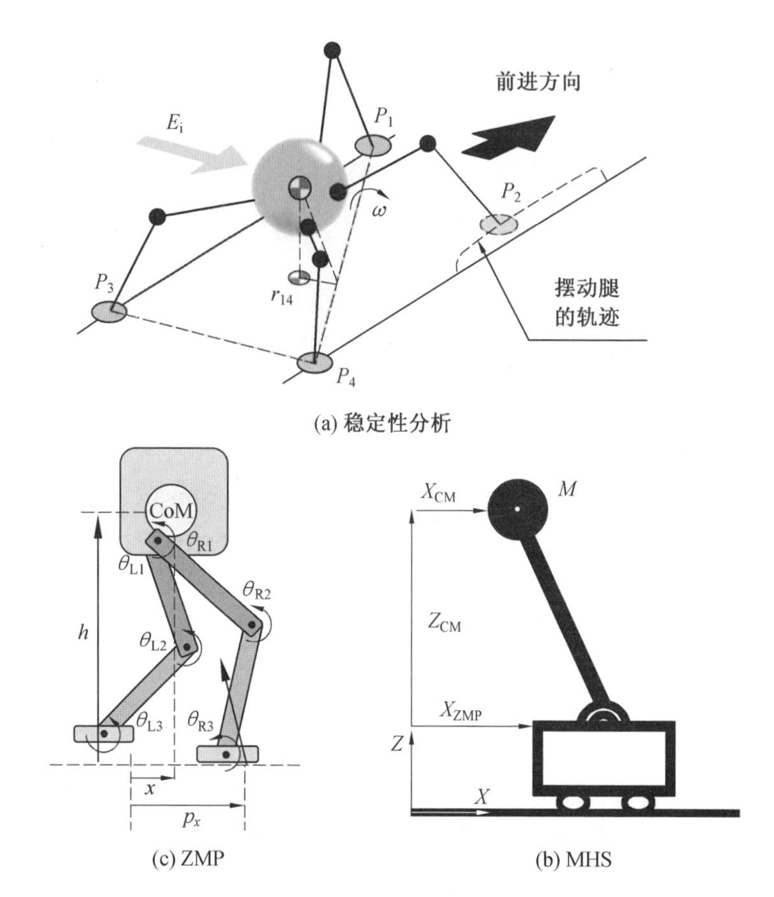


图 1.33　动力学分析稳定性

### 1.3.4　机器人环境感知与交互关键技术研究现状总结

室外特种移动机器人有别于通用的移动机器人的特点，是需针对复杂非结构化环境开展设计、仿真分析、环境感知和建模控制等研究。室外复杂非结构化环境又可用几何参数和物理参数来表达，因此机器人对复杂室外环境适应性和通过性的研究可以总结为对复杂环境物理参数和几何参数的识别与环境建模，以及针对不同的物理和几何参数进行相应的控制。

从国外研究现状可以看出，地面物理参数的在线辨识即地面分类研究，基本思路就是建立表征地面类型的特征值，如振动信号、声音信号、驱动电流和路面视觉图像等特征信息，然后通过机器学习的方法建立特征信息与地面类型的映射关系，从而实现在线地面类型的辨识。特征的选取包括两类：一类是机器人已经运行到地面上才能进行的辨识，如振动信号和驱动电流等；另一类则是可以提前预测前面将要运行的路面类型，如视觉图像处理等。其优缺点很明显，运行到

地面之前的图像预测受环境光线的影响,而已经运行在地面上的辨识往往会导致控制滞后,严重的会导致运动失效。因此,在地面类型辨识方面提出了特征级和决策级的数据融合方法,也就是将振动信号和视觉信号融合,发挥其各自的特点,提高地面类型在线辨识的准确度。而在机器学习方面多数采用的是离线训练和在线辨识的方法,机器学习的方法是神经网络和支持向量机等方法。近几年随着以深度学习为代表的人工智能的发展,新的学习方法的应用也是此方面的研究方向。

对于环境几何参数建模方面,可以延续研究较多较成熟的SLAM技术,通过3D激光和3D视觉建立环境的点云模型,而传统的环境建模则是建立占有地图,也就是将环境区分为是否能通过两部分,然后利用路径规划算法进行移动机器人在复杂环境中的运动控制。对详细的障碍物尺寸提取的研究较少,而对于具备越障性能的机器人,能够提取障碍物详细的几何尺寸是越障动作规划和稳定性分析的关键步骤。

在完成对环境的感知建模之后,针对地面物理参数方面则是要分析行驶机构在不同地面类型上的牵引特性。例如,由于在黏土地和沙地上,同样移动机构的驱动牵引能力和滑动率都是不一样的,因此需要基于地面力学的相关理论研究履带与土壤的相互作用机理,建立履带与多种地面相互作用下的以挂钩牵引力 - 履带滑动率关系为核心的牵引性能影响模型。地面力学的研究方法包括理论建模方法、土槽实验方法和机器人在实际地面上的实验研究。通过此方面的分析,可以对行驶机构进行详细设计、仿真分析和实验测试研究,进一步提高机器人在不同地面上的通过性。

而对于地面几何参数,需要应对的则是越障动作规划和稳定性分析,这部分研究的基本理论是质心位置的计算和质心稳定锥理论。首先要建立质心运动学模型,也就是在机器人动作规划过程中可以实时计算质心的位置,然后在越障动作规划过程中以质心作为越障成功与否的判断标准,进行详细的越障动作规划。同时,基于质心实时建立越障过程中稳定裕度的求解,判断越障过程中的稳定性。

## 本章小结

本章首先从军事应用和民用应急方面介绍了特种移动机器人的应用背景,并且从应用需求出发分析了室外特种移动机器人与普通移动机器人的区别;其次将特种移动机器人分为履带式移动机器人、轮式移动机器人和作业型移动机器人三类进行详细介绍,分别总结了轮式和履带式移动机器人的运动特点、机器人根据质量的分类、移动作业机器人负载能力分类等；最后针对室外环境应用的移动机器人关键技术进行了国内外研究现状的分析，将室外复杂非结构化环境分为物理参数（地面类型辨识）和几何参数（障碍物）进行分析。针对地面物理参数分析了物理参数在线辨识方法，并从行驶机构与地面作用数学建模、土槽实验方法和实际场地机器人实验三个方面综述了基于地面力学的行驶机构牵引特性分析方法；针对地面几何参数，分析了移动机器人质心运动学模型、基于质心稳定性的越障动作规划和越障过程稳定裕度求解方面的研究现状。有关第 2 章中机器人运动学、机器人 SLAM 技术方面的国内外研究已经很成熟了，故未在本章进行介绍。下面的章节将围绕移动机器人在室外非结构化环境中应用的特殊需求，建立室外环境特种机器人的基本建模和分析方法，为特种机器人的设计、仿真分析和建模控制提供参考。

## 本章参考文献

[1] HELMICK D A, ROUMELIOTIS S I, MCHENRY M C, et al. Multi-sensor, high speed autonomous stair climbing[C]. Lausanne: IEEE/RSJ International Conference on Intelligent Robots & Systems, 2002.

[2] DEGUIRE, DANIEL R, MANGOLDS, et al. Lemmings: a family of scalable portable robots[C]. Orlando: International Society for Optics and Photonics, Orlando, 1999.

[3] CICCIMARO D, BAKER W, HAMILTON I, et al. MPRS (URBOT) commercialization[C]. Orlando: Unmanned Ground Vehicle Technology V. International Society for Optics and Photonics, 2003.

[4] MUNKEBY S H, JONES D, BUGG G, et al. Applications for the MATILDA robotic platform[C]. Orlando: Unmanned Ground Vehicle Techndogy Ⅳ,2002.

[5] GAO J Y, XIONG G M, XU ZH F. Design and control of light mobile robotic system[C]. Luoyang: International Conference on Mechatronics and Automation, 2006.

[6] LIU Q, WANG C, LI B , et al. Transformation technique research of the improved link-type shape shifting modular robot[C]. Luoyang: International Conference on Mechatronics and Automation, 2006.

[7] JUMIKIS A R. Introduction to terrain-vehicle systems[J]. Soil Science, 1970, 110(1):77.

[8] WONG J Y. Theory of ground vehicles[M]. Ottawa: John Wiley & Sons, 2008.

[9] GIGUERE P, DUDEK G. A simple tactile probe for surface identification by mobile robots[J]. IEEE Transactions on Robotics, 2011, 27(3): 534-544.

[10] IAGNEMMA K D, DUBOWSKY S. Terrain estimation for high-speed rough-terrain autonomous vehicle navigation[C]. Orlando: Unmanned Ground Vehicle Technology IV. International Society for Optics and Photonics, 2002.

[11] SADHUKHAN D, MOORE C, COLLINS E. Terrain estimation using internal sensors[C]. Hawaii: International Conference on Robotics and Applications, 2004.

[12] BROOKS C A, IAGNEMMA K. Vibration-based terrain classification for planetary exploration rovers[J]. IEEE Transactions on Robotics, 2005, 21(6): 1185-1191.

[13] OJEDA L, BORENSTEIN J, WITUS G, et al. Terrain characterization and classification with a mobile robot[J]. Journal of Field Robotics, 2010, 23(2): 103-122.

[14] WEISS C, HOLGER FRÖHLICH, ZELL A. Vibration-based terrain classification using support vector machines[C]. Beijing: IEEE/RSJ International Conference on Intelligent Robots and Systems, 2006.

[15] WEISS C, TAMIMI H, ZELL A. A combination of vision and vibration-based terrain classification[C]. Nice: IEEE/RSJ International Conference on Intelligent Robots and Systems, 2008.

[16] 李庆玲. 基于 sEMG 信号的外骨骼式机器人上肢康复系统研究[D]. 哈尔滨:哈尔滨工业大学, 2009.

[17] LORIGO L M, BROOKS R A, GRIMSOU W E L. Visually-guided obstacle avoidance in unstructured environments[C]. Grenoble: IEEE/RSJ International Conference on Intelligent Robots and Systems, 1997.

[18] BROTEN G S, DIGNEY B L. A learning system approach for terrain perception using Eigen images[M]. Canada: Defense R&D, 2008.

[19] STROM J, RICHARDSON A, OLSON E. Graph-based segmentation for colored 3D laser point clouds[C]. Tokyo: IEEE/RSJ International Conference on Intelligent Robots and System, 2013.

[20] BLAS M R, AGRAWAL M, SUNDARESAN A, et al. Fast color/texture segmentation for outdoor robots[C]. Nice: IEEE/RSJ International

Conference on Intelligent Robots and Systems, 2008.

[21] CHETAN J, KRISHNA K M, JAWAHAR C V. An adaptive outdoor terrain classification methodology using monocular camera[C]. Taipei: IEEE/RSJ International Conference on Intelligent Robots and Systems, 2010.

[22] VERNAZA P, TASKAR B, LEE D D. Online, self-supervised terrain classification via discriminatively trained submodular Markov random fields[C]. Pasadena: IEEE International Conference on Robotics and Automation, 2008.

[23] KIM T Y, SUNG G Y, LYOLL J. Robust terrain classification by introducing environmental sensors[C]. Bremen: IEEE Safety Security and Rescue Robotics, 2010.

[24] MOGHADAM P, WIJESOMA W S, MORATUWAGE M D P. Towards a fully-autonomous vision-based vehicle navigation system in outdoor environments[C]. Singapore: International Conference on Control Automation Robotics and Vision, 2010.

[25] ZHOU S Y, GONG J, XIONG G, et al. Road detection using support vector machine based on online learning and evaluation[C]. San Diego: Intelligent Vehicles Symposium, 2010.

[26] KHAN Y N, KOMMA P, BOHLMANN K, et al. Grid-based visual terrain classification for outdoor robots using local features[C]. Nashville: IEEE Symposium on Computational Intelligence in Vehicles and Transportation Systems, 2011.

[27] WEISS C, TAMIMI H, ZELL A. A combination of vision- and vibration-based terrain classification[C]. Nice: IEEE/RSJ International Conference on Intelligent Robots and Systems, 2008.

[28] BROOKS C A, IAGNEMMA K. Self-supervised terrain classification for planetary surface exploration rovers[J]. Journal of Field Robotics, 2012, 29(3): 445-468.

[29] BEKKER M G. Introduction to terrain-vehicle systems[M]. Ann Arbor: The University of Michigan Press, 1969.

[30] BAUER R, LEUNG W, BARFOOT T. Experimental and simulation results of wheel-soil interaction for planetary rovers[C]. Edmonton: IEEE/RSJ International Conference on Intelligent Robots and Systems, 2005.

[31] YOSHIDA K, HAMANO H. Motion dynamics of a rover with slip-based traction model[C]. Washington: IEEE International Conference on

Robotics and Automation, 2002.

[32] IAGNEMMA K, KANG S, SHIBLY H, et al. Online terrain parameter estimation for wheeled mobile robots with application to planetary rovers[J]. IEEE Transactions on Robotics, 2004, 20(5): 921-927.

[33] BEKKER M G. Theory of land locomotion: the mechanics of vehicle mobility[M]. Ann Arbor: The University of Michigan Press,1956.

[34] GARBER M, WONG J Y. Prediction of ground pressure distribution under tracked vehicles-I. An analytical method for predicting ground pressure distribution[J]. Journal of Terramechanics, 1981,18(1):1-23.

[35] OKELLO J A, WATANY M, CROLLA D A. A theoretical and experimental investigation of rubber track performance models[J]. Journal of Agricultural Engineering Research, 1998, 69(1): 15-24.

[36] DACRE B, HETHERINGTON J I. The effects of contaminants on the behaviour of conductivity improvers in hydrocarbons[J]. Journal of Electrostatics, 1998, 45(1):53-68.

[37] PARK W Y , CHANG Y C , LEE S S , et al. Prediction of the tractive performance of a flexible tracked vehicle[J]. Journal of Terramechanics, 2008, 45(1-2): 13-23.

[38] BUI H H, KOBAYASHI T, FUKAGAWA R. Simulation of soil excavations on the lunar surface[C]. Budapest: 10th European Conference of the International Society for Terrain-Vehicle Systems, 2006.

[39] 邹猛, 李建桥, 贾阳,等. 月壤静力学特性的离散元模拟[J]. 吉林大学学报(工), 2008(02):383-387.

[40] GAO H, LI W, DING L, et al. A method for on-line soil parameters modification to planetary rover simulation[J]. Journal of Terramechanics, 2012, 49(6): 325-339.

[41] SCHULTE E, HANDSCHUH R, SCHWARZ W. Transferability of soil mechanical parameters to traction potential calculation of a tracked vehicle[C]. Tsukuba: Fifth ISOPE Ocean Mining Symposium International Society of Offshore and Polar Engineers, 2003.

[42] GRECENKO A. Re-examined principles of thrust generation by a track on soft ground[J]. Journal of Terramechanics, 2007, 44(1): 123-131.

[43] 信建国, 李小凡, 王忠, 等. 履带腿式非结构化环境移动机器人特性分析[J]. 机器人, 2004, 26(1): 35-39.

[44] ARAI M. Development of souryu-Ⅲ : connected crawler vehicle for

inspection inside narrow and winding spaces[C]. Sendai: IEEE/RSJ International Conference on Intelligent Robots and Systems, 2004.

[45] LEE W, KANG S, KIM M, et al. Rough terrain negotiable mobile platform with passively adaptive double-tracks and its application to rescue missions[C]. Orlando: IEEE International Conference on Robotics and Automation, 2006.

[46] 乔凤斌，杨汝清. 六轮移动机器人爬楼梯能力分析[J]. 机器人，2004，26(4)：301-305.

[47] MARTENS J D, NEWMAN W S. Stabilization of a mobile robot climbing stairs[C]. San Diego: IEEE International Conference on Robotics and Automation, 1994.

[48] 徐正飞，陆际联，杨汝清，等. 关节式移动机器人越障动态稳定性分析与控制[J]. 北京理工大学学报，2005，25(4)：311-314.

[49] 李斌，刘金国，谈大龙. 可重构模块机器人倾翻稳定性研究[J]. 机器人，2005(3)：50-55,92.

[50] 冯虎田，欧屹，高晓燕. 小型地面移动机器人特殊运行姿态动力学建模与分析[J]. 南京理工大学学报(自然科学版)，2006(4):486-490.

[51] MANN M P, SHILLER Z. Dynamic stability of off-road vehicles: quasi-3D analysis[C]. Pasadena: IEEE International Conference on Robotics and Automation, 2008.

[52] POPOVIC M B, GOSWAMI A, HERR H M, et al. Ground reference points in legged locomotion: definitions, biological trajectories and control implications[J]. The International Journal of Robotics Research, 2005, 24(12): 1013-1032.

[53] TAKHMAR A, ALGHOONEH M, ALIPOUR K, et al. MHS measure for postural stability monitoring and control of biped robots[C]. Xi'an: IEEE/ASME International Conference on Advanced Intelligent Mechatronics, 2008.

[54] HUANG Q, SUGANO S, TANIE K. Motion planning for a mobile manipulator considering stability and task constraints[C]. Leuven: IEEE International Conference on Robotics and Automation, 1998.

[55] KIM J, CHUNG W K, YOUM Y, et al. Real-time ZMP compensation method using motion for mobile manipulators[C]. Washington: IEEE International Conference on Robotics and Automation, 2002.

第 2 章

# 移动机器人运动学建模、轨迹规划及运动控制

本章是本书的基础理论部分，包含通用移动机器人建模、轨迹规划和运动控制，更加深入的内容可参考相关的移动机器人建模与控制的文献。本章分为三部分，分别是几种典型移动机器人的运动学建模、移动机器人轨迹跟踪控制方法和路径规划算法。通过学习本章内容，可掌握移动机器人在环境中的轨迹规划和跟踪控制技术。首先，通过环境传感器感知环境信息之后，利用 2.3 节内容实现在复杂障碍环境中的轨迹规划，在获得机器人在环境中的轨迹之后，则利用 2.2 节内容实现将对机器人的轨迹控制转化为对机器人笛卡儿坐标系下的角速度和线速度的控制；其次，利用 2.1 节移动机器人运动学模型的内容实现将对机器人角速度和线速度的控制转化为对单个轮子的控制；最后，利用伺服驱动器对电机的闭环控制实现轮子的精确控制，进而实现移动机器人在复杂环境中的轨迹控制。

## 2.1 几种典型移动机器人运动学模型

在对机器人建模之前，往往已经完成了机器人构型的设计，机器人构型设计有轮式、履带式和复合式等移动机构，轮子数量的选择有 2 轮、3 轮、4 轮等，轮子是选择驱动轮、从动轮还是麦克纳姆轮可以参考文献[1]。本章内容多数来源于此文献，在此表示衷心感谢。

下面介绍几种典型的移动机器人运动学模型，包括差速驱动、自行车驱动、三轮车驱动、汽车驱动、同步转向驱动、四轮转向／四轮驱动、全方位轮驱动和履带驱动模型，涵盖了多数的移动机器人运动模式。针对不同的移动机器人设计构型，可以选择相应的运动学模型实现从工作空间到关节空间的相互转化。

(1) 移动机器人运动学特点。移动机器人的运动学与工业机器人的运动学类似，但是自由度较少，从工业机器人的空间6DOF（空间3个位置和3个姿态）变为平面3DOF（水平2个位置和1个转动）。运动学也分为正逆运动学：正运动学将机器人的状态描述为其输入（各个轮速等）的函数，也就是通过各个轮子速度／位置的输入可以得到机器人在空间中的位姿；逆运动学则是根据期望的机器人状态来计算机器人的输入，也就是在已知机器人运动轨迹的情况下，通过逆运动学求解各个轮子的速度／位置。

(2) 坐标系和状态定义。以轮式移动机器人（Wheel Mobile Robot，WMR）为例，由其状态向量给出移动机器人在全局坐标系中的位姿定义（图2.1），即

$$\boldsymbol{q}(t)=\begin{bmatrix}x(t)\\y(t)\\\varphi(t)\end{bmatrix}$$

式中，$(x(t),y(t))$表示机器人在$X_gO_gY_g$平面上的位置；$\varphi(t)$表示绕$Z$轴的转动。

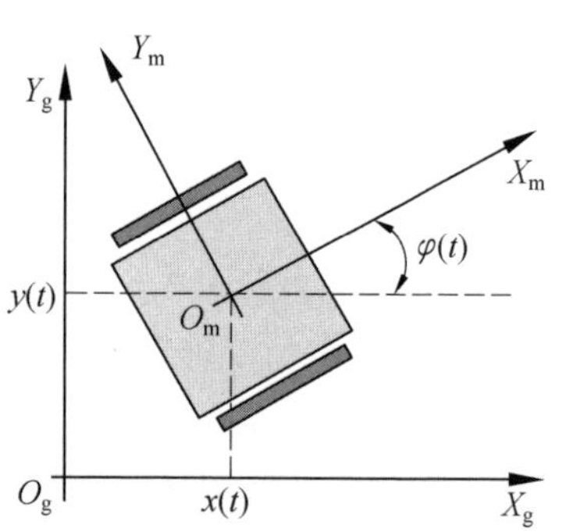

图2.1　坐标系中的机器人

全局坐标系和移动坐标系是移动机器人的两个坐标系，分别用于机器人的轨迹规划和运动学求解。如图2.1所示，在全局坐标系（惯性坐标系）中机器人位姿坐标为$(x_g,y_g,\varphi_g)$，移动坐标系（机器人坐标系）固连到机器人上，机器人位姿坐标为$(x_m,y_m,\varphi_m)$。全局坐标系与移动坐标系之间的关系由平移向量$[x,y]^T$和旋转矩阵表示，即

$$\boldsymbol{R}(\varphi)=\begin{bmatrix}\cos\varphi & -\sin\varphi & 0\\\sin\varphi & \cos\varphi & 0\\0 & 0 & 1\end{bmatrix}$$

这样，机器人在移动坐标系统中的位姿$(x_m,y_m,\varphi_m)$通过变换矩阵$\boldsymbol{T}(\varphi_0)$变换到全局坐标系中的位姿为$(x_g,y_g,\varphi_g)$，即

$$\begin{bmatrix}x_g\\y_g\\\varphi_g\\1\end{bmatrix}=\boldsymbol{T}(\varphi_0)\begin{bmatrix}x_m\\y_m\\\varphi_m\\1\end{bmatrix}=\begin{bmatrix}\cos\varphi_0 & -\sin\varphi_0 & 0 & x_0\\\sin\varphi_0 & \cos\varphi_0 & 0 & y_0\\0 & 0 & 1 & \varphi_0\\0 & 0 & 0 & 1\end{bmatrix}\begin{bmatrix}x_m\\y_m\\\varphi_m\\1\end{bmatrix}$$

$$
= \begin{bmatrix} x_m \cos \varphi_0 - y_m \sin \varphi_0 + x_0 \\ x_m \sin \varphi_0 + y_m \cos \varphi_0 + y_0 \\ \varphi_m + \varphi_0 \\ 1 \end{bmatrix} \tag{2.1}
$$

(3) 瞬时旋转中心(Instantaneous Center of Rotation,ICR)。WMR 中的每个车轮可以围绕其自身的轴自由旋转,在所有车轮轴线的交点处存在一个公共点,这一点称为瞬时旋转中心或瞬时曲率中心。根据ICR 的定义,所有车轮围绕ICR以相同的角速度 $\omega$ 做圆周运动[2-4]。

### 2.1.1　差速驱动

差速驱动是一种非常简单的驱动机构,在实际中最为常用,特别是小型移动机器人。这种驱动方式通常由一个或多个脚轮(万向轮) 支承车辆以防倾斜,两个主动轮安装在同一根轴上,每个轮子由一个单独的电机控制。

(1) 差速驱动正运动学解析式。差速驱动如图 2.2 所示,输入的控制变量是右轮的速度 $v_R(t)$ 和左轮的速度 $v_L(t)$。图2.2 中,其他变量的含义如下:$r$ 为车轮半径;$L$ 为两车轮之间的距离;$R(t)$ 为车辆行驶轨迹的瞬时半径(车辆中心与ICR点之间的距离)。在任一时刻,两个轮子绕ICR 运动的角速度 $\omega(t)$ 都相同,分别由两个轮子的前进速度和瞬时转向半径表示为

$$
\omega(t) = \frac{v_L(t)}{R(t) - \frac{L}{2}} \tag{2.2}
$$

$$
\omega(t) = \frac{v_R(t)}{R(t) + \frac{L}{2}} \tag{2.3}
$$

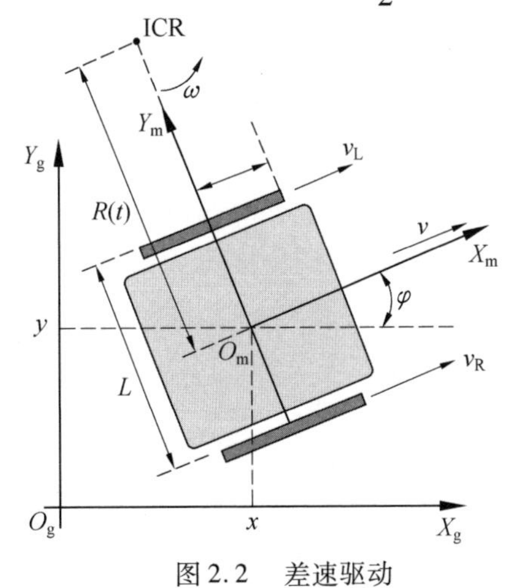


图 2.2　差速驱动

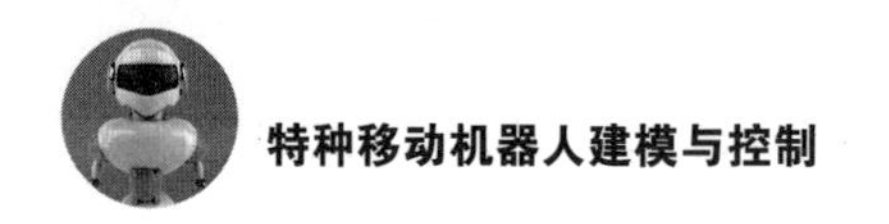


通过式(2.2)和式(2.3),可以得到$\omega(t)$和$R(t)$由输入变量$v_R(t)$和$v_L(t)$的表示结果为

$$\omega(t)=\frac{v_R(t)-v_L(t)}{L} \tag{2.4}$$

$$R(t)=\frac{L}{2}\cdot\frac{v_R(t)+v_L(t)}{v_R(t)-v_L(t)} \tag{2.5}$$

而机器人的切向速度则是角速度与转弯半径的乘积,表示为

$$v(t)=\omega(t)R(t)=\frac{v_R(t)+v_L(t)}{2} \tag{2.6}$$

这样就得到了机器人运行的线速度$v(t)$和角速度$\omega(t)$与左、右轮速度$v_R(t)$、$v_L(t)$的表达式,也就是差速驱动移动机器人的正运动学模型。可以看出,左、右轮速度相等时,角速度为零,线速度就是轮子速度;左、右轮速度大小相等、方向相反时,线速度则为零,机器人实现原地零转弯半径转向运动,这与机器人实际运动是吻合的。

车轮切向速度为$v_L(t)=r\omega_L(t)$和$v_R(t)=r\omega_R(t)$,$\omega_L(t)$和$\omega_R(t)$分别是左、右车轮绕其轴旋转的角速度。考虑到上述关系,机器人在局部坐标系中的运动可以表示为

$$\begin{bmatrix}\dot{x}_m(t)\\ \dot{y}_m(t)\\ \dot{\varphi}(t)\end{bmatrix}=\begin{bmatrix}v_{X_m}(t)\\ v_{Y_m}(t)\\ \omega(t)\end{bmatrix}=\begin{bmatrix}\frac{r}{2} & \frac{r}{2}\\ 0 & 0\\ -\frac{r}{L} & \frac{r}{L}\end{bmatrix}\begin{bmatrix}\omega_L(t)\\ \omega_R(t)\end{bmatrix} \tag{2.7}$$

机器人在全局坐标系中的运动可以表示为

$$\begin{bmatrix}\dot{x}_g(t)\\ \dot{y}_g(t)\\ \dot{\varphi}(t)\end{bmatrix}=\begin{bmatrix}\cos\varphi(t) & 0\\ \sin\varphi(t) & 0\\ 0 & 1\end{bmatrix}\begin{bmatrix}v(t)\\ \omega(t)\end{bmatrix} \tag{2.8}$$

式中,$v(t)$和$\omega(t)$分别是机器人运行的线速度和角速度,也就是轨迹跟踪的控制变量。

机器人位姿求解:机器人在某个时间$t$的位姿是通过运动学模型的积分得到的,这种运动学模型称为里程测量或航位推算。给定控制变量确定机器人位姿称为正运动学,即

$$\begin{cases}x(t)=\int_0^t v(t)\cos\varphi(t)\,\mathrm{d}t\\ y(t)=\int_0^t v(t)\sin\varphi(t)\,\mathrm{d}t\\ \varphi(t)=\int_0^t \omega(t)\,\mathrm{d}t\end{cases} \tag{2.9}$$

在移动机器人的控制过程中多数都是通过速度进行控制的。例如，在机器人轨迹跟踪控制中，根据要跟踪的轨迹求得机器人运行的线速度 $v(t)$ 和角速度 $\omega(t)$，然后利用运动学逆解转换得到机器人左、右轮的速度 $\omega_{L}(t)$ 和 $\omega_{R}(t)$，进而实现对机器人的轨迹跟踪控制。通过对速度的积分可以得到机器人的当前位置和姿态（里程计），用于机器人在环境中的定位和建图。

（2）差速驱动正运动学数值求解。在计算机计算过程中，往往是采用数值积分的方法实现差速驱动正运动学数值求解，也就是在采样时间（控制周期）内假设速度 $v$ 和角速度 $\omega$ 恒定，则可使用欧拉法对式（2.9）进行数值积分。由之前的分析可知，正运动学模型的数值解可表示为

$$\begin{cases} x(k+1)=x(k)+v(k)T_{s}\cos\varphi(k) \\ y(k+1)=y(k)+v(k)T_{s}\sin\varphi(k) \\ \varphi(k+1)=\varphi(k)+\omega(k)T_{s} \end{cases} \tag{2.10}$$

如果使用梯形数值积分，可以获得较好的近似值，即

$$\begin{cases} x(k+1)=x(k)+v(k)T_{s}\cos\left(\varphi(k)+\dfrac{\omega(k)T_{s}}{2}\right) \\ y(k+1)=y(k)+v(k)T_{s}\sin\left(\varphi(k)+\dfrac{\omega(k)T_{s}}{2}\right) \\ \varphi(k+1)=\varphi(k)+\omega(k)T_{s} \end{cases} \tag{2.11}$$

如果使用精确积分，则正运动学为

$$\begin{cases} x(k+1)=x(k)+\dfrac{v(k)}{\omega(k)}[\sin(\varphi(k)+\omega(k)T_{s})-\sin\varphi(k)] \\ y(k+1)=y(k)-\dfrac{v(k)}{\omega(k)}[\cos(\varphi(k)+\omega(k)T_{s})-\cos\varphi(k)] \\ \varphi(k+1)=\varphi(k)+\omega(k)T_{s} \end{cases} \tag{2.12}$$

式（2.12）中的积分是在采样时间间隔内进行的，假设恒定速度 $v$ 和 $\omega$ 获得增量，即

$$\Delta x(k)=v(k)\int_{kT_{s}}^{(k+1)T_{s}}\cos\varphi(t)\mathrm{d}t=v(k)\int_{kT_{s}}^{(k+1)T_{s}}\cos[\varphi(k)+\omega(k)(t-kT_{s})]\mathrm{d}t$$

$$\Delta y(k)=v(k)\int_{kT_{s}}^{(k+1)T_{s}}\sin\varphi(t)\mathrm{d}t=v(k)\int_{kT_{s}}^{(k+1)T_{s}}\sin[\varphi(k)+\omega(k)(t-kT_{s})]\mathrm{d}t$$

（3）差速驱动逆运动学解析式。使用逆运动学来确定控制变量，从而驱动机器人达到期望的位姿或路径轨迹。两轮差速移动机器人的正运动学为

$$\begin{cases} \omega(t)=\dfrac{v_{R}(t)-v_{L}(t)}{L} \\ v(t)=\dfrac{v_{R}(t)+v_{L}(t)}{2} \end{cases} \tag{2.13}$$

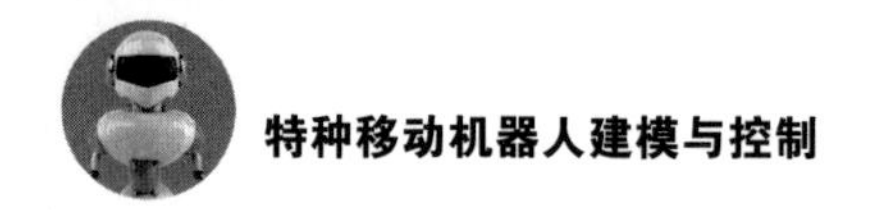


利用上式可以求得逆运动学解析表达式为

$$\begin{cases} v_R(t)=\dfrac{v(t)+\omega(t)L}{2} \\ v_L(t)=\dfrac{v(t)-\omega(t)L}{2} \end{cases} \tag{2.14}$$

也就是在已知机器人运动速度和角速度的情况下，可以求得左、右两轮的速度，依据此速度控制左、右轮，机器人则会走出期望的轨迹。

(4) 基于运动简化的逆运动学求解。解决逆运动学问题的简化方法是：如果规定差速驱动机器人在恒定速度下仅向前行驶（$v_R(t)=v_L(t)=v_R \rightarrow \omega(t)=0$，$v(t)=v_R$）或仅原地旋转（$v_R(t)=-v_L(t)=v_R \rightarrow \omega(t)=2v_R/L, v(t)=0$），对于旋转运动，式(2.9) 变为

$$\begin{cases} x(t)=x(0) \\ y(t)=y(0) \\ \varphi(t)=\varphi(0)+\dfrac{2v_R t}{L} \end{cases} \tag{2.15}$$

对于直线运动，式(2.9) 变为

$$\begin{cases} x(t)=x(0)+v_R\cos\varphi(0)t \\ y(t)=y(0)+v_R\sin\varphi(0)t \\ \varphi(t)=\varphi(0) \end{cases} \tag{2.16}$$

这样可行的运动方案是通过旋转和直线运动使机器人到目标位置，最后按照期望的机器人位姿将机器人方位与期望的方位对齐（通过旋转）。每个阶段所需的控制变量（旋转、直线运动、旋转）可以很容易地通过式(2.15) 和式(2.16) 计算出来。

如果考虑以离散形式表示，其中控制速度 $v_R(k)$、$v_L(k)$ 在时间间隔 $T_s$ 期间是恒定的，并且控制速度的变化仅在 $t=kT_s$ 时才可能发生，那么可以确定机器人的运动方程。旋转运动方程（$v_R(k)=-v_L(k)$）为

$$\begin{cases} x(k+1)=x(k) \\ y(k+1)=y(k) \\ \varphi(k+1)=\varphi(k)+\dfrac{2v_R(k)T_s}{L} \end{cases} \tag{2.17}$$

直线运动方程（$v_R(k)=v_L(k)$）为

$$\begin{cases} x(k+1)=x(k)+v_R(k)\cos\varphi(k)T_s \\ y(k+1)=y(k)+v_R(k)\sin\varphi(k)T_s \\ \varphi(k+1)=\varphi(k) \end{cases} \tag{2.18}$$

因此，在时间间隔 $t\in[kT_s,(k+1)T_s)$ 内期望的机器人运动，可以通过式

(2.17)和式(2.18)中的控制变量计算每个采样时间的逆运动学来实现。

(5)连续轨迹的逆运动学求解。前面介绍了轨迹简化的方法，而多数机器人的运动控制都是针对连续轨迹的。例如，机器人遵循平滑目标轨迹$(x(t), y(t))$，轨迹定义在时间$t \in [0,T]$内。控制变量$v(t)$的计算公式为

$$v(t) = \pm\sqrt{\dot{x}^2(t) + \dot{y}^2(t)} \tag{2.19}$$

式中，符号的正负取决于行驶方向(+表示前进，-表示后退)。路径上每个点的切线角定义为

$$\varphi(t) = \arctan 2(\dot{y}(t), \dot{x}(t)) + l\pi \tag{2.20}$$

式中，$l$定义了驱动方向(0表示正向，1表示反向)，$l \in \{0,1\}$；$\arctan 2(\dot{y}(t), \dot{x}(t))$是四象限的反正切函数(计算结果的取值范围为$(-\pi,\pi]$)。通过计算式(2.20)的时间导数，得出机器人的角速度$\omega(t)$为

$$\omega(t) = \frac{\dot{x}(t)\ddot{y}(t) - \dot{y}(t)\ddot{x}(t)}{\dot{x}^2(t) + \dot{y}^2(t)} = v(t)k(t) \tag{2.21}$$

式中，$k(t)$是路径曲率。已知机器人期望的轨迹$x(t)$、$y(t)$，利用式(2.19)和式(2.21)求解计算机器人控制输入$v(t)$和$\omega(t)$，这样即可得到连续轨迹的逆运动学求解方法。路径设计的必要条件是路径二次可微和非零切向速度$v(t) \neq 0$。如果一段时间$t$内切向速度$v(t)=0$，则机器人以角速度$\omega(t)$在固定点旋转。由于无法根据式(2.19)确定角度$\varphi(t)$，因此必须明确给出$\varphi(t)$，然后再利用逆运动学模型将运动速度$v(t)$和$\omega(t)$转化为左、右两驱动轮的速度$v_R(t)$和$v_L(t)$，进而实现机器人运动，这样就实现了控制变量从连续轨迹$x(t)$、$y(t)$到驱动电机速度$v_R(t)$和$v_L(t)$的转化，控制得到的电机速度就可以实现机器人沿目标轨迹运行了。

在后面的几种驱动模式介绍中，将只介绍如何建立运动学模型，而如何从轨迹变化到机器人的运动速度$v(t)$和角速度$\omega(t)$则利用上面介绍的内容，下面每一种驱动模式的运动学模型只是建立机器人运动速度$v(t)$和角速度$\omega(t)$与输入运动单元的关系。

## 2.1.2 自行车驱动

### 1. 前轮驱动自行车

自行车驱动如图2.3所示。它有一个方向盘，其中$\alpha$是转向角，$\omega_s$是轴(前轮驱动)上车轮的角速度。ICR点由两个车轮轴的交点定义。在每一时刻，自行车以角速度$\omega$、半径$R$和车轮之间的距离$d$围绕ICR旋转，有

$$R(t) = d\tan\left(\frac{\pi}{2} - \alpha(t)\right) = \frac{d}{\tan \alpha(t)}$$

$$\omega(t)=\dot{\varphi}=\frac{v_s(t)}{\sqrt{d^2+R^2}}=\frac{v_s(t)}{d}\sin\alpha(t)$$

式中，$v_s(t)$ 和 $r$ 分别是前轮轮缘速度和前轮半径，$v_s(t)=\omega_s(t)r$。

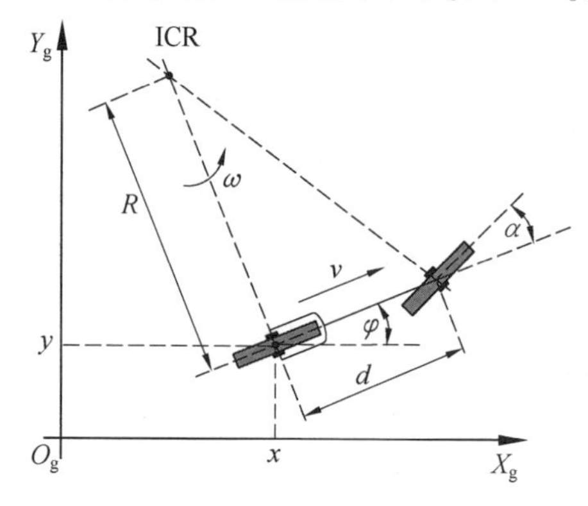


图 2.3　自行车驱动

机器人运动学模型(机器人局部坐标系下，此后默认不带下标的从标变量为全局坐标变量)为

$$\begin{cases}\dot{x}_m=v_s\cos\alpha(t)\\ \dot{y}_m=0\\ \dot{\varphi}=\dfrac{v_s(t)}{d}\sin\alpha(t)\end{cases}\tag{2.22}$$

机器人运动学模型(全局坐标系下，此后默认不带下标的坐标变量为全局坐标变量)为

$$\begin{cases}\dot{x}=v_s\cos\alpha(t)\cos\varphi(t)\\ \dot{y}=v_s\cos\alpha(t)\sin\varphi(t)\\ \dot{\varphi}=\dfrac{v_s(t)}{d}\sin\alpha(t)\end{cases}\tag{2.23}$$

转化为线速度 $v(t)$ 和角速度 $\omega(t)$ 表示的综合形式为

$$\begin{bmatrix}\dot{x}\\ \dot{y}\\ \dot{\varphi}\end{bmatrix}=\begin{bmatrix}\cos\varphi(t) & 0\\ \sin\varphi(t) & 0\\ 0 & 1\end{bmatrix}\begin{bmatrix}v(t)\\ \omega(t)\end{bmatrix}\tag{2.24}$$

式中

$$v=v_s(t)\cos\alpha(t),\quad \omega(t)=\frac{v_s(t)}{d}\sin\alpha(t)$$

### 2. 后轮自行车驱动

通常车辆由后轮驱动，由前轮操纵(如自行车、三轮车和一些汽车)。这种情况下的控制变量是后轮速度 $v_r(t)$ 和前轮转向角 $\alpha(t)$。内部运动学模型可简单

地从式(2.22)中导出，将 $v_r(t)=v_s(t)\cos\alpha(t)$ 代入可得出

$$\begin{cases}\dot{x}_m=v_r(t)\\ \dot{y}_m=0\\ \omega(t)=\dot{\varphi}(t)=\dfrac{v_r(t)}{d}\tan\alpha(t)\end{cases}\tag{2.25}$$

全局坐标系下的运动学模型为

$$\begin{cases}\dot{x}=v_r(t)\cos\varphi(t)\\ \dot{y}=v_r(t)\sin\varphi(t)\\ \dot{\varphi}=\dfrac{v_r(t)}{d}\tan\alpha(t)\end{cases}\tag{2.26}$$

综合矩阵为

$$\begin{bmatrix}\dot{x}\\ \dot{y}\\ \dot{\varphi}\end{bmatrix}=\begin{bmatrix}\cos\varphi(t) & 0\\ \sin\varphi(t) & 0\\ 0 & 1\end{bmatrix}\begin{bmatrix}v_r(t)\\ \omega(t)\end{bmatrix}\tag{2.27}$$

式中

$$\omega(t)=\frac{v_r(t)}{d}\tan\alpha(t)$$

### 2.1.3　三轮车驱动

三轮车驱动如图2.4所示，其运动学模型与自行车驱动相同，有

$$\begin{cases}\dot{x}=v_s\cos\alpha(t)\cos\varphi(t)\\ \dot{y}=v_s\cos\alpha(t)\sin\varphi(t)\\ \dot{\varphi}=\dfrac{v_s(t)}{d}\sin\alpha(t)\end{cases}\tag{2.28}$$

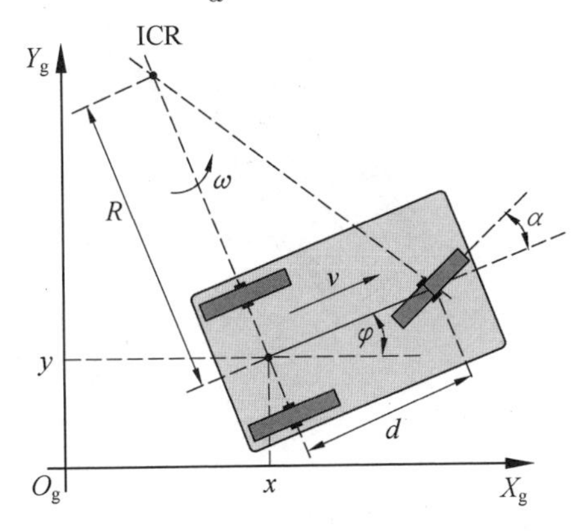


图2.4　三轮车驱动

式中

$$v(t)=v_s(t)\cos\alpha(t)$$

$$\omega(t)=\frac{v_s(t)}{d}\sin\alpha(t)$$

$v_s(t)$ 是方向轮的轮缘速度。三轮车驱动在移动机器人中更为常见,因为三个轮子可使机器人在垂直方向上自行稳定。

### 2.1.4 带拖车的三轮车驱动

2.1.3 节中已经介绍了运动学中的三轮车部分。对于拖车,$ICR_2$ 是由三轮车和拖车的轮轴交点确定的。

拖车车轮围绕 $ICR_2$ 点旋转的角速度为

$$\omega_2(t)=\frac{v}{R_2}=\frac{v_s\cos\alpha}{R_2}=\frac{v_s\cos\alpha\sin\beta}{L}=\dot{\beta}$$

最终的运动学模型(图 2.5) 为

$$\begin{cases}\dot{x}=v_s\cos\alpha(t)\cos\varphi(t)\\ \dot{y}=v_s\cos\alpha(t)\sin\varphi(t)\\ \dot{\varphi}=\dfrac{v_s(t)}{d}\sin\alpha(t)\\ \dot{\beta}=\dfrac{v_s\cos\alpha\sin\beta}{L}\end{cases}\tag{2.29}$$

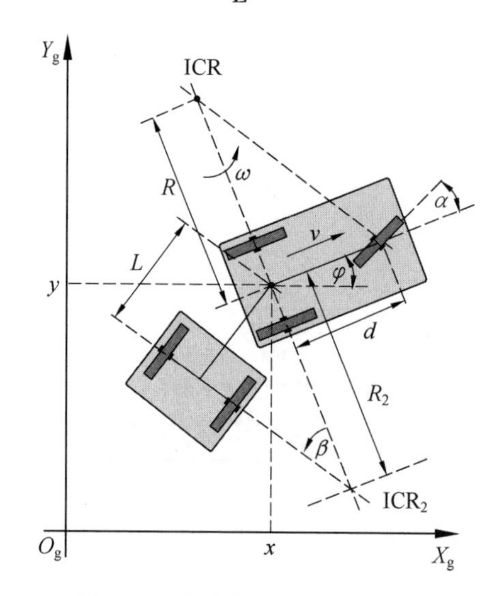


图 2.5 有拖车的三轮车运动学

### 2.1.5　汽车驱动

汽车采用阿克曼转向原理。阿克曼转向原理是内轮(靠近 ICR) 比外轮转过更大的角度,以便允许车辆围绕后轮轴之间的中间点旋转。阿克曼转向示意图如图 2.6 所示,可以看出如果前轴左右轮转向角度相同,则不会汇交出 ICR 中心,车辆是不稳定的,因此内轮的速度比外轮慢。图 2.6 中,ICR 点位于由后轮轴线确定的直线上,左轮在外侧,右轮在内侧,可得前轮的转向方向为

$$\tan\left(\frac{\pi}{2}-\alpha_{\mathrm{L}}\right)=\frac{R+\frac{l}{2}}{d}$$

$$\tan\left(\frac{\pi}{2}-\alpha_{\mathrm{R}}\right)=\frac{R-\frac{l}{2}}{d}$$

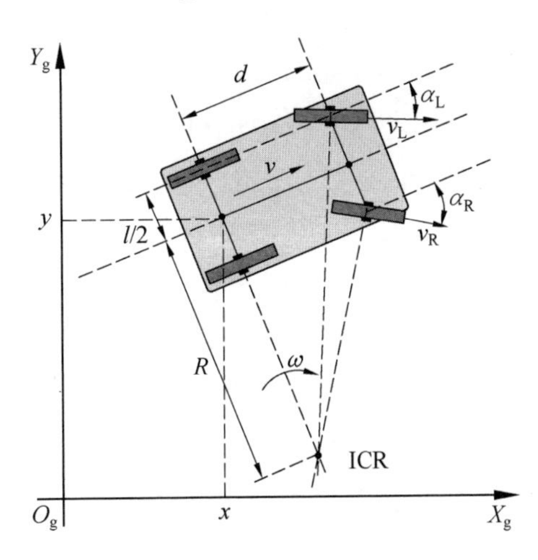


图 2.6　阿克曼转向示意图

左、右两轮转向角度不同,角度差则为阿克曼角,分别表示为

$$\begin{cases}\alpha_{\mathrm{L}}=\dfrac{\pi}{2}-\arctan\dfrac{R+\frac{l}{2}}{d}\\[2ex]\alpha_{\mathrm{R}}=\dfrac{\pi}{2}-\arctan\dfrac{R-\frac{l}{2}}{d}\end{cases}\tag{2.30}$$

由于内后轮和外后轮以相同的角速度 $\omega$ 绕 ICR 旋转,因此它们的轮缘速度不同,分别为

$$\begin{cases} v_{\mathrm{L}} = \omega\left(R + \dfrac{l}{2}\right) \\ v_{\mathrm{R}} = \omega\left(R - \dfrac{l}{2}\right) \end{cases} \tag{2.31}$$

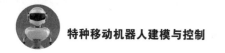

### 2.1.6　同步转向驱动

如果车辆能够同步地沿着垂直轴控制每个车轮转动角度(车轮具有相同方向并同步转向),则称为同步转向驱动。典型的同步驱动装置为三个车轮围绕车辆中心对称布置(等边三角形),同步驱动如图 2.7 所示,由于所有轮子都是同步转向的,因此它们的旋转轴总是平行的,ICR 点是无穷大的。车辆可以直接控制车轮的方向,控制变量为车轮转向速度 $\omega$ 和前进速度 $v$,运动学模型与差速驱动相似,有

$$\begin{bmatrix} \dot{x}(t) \\ \dot{y}(t) \\ \dot{\varphi}(t) \end{bmatrix} = \begin{bmatrix} \cos\varphi(t) & 0 \\ \sin\varphi(t) & 0 \\ 0 & 1 \end{bmatrix} \begin{bmatrix} v(t) \\ \omega(t) \end{bmatrix} \tag{2.32}$$

式中,$v(t)$ 和 $\omega(t)$(车轮的转向速度)是可以独立控制的控制变量(差速驱动中不存在)。

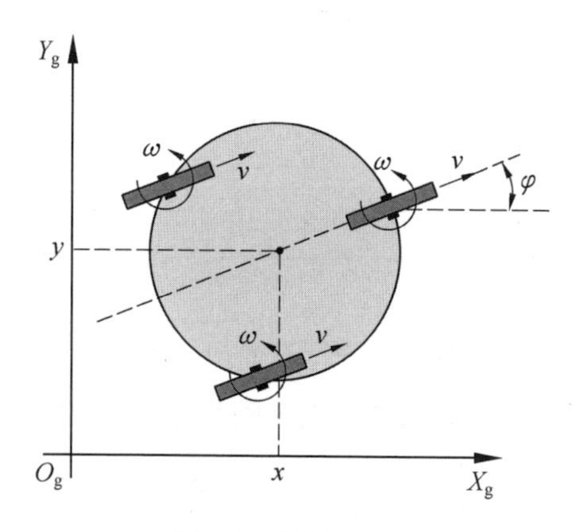


图 2.7　同步驱动

### 2.1.7　四轮转向/四轮驱动

四轮转向/四轮驱动(4 Wheel Steering/4 Wheel Drive,4WS/4WD)的运动模式具有八个主动自由度,可以针对不同的应用需求等效为前面的几种模式,故

其运动更加灵活。此模型的四个轮子均是标准轮，也就是不仅可以控制转速，还可以控制方向，因此在此模型下采用线性速度 $v(t)$ 和轮子角度 $\alpha(t)$ 作为控制输入变量。

**1. 几种等效运动模式**

(1) 平动模式。在此模式下，四个轮子的转向角度和运行速度是相同的，类似同步转向模式。在狭窄的环境中，大多数情况下机器人为前后和横向运动，避免转向导致机器人与周围环境产生碰撞。在此情况下，四个轮子的转向角度均为 0°(前后运动) 或 90°(横向运动)，四个轮子运行速度相同，即

$$\begin{cases} v_1 = v_2 = v_3 = v_4 \\ \alpha_1 = \alpha_2 = \alpha_3 = \alpha_4 \end{cases} \tag{2.33}$$

式中，$v_1$、$v_2$、$v_3$、$v_4$ 和 $\alpha_1$、$\alpha_2$、$\alpha_3$、$\alpha_4$ 分别为各轮的速度和角度。

(2) 零半径转向模式。零转弯半径类似于差速模式的原地转向，这种情况下直线速度为零，角速度决定了转向速度。零半径转向模式(图 2.8(a)) 可使机器人易于转向，保持旋转轴固定于机器人中心，通过旋转四个轮子到固定角度实现零半径转向，其运动学模型可描述为

$$\begin{cases} v_1 = -v_2 = v_3 = -v_4 \\ -\alpha_1 = \alpha_2 = \alpha_3 = -\alpha_4 = \arctan \dfrac{L}{W} \end{cases} \tag{2.34}$$

式中，$L$ 是前后轮轴距；$W$ 是左右轮距离。

(3) 距离补偿与角度补偿模式。在机器人导航的过程中，如何补偿距离与偏离角度是两个典型的问题。分别建立两种特殊巡航模式的运动学模型：一是利用平移模式实现距离补偿(图 2.8(b))；二是利用两前轮导向模式(Front Wheel Steering，2FWS) 实现偏离角度补偿(图 2.8(c))，这种模式类似前轮转向汽车驱动模式。

**2. 通用运动学模式**

4WD/4WS 移动机器人的通用运动学模式用于更灵活的运动规划和控制，如手动控制。图 2.9(a) 所示为 ICR 位于机器人中线上的特殊模式，以角速度 $\omega$ 转动，同侧轮子的速度与旋转角度相同，有

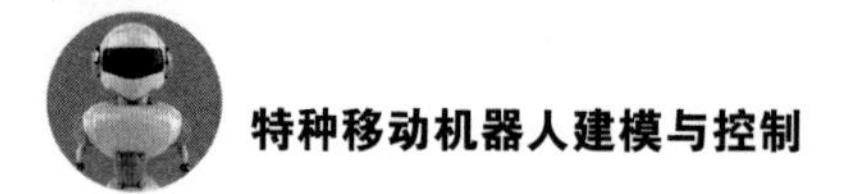


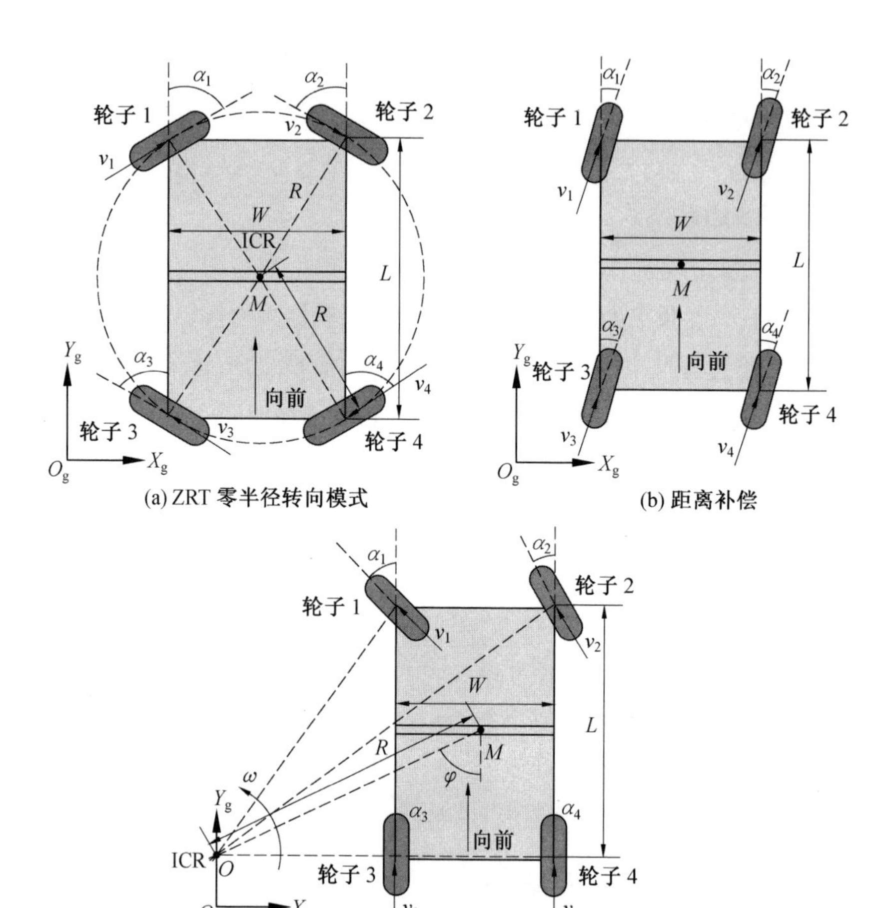


(a) ZRT 零半径转向模式

(b) 距离补偿



(c) 偏离角度补偿

图 2.8　4WS/4WD 的特殊驱动模式

$$\begin{cases} \alpha_1 = -\alpha_3 \\ \alpha_2 = -\alpha_4 \\ \alpha_2 = \operatorname{arccot}\left(\dfrac{2W}{L} + \cot \alpha_1\right) \end{cases} \tag{2.35}$$

$$\begin{cases} v_1 = v_3 = \dfrac{L}{2\sin \alpha_1}\omega \\ v_2 = v_4 = \dfrac{L}{2\sin \alpha_2}\omega \\ v = \left(\dfrac{L}{2\tan \alpha_1} + \dfrac{W}{2}\right)\omega \end{cases} \tag{2.36}$$

通用运动学模式(图 2. 9(b)) 以任意 ICR 为中心旋转,每个轮子的速度与旋转角度均不同,有

$$\begin{cases} \boldsymbol{v}_1 = v\cos\varphi\left[\dfrac{1 - \dfrac{W\rho}{2\cos\varphi}}{\tan\delta_1}\right] \\ \boldsymbol{v}_2 = v\cos\varphi\left[\dfrac{1 + \dfrac{W\rho}{2\cos\varphi}}{\tan\delta_1}\right] \\ \boldsymbol{v}_3 = v\cos\varphi\left[\dfrac{1 - \dfrac{W\rho}{\cos\varphi}}{\tan\delta_2}\right] \\ \boldsymbol{v}_4 = v\cos\varphi\left[\dfrac{1 + \dfrac{W\rho}{\cos\varphi}}{\tan\delta_2}\right] \end{cases} \tag{2.37}$$

式中,$\rho$ 为机器人质心(Center of Gravity,CG) 处的曲率;$v$ 为机器人的速度。

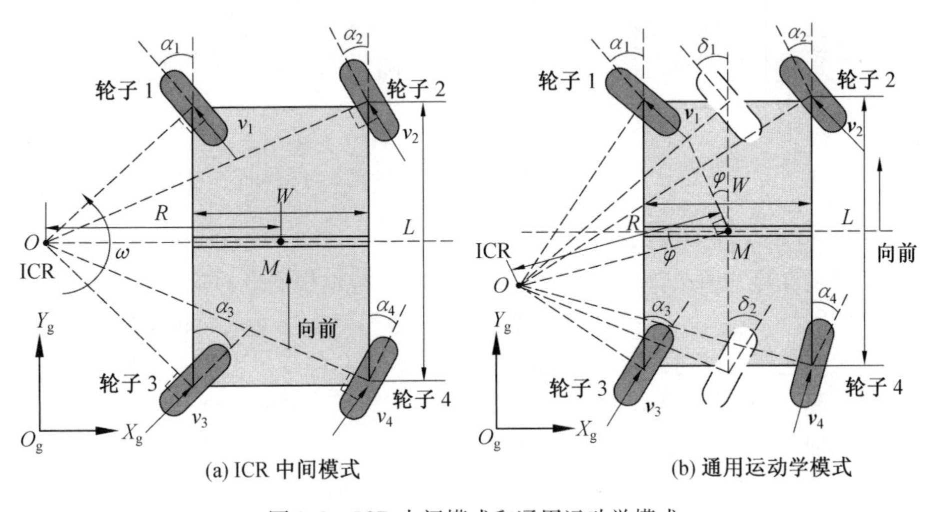


图 2.9　ICR 中间模式和通用运动学模式

前端与后端轴线中点的等价角可计算为

$$\begin{cases} \tan\dfrac{\delta_1}{2} = \dfrac{-\cos\varphi + \sqrt{L^2\rho^2/4 + L\rho\sin\varphi + 1}}{\rho L/2 + \sin\varphi} \\ \tan\dfrac{\delta_2}{2} = \dfrac{\cos\varphi - \sqrt{L^2\rho^2/4 - L\rho\sin\varphi + 1}}{\rho L/2 - \sin\varphi} \end{cases} \tag{2.38}$$

式中,$\varphi$ 为机体的旋转角度。

## 2.1.8　全方位轮驱动

前面的运动模型使用了简单的车轮，车轮只能在其运动方向上移动（滚动）。这样简单的轮子只有一个滚动方向。为允许全方位滚动，需要复杂的车轮结构。麦克纳姆轮（瑞典轮）（图 2.10）便是一个代表，其中多个较小的辊子围绕轮毂周边布置，并且辊子轴与轮毂轴线不平行（通常它们的夹角 $\gamma=45°$）。轮毂的旋转方向和辊子旋转的任意组合可产生多个不同的运动方向。

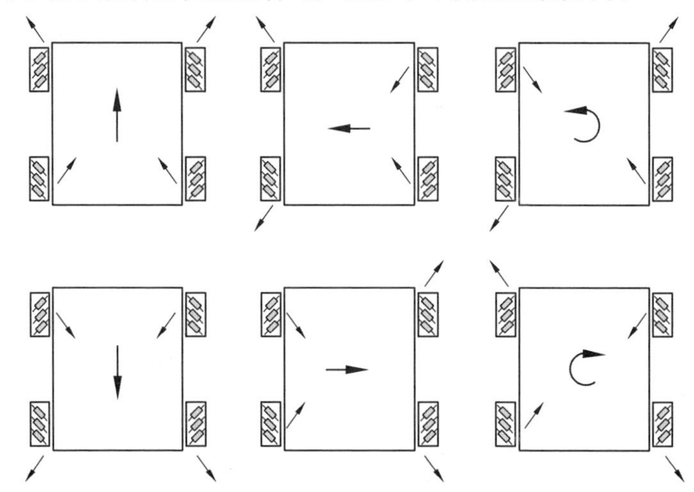

图 2.10　有四个麦克纳姆轮的全方位驱动的基本方向和车辆移动方向

### 1. 四轮全方位驱动运动学

常见的麦克纳姆四轮平台如图 2.11 所示。麦克纳姆平台的轮子有左旋滚轮和右旋滚轮，对角线的轮子是同一类型的。这使得车辆能够通过向每个轮毂指定适当的速度实现任意方向的旋转，从而可以向任意方向移动。当所有车轮速度相同时，可实现前进或后退运动；如果一侧的车轮速度与另一侧的车轮速度相反，则平台将旋转；如果一条对角线上的车轮速度与另一条对角线上的车轮速度相反，则平台侧向运动。将所描述的运动进行组合，平台可实现任意方向运动和任意旋转运动。

图 2.11 中，麦克纳姆四轮驱动的逆运动学模型可推导如下。机器人坐标系中第一个轮的速度由轮毂速度 $v_1(t)$ 和辊子速度 $v_R(t)$ 得到。在接下来的研究中，省略了时间符号，以使方程更加简洁和易于理解（如 $v_1(t)=v_1$）。机器人坐标系下 $X_m$ 和 $Y_m$ 方向的轮速为

$$\begin{cases} v_{m1X}=v_1+v_R\cos\dfrac{\pi}{4}=v_1+\dfrac{v_R}{\sqrt{2}} \\ v_{m1Y}=v_R\sin\dfrac{\pi}{4}=\dfrac{v_R}{\sqrt{2}} \end{cases}$$

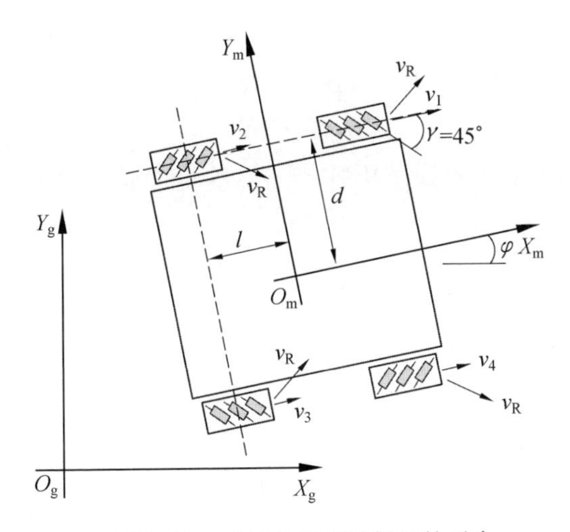


图 2.11　常见的麦克纳姆四轮平台

从中可得轮毂速度为

$$v_1 = v_{m1X} - v_{m1Y}$$

机器人坐标系下的第一个轮速度也可以用机器人的平移速度 $v_m = \sqrt{\dot{x}_m^2 + \dot{y}_m^2}$ 和角速度 $\dot{\varphi}$ 求得，即

$$\begin{cases} v_{m1X} = \dot{x}_m - \dot{\varphi} d \\ v_{m1Y} = \dot{y}_m - \dot{\varphi} l \end{cases}$$

式中，距离 $d$ 和 $l$ 的含义可从图 2.11 中得到。

根据上式，在机器人坐标系下轮毂速度可以表示为

$$v_1 = \dot{x}_m - \dot{y}_m - (l + d)\dot{\varphi}$$

对于 $v_2$、$v_3$ 和 $v_4$ 也可以得到类似的方程。在局部坐标系下内部逆运动学模型为

$$\begin{bmatrix} v_1 \\ v_2 \\ v_3 \\ v_4 \end{bmatrix} = \begin{bmatrix} 1 & -1 & -(l+d) \\ 1 & 1 & -(l+d) \\ 1 & -1 & l+d \\ 1 & 1 & l+d \end{bmatrix} \begin{bmatrix} \dot{x}_m \\ \dot{y}_m \\ \dot{\varphi} \end{bmatrix} \tag{2.39}$$

内部逆运动学模型（式(2.39)）可简写为 $\boldsymbol{v} = \boldsymbol{J}\dot{\boldsymbol{q}}_m$，其中 $\boldsymbol{v}^T = [v_1 \quad v_2 \quad v_3 \quad v_4]^T$，$\boldsymbol{q}_m^T = [x_m \quad y_m \quad \varphi]^T$。

接下来在全局坐标系下计算逆运动学，用旋转矩阵表示局部坐标系到全局坐标系变换（$\dot{\boldsymbol{q}}_m = \boldsymbol{R}_G^L \boldsymbol{q}$），有

$$\boldsymbol{R}_G^L = \begin{bmatrix} -\cos\varphi & \sin\varphi & 0 \\ \sin\varphi & \cos\varphi & 0 \\ 0 & 0 & 1 \end{bmatrix} \tag{2.40}$$

需要考虑 $\boldsymbol{v}=\boldsymbol{J}\boldsymbol{R}_{\mathrm{G}}^{\mathrm{L}}\dot{\boldsymbol{q}}$。

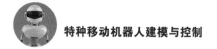

由内部逆运动学模型 $\boldsymbol{v}=\boldsymbol{J}\dot{\boldsymbol{q}}_{\mathrm{m}}$ 可得正运动学模型为

$$\dot{\boldsymbol{q}}_{\mathrm{m}}=\boldsymbol{J}^{+}\boldsymbol{v}$$

式中,$\boldsymbol{J}^{+}=(\boldsymbol{J}^{\mathrm{T}}\boldsymbol{J})^{-1}\boldsymbol{J}^{\mathrm{T}}$ 是 $\boldsymbol{J}$ 的伪逆矩阵。麦克纳姆四轮平台的正内部运动学模型为

$$\begin{bmatrix}\dot{x}_{\mathrm{m}}\\ \dot{y}_{\mathrm{m}}\\ \dot{\varphi}\end{bmatrix}=\frac{1}{4}\begin{bmatrix}1 & -1 & 1 & 1\\ -1 & 1 & 1 & 1\\ \dfrac{-1}{l+d} & \dfrac{-1}{l+d} & \dfrac{1}{l+d} & \dfrac{1}{l+d}\end{bmatrix}\begin{bmatrix}v_1\\ v_2\\ v_3\\ v_4\end{bmatrix} \tag{2.41}$$

全局坐标系下正运动学模型表示为 $\dot{\boldsymbol{q}}=(\boldsymbol{R}_{\mathrm{G}}^{\mathrm{L}})^{\mathrm{T}}\boldsymbol{J}^{+}\boldsymbol{v}$。

**2. 三轮全方位驱动的运动学**

图 2.12 所示为三轮驱动常见的全方位驱动结构。它的逆运动学模型(在全局坐标系下)由机器人的平移速度 $v=\sqrt{\dot{x}^2+\dot{y}^2}$ 及其角速度 $\dot{\varphi}$ 确定。第一个车轮的速度 $v_1=v_{1t}+v_{1r}$ 由平移分速度 $v_{1t}=-\dot{x}\sin\varphi+\dot{y}\cos\varphi$ 和角分速度 $v_{1r}=R\dot{\varphi}$ 组成。因此,第一个车轮的合速度为

$$v_1=-\dot{x}\sin\varphi+\dot{y}\cos\varphi+R\dot{\varphi}$$

同理,第二个车轮的整体角度为 $\varphi+\theta_2$,其速度为

$$v_2=-\dot{x}\sin(\varphi+\theta_2)+\dot{y}\cos(\varphi+\theta_2)+R\dot{\varphi}$$

第三个轮子的速度为

$$v_3=-\dot{x}\sin(\varphi+\theta_3)+\dot{y}\cos(\varphi+\theta_3)+R\dot{\varphi}$$

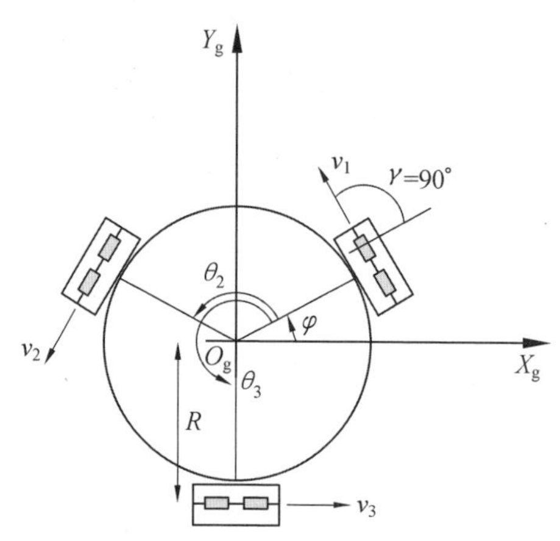


图 2.12　三轮驱动常见的全方位驱动结构($\theta_2=120°$,$\theta_3=240°$)

全局坐标系下三轮驱动的逆运动学模型为

$$\begin{bmatrix} v_1 \\ v_2 \\ v_3 \end{bmatrix} = \begin{bmatrix} \sin\varphi & \cos\varphi & R \\ -\sin(\varphi+\theta_2) & \cos(\varphi+\theta_2) & R \\ -\sin(\varphi+\theta_3) & \cos(\varphi+\theta_3) & R \end{bmatrix} \begin{bmatrix} \dot{x} \\ \dot{y} \\ \dot{\varphi} \end{bmatrix} \tag{2.42}$$

逆运动学模型(式(2.42))简写为$\boldsymbol{v}=\boldsymbol{J}\dot{\boldsymbol{q}}$。有时在局部坐标系下操纵机器人更为方便,可以通过如下旋转变换得到,即

$$\boldsymbol{v}=\boldsymbol{J}(\boldsymbol{R}_{\mathrm{G}}^{\mathrm{L}})^{\mathrm{T}}\dot{\boldsymbol{q}}_{\mathrm{m}}$$

全局坐标系下正运动学模型由逆运动学模型(式(2.42))得到,令$\dot{\boldsymbol{q}}=\boldsymbol{S}\boldsymbol{v}$,其中$\boldsymbol{S}=\boldsymbol{J}^{-1}$,有

$$\begin{bmatrix} \dot{x} \\ \dot{y} \\ \dot{\varphi} \end{bmatrix} = \frac{2}{3}\begin{bmatrix} -\sin\theta_1 & -\sin(\theta_1+\theta_2) & -\sin(\theta_1+\theta_3) \\ \cos\theta_1 & \cos(\theta_1+\theta_2) & \cos(\theta_1+\theta_3) \\ \dfrac{1}{2R} & \dfrac{1}{2R} & \dfrac{1}{2R} \end{bmatrix} \begin{bmatrix} v_1 \\ v_2 \\ v_3 \end{bmatrix} \tag{2.43}$$

### 2.1.9　履带驱动

履带驱动装置的运动学(图2.13)可以通过差速驱动运动学近似描述,即

$$\begin{bmatrix} \dot{x}(t) \\ \dot{y}(t) \\ \dot{\varphi}(t) \end{bmatrix} = \begin{bmatrix} \cos\varphi(t) & 0 \\ \sin\varphi(t) & 0 \\ 0 & 1 \end{bmatrix} \begin{bmatrix} v(t) \\ \omega(t) \end{bmatrix} \tag{2.44}$$

然而,差速驱动运动学中假设车轮和地面之间有完美的滚动接触,而履带驱动则不是这样。履带驱动(履带式牵引机)的车轮与地面的接触面较大,需要车轮打滑才能改变方向。因此,履带驱动车辆可以在轮式驱动车辆通常无法行驶的更为崎岖的地形上行驶。但是,与差速驱动相比,履带驱动的航位推算(正运动学)在推算机器人位姿方面不准确。

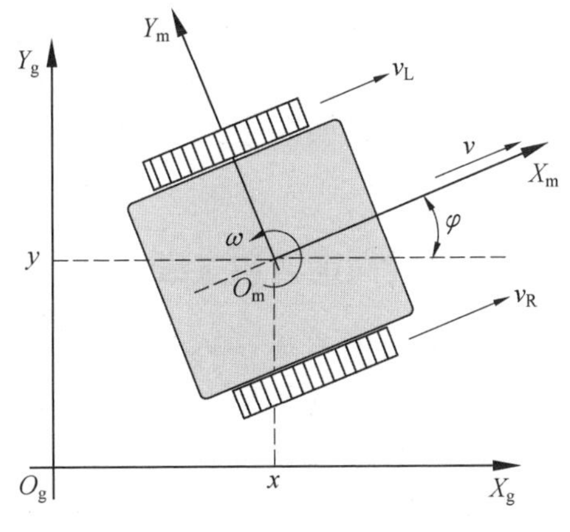


图2.13　履带驱动

### 2.1.10 小结

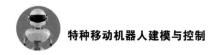

本节主要介绍了几种典型的移动机器人运动学模型的建模方法,包括差速驱动、自行车驱动、三轮车驱动、带拖车的三轮车驱动、汽车驱动、同步转向驱动、四轮转向/四轮驱动、全方位轮驱动和履带驱动等几种驱动模式的运动学模型。这些模型可直接应用移动机器人的运动控制,主要解决的问题是建立移动机器人、驱动电机的运动与机器人线速度和角速度之间的关系,即移动机器人正逆运动学建模问题。

## 2.2 移动机器人轨迹控制方法

本节主要介绍移动机器人轨迹控制和轨迹跟踪问题,也就是给定机器人运行轨迹之后,如何控制机器人沿着轨迹运行。移动机器人的控制方式与工业机器人类似,其中移动机器人底层运动是由伺服电机实现的,伺服电机的驱动器已经实现了电机的电流、速度和位置闭环控制,并且2.1节中已建立了移动机器人运动学模型,通过此模型可以将移动机器人的空间运动转化为轮子电机的运动。在此基础上,本节介绍如何控制移动机器人在笛卡儿坐标系统中的运动,也就是将运动轨迹的控制转化为对机器人速度和角速度的控制,然后通过运动学模型转化为电机的速度控制,最后通过电机的伺服控制最终的运动,进而实现对移动机器人的运动轨迹控制。

本节分为两类来介绍移动机器人的控制方法:一类是点与点的位姿控制,这类运动控制中只关心运动起始点和终止点的机器人位姿,而两点之间的轨迹和姿态不做详细的控制,也称为实现参考位姿的控制方法;另一类则是实现参考轨迹跟踪的控制方法,从命名中可以看出,此类控制的重点是机器人跟踪目标运行轨迹,移动机器人的多数应用场合需要进行轨迹控制,特别是运行在复杂的障碍物环境中时。

### 2.2.1 移动机器人的转向运动和直线运动

对移动机器人的控制可分成两个独立的任务,即方向控制和直线运动控制。这两个模块不能单独使用,但通过联立它们,可以得到实现参考位姿的几种控制方案。这些方法是通用的,结合移动机器人运动学可以实现对不同类型移动机器人的控制。本节将通过差速驱动和阿克曼驱动的示例进行详细说明。

### 1. 转向运动控制(角速度控制)

假设轮式机器人在某个时间 $t$ 的方向是 $\varphi(t)$，并且参考或期望的方向是 $\varphi_{ref}(t)$，则控制误差可以定义为

$$e_{\varphi}(t)=\varphi_{ref}(t)-\varphi(t) \tag{2.45}$$

与任何控制系统一样，转向运动控制系统中方向是控制变量。控制目标是将控制误差控制到 0，通常收敛到 0 的速度越快越好，但仍要满足一些限制条件，如能耗、执行器负载，以及系统在干扰、噪声、未建模动态等情况下的鲁棒性。

(1) 差速驱动模式的方向控制。差速驱动运动学模型由式(2.8) 给出。式(2.8) 中的第三个方程式是运动学模型的方向方程，可以得到

$$\dot{\varphi}(t)=\omega(t) \tag{2.46}$$

从控制的角度看，式(2.46) 描述了具有控制变量 $\omega(t)$ 和积分性质的系统(其极点位于复平面 $s$ 的原点)。众所周知，一个简单的比例控制器能够将积分过程的控制误差控制到 0，其控制律为

$$\omega(t)=K(\varphi_{ref}(t)-\varphi(t)) \tag{2.47}$$

式中，控制增益 $K$ 是任意正常数。控制律的意义是平台的角速度 $\omega(t)$ 与机器人的定位误差成正比。联立式(2.46) 和式(2.47)，方向控制律可重写为

$$\dot{\varphi}(t)=K(\varphi_{ref}(t)-\varphi(t)) \tag{2.48}$$

从这里可以得到被控系统的闭环传递函数为

$$G_{cl}(s)=\frac{\Phi(s)}{\Phi_{ref}(s)}=\frac{1}{\frac{1}{K}s+1} \tag{2.49}$$

式中，$\Phi(s)$ 和 $\Phi_{ref}(s)$ 分别是 $\varphi(t)$ 和 $\varphi_{ref}(t)$ 的拉普拉斯变换。传递函数 $G_{cl}(s)$ 是一阶的，这意味着在恒定参考的情况下，被控方向以指数增长接近参考目标(时间常数 $T=\frac{1}{K}$)。闭环传递函数也有单位增益，所以在稳态时不存在方向误差。

(2) 阿克曼驱动的方向控制。阿克曼驱动的控制器设计与差速驱动控制器的设计非常相似，唯一的区别在于有不同的运动模型用于获取方向，即

$$\dot{\varphi}=\frac{v_{r}(t)}{d}\tan\alpha(t) \tag{2.50}$$

控制变量 $\alpha$ 可根据方向误差按比例选择，即

$$\alpha(t)=K(\varphi_{ref}(t)-\varphi(t)) \tag{2.51}$$

### 2. 直线运动控制(线速度控制)

对于前向运动控制，可以通过控制移动机器人平移速度 $v(t)$ 来达到控制目标，速度的大小与到参考点$(x_{ref}(t),y_{ref}(t))$ 的距离成比例，即

$$v(t)=K\sqrt{(x_{\rm ref}(t)-x(t))^2+(y_{\rm ref}(t)-y(t))^2} \tag{2.52}$$

注意，参考位置可以是恒定的，也可以根据某个参考轨迹改变。式(2.52)有一些限制，当与参考点的距离非常大或非常小时，需要以下特殊处理。

(1) 如果到参考点的距离较大，则式(2.52)给出的控制命令也会变大，建议对最大速度指令进行一些限制。在实际中，这些限制由执行器限制、路面条件、路径曲率等决定。

(2) 如果到参考点的距离很小，则机器人实际上可以“超过”参考点(由于噪音或车辆模型不完善)。当机器人离开参考点时，距离增加，并且机器人根据式(2.52)反向加速，这是前向运动控制器与方向控制器联立时需要处理的问题。

### 2.2.2 基本运动控制方法

本节介绍将轮式移动机器人控制到参考位姿的几种方法，分别以不同的方式组合了先前介绍的转向和直线运动控制(2.2.1节)。

**1. 控制到参考位置**

在这种情况下，机器人运动控制的目标是到达一个参考位置，中间的运行轨迹不做限制，也就是中间运行轨迹和姿态是不需要控制的，仅仅是保证运行的平顺性。

为到达参考点，机器人的方向是在参考点的方向上连续控制的。该方向用 $\varphi_{\rm r}$ 表示(图2.14)，可以很容易地由几何关系得到

$$\varphi_{\rm r}(t)=\arctan\frac{y_{\rm ref}-y(t)}{x_{\rm ref}-x(t)} \tag{2.53}$$

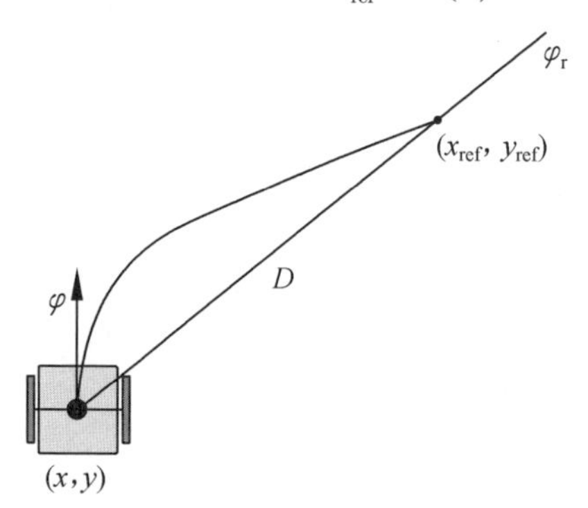


图2.14　控制到参考位置

因此，角速度控制 $\omega(t)$ 被定义为

$$\omega(t)=K_1(\varphi_{\rm r}(t)-\varphi(t)) \tag{2.54}$$

式中，$K_1$ 是正控制器增益。

机器人平移速度由式(2.52)给出,其中最大速度应考虑速度和加速度的限制。

当机器人接近参考点时,控制律(式(2.52))也隐藏了潜在的危险。速度指令始终为正,当减速到参考点时,机器人可能会意外地越过它。一个问题是在越过参考点后,速度将开始增加,因为机器人和参考点之间的距离开始增加;另一个问题是越过参考点也会使参考方向相反,从而导致机器人的快速旋转,机器人出现飞车现象,这个问题的简单解决方案如下。

(1) 当机器人向参考点行驶时,方向误差突然变化(±180°)。因此,该算法将检查方向误差的绝对值是否超过 90°,然后在进入控制器之前,方向误差将增加或减少 180°(使其处于[-180°,180°]区间)。此外,在这种情况下,控制输出(式(2.52))改变其符号。因此,控制律(式(2.52)、式(2.54))的改进形式规避了上述问题,有

$$
\begin{gathered}
e_{\varphi}(t)=\varphi_{\mathrm{r}}(t)-\varphi(t) \\
\omega(t)=K_1 \arctan[\tan e_{\varphi}(t)] \\
v(t)=K_2\sqrt{(x_{\mathrm{ref}}(t)-x(t))^2+(y_{\mathrm{ref}}(t)-y(t))^2}\times \operatorname{sgn}[\cos e_{\varphi}(t)]
\end{gathered}
\tag{2.55}
$$

(2) 当机器人到达参考点的某个邻域时,接近阶段结束,发送零速度指令。即使在修改了控制方法的情况下,也需要执行此机制来完全停止车辆,尤其是在测量噪声影响的情况下。

**2. 利用中间点控制参考位姿**

多数情况下,在对机器人进行点与点之间的位置控制时,还要对局部的轨迹进行约束。在这种情况下,往往是通过增加位置和姿态控制点来实现。

这种控制算法易于实现,使用由式(2.52)和式(2.54)给出的简单控制器就可将机器人驱动到所需的参考点。但在这种情况下,参考点中不但需要参考点$(x_{\mathrm{ref}},y_{\mathrm{ref}})$,还需要参考方向$\varphi_{\mathrm{ref}}$。本方法的思想是添加一个中间点,以获得正确的最终方向的方式来规划轨迹。中间点$(x_t,y_t)$放置在距参考点距离为 $r$ 的位置处,使得从中间点到参考点的方向与参考方向一致(图 2.15)。中间点为

$$x_t = x_{\mathrm{ref}} - r\cos \varphi_{\mathrm{ref}} \tag{2.56}$$

$$y_t = y_{\mathrm{ref}} - r\sin \varphi_{\mathrm{ref}} \tag{2.57}$$

控制算法分为两个阶段。在第一阶段,机器人行驶到中间点。当到中间点的距离小于设定的误差 $d_{\mathrm{tol}}$ 时(按条件$\sqrt{(x-x_t)^2+(y-y_t)^2}<d_{\mathrm{tol}}$检查),算法切换到第二阶段,机器人被控制到参考点$(x_{\mathrm{ref}},y_{\mathrm{ref}})$。这里所描述的算法非常简单,适用于许多应用领域。根据实际应用情况,选择合适的中间点距离参数 $r$ 和中间点允许的误差 $d_{\mathrm{tol}}$。

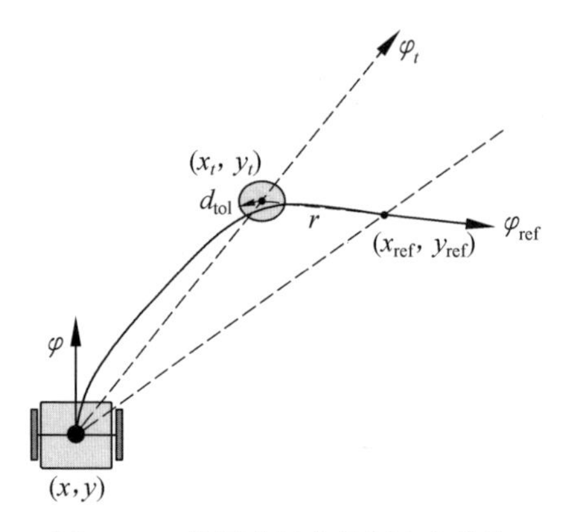


图 2.15　使用中间点控制参考位姿

**3. 由直线和圆弧确定的分段连续路径的控制**

对于一些特殊的路径,需要添加圆弧等规则形状进行轨迹控制。例如,对于阿克曼驱动机器人(类似汽车),由于其受到最小转弯半径限制,不能零转弯半径转弯,因此直线段和圆弧组成的路径是可能最短路径[5-7],其中圆的半径是车辆的最小转弯半径。对于最小圆半径限制为零的差速机器人来说,这样的路径也是最短的,这意味着机器人可以在原地转弯。

对由直线和圆弧确定的分段连续路径的控制如图 2.16 所示。通过参考点$(x_{ref},y_{ref})$,并且与参考点方向 $\varphi_{ref}$ 相切绘制半径为 $R$ 的圆,这个圆弧代表了计划路径的第二部分,第一部分将在与圆相切的直线上运行,并穿过当前机器人的位置。同样,存在两个切线,应选择沿着圆弧行驶的正确方向的切线。沿弧线行驶的方向由参考方向确定(在图 2.16 中,机器人将顺时针方向沿着圆圈行驶),通过检查半径向量和切向向量的叉积符号,可以方便地求解。

在算法的第一部分中,目标是朝直线段与圆弧段相交的点$(x_t,y_t)$ 行驶。方向控制器非常简单,即

$$\omega(t) = K(\varphi_t(t) - \varphi(t)) \tag{2.58}$$

式中

$$\varphi_t(t) = \arctan\frac{y_t - y(t)}{x_t - x(t)}$$

当到中间点的距离足够小时,第二阶段开始,这包括沿着轨迹行驶,控制器改变为

$$\omega(t) = \frac{v(t)}{R} + K(\varphi_{tang}(t) - \varphi(t)) \tag{2.59}$$

式中,$R$ 是圆的半径;$v(t)$ 是所需的平移速度;$\varphi_{tang}(t)$ 是当前机器人位置与圆弧相切的方向。注意,控制中的第一项是一个前馈部分,确保机器人沿着半径为 $R$

的圆弧行驶，而第二项是一个反馈控制，用于纠正控制误差。

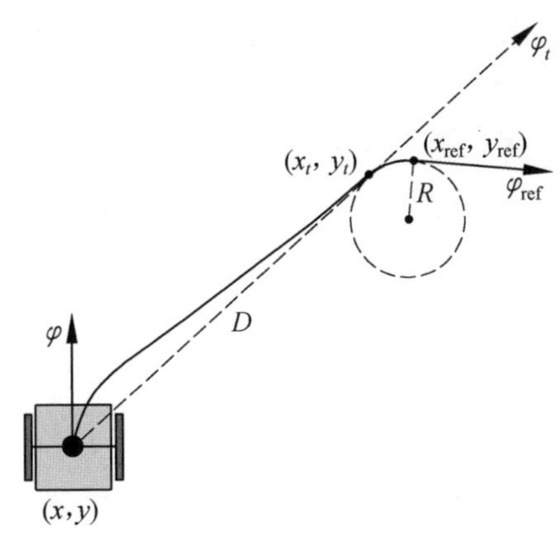


图2.16　对由直线和圆弧确定的分段连续路径的控制

为获得更高的鲁棒性，在每次迭代中计算参考路径，以确保机器人始终位于参考直线或参考圆上。得到的路径与由直线段和圆弧组成的理想路径略有不同。上述差异是机器人的初始方向与构造的切线不一致和噪音及干扰（车轮打滑等）导致的。

实时确定该参考路径相对容易，路径本身是连续的，但所需的输入不是连续的。由于从直线到圆过渡，因此机器人的角速度立即从零变为 $v(t)/R$。实际上这是不可能实现的（机器人加速度有限），因此在这个过渡过程中会出现一些跟踪误差。

这种控制适用于机器人需要快速到达参考位姿且路径形状未规定、但长度应尽可能短的情况（如机器人足球），特别是在处理转弯半径有限的机器人（如阿克曼驱动）时，如果用最小的机器人转弯半径作为参数 $R$，则这样的路径是到达目标位姿的最短路径。当然，这会导致径向加速度值较高，因此可能需要较大的 $R$ 值。

### 4. 从参考位姿控制到参考路径控制

通常，控制目标是由一系列的参考点组成的，机器人应该通过这些参考点。在这些情况下，不再讨论参考位姿控制，而是通过这些点构建参考路径。通常在各个点之间使用直线段，控制目标以正确的方向到达每个参考点，然后自动切换到下一个参考点。这种方法易于实现，经常在实践中使用。它的缺点是相邻线段之间是非光滑过渡，不连续性导致控制误差跳变。

路径由一系列点 $\boldsymbol{T}_i = [x_i, y_i]^{\mathrm{T}}(i = 1,2,\cdots,n)$ 定义，$n$ 是点数。在开始时，机器人应该跟随第一个线段（在 $\boldsymbol{T}_1$ 点和 $\boldsymbol{T}_2$ 点之间），并且它应该到达 $\boldsymbol{T}_2$ 点，其方向由矢量$\overrightarrow{T_1T_2}$定义。当它到达该线段的终点时，它开始跟随下一个线段（在 $\boldsymbol{T}_2$ 点

和 $\boldsymbol{T}_3$ 点之间)。图2.17用标记变量显示了 $\boldsymbol{T}_i$ 点和 $\boldsymbol{T}_{i+1}$ 点之间的实际线段。矢量 $\boldsymbol{v}=\boldsymbol{T}_{i+1}-\boldsymbol{T}_i=[\Delta x,\Delta y]^{\mathrm{T}}$ 定义线段方向,向量 $\boldsymbol{r}=\boldsymbol{R}-\boldsymbol{T}_i$ 是从 $\boldsymbol{T}_i$ 点到机器人中心 $\boldsymbol{R}$ 的方向,向量 $\boldsymbol{v}_n=[\Delta y,\ -\Delta x]$ 与向量 $\boldsymbol{v}$ 正交。

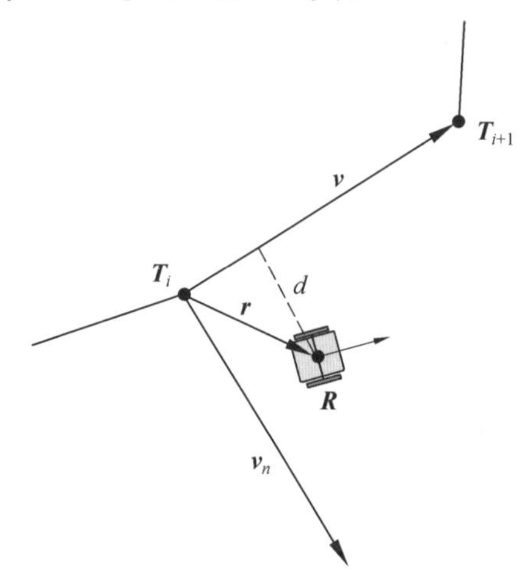


图2.17　由点序列确定的分段连续路径上的控制

当在 $\boldsymbol{T}_{i+1}$ 点中向量 $\boldsymbol{r}$ 到向量 $\boldsymbol{v}$ 的投影在由 $\boldsymbol{T}_i$ 点定义的区间内时,机器人必须跟随当前线段。是跟随当前线段还是后一条线段的这个条件可以表示为

$$\begin{cases}\text{current}(\boldsymbol{T}_i,\boldsymbol{T}_{i+1}), & 0<u<1\\ \text{next}(\boldsymbol{T}_{i+1},\boldsymbol{T}_{i+2}), & u>1\end{cases}$$

式中,$u$ 是点乘,有

$$u=\frac{\boldsymbol{v}^{\mathrm{T}}\boldsymbol{r}}{\boldsymbol{v}^{\mathrm{T}}\boldsymbol{v}} \tag{2.60}$$

变量 $u$ 用于检查当前线段是仍然有效还是需要切换到下一条线段。

机器人与直线段的正交距离用法向量 $\boldsymbol{v}_n$ 定义,即

$$d=\frac{\boldsymbol{v}_n^{\mathrm{T}}\boldsymbol{r}}{\sqrt{\boldsymbol{v}_n^{\mathrm{T}}\boldsymbol{v}_n}} \tag{2.61}$$

如果用距离长度来规范化距离 $d$,就得到机器人和直线之间的规范化正交距离 $d_n$,即

$$d_n=\frac{\boldsymbol{v}_n^{\mathrm{T}}\boldsymbol{r}}{\boldsymbol{v}_n^{\mathrm{T}}\boldsymbol{v}_n} \tag{2.62}$$

如果机器人在线段上,则正交距离 $d_n$ 为零;如果机器人在线段的右侧(根据向量 $\boldsymbol{v}$),则正交距离 $d_n$ 为正;如果机器人在线段的左侧,则正交距离 $d_n$ 为负。正交距离 $d_n$ 用于定义所需的方向或机器人运动。如果机器人在线段上或非常靠近线段,那么它需要跟随线段。但是,如果机器人离线段很远,则需要垂直于线段

行驶，以便更快地到达线段。在某一时刻行驶的参考方向可定义为

$$\varphi_{\text{ref}} = \varphi_{\text{lin}} + \varphi_{\text{rot}} \tag{2.63}$$

式中，$\varphi_{\text{lin}}$ 是线段的方向，$\varphi_{\text{lin}} = \arctan 2(\Delta y, \Delta x)$（注意，函数 $\arctan 2(\Delta y, \Delta x)$ 是四象限反正切函数）；$\varphi_{\text{rot}}$ 是附加的参考旋转校正，使机器人能够到达线段，$\varphi_{\text{rot}} = \arctan(K_1 d_n)$，增益 $K_1$ 根据 $d_n$ 改变 $\varphi_{\text{rot}}$ 的灵敏度。由于通过两个角的相加获得了 $\varphi_{\text{ref}}$，因此需要检查它是否在有效范围 $[-\pi, \pi]$ 内。

到目前为止，本书使用一些控制律定义了机器人需要遵循的参考方向。控制误差定义为

$$e_{\varphi} = \varphi_{\text{ref}} - \varphi \tag{2.64}$$

式中，$\varphi$ 是机器人方向。根据方向误差，机器人的角速度由比例控制器计算得出，即

$$\omega = K_2 e_{\varphi} \tag{2.65}$$

式中，$K_2$ 是比例增益。类似地，还可以实现 PID 控制器，其中积分部分加速了 $e_{\varphi}$ 的衰减，而微分部分抑制由积分部分引起的振荡。移动机器人的速度可以通过前面讨论的基本方法来控制。

### 2.2.3　轨迹跟踪控制方法

在移动机器人中，路径是机器人在广义坐标空间中需要行驶的一条“直线”。如果一条路径是用时间参数化的，也就是说，沿着路径的运动必须与时间同步，那么讨论的就是一条轨迹。当预先知道机器人的运动计划时，机器人的（参考）轨迹可以写成广义坐标空间中的时间函数 $\boldsymbol{q}_{\text{ref}}(t) = [x_{\text{ref}}(t), y_{\text{ref}}(t), \varphi_{\text{ref}}(t)]^{\text{T}}$。轨迹跟踪控制是一种确保机器人轨迹 $\boldsymbol{q}(t)$ 尽可能接近参考轨迹 $\boldsymbol{q}_{\text{ref}}(t)$ 的机制。

在考虑实现轨迹跟踪控制时，第一个想法可能是将参考轨迹想象为一个移动的参考位置，然后在控制器的每个采样时间，参考点移动到参考轨迹的当前点 $(x_{\text{ref}}(t), y_{\text{ref}}(t))$，并且通过控制律（式(2.52)和式(2.54)）对参考位置应用控制。注意，这里要求机器人尽可能靠近这个想象的参考点。当速度较低且位置测量噪声较大时，机器人的位置测量可以在轨迹前方进行。因此，通过使用改进的控制律（式(2.55)）等方式正确处理此类情况是极其重要的。

**算例1**　带有一对后轮的三轮机器人遵循参考轨迹 $x_{\text{ref}} = 1.1 + 0.7\sin\dfrac{2\pi t}{30}$ 和 $y_{\text{ref}} = 0.9 + 0.7\sin\dfrac{4\pi t}{30}$，车辆的初始位姿 $[x(0), y(0), \varphi(0)] = [5\ \text{m}, 1\ \text{m}, 108°]$。写出两种算法并在仿真运动模型上进行实验。

采用上面介绍的两种控制律进行控制：第一种方法使用控制律（式(2.52)

和式(2.54)),第二种方法使用改进控制律(式(2.55))。通过改变变量的值,控制可以在基本控制律和改进控制律之间切换(图2.18、图2.19)。

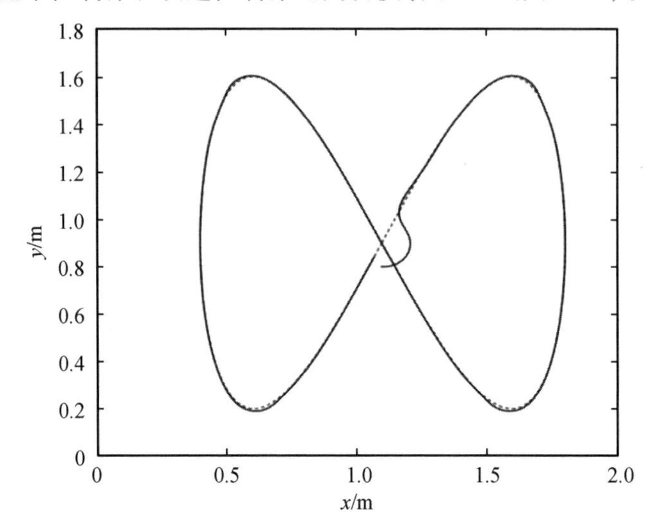


图2.18　阿克曼驱动的简单轨迹跟踪控制:参考路径(虚线)和实际路径(实线)

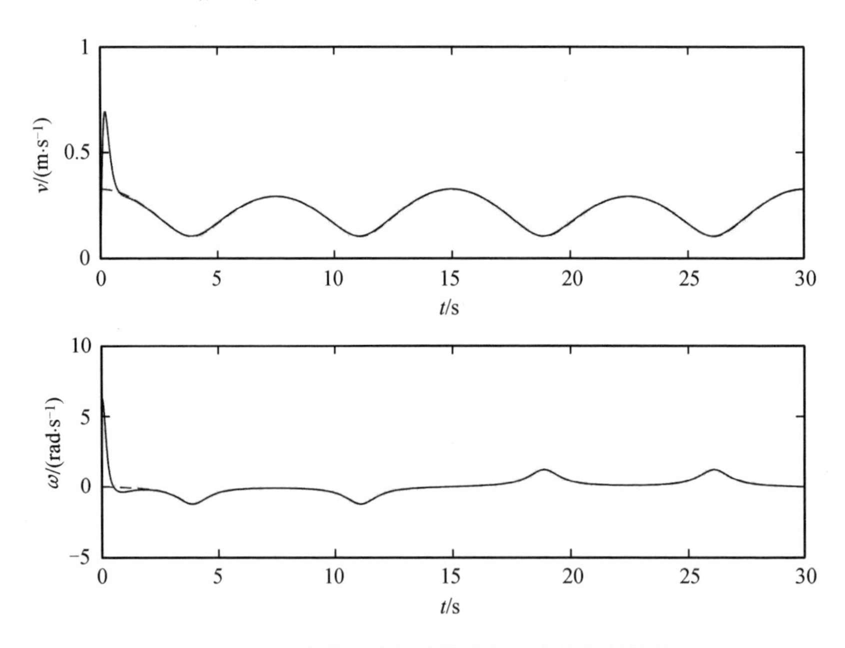


图2.19　阿克曼驱动的简单路径跟踪的控制信号

### 2.2.4 小结

本节介绍了移动机器人的点到点的位姿控制和轨迹控制方法，可以看出移动机器人的平面运动控制可通过对机器人的角速度和线速度的控制来实现。本节首先建立了移动机器人的转向和直线运动控制器，采用了传统的PID实现对角速度和线速度的控制，采用此方法可实现机器人两点位姿控制，但中间轨迹和运行姿态不可控，所以在此基础上，通过在两点之间增加中间点的方法来改善轨迹控制。可以看出，增加中间点限制了机器人在中间点处的运行姿态和位置，进而改变了运行轨迹。根据此思想，随着中间点数量的增加，可以实现对中间点形成的轨迹的精确控制，进而实现轨迹控制，也可以认为连续轨迹控制被离散化为若干个点与点之间的位姿控制。

## 2.3 轨迹规划方法

### 2.3.1 引言

从位置A到位置B的路径规划过程中，对障碍的回避和对环境变化的反应对人类来说是简单的任务，但对自主车辆来说就不那么简单了。首先，机器人利用传感器感知环境（存在测量误差），并构建或更新其环境地图；其次，利用不同的决策和规划算法，确定达到期望目标位置的适当运动动作；最后，考虑机器人的运动学和动力学约束进行运动控制。

下面介绍路径规划中涉及的基本概念和知识点，它们也是本节内容的预备知识。

**1. 机器人环境**

路径规划的第一步是机器人通过携带的传感器进行环境感知，环境由自由空间和障碍物占据的空间组成（图 2.20）。

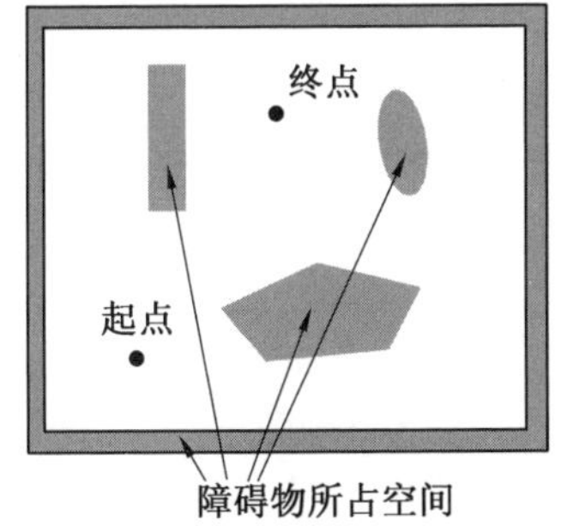


(a) 障碍物、起点和目标构型的环境

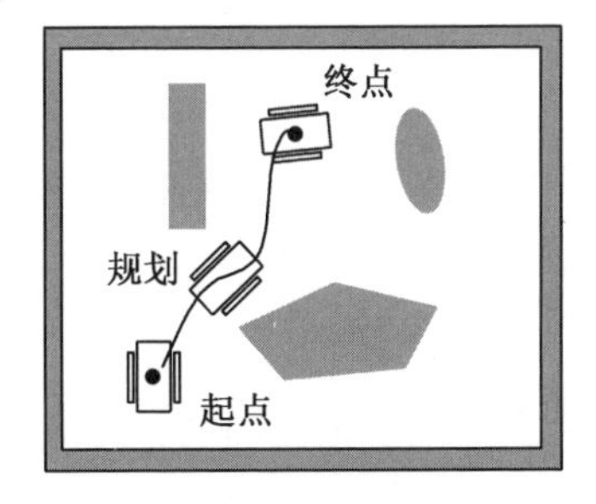


(b) 从起点到目标构型的可能路径

图 2.20　自由空间和障碍物占据的空间组成的环境

环境可分为静态环境和动态环境:静态环境是不随时间发生变化的环境;动态环境是存在动态障碍物的、随时间变化的环境。环境也分为已知环境和未知环境,还有结构化环境和非结构化环境等。

**2. 路径规划**

路径规划的任务是找到一条连续的路径,将机器人从起点驱动到目标点。整个路径必须位于自由空间中(图2.20)。

机器人的路径被描述为引导机器人从开始状态通过一些中间状态,最终到达目标状态的一系列动作。在当前状态下选择哪一个动作及选择哪种状态作为下一个状态取决于使用的路径规划算法和选择的准则。算法的任务是从当前状态可以访问的所有备选状态集合中选择下一个最合适的状态,这个决定是根据建立的优化目标函数做出的,通常用距离度量,如到目标状态的最短欧式距离。简单的路径规划中可以认为机器人在地图中为一个点,然而在对机器人进行路径规划的过程中,往往也要考虑机器人的姿态(状态或者构型)。

在某些开始状态和目标状态之间,可能有一条或多条路径,或者根本没有连接这些状态的路径。通常有几种可行的路径(即不与障碍物碰撞的路径),为缩小选择范围,引入了额外的需求或标准来定义期望的最优性:

(1) 路径长度必须最短;

(2) 合适的路径是机器人能够在最短时间内通过的路径(考虑机器人运动性能);

(3) 道路应尽可能远离障碍物;

(4) 道路必须平滑,无急转弯;

(5) 路径必须考虑运动约束(如非完整约束,此时并非所有行驶方向都是可能的)。

下面介绍一些典型的距离度量。

(1) 曼哈顿距离。计算公式为

$$c = |x_1 - x_2| + |y_1 - y_2| \tag{2.66}$$

(2) 欧氏距离。它是人们在解析几何里最常用的一种计算方法,欧氏距离中的距离计算公式为

$$c = \sqrt{(x_1 - x_2)^2 + (y_1 - y_2)^2} \tag{2.67}$$

(3) 闵氏距离。上面的两种距离又可统一为闵氏距离,当$p = 1$时,闵氏距离即为曼哈顿距离;当$p = 2$时,闵氏距离即为欧氏距离,即

$$d = \left( \sum_{i=1}^{n} |x_i^{(a)} - x_i^{(b)}|^p \right)^{\frac{1}{p}} \tag{2.68}$$

图 2.21 所示为曼哈顿距离和欧氏距离的区别。折线表示曼哈顿距离，可以看出由曼哈顿距离构成的路径只能沿着 $X$ 和 $Y$ 轴运动，这种路径规划多数应用在 AGV 的路径规划和城市交通路径规划中。在这种情况下，路径的规划受到环境限制，能够规划的路径已经被环境分成了垂直的网格结构。而欧氏距离则是考虑了最短路径，如图中的对角线所示。

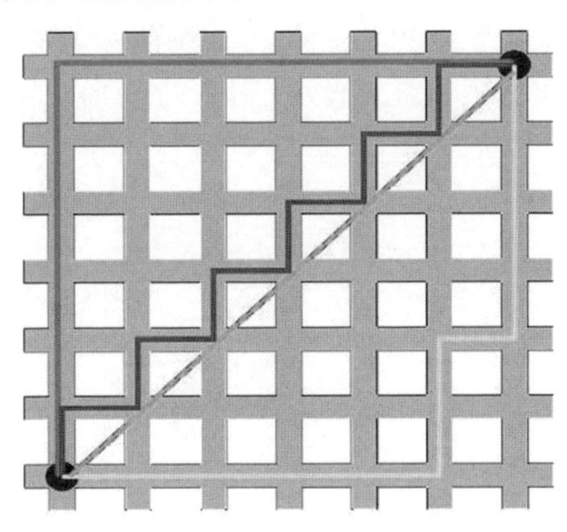

图 2.21　曼哈顿距离和欧氏距离的区别

### 3. 构型和构型空间

对于工作空间（Working Space）和构型空间（Configuration Space，C - space）的区别，以机械臂为例进行说明：工作空间是末端的轨迹，而构型空间也就是俗称的关节空间，它们之间的转换是通过机器人运动学正逆解来实现的。几种典型的C - space 如下。

平面机器人，它的 C - space 就是特殊的欧氏群 SE(2)：$[x, y, \varphi]^{\mathrm{T}}$。

六轴机械臂，它的 C - space 就是六维向量空间，也就是关节空间：$[\theta_1, \theta_2, \theta_3, \theta_4, \theta_5, \theta_6]^{\mathrm{T}}$。

在轨迹规划过程中工作空间的意义：在障碍环境中规划出来的轨迹仅仅是机器人末端的轨迹（工作空间轨迹），也就是保证末端轨迹不与周边环境产生碰撞的路径；然而，以机械臂为例，机械臂在实现末端轨迹的过程中，关节可能会与周边环境碰撞，所以也要考虑关节与环境的碰撞关系，而关节构成的空间就是构型空间，所以在对机器人进行轨迹规划时不仅要考虑机器人末端的轨迹规划（也就是工作空间轨迹规划），还要考虑构型空间，在综合考虑工作空间和构型空间的情况下进行机械臂轨迹规划。本章的研究对象是平面移动机器人，对平面机器人来说，以机器人的尺寸为基础，对工作空间进行一定的膨胀即可得到 C - space，而多数的情况下是对障碍环境依据构型空间的形状进行膨胀，形成的新环境作为路径规划的环境。

假设有一个圆形机器人在平面内做平移运动(即它有两个自由度 $\boldsymbol{q}=[x,y]^{\mathrm{T}}$,简化为二维构型空间),那么它的构型可以由表示机器人中心的一个点$(x,y)$来定义。在这种情况下,图 2.22(a) 是在障碍物环境中圆形移动机器人的开始和目标构型,如图 2.22(b) 所示,保持机器人与障碍物接触,同时在障碍物周围移动机器人形成的空间就是构型空间 $Q$。这样,形成的新障碍物环境描述为 $Q_{\text{free}}$ 和 $Q_{\text{obs}}$,机器人则可用中心点来表示(图 2.22(c))。换句话说,通过已知的机器人尺寸(半径)来扩大障碍物,以便将机器人视为路径规划问题中的一个点。

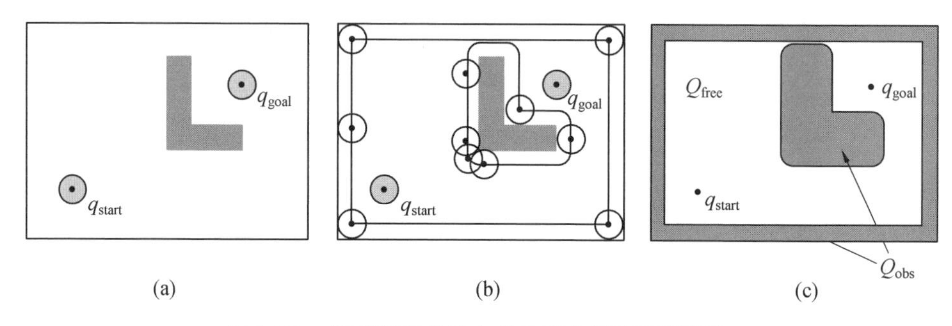


图 2.22 圆形移动机器人的构型空间和障碍膨胀

假设三角形移动机器人只在平面内平移运动,其构型空间和障碍膨胀如图 2.23 所示。机器人只能在 $x$ 和 $y$ 方向上移动($\boldsymbol{q}=[x,y]^{\mathrm{T}}$)。其中,图 2.23(a) 所示为矩形障碍物和三角形机器人,图 2.23(b) 所示为构型空间的确定,图 2.23(c) 所示为自由构型空间 $Q_{\text{free}}$ 及障碍物占据的空间 $Q_{\text{obs}}$。

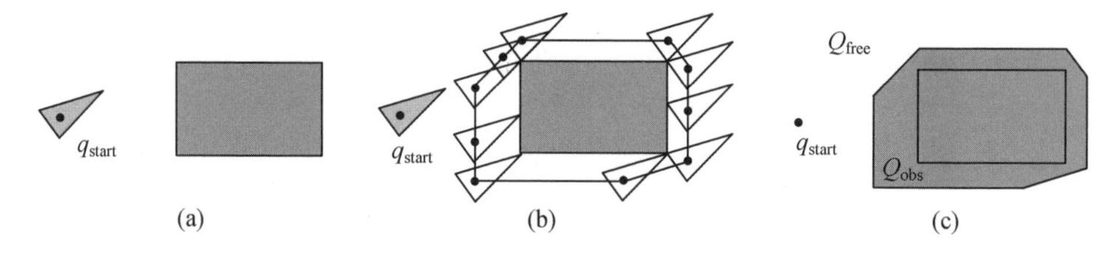


图 2.23 三角形移动机器人的构型空间和障碍膨胀

如果图 2.23 中的机器人也可以旋转,那么它将具有三维构型 $\boldsymbol{q}=[x,y,\varphi]^{\mathrm{T}}$,并且构型空间将更加复杂。通过简化,可以使用一个圆来确定构型空间(圆心是机器人中心,面积覆盖了机器人所有姿态),形成的构型空间 $Q_{\text{free}}$ 比真正的自由构型空间小,因为轮廓圆面积比机器人面积大,这样处理大大简化了路径规划问题。

从路径规划算法的发展(图 2.24)中可以看出,路径规划根据原理可以分为

基于图的搜索算法、基于采样的规划算法和局部规划算法。下面将对这几种算法的实现过程进行详细描述。

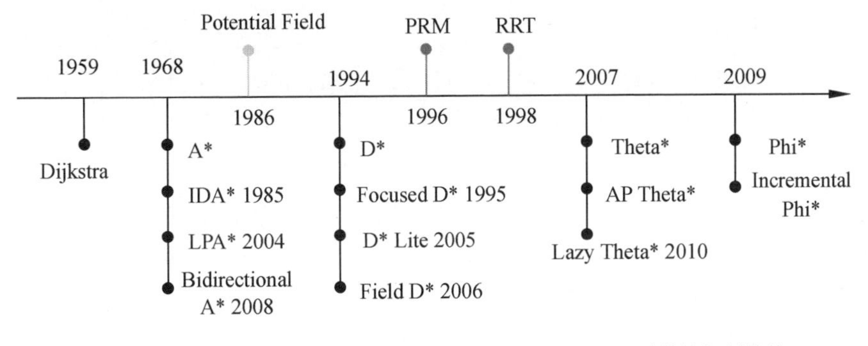


图2.24 路径规划算法的发展

## 2.3.2 用于路径规划的环境描述

在路径规划之前,环境需要以统一的数学方式呈现,这种方式适合于路径搜索算法中的处理。环境表示的方法有图表示(Graph)、单元分解(Cell Decomposition)、路线图(Skeletonization)和势场(Potential Field)。

### 1. 图表示

构型空间由自由空间和障碍物占据的空间组成,自由空间包含移动系统的所有可能构型(状态)。自由空间包括开始和目标构型及它们之间的中间构型,这些构型和状态转移路径构成状态转移图,状态由圆和节点表示,它们之间的联系由线给出。因此,连线代表系统在状态间移动所需的动作(图2.25),图2.25(a)为加权图,图2.25(b)为有向加权图。

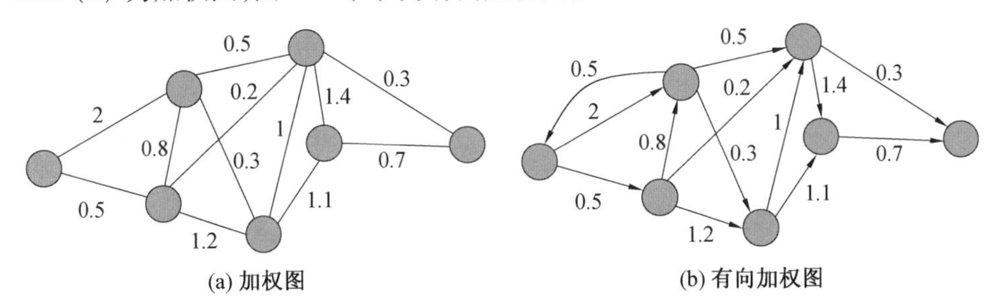


图2.25 加权图和有向加权图

在加权图中,每个连接都有一些规定的权重,这些权重是执行状态转换需要的动作成本。在有向图中,连接是有方向的,成本与转移的方向有关;而在无向图中,转移在两个方向上都是可能的。图 2.25 中的路径搜索可以使用不同的算法,如 A* 算法、Dijkstra 算法等。

**2. 单元分解**

环境可以被划分成多个单元,被划分成单元的环境可以用状态转移图来呈现,其中状态是单元内的某些点(如中心),状态(节点)之间的连接仅在相邻单元之间产生(如具有公共边的单元)。

(1)单元的精确分解。如果所有单元都完全是自由空间或者完全位于障碍物占据的空间,那么单元的分解是准确的。因此,精确分解没有损失,所有自由单元的并集等于自由构型空间 $Q_{free}$。

垂直分解就是对单元精确分解的一种方法(图 2.26(a))。这种分解可以通过使用从环境左边界到右边界的假想垂线来获得,每条垂线经过一个障碍角(某些多边形的顶点),这样就会在单元之间形成一条垂直边界,可以看出垂线可能向上或向下单方向引出,也可能上下贯穿。这种方法的复杂性取决于环境的几何形状,对于简单的环境,单元的数量和它们之间的连接很少,随着多边形(障碍物)及其顶点数量的增加,单元的数量也会增加。

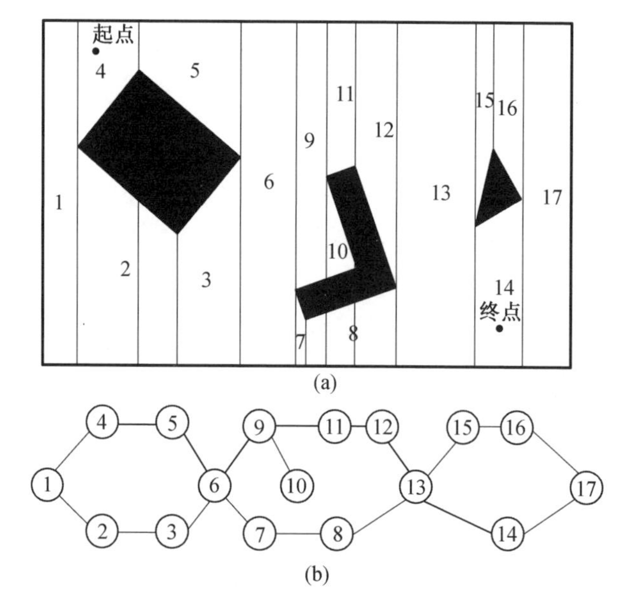


图 2.26　垂直单元分解和状态转移图

对单元的精确分解可以用状态转移图来表示(图 2.26(b)),状态转移图由节点(单元的中心)和单元之间的转移(单元之间边界的中点)组成。可以看出,分成的每一个独立的自由空间都作为节点(圆圈),区域的中心作为节点起点,然

后将每个自由空间通过连线连接(连线),连线经过两个区域边界的中心。

(2) 单元的近似分解。对整个环境进行单元网格划分之后,某些单元不仅包含自由构型空间,而且包含某个障碍或某些障碍的一部分,此时对单元的环境分解是近似的,也就是说这个网格中不仅包括空闲区域,还包括障碍物。通常把包含部分障碍及全部障碍的单元标记为已占用,而剩余单元标记为空闲。如果对单元的分解具有相同的大小,则得到一个占用网格(图2.27)。

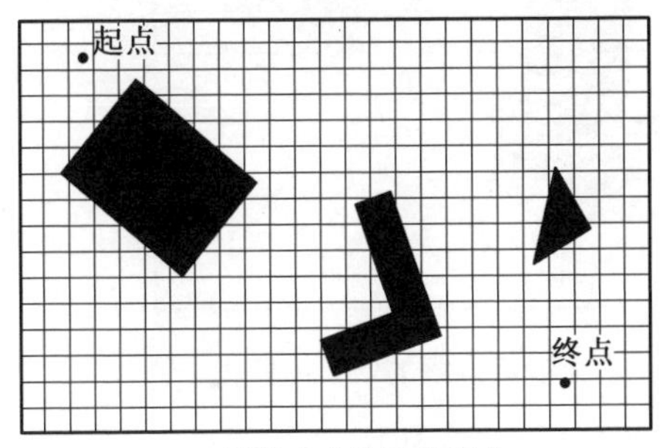


(a) 以等大小的网格划分

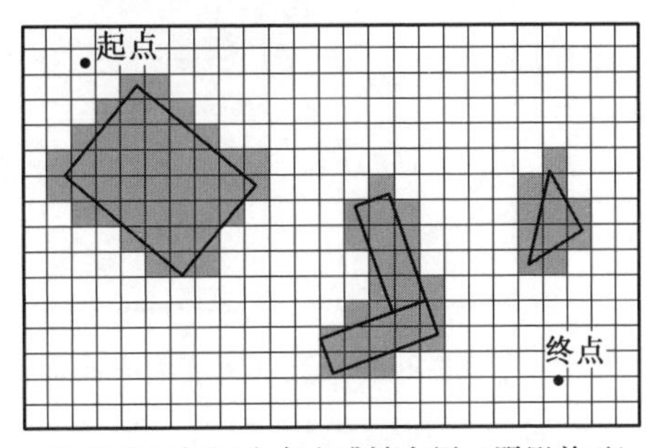


(b) 将单元标记为自由或被占用(阴影单元)

图2.27　单元近似分解的两个步骤

① 均匀网格划分。对整个区域用大小不变的网格进行划分,每个单元格的中心(图2.27中自由单元格用白色标记)在图中显示为一个节点。一个单元运动到下一个备选单元的过渡是四个方向,如果对角可通行,则为八个方向。这种方法对于应用来说非常简单,但是由于单元大小不变,因此一些关于环境的信息可能会丢失。例如,障碍物被扩大,其中狭窄的通道可能会丢失。另外,此划分方法的主要缺点是内存的使用,扩大环境的大小和降低单元的大小都会使内存使用增加。图2.27表示了单元近似分解的两个步骤:以等大小的网格划分和将单元标记为自由或被占用(阴影单元)。

② 四叉树地图。如果使用可变大小单元,则在较低的存储器使用率下即可获得较小的环境信息损失。典型例子是四叉树,在四叉树中,最初整个环境是一个单元,如果整个单元处于自由空间,或者整个单元被障碍物占据,则单元保持原样;如果这个单元被障碍物部分占据,那么它就会分裂成更小的单元。重复此过程,直到得到期望的分辨率为止。

图2.28所示为使用可变大小单元对单元进行近似分解的四叉树算法,自由单元格被标记为白色,而被占用的单元格以阴影标记,可以用一个状态图来描述。对单元的近似分解比对单元的精确分解简单。然而,由于信息的丢失,因此路径规划算法可能无法找到可能存在的解决方案。

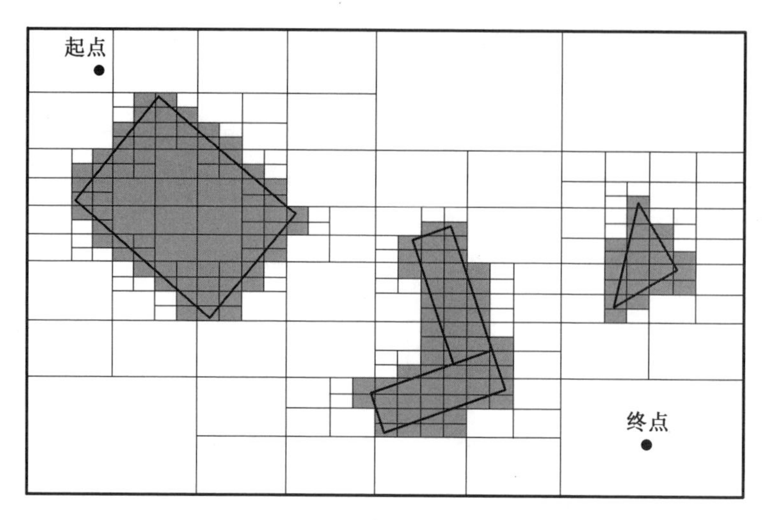


图 2.28　使用可变大小单元对单元进行近似分解的四叉树算法

在具有随机障碍物环境中的四叉树分解如图 2.29 所示，可以看出四叉树被一个网格覆盖，该网格连接了所有相邻单元的中心。

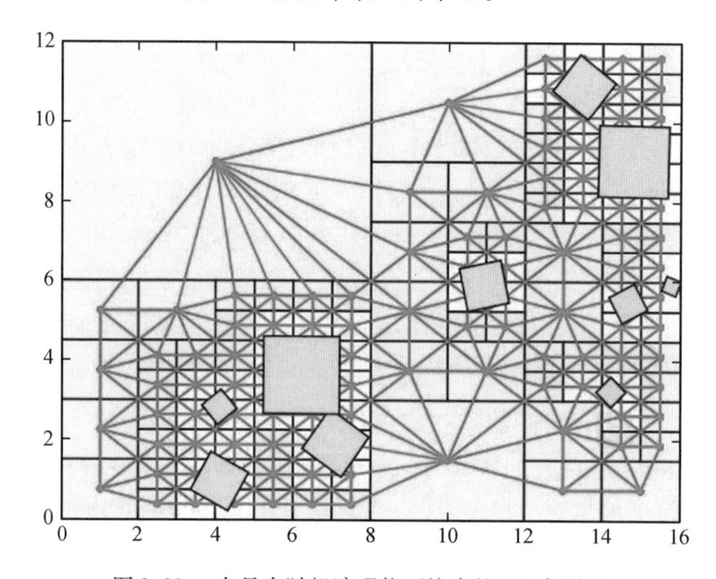


图 2.29　在具有随机障碍物环境中的四叉树分解

③ 八叉树地图。八叉树地图是一种用于描述三维空间的树状数据结构，八叉树的每个节点表示一个正方体的体积元素，每个节点有八个子节点，将八个子节点所表示的体积元素加在一起就等于父节点的体积。建立八叉树地图的过程如下：对目标场景建立第一个立方体，将此立方体进行八等分，并建立八叉树数据结构；全是障碍物或者全是空闲的立方体不再进行划分，而部分是障碍物和空

闲的立方体则继续进行八等分划分,相应的数据存储在八叉树数据结构中;若没有达到最大递归深度,则继续对满足条件的立方体进行八等分,直到达到最大递归深度为止。这样,用点云数据表示的地图就可以用八叉树表示,并且通过八叉树数据结构存储地图情况,当对环境数据进行处理和轨迹规划的时候采用的则是数据结构中存储的环境信息。四叉树和八叉树表达的地图形式如图 2.30 所示。

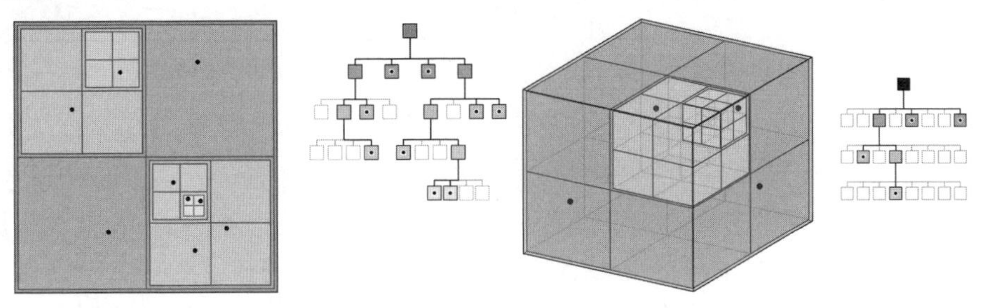

图 2.30　四叉树和八叉树表达的地图形式

## 3. 路线图

路线图是包含所有可能路径的图,由直线、曲线及其交点组成,给出了自由空间中各点之间可能的路径。路径规划的任务是将起点和目标点与地图中现有的道路连接起来,以找到道路的连接顺序,最终形成规划路径。路线图取决于几何环境,难点在于找到最少数量的道路,使移动机器人能够进入环境的任何自由部分。下面介绍两种不同的路线图构建方法:可视图和 Voronoi 图。

(1) 可视图(Visibility Graph)。可视图是将起始点、所有障碍物的顶点和目标节点相互连接而构建的路线图(图 2.31(a)),也就是由位于自由空间中的任意两个顶点之间的所有可能连接组成。这意味着对于每个顶点,都与从它可以看到的所有其他顶点建立了连接,起点和目标点也被视为顶点,同一多边形障碍物的相邻顶点之间也会建立连接。由于使用可视图获得的路径倾向于尽可能靠近障碍物,因此这是可能的最短路径。为防止机器人与障碍物碰撞,障碍物可以按照 2.3.1 节中所述按机器人构型空间进行膨胀。

可视图使用起来很简单,但是道路连接的数量会随着障碍物的数量而增加,这会导致复杂性更高,从而降低效率。其简化的方法是移除可被现有较短连接替换的冗余连接。

(2) Voronoi 图(Voronoi Graph)。Voronoi 图(图 2.31(b)) 由与障碍物距离最大的路段组成,这也意味着任何两个障碍物之间的道路与两个障碍物的距离相等。

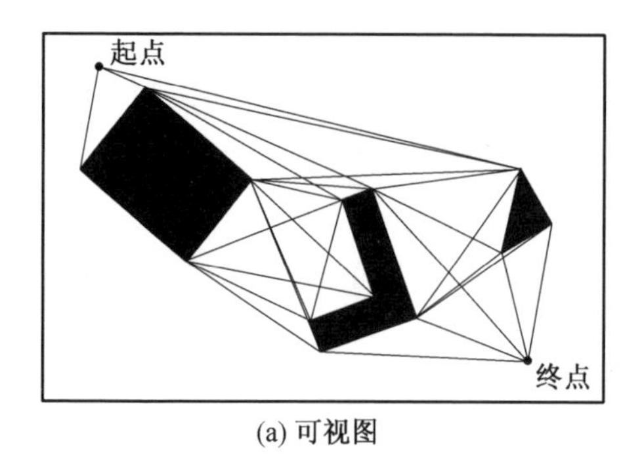

(a) 可视图

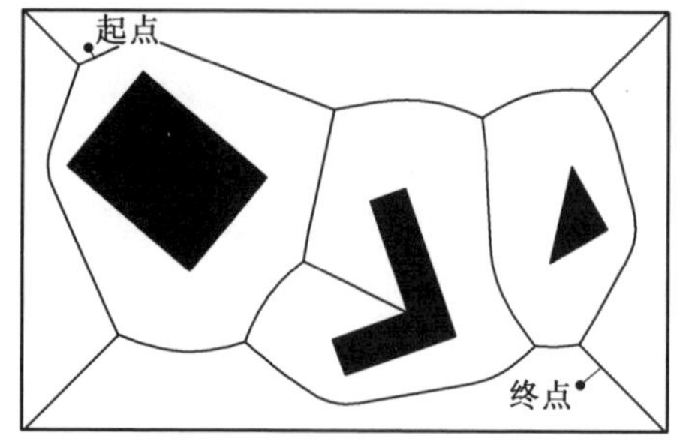

(b) Voronoi 图

图 2.31　路线图

Voronoi 图定义为具有 $n$ 个种子点(如障碍物点)的平面。它将平面划分为 $n$ 个区域,这些区域的边界定义了路线图。每个区域只有一个种子点,并且本区域的任意点离本区域的种子点是最近的(相对于图中所有的种子点),每个区域称为该种子点的 Voronoi 区域。例如,任意形状的障碍物(如正方形、直线等)组成的平面环境 Voronoi 图示例如图 2.31(b) 所示。这里,空间划分成的每个区域恰好有一个种子障碍,区域中的任何一点都距离自己区域的种子障碍物最近(相对于所有种子障碍物)。区域之间的边界定义了路线图。

Voronoi 图的优缺点:生成的路径是离障碍物最远的,最好地避免了碰撞的发生,但缺点是生成的路径并不是最优的(不是最短的)。在这样的道路上驾驶可以最大限度地降低与障碍物碰撞的风险,当知道机器人的姿态存在一定的不确定性(测量噪声或控制引起)时就需要这样做。

在由多边形构成的环境中,路线图由三条典型的 Voronoi 曲线组成(图 2.32)。两个顶点之间距离相等的 Voronoi 曲线是一条直线,两条边之间距离相等的 Voronoi 曲线也是一条直线,顶点和直线段之间距离相等的 Voronoi 曲线是一条抛物线。在路线图中,起点和目标点包含在连接生成的线路中,所获得的图用于找到解决路径。

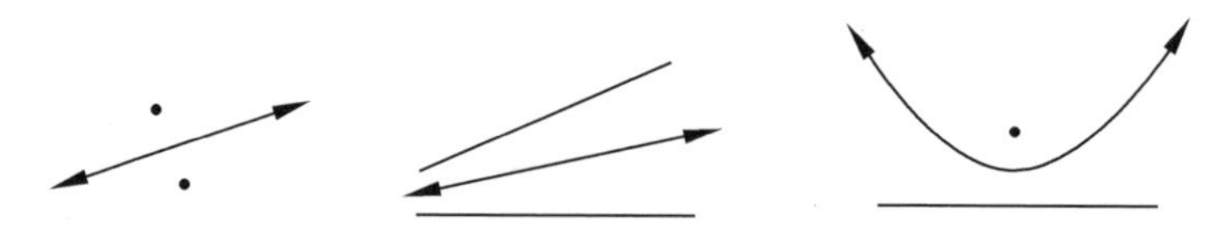

图 2.32　典型 Voronoi 曲线

如前所述,这种方法使机器人到障碍物的距离最大化。然而,所获得的路径远远不是最佳的(最短的)。带有距离传感器的机器人(如超声波或激光测距仪)可以得到其与障碍物的距离,适合在 Voronoi 图中行驶。而安装碰撞或邻近传感器的机器人不能跟踪 Voronoi 路径,因为它们无法定位,但是可以跟踪可视图中的路径。

在 Matlab 软件中，点集的 Voronoi 图可以使用 voronoi 函数来绘制。而图 2.33 所示的环境包含多边形，因此不能直接使用 voronoi 函数。但是如果每条边用许多等距（辅助）的点来表示，则可以使用 voronoi 函数得到近似的 Voronoi 图（图 2.33），其中每条障碍物的边用 20 个点来表示。为得到最终的 Voronoi 图，需要去除属于两个边的共同辅助点。

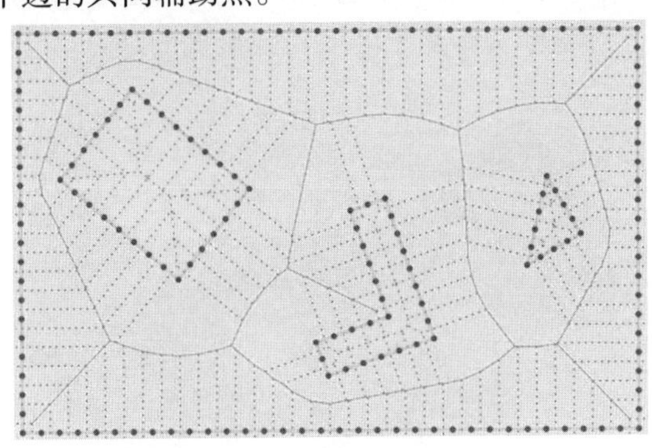

图 2.33　由 voronoi 函数计算得到的近似 Voronoi 图

（3）三角剖分（Triangulation）。三角剖分是一种分解形式，其中环境被分成三角形单元。一种可能的算法是 Delaunay 三角剖分，它是 Voronoi 图的对偶表示。在 Delaunay 图中，每个三角形的中心（外接圆的中心）与 Voronoi 多边形的每个顶点重合，三角边对应于障碍物的边的 Delaunay 三角剖分如图 2.34 所示。

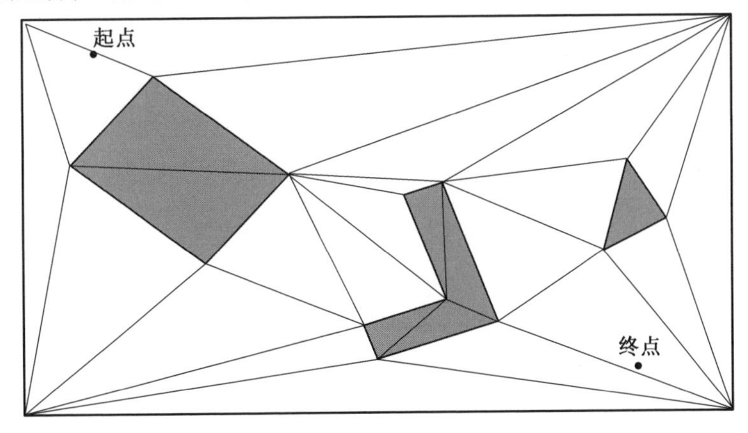


图 2.34　三角边对应于障碍物的边的 Delaunay 三角剖分

在 Matlab 中，对于已知点的 Delaunay 三角剖分可以通过 Delaunay 函数计算得到，使用 triplot 函数可以绘制出图形。

**4. 势场**

势场法用势场来描述环境。势场可以看作一个假想的高度，目标点在底部，高度随着到目标点的距离增加而增加，在障碍物处更高。基于势场的路径规划如图 2.35 所示，路径规划过程可以解释为球滚落到目标的运动。已知目标点的势场（图 2.35(a)）、等势线以及对两个起点的计算路径算例（图 2.35(b)、(c)）。从两个算例可以看出：以图 2.35(b) 的起点计算路径能够到达目标点，而以图 2.35(c) 的起点计算路径则路径陷在凹形障碍物中，即利用人工势场规划路径失败，因此人工势场算法有易于陷入局部最优的缺点。

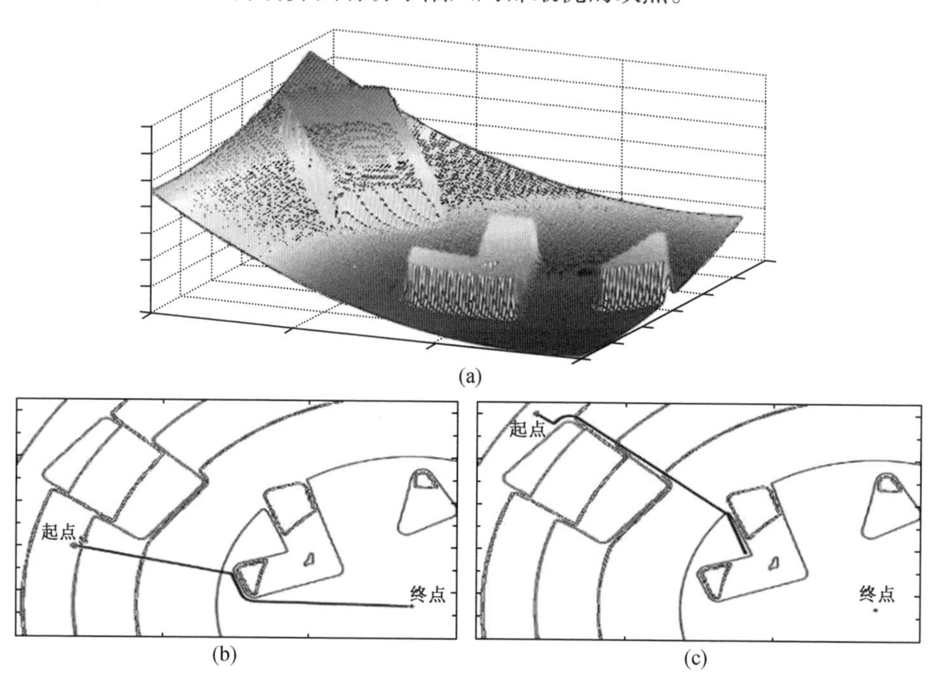


图 2.35　基于势场的路径规划

势场表示为由目标点 $U_{\mathrm{attr}}(\boldsymbol{q})$ 引起的吸引场和由障碍物引起的排斥场 $U_{\mathrm{rep}}(\boldsymbol{q})$ 的总和，即

$$U(\boldsymbol{q}) = U_{\mathrm{attr}}(\boldsymbol{q}) + U_{\mathrm{rep}}(\boldsymbol{q}) \tag{2.69}$$

目标点是势场的全局最小值。式(2.69) 中的吸引势可以定义为与到目标点的欧氏距离 $D(\boldsymbol{q},\boldsymbol{q}_{\mathrm{goal}}) = \sqrt{(x - x_{\mathrm{goal}})^2 + (y - y_{\mathrm{goal}})^2}$ 的平方成正比，即

$$U_{\mathrm{attr}}(\boldsymbol{q}) = k_{\mathrm{attr}} \frac{1}{2} D^2(\boldsymbol{q},\boldsymbol{q}_{\mathrm{goal}}) \tag{2.70}$$

式中，$k_{\mathrm{attr}}$ 是一个正常数。

排斥场 $U_{\mathrm{rep}}(\boldsymbol{q})$ 在障碍物附近应该非常高，并且随着与障碍物距离的增加，排斥场降低。当 $D(\boldsymbol{q},\boldsymbol{q}_{\mathrm{obst}})$ 高于某个阈值 $D_0$ 时，它应该为零，也就是大于阈值距离的障碍物认为其斥力为零。排斥势可以表示为

$$U_{\mathrm{rep}}(\boldsymbol{q})=\begin{cases}\dfrac{1}{2}k_{\mathrm{rep}}\left(\dfrac{1}{D(\boldsymbol{q},\boldsymbol{q}_{\mathrm{goal}})}-\dfrac{1}{D_0}\right)^2, & D(\boldsymbol{q})\leqslant D_0\\0, & D(\boldsymbol{q})\geqslant D_0\end{cases}\tag{2.71}$$

式中，$k_{\mathrm{rep}}$ 是一个正常数；$D(\boldsymbol{q},\boldsymbol{q}_{\mathrm{goal}})$ 是到最近障碍物上最近点的距离。

为获得从起点到终点的路径，需要遵循势场的负梯度 $-\nabla U(\boldsymbol{q})$ 要求。吸引场（式(2.70)）的负梯度为

$$-\nabla U_{\mathrm{attr}}(\boldsymbol{q})=-k_{\mathrm{attr}}\frac{1}{2}\begin{bmatrix}2(x-x_{\mathrm{goal}})\\2(y-y_{\mathrm{goal}})\end{bmatrix}=k_{\mathrm{attr}}(\boldsymbol{q}_{\mathrm{goal}}-\boldsymbol{q})\tag{2.72}$$

它处于机器人位姿 $\boldsymbol{q}$ 到目标 $\boldsymbol{q}_{\mathrm{goal}}$ 的方向，大小与点 $\boldsymbol{q}$ 和点 $\boldsymbol{q}_{\mathrm{goal}}$ 之间的距离成正比。

当 $D_{\mathrm{obst}}<D_0$ 时，排斥场（式(2.71)）的负梯度为

$$\begin{aligned}-\nabla U_{\mathrm{rep}}(\boldsymbol{q})&=-k_{\mathrm{rep}}\left(\frac{1}{D_{\mathrm{obst}}}-\frac{1}{D_0}\right)\frac{-1}{D_{\mathrm{obst}}^2}\nabla D_{\mathrm{obst}}\\&=k_{\mathrm{rep}}\left(\frac{1}{D_{\mathrm{obst}}}-\frac{1}{D_0}\right)\frac{-1}{D_{\mathrm{obst}}^3}(\boldsymbol{q}-\boldsymbol{q}_{\mathrm{obst}})\end{aligned}\tag{2.73}$$

式中

$$D_{\mathrm{obst}}=D(\boldsymbol{q},\boldsymbol{q}_{\mathrm{goal}})=\sqrt{(x-x_{\mathrm{obst}})^2+(y-y_{\mathrm{obst}})^2}$$

排斥场的方向总是远离障碍物，它的强度随着与障碍物距离的增加而降低。对于 $D_{\mathrm{obst}}>D_0$ 的情况，排斥场 $-\nabla U_{\mathrm{rep}}(\boldsymbol{q})=0$。

通过使用势场来呈现环境，机器人可以简单地通过跟随势场的负梯度到达目标点。势场的负梯度由已知的机器人位置显式计算。这种方法的主要缺点是机器人可能陷入局部最小值和抖动行为。

(1) 局部最小值。如果环境包含任何凹形障碍物（图2.35(c)），对这样的情况，一般引入抽样规划的思想，在局部最小值处加入一个扰动（随机行走）或回溯，以期跳出局部极小值。

(2) 抖动行为。如果当前点与两个障碍物等距，可能造成机器人在障碍物间的中线上来回跳动，改进方法是重新定义斥力势函数。

人工势场的方法可以用于离线规划路径，同时可以用于机器人在线控制，机器人可以沿着负梯度进行运动控制。

### 2.3.3　简单路径规划算法：Bug 算法

Bug 算法是最简单的路径规划算法，因为它只关注局部信息，不需要环境地图，因此适用于环境地图未知或快速变化的情况，以及移动平台计算能力有限的情况。机器人从传感器（如距离传感器）获得局部信息和全局目标信息，动作由两个简单的行为组成：朝着目标直线运动和沿着障碍边界跟随。

使用这些算法的移动机器人可以避开障碍物并向目标移动。算法仅需要使

用较低的内存,但是获得的路径通常远非最佳。Bug 算法最初是在文献[8]中实现的,随后有了一些改进,如文献[9-11]。下面介绍一种 Bug 算法。

Bug 算法有以下两个基本行为。

(1)向目标移动,直到检测到障碍物或达到目标。

(2)如果检测到障碍物,则向左(或向右)转动,并沿着障碍物的轮廓运动,直到能够继续朝着目标点做直线运动。图 2.36 所示为 Bug 算法实现的一个例子。在图 2.36(a)所示环境中成功地找到了一条通向目标的路径,而在图 2.36(b)所示环境中却不成功。

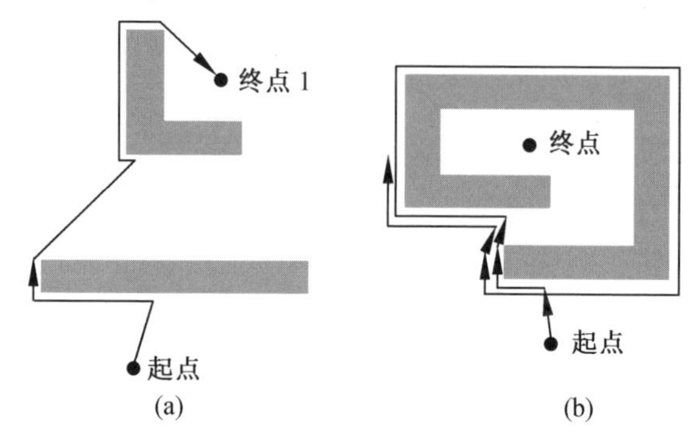


图 2.36　Bug 算法实现的一个例子

在一个差速机器人上使用 Bug 算法进行路径规划。假设环境地图未知,机器人仅知道它的当前位姿、目标点和到目标点的距离(由传感器测量)。

根据 Bug 算法,如果机器人距离障碍物足够远(如 0.2 m),机器人应当朝向目标点运动;如果机器人距离障碍物足够近,就沿着障碍物运动。使用 Bug 算法驱动机器人避开障碍物到达目标点如图 2.37 所示。

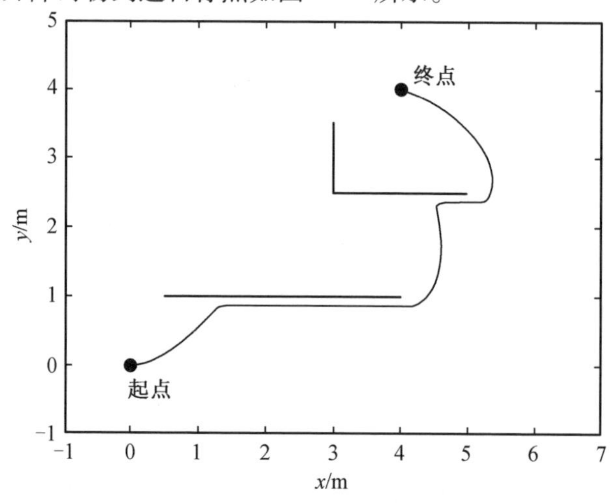


图 2.37　使用 Bug 算法驱动机器人避开障碍物到达目标点

### 2.3.4　基于图的路径规划算法

如果有障碍物的环境由一个图表示，可以基于此图使用路径搜索算法来找到从开始到目标位姿的路径。下面介绍几种著名的基于图的路径搜索算法。

基于图的路径搜索算法流程如下：先检查起始节点，以确定它是否也是目标节点，然后搜索扩展到当前节点附近的其他节点，选择一个邻近节点（如何选择节点取决于所用算法及其成本函数），如果它不是目标节点，那么搜索也扩展到这个新节点的邻近节点，这个过程一直持续到找到解决方案或者所有的图节点都被计算完。

在图中执行搜索时，会列出已经访问过的节点，其主要目的是防止多次访问同一节点。因此，要维护两个列表，分别是 OPEN 列表和 CLOSED 列表，将要搜索的区域也就是邻近节点（又称活动节点）放在 OPEN 列表中，没有后继节点或已经检查过的节点（又称死节点）被保存在 CLOSED 列表中。

路径搜索的推演依赖于选择新节点来扩展搜索区域的策略。根据一些标准对 OPEN 列表的节点进行排序，从排序的列表中选取最优节点，该节点最符合所使用的排序标准（具有优化目标函数的最小值）。

开始时，OPEN 列表 Q 只包含起始节点。计算起始节点邻域内的节点并将其放入 OPEN 列表，起始节点放入 CLOSED 列表。然后，使用 OPEN 列表中的最优节点（排序后的第一节点）扩展搜索，并计算其后继节点。OPEN 列表包含上一步剩余的候选节点（除被选的第一个节点外）和当前需要计算的候选节点。广度优先搜索算法流程如图 2.38 所示，其中 OPEN 列表中的节点用浅灰色表示，CLOSED 列表中的节点用黑色表示，未访问的节点用白色表示，当前被搜索的节点用箭头标记。可以看出为什么 OPEN 列表中的节点称为叶节点。

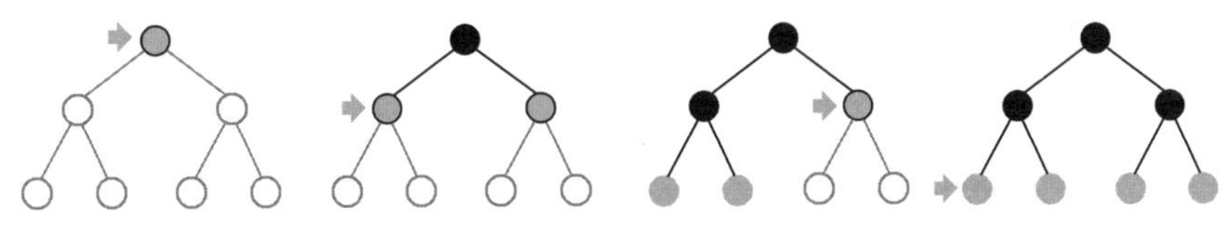

图 2.38　广度优先搜索算法流程

图形搜索算法可以分为知情的和不知情的。除问题定义外，不知情算法不使用任何附加信息。这些方法系统地搜索图，并且不区分更有希望的节点和不太有希望的节点。知情搜索又称启发式搜索，包含关于节点的附加信息。因此，可以选择更多有可能的节点进行搜索，最终的解决方案会更有效。

#### 1. 广度优先搜索

广度优先搜索是一种不知情图搜索算法，其核心思想是：从初始节点开始，生成第一层节点，检查目标节点是否在这些后继节点中；若没有，再用产生式规则将所有第一层的节点逐一扩展，得到第二层节点，并逐一检查第二层节点中是否包含目标节点；若没有，再用算法逐一扩展第二层的所有节点，如此依次扩展、检查下去，直到发现目标节点为止(图 2.38)。

在 OPEN 列表中，节点使用先进先出的队列排序。新节点被添加到列表 Q 的末尾，并且用于扩展搜索的节点从列表 Q 的开头提取。

该算法是完备的，如果路径存在，则一定能够搜索到目标点，但可能会存在多个解，算法选择从起始节点开始步骤最少的一个。

算法的缺点：找到的解决方案并不是最优的，因为算法认为点与点之间的运行成本是相同的，然而节点之间的转换不一定都具有相同的成本函数；该算法属于遍历算法，通常需要高内存消耗和长计算时间，随着图分支的扩展，计算时间和内存消耗都呈指数增长。

**2. 深度优先搜索**

深度优先搜索是一种不知情图搜索算法，从名字上也可以看出其与广度优先搜索的区别，深度优先搜索遵循的搜索策略是尽可能“深”地搜索树。距起始节点最远的节点用于扩展搜索，搜索持续进行，直到当前节点不再有后继节点为止(图 2.39)，随后继续搜索下一个最深的节点。

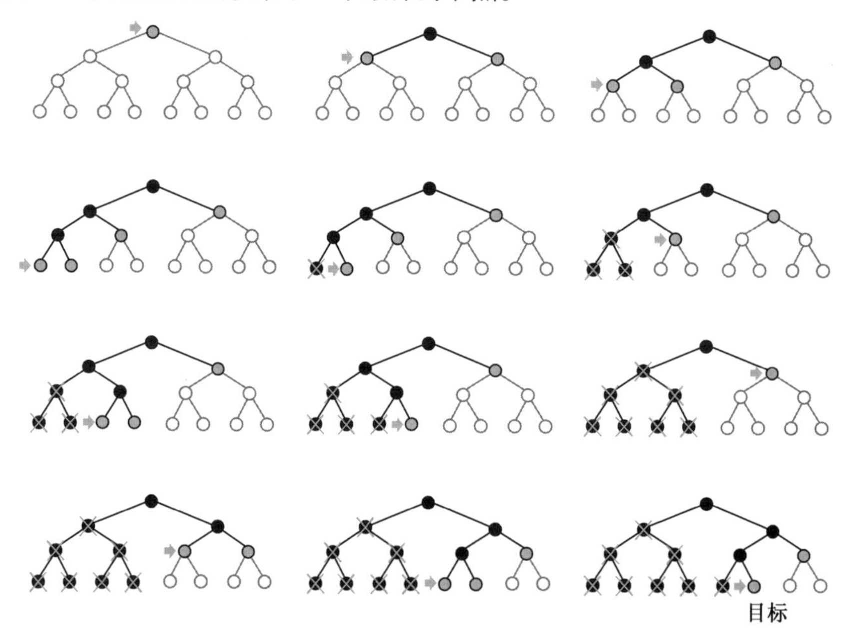


图 2.39　深度优先搜索算法流程

OPEN 列表是按照后进先出法排序的堆栈。新打开的节点被添加到列表 Q 的开头，作为扩展搜索区域的节点。

深度优先搜索是不完备的。在无限图的情况下(无限分支没有结束)，它可

能陷入图的一个分支；或者在循环分支（有限图形深度的循环）的情况下，它可能会陷入循环。为避免这个问题，搜索可以只限于某个深度。

算法缺点：与广度优先搜索算法相比，该算法得到的路径并不是最短的，因为一旦找到一条路径算法就结束了；同时也具有广度优先搜索算法的缺点，即不能表示路径的成本函数。

与广度优先搜索相比，这种方法的内存消耗较低，因为它只存储从起始节点到当前节点的路径以及尚未探索的中间节点。当一些节点及其所有后继节点都被探索过时，该节点不再需要存储在内存中。图 2.39 中，深度优先搜索内存消耗低，因为它只存储叶节点（灰色）和扩展节点（黑色），从内存中移除的节点用“×”标记。

**3. 迭代加深的深度优先搜索**

该算法结合了广度优先搜索和深度优先搜索算法的优点。它反复增加搜索深度限制，并使用深度优先搜索算法探索节点，直到解决方案被找到。迭代加深的深度优先搜索算法如图 2.40 所示，目标节点在第三层被发现，算法结束。

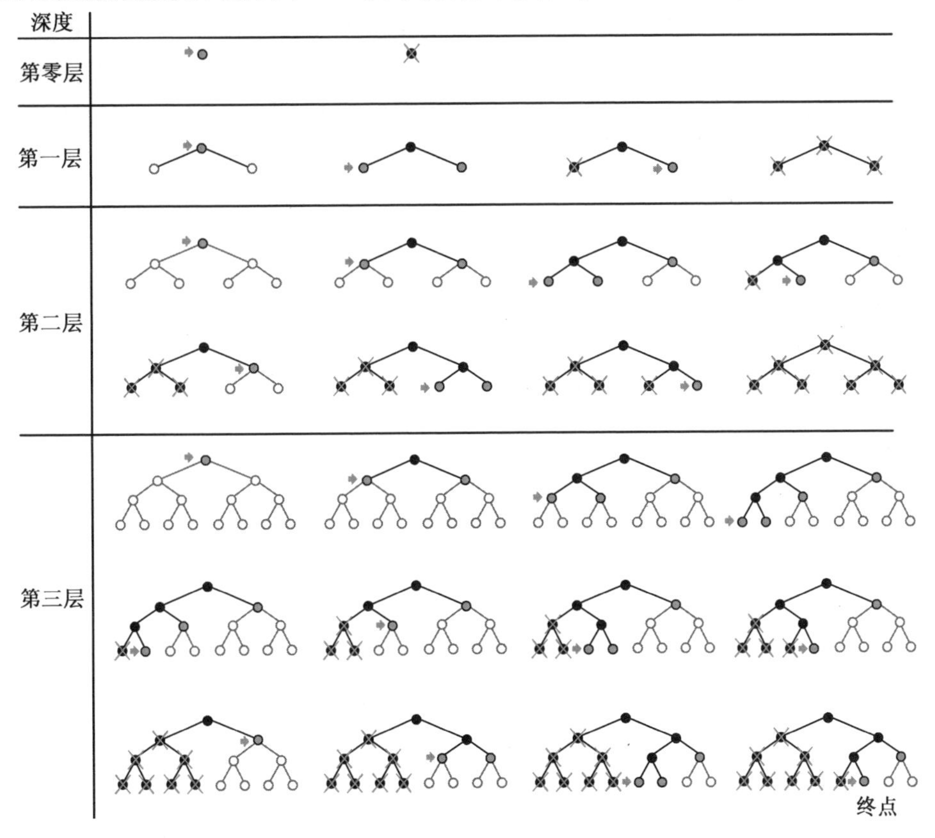


图 2.40　迭代加深的深度优先搜索算法

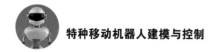

首先对距离起始节点零步的节点执行深度优先搜索。如果找不到解决方案,则将对距离起始节点最近的节点重复进行深度搜索,依此类推。

该算法是完备的(如果存在解决方案,则可以找到),它具有小的内存消耗,并且如果所有节点间转换的成本相等或者转换成本随着节点深度增加而增加,则该算法是最优的。如果所有的节点具有大致相同的分支速率,那么节点的重复计算负担也不大,因为大多数节点在树的底部,并且这些节点被访问的次数很少。

**4. Dijkstra 算法**

Dijkstra 算法是一种不知情算法,可以在图中找到从源节点到所有其他节点的最短路径[12],也就是说 Dijkstra 算法可以规划出从起始节点到图中任意节点的最优路径。因此,结果是获得从源节点到任何其他节点的最短路径树。最初它是由 Dijkstra[13] 提出来的,后来经过许多修改而得到扩展。

该算法寻找起始节点和目标节点之间的最短路径,计算了起始节点到当前节点之间的路径的成本函数,称为路径成本(Cost - to - Here,CtH),因此所用的地图应是有权地图。起始节点到当前节点的路径成本 CtH 包括前一个节点的路径成本 CtH(从起始节点到达前一节点)与前一节点和当前节点之间的转换成本之和,也就是前面路径成本和最近两点的转化成本之和。在有几条最短路径(成本相同的路径)的情况下,算法只返回一条。要运行该算法,需要定义节点之间的转换及其成本。在搜索期间,OPEN 列表和 CLOSED 列表中的节点不断被修改。

该算法的操作如下。开始时,OPEN 列表只包含起始节点,该节点的 CtH 为零,并且没有与前一个节点的连接,CLOSED 列表为空。然后执行以下步骤(图 2.41)。

(1) 从 OPEN 列表中选择第一个节点,称为当前节点。OPEN 列表按照 CtH 增序排序,其中第一个节点是 CtH 最小的节点。

(2) 对于可以从当前节点到达的所有节点,计算其 CtH,即当前节点的 CtH 和移动成本的总和。

(3) 对于尚未存储的节点,计算并存储其与当前节点的 CtH 和适当的连接。

(4) 如果在前面的步骤中,一些节点已经从以前的迭代中获得了 CtH 和适当的连接,那么与新计算的成本进行比较,存储较低的 CtH 和到它的连接。

(5) 节点被添加到 OPEN 列表中,并按照成本递增顺序进行排序,这样的列表称为优先级队列,它使得具有最低成本的节点比未排序的列表更快地被发现,当前节点被移动到 CLOSED 列表中。

当 OPEN 列表为空时算法收敛结束,结果获取了从起始节点到所有其他节点的最短路径。如果只需要从起始节点到某个目标节点的最短路径,那么当目标节点被添加到 CLOSED 列表时,算法终止。

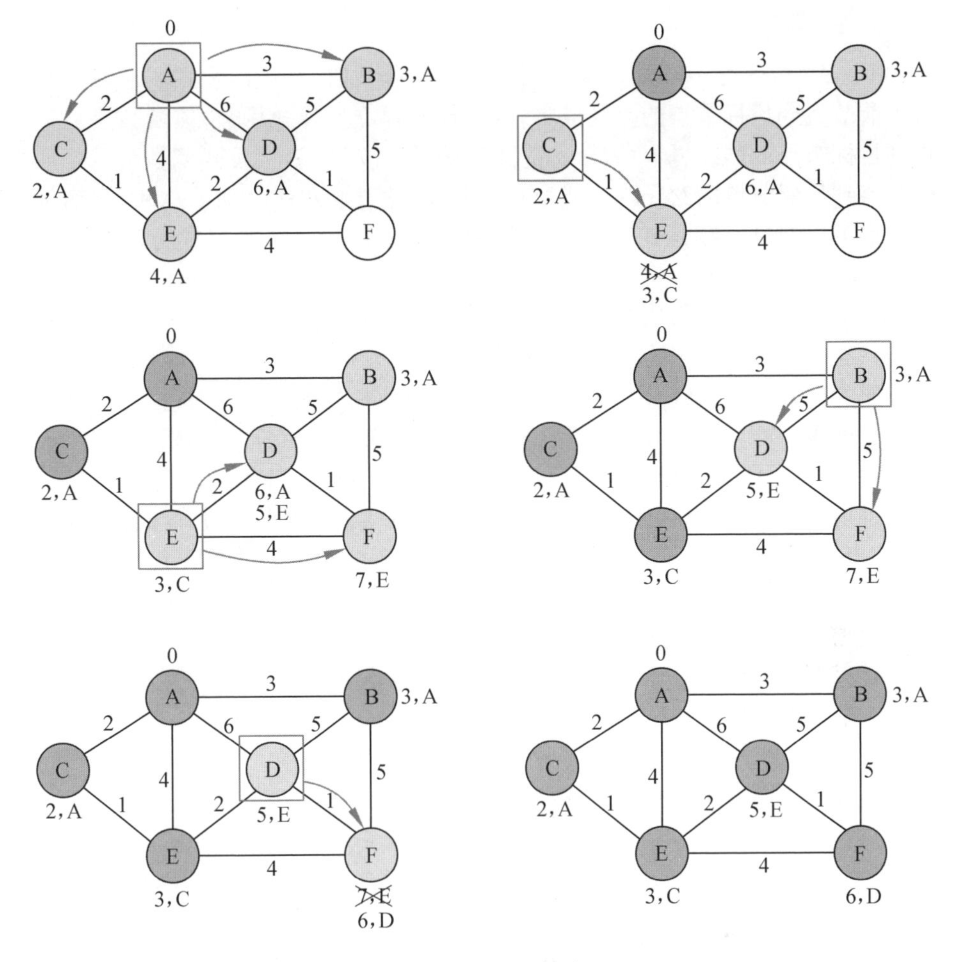


图 2.41　Dijkstra 算法

通过回溯可以获得最终的路径。在目标节点上,获取到前一个节点的连接,然后读取前一个节点的连接,依此类推,直至到达起始节点,最终得到的连接列表是反向的。

如果所有连接的成本都高于零,那么 Dijkstra 算法就是完备的最优算法。图 2.41 所示为利用 Dijkstra 算法计算从起始节点 A 到所有其他节点的最短路径的流程。当前节点被一个灰色正方形包围,其后继节点用箭头标记,节点之间的转换成本在连接处标记,沿着节点给出了 CtH 和到前一个节点的连接。OPEN 列表中的节点用浅灰色表示,而 CLOSED 列表中的节点用深灰色表示。如果需要获得节点 A 和节点 F 之间的最短路径,它的成本是 $\text{Cost}_{\text{F-D-E-C-A}}=6$,而路径经过的节点为 $A \rightarrow C \rightarrow E \rightarrow D \rightarrow F$。

### 5. A* 算法

A*(A Star) 是一种知情算法,因为它包括附加信息或启发式。启发式是对从当前节点到目标节点的路径成本估计,算法建立启发式函数,该函数是从该节点到目标节点的路径成本估计,称为成本函数 $F(n)$。该启发式函数可以是从当前节点到目标节点的欧氏距离或曼哈顿距离(垂直和水平移动的总和)。启发式函数也可以通过一些其他合适的函数来计算。在对每个节点执行算法的过程中,从起始节点到状态 $n$ 的路径成本 $F(n) = G(n) + H(n)$(Cost - of - the - whole -path) 被计算为从初始状态到状态 $n$ 的实际成本 $G(n)$(Cost - to - here) 和从状态 $n$ 到目标状态的最佳路径的估计成本 $H(n)$(Cost - to - goal) 的和。在路径搜索过程中,还会使用 OPEN 列表和 CLOSED 列表,分别是待检查和已确定的节点列表。A* 算法如图 2.42 所示,其中起始节点和目标节点被标记。当前节点用圆圈标记,OPEN 列表中的节点为浅灰色,CLOSED 列表中的节点为深灰色,而障碍物为黑色,可以在四个方向(左、右、上、下) 进行移动。在每个被访问的单元(节点) 中,指向父节点的方向用箭头表示,每个被访问的单元包含路径的成本,路径成本是 $G(n)$ 和 $H(n)$ 之和。对于成本函数,当使用曼哈顿距离时,可以通过跟踪用箭头标记的连接来找到路径。

算法操作如下。开始时,OPEN 列表只包含起始节点,$F(n)$ 为零,并且没有与前一个节点的连接,然后重复以下步骤。

(1) 从 OPEN 列表中获取第一个节点,称为当前节点。OPEN 列表根据整个路径的成本按递增顺序排序。选择最小的为当前节点。

(2) 对于从当前节点可以到达的所有节点,计算起始节点到当前节点的移动成本 $G(n)$、当前节点到目标节点的移动成本 $H(n)$ 及总成本 $F(n) = G(n) + H(n)$。

(3) 计算新加入节点的 $G(n)$、$H(n)$ 和 $F(n)$ 值,以及与当前节点的连接关系,也就是将当前节点作为新加入节点的父节点,并存储到 OPEN 列表中。

(4) 如果在前面的步骤中,某个节点已经存储了先前迭代的成本值,则比较两个 $G(n)$(当前的和先前的),并存储具有较低值的成本及相应的连接和 $F(n)$。

(5) 首次计算成本值的节点将添加到 OPEN 列表中,已经在 OPEN 列表中并且被更新的节点保持在 OPEN 列表中,已更新且在 CLOSED 列表中的节点被移动到 OPEN 列表中。OPEN 列表按照 $F(n)$ 递增顺序排序。当前节点被转移到 CLOSED 列表中。

在图 2.42(a) 中,当前节点是起始节点,并且选择出其后继节点(从当前节点沿四个方向备选:左、右、上、下)。对于所有后继节点来说,这里的成本 $G(n)$ 是 1,因为它们离星形节点只有一步之遥,而目标成本 $H(n)$ 是从后继节点到目标节点的曼哈顿距离(启发式)。两种成本的总和就是整个路径的成本 $F(n)$。后继节点用一个箭头标记到其父节点(当前节点用圆圈标记)。OPEN 列表现在包

含这四个后继节点，CLOSED 列表包含起始节点。

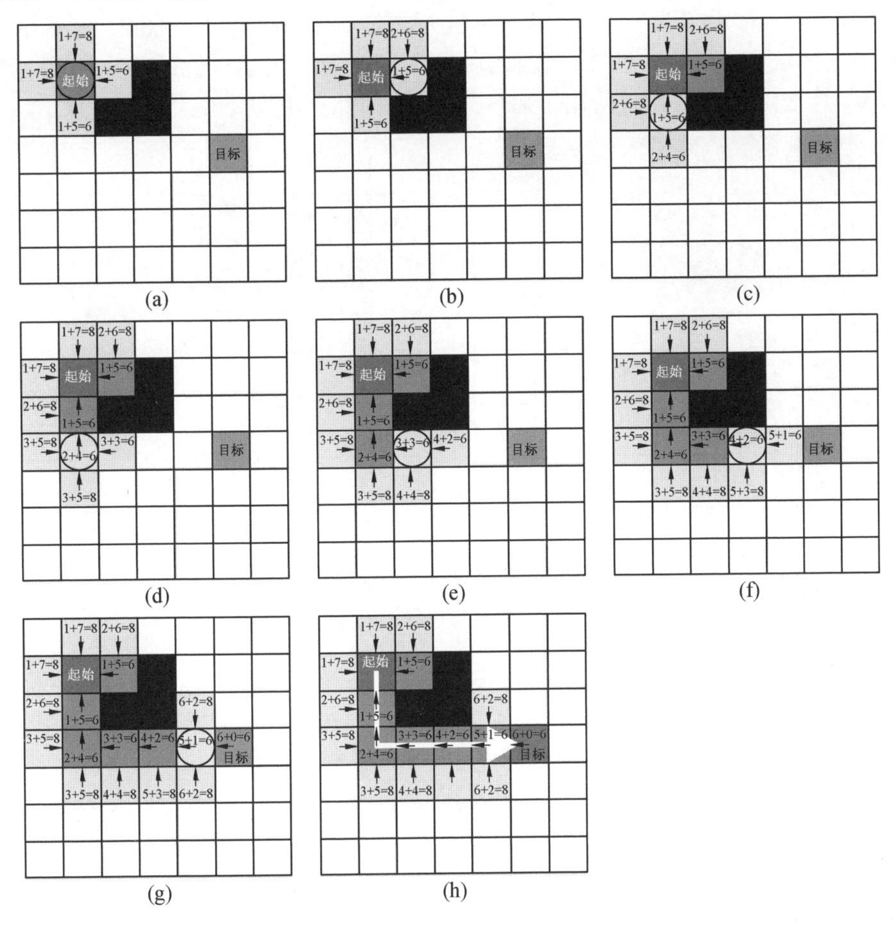


图 2.42　$A^*$ 算法

在图 2.42(b) 中，从 OPEN 列表中选择具有最低整体路径成本（成本为 6）的节点作为当前节点。当前节点只有一个后继节点（其他单元被障碍物阻挡或在 CLOSED 列表中）。此后继节点的 $G(n)$ 是 2，因为它离起始节点有两步（曼哈顿距离），$H(n)$ 是 8。当前节点放在 CLOSED 列表中，后继节点放在 OPEN 列表中。

在图 2.42(c) 中，当前节点成为 OPEN 列表中具有最低 $F(n)$ 的节点，即 6。然后算法像前两个步骤一样继续。

若算法在图中找到了最优路径，则说明用于计算 $H(n)$ 的启发函数是正确的，这意味着估计的 $H(n)$ 小于或等于真实 $H(n)$。一个算法收敛的条件是保证当目标节点被添加到 CLOSED 列表时，算法结束；另一个算法收敛的条件是地图中所有节点都遍历了，这样可能没有合适路径。

$A^*$ 算法是一个完备的算法，如果路径存在，它就可以找到路径，正如已经提到的，如果启发函数是可接受的，则它是最佳的。它的缺点是内存使用量大。如果所有 $H(n)$ 都设置为零，那么 A* 算法等同于 Dijkstra 算法。图 2.43 所示为 Dijkstra 算法和 A* 算法性能比较，两种算法都找到了到达目标的最短路径。然而，A* 算法由于搜索图时使用了启发式算法，因此算法需要较少的迭代次数。

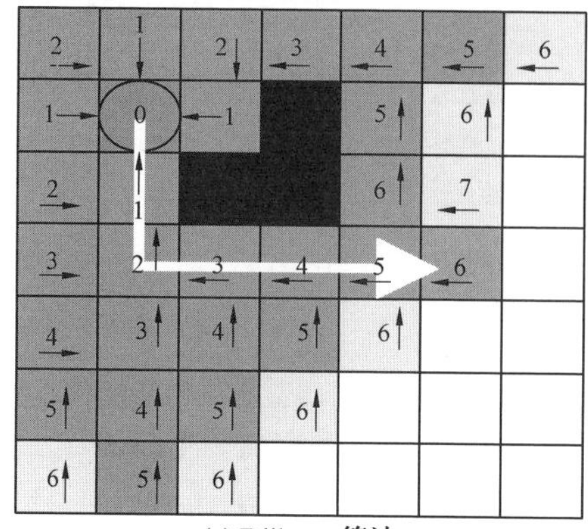

(a) Dijkstra 算法

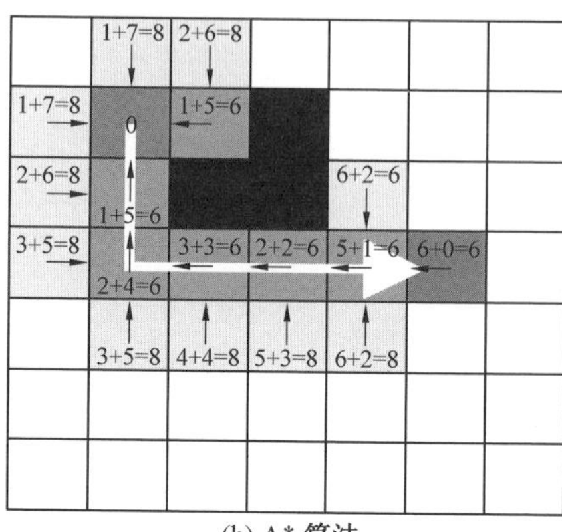

(b) A* 算法

图 2.43 Dijkstra 算法和 A* 算法性能比较

### 6. 贪婪最佳优先搜索

贪婪最佳优先搜索是知情算法。该算法中，OPEN 列表中的节点按到目标节点的成本（Cost - to - goal）递增排序。因此，每次迭代中的搜索扩展到最接近目标节点的开放节点（具有最小的目标成本）。算法在计算代价方面只考虑了当前节点到目标节点的代价，忽略了起始节点到当前节点的代价。因此，贪婪最佳优先搜索算法找到的路径不是最优的。贪婪最佳优先搜索和 A* 算法的比较如图 2.44 所示。可以看出，贪婪最佳优先搜索可以更快地找到解决方案，但并不总是最优的。图 2.44 中，暗灰色节点来自 CLOSED 列表，而浅灰色节点来自 OPEN 列表。

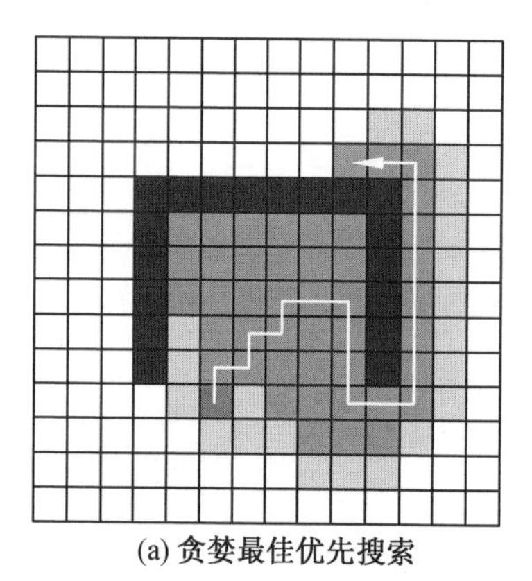
(a) 贪婪最佳优先搜索

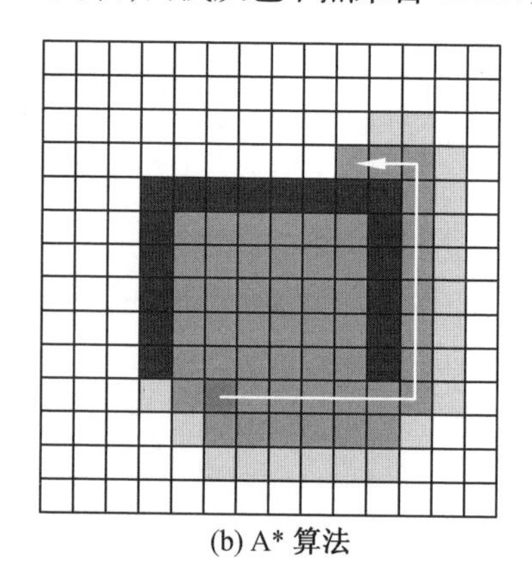
(b) A* 算法

图 2.44 贪婪最佳优先搜索和 A* 算法的比较

前面的例子计算距离时使用了曼哈顿距离，而启发式函数还可使用欧氏离。曼哈顿距离和欧氏距离相比较，欧氏距离可以走对角路径，因此路径更佳；但是像工业场合或者城市街道，多数都是横平竖直的棋盘路径，在这种情况下，用曼哈顿距离作为成本函数更加合适。

### 2.3.5　基于采样的路径规划

到目前为止，提出的路径规划方法都需要自由环境构型空间的明确表示。随着构型空间的维度增加，这些方法变得非常耗时。在这种情况下，基于采样的方法可以用于环境表达和路径规划。

在基于采样的路径规划中，随机选取下一目标点，然后应用碰撞检测算法来验证这些点是否属于自由空间[14-15]，从建立的一组类似采样点和它们之间的连接关系（连接也必须位于自由空间中）中搜索已知起点和期望目标点之间的最优路径。

基于采样的方法不需要计算自由构型空间 $Q_{\mathrm{free}}$，因为对具有复杂障碍物形状的环境来说，计算自由构型空间 $Q_{\mathrm{free}}$ 是耗时的操作。与将环境分解为单元相比，基于采样的方法不需要大量单元和耗时的计算。由于其包含随机机制（随机行走），因此陷入局部最小值的问题（人工势场的缺陷）也不会出现。

为节省处理时间，碰撞检测仅针对距离足够近并且存在与机器人碰撞的潜在危险的障碍物进行检查。此外，由于机器人和障碍物可以被简单的形状包围，因此复杂的碰撞检测（真实机器人形状和障碍物形状之间）仅在这些封闭形状重叠时执行，图2.45所示为具有封闭简单形状（圆形）的复杂机器人，当执行机器人碰撞的分层检测时，该形状可以被分成两个较小的简单圆圈形状。

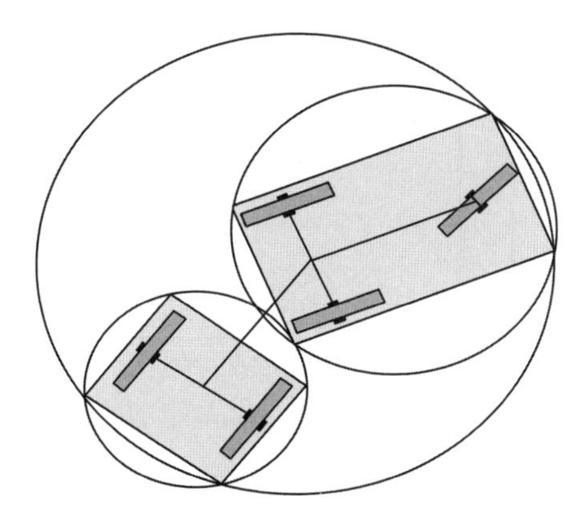

图2.45　具有封闭简单形状（圆形）的复杂机器人

基于采样的方法可以分为适用于单个路径搜索的方法和适用于多个路径搜索查询的方法。在前一种方法中，需要尽快找到从单一起点到单一目标点的路径,因此算法通常只关注环境中更有希望找到解决方案的部分;在后一种方法中,先通过无向图或路线图呈现整个自由环境空间,然后可以实现图中任意一对起点和目标点的路径规划。下面给出这两种方法的例子。

**1. RRT 算法**

快速探索随机树(RRT) 是搜索从某个已知起始节点到一个目标节点的路径的方法[14]。在每次迭代中,该算法在从随机采样点到现有图形中最近节点的方向上添加新的连接。

在算法的第一次迭代中,起始构型 $x_i$ 表示图树。在下一次迭代中,随机选择一个构型 $x_{rand}$,并从现有图中搜索最近的节点 $x_{near}$。在从 $x_{near}$ 到 $x_{rand}$ 的方向上,在某个预定距离 $\varepsilon$ 处,计算候选新节点 $x_{new}$。如果 $x_{new}$ 和从 $x_{near}$ 到 $x_{new}$ 的连接在自由空间中,则 $x_{new}$ 被选为新节点,并且它到 $x_{near}$ 的连接被添加到图中(图 2.46)。

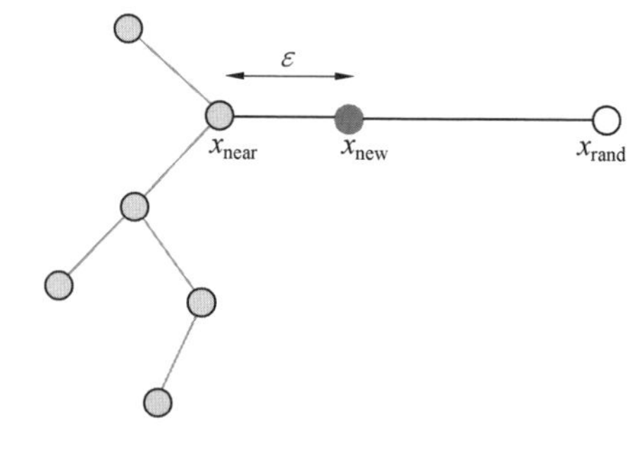


图 2.46 RRT 算法的说明

算法结束条件:在评估了一定次数的迭代(如 100 次迭代)后,或者当达到一定概率(如 10%)时,搜索完成。一旦满足算法终止条件,则选择目标节点,并且进行检查以确定目标节点是否可以连接到图[16]。用 RRT 算法构建节点数的比较如图 2.47 所示,这种图形树正在迅速扩展到未探索的区域。该方法只有两个参数:采样步长 $\varepsilon$ 的大小和定义算法终止条件的期望分辨率或迭代次数。

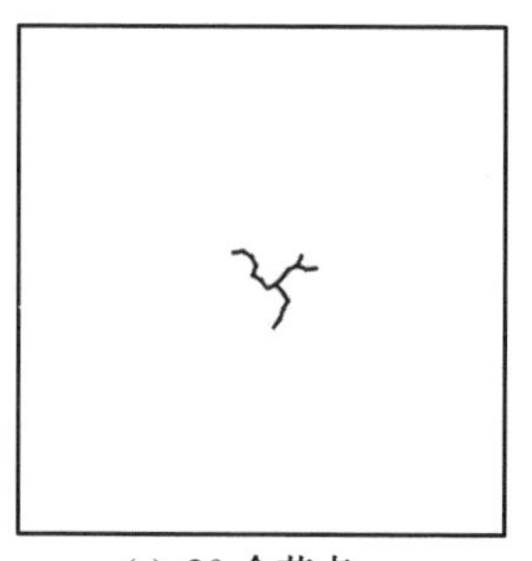

(a) 20 个节点

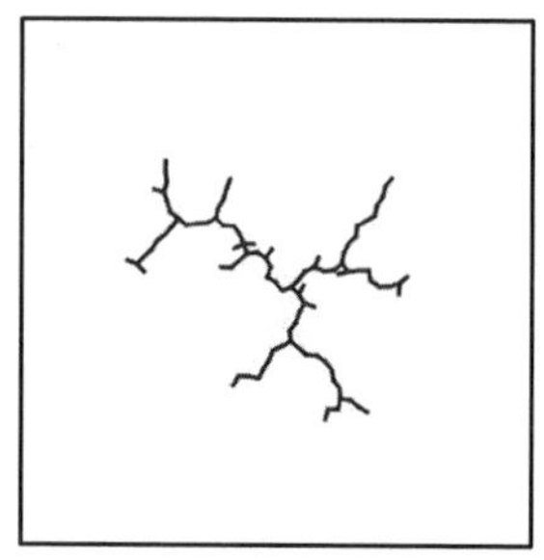

(b) 100 个节点

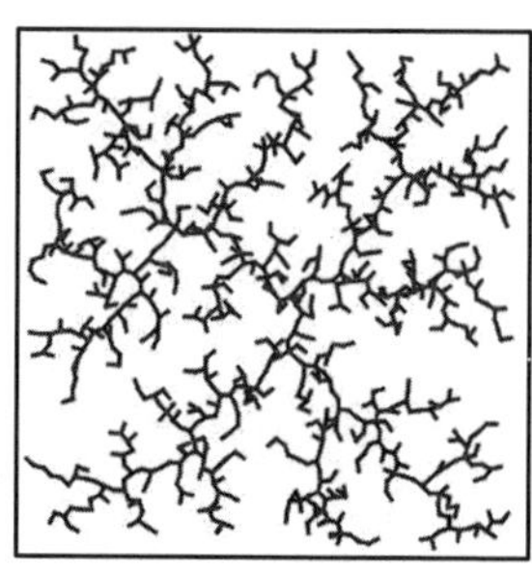

(c) 1 000 个节点

图 2.47 用 RRT 算法构建节点数的比较

RRT算法伪代码及过程分析如图2.48 所示,通过算法的伪代码,介绍以下流程:在起始节点附近选择随机节点 $x_{rand}$,虽然是随机选取的,但是受到两个条件的限制,即采样步长和采样概率(后面介绍);在已建立的树结构上找出最近节点 $x_{near}$;取二者之间的节点作为 $x_{new}$;进行碰撞检测,检查新生成的节点 $x_{new}$ 和最近

节点 $x_{near}$ 的连线是否与障碍物碰撞。

因此,采样步长和采样概率是两个随机采样节点的控制条件,下面介绍这两个条件对 RRT 算法的影响。

**算法 2.1:RRT 算法**

Input: M $x_{init}$ , $x_{goal}$

Result: A path T $x_{init}$ to $x_{goal}$

1 T. init( );

2 for $i$ = 1 to $n$ do

3 　$x_{rand}$ ← Sample (M);

4 　$x_{near}$ ← Near ($x_{rand}$, T);

5 　$x_{new}$ ← Steer ($x_{rand}$, $x_{near}$, Stepsize);

6 　$E_i$ ← Edge ($x_{rand}$, $x_{near}$);

7 　if CollistionFree ($M$, $E_i$) then

8 　　T. addNode ($x_{new}$);

9 　　T. addNode ($E_i$);

10 　if $x_{new}$ = $x_{goal}$ then

11 　　Success( );

**算法 2.1:RRT 算法**

Input: M $x_{init}$ $x_{goal}$

Result: A path T $x_{init}$ to $x_{goal}$

1 T. init( );

2 for $i$ = 1 to $n$ do

3 　$x_{rand}$ ← Sample (M);

4 　$x_{near}$ ← Near ($x_{rand}$, T);

5 　$x_{new}$ ← Steer ($x_{rand}$, $x_{near}$, Stepsize);

6 　$E_i$ ← Edge ($x_{rand}$, $x_{near}$);

7 　if CollistionFree ($M$, $E_i$) then

8 　　T. addNode ($x_{new}$);

9 　　T. addNode ($E_i$);

10 　if $x_{new}$ = $x_{goal}$ then

11 　　Success( );

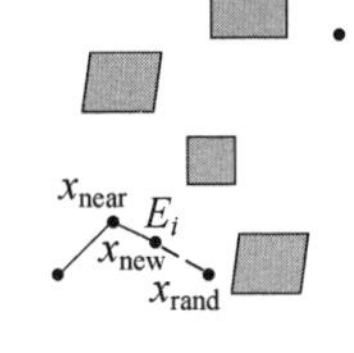


图 2.48　RRT 算法伪代码及过程分析

| | 算法 2.1:RRT 算法 |
|---|---|
| | Input: M $x_{init}$ $x_{goal}$ |
| | Result: A path T $x_{init}$ to $x_{goal}$ |
| 1 | T. init( ); |
| 2 | for $i$ = 1 to $n$ do |
| 3 | $x_{rand} \leftarrow$ Sample (M); |
| 4 | $x_{near} \leftarrow$ Near ($x_{rand}$,T); |
| 5 | $x_{new} \leftarrow$ Steer ($x_{rand}$,$x_{near}$,Stepsize); |
| 6 | $E_i \leftarrow$ Edge ($x_{rand}$,$x_{near}$); |
| 7 | if CollistionFree ($M$,$E_i$) then |
| 8 | T. addNode ($x_{new}$); |
| 9 | T. addNode ($E_i$); |
| 10 | if $x_{new}$ = $x_{goal}$ then |
| 11 | Success( ); |

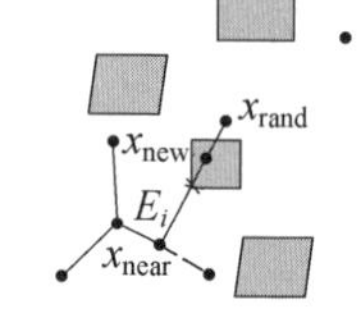


续图 2.48

(1) 随机采样概率。随机采样概率通过在状态抽样过程中引入一个向目标采样的小概率来实现。这个概率越高,树越向着目标生长。这个概率显然会影响搜索效果,给人最直接的感觉是随机采样的概率越大,RRT 树的分支也就越多,反之则难以发生新的分支。图 2.49 所示为随机采样概率对 RRT 的影响。

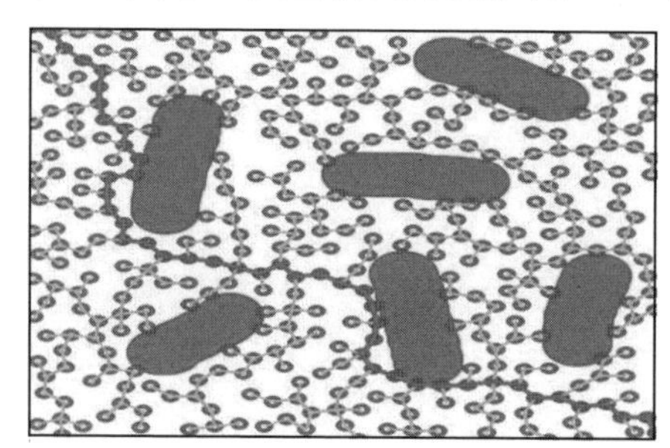
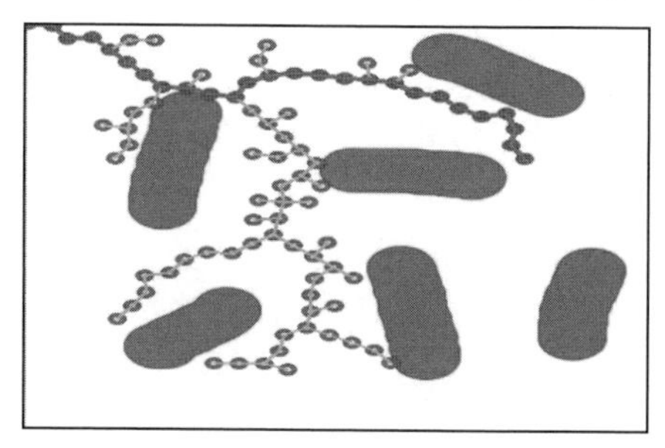

图 2.49　随机采样概率对 RRT 的影响

(2) 采样步长。RRT 树每延伸一次,都有一个固定的步长,这个步长的设置显然也会影响树的形状。当步长太大时,可能因太过笨拙而无法成功绕过障碍物;当步长过小时,生长的速度显然会有所减慢(因为同样的距离要生长更多次)。一般来说,空间越复杂,步长越小。这里必须注意的是,生长步长一定要比判断是否为同一个采样点的阈值要大。图 2.50 所示为采样步长对 RRT 的影响。

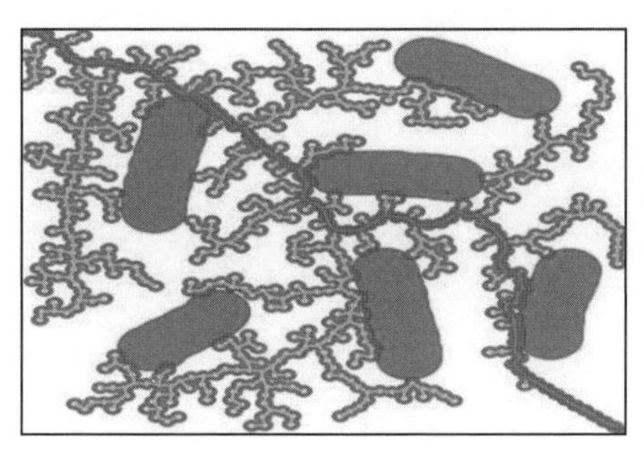

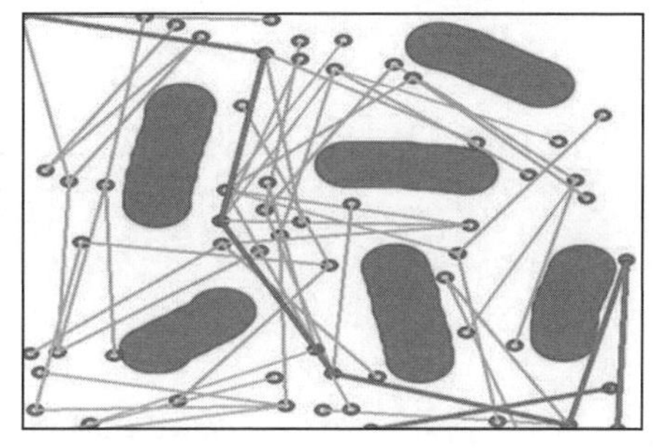

图 2.50　采样步长对 RRT 的影响

**2. PRM 算法**

概率路线图(Probabilistic Roadmap,PRM)是用于在更多起点和更多目标点之间进行路径搜索的方法[17]。该算法有两个步骤:第一步是学习阶段,如图 2.51(a)所示构造自由空间的路线图或无向图;第二步中,当前节点和目标节点连接到图,并且使用一些图路径搜索算法来找到最佳路径,如可以采用 $A^*$ 算法,如图 2.51(b)所示。

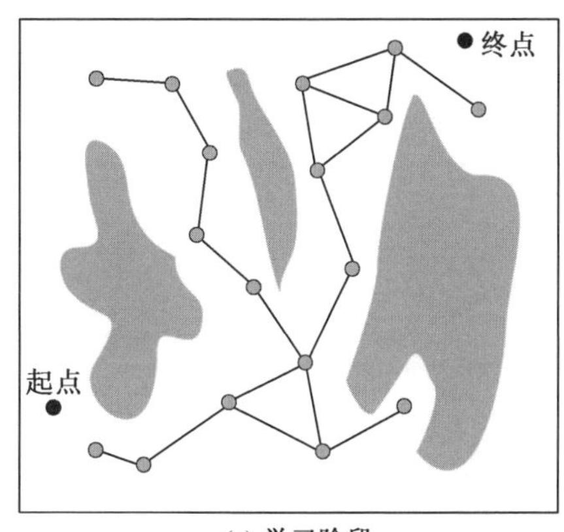



(a) 学习阶段

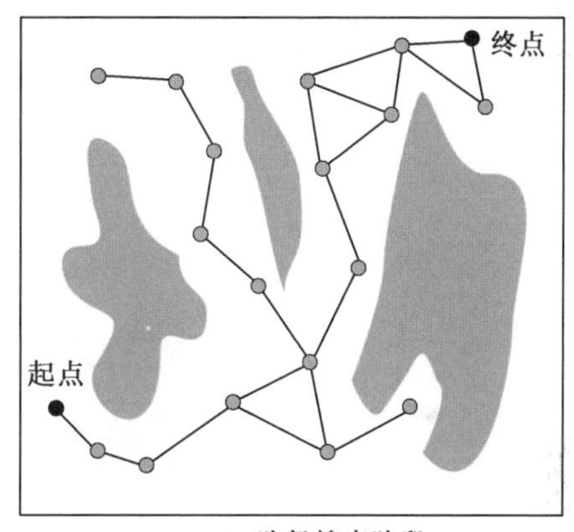



(b) 路径搜索阶段

图 2.51　PRM 算法

PRM 算法伪代码如图 2.52 所示,PRM 算法伪代码分为两部分:第一部分是构型采样,在图中随机采样一定数量的无碰撞点,构建路线图,抛弃与障碍物发生碰撞的点,这个过程中要进行构型碰撞检测,同时也是对路线图集合填充的过程;第二部分则是邻域计算,包括边线连接与边线碰撞检测,对每一个点,取其邻域内(根据环境进行定义)的所有点进行连线,对连线进行碰撞检测,将结果存放在邻接矩阵中,这样就完成了路线图构建。

算法 2.2:PRM 算法

Input:$N$ 节点数目;$K$ 紧邻的数目;

Result:形成路径:$G = (V,E)$

```
1  V ← φ
2  E ← φ
3  while V < n do
4    repeat
5    q ← a random configuration in Q
6    untill q is collision-free
7    V = V ∪ {q}
8  end while
9  for all q ∈ V do
10   N_q ← the K closest neighbors of q chosen from V according to dist
11   for all q* ∈ N_q do
12     if (q,q) ∉ E and Δ(q,q) ≠ NIL then
13     E ← E ∪ [(q,q)]
14     end if
15   end for
16  end for
```

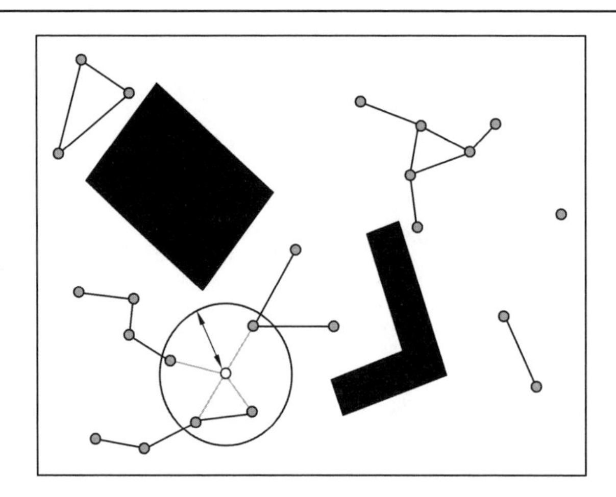

图 2.52 PRM 算法伪代码

在路径搜索阶段,应用路径搜索算法寻找从起点到终点的路径。这两个阶段可以交替迭代计算,直到找到解决方案。如果找不到解决方案,则地图将进一步扩展新的节点和连接,直到解决方案可行为止,以这种方式迭代地接近自由空间最合适的 PRM 表达。以下两个因素对 PRM 算法具有影响。

(1) 采样数量的影响。对同一地图,采样点的数量越多,找到合理路径以及更优路径的概率就越大。但同时,采样点数量越多,计算与搜索时间也会越长。

(2) 邻域设置的影响。邻域的设置影响着连线的建立与检测。当邻域设置过小时,由于连线路径太少,因此可能找不到解;当邻域设置太大时,会因检测太多较远的点之间的连线而增加耗时。

## 本章小结

本章围绕机器人在复杂障碍环境中运行的控制问题构建了三节内容,这三节的关系是:首先利用 2.3 节内容实现在复杂障碍环境中的轨迹规划;其次在获得机器人在环境中的轨迹后,利用 2.2 节内容实现将轨迹控制问题转化为机器人笛卡儿坐标系下的角速度和线速度的控制问题;最后利用 2.1 节建立的移动机器人运动学模型,将对机器人角速度和线速度的控制转化为对单个轮子的控制,利用伺服驱动器对电机的闭环控制实现轮子的精确控制,进而实现移动机器人在复杂环境中的轨迹控制。

2.1 节主要介绍了几种典型的移动机器人运动学模型的建模方法,可直接应用于移动机器人的运动控制,包括差速驱动、自行车驱动、三轮车驱动、带拖车的三轮车驱动、汽车驱动、同步转向驱动、四轮转向 / 四轮驱动、全方位轮驱动和履带驱动等几种驱动模式的运动学模型。

2.2 节介绍了移动机器人的点到点的位姿控制和轨迹控制方法,可以看出移动机器人的平面运动控制可通过对机器人的角速度和线速度的控制来实现。因此,本书建立了移动机器人的转向和直线运动控制器,采用了传统的 PID 方法实现对角速度和线速度的控制,进而实现对机器人运行轨迹的控制。

2.3 节介绍了几种表达环境地图和路径规划算法,重点介绍了网格占有地图的单元划分方法,在此地图的基础上介绍了路径规划算法。机器人的路径规划算法分为基于图的路径规划和基于采样的路径规划,$A^*$ 算法和 Dijkstra 算法都属于基于图的路径规划算法,可以用于静态环境下移动机器人的路径规划。PRM 算法和 RRT 算法则是基于采样的路径规划算法。

本章内容主要面向地面状况较好的环境,而室外复杂地面环境会对机器人的设计、建模和控制提出更高的要求,所以后面的章节将针对移动机器人如何适应复杂的室外地面环境开展研究。

# 本章参考文献


[1] KLANCAR G, ZDESAR A, BLAZIC S, et al. Wheeled mobile robotics: from fundamentals towards autonomous systems[M]. Cambridge: Butterworth-Heinemann, 2017.

[2] CHOSET. Principles of robot motion: theory, algorithms, and implementations [J]. Proceedings of the Society for Experimental Biology & Medicine Society for Experimental Biology & Medicine, 2005, 147(1):512-512.

[3] KAJITA S, ESPIAU B, SICILIANOL B, et al. Springer handbook of robotics[M]. Heidelberg: Springer, 2008.

[4] DUDEK G, JENKIN M. Computational principles of mobile robotics[M]. New York: Cambridge University Press, 2010.

[5] DUBINS L E. On curves of minimal length with a constraint on average curvature, and with prescribed initial and terminal positions and tangents[J]. American Journal of mathematics, 1957, 79(3): 497-516.

[6] REEDS J A, SHEPP L A. Optimal paths for a car that goes both forwards and backwards[J]. Pacific Journal of Mathematics, 1990, 145(2):367-393.

[7] DE W C C , SORDALEN O J . Exponential stabilization of mobile robots with nonholonomic constraints[J]. IEEE Transactions on Automatic Control, 1992, 37(11):1791-1797.

[8] LUMELSKY V, STEPANOV A. Dynamic path planning for a mobile automaton with limited information on the environment[J]. IEEE Transactions on Automatic Control, 1986, 31(11):1058-1063.

[9] SANKARANARAYANAN A, VIDYASAGAR M. A new path planning algorithm for moving a point object amidst unknown obstacles in a plane[C]. Cincinnati: IEEE International Conference on Robotics and Automation, 1990.

[10] KAMON I, RIVLIN E. Sensory-based motion planning with global proofs[J]. IEEE Transactions on, 1997, 13(6):814-822.

[11] LAUBACH S L, BURDICK J W. An autonomous sensor-based path-planner for planetary microrovers[C]. Detroit: IEEE International Conference on Robotics and Automation, 1999.

[12] MEHLHORN K, SANDERS P. Algorithms and data structures: the basic

toolbox[M]. Berlin: Springer Science & Business Media, 2008.

[13] DIJKSTRA E D. A note on two problem in connexion with graphs[J]. Numerische Mathematik, 1959(1):115-130.

[14] LAVALLE S M. Rapidly-exploring random trees:a new tool for path planning[J]. Computer Science Dept, 1998(10):1-4.

[15] LAVALLE S M, KUFFNER J J. Randomized kinodynamic planning[C]. Washington: IEEE International Conference on Robotics and Automation, 2002.

[16] JR J J K, LAVALLE S M. RRT-connect: an efficient approach to single-query path planning[C]. San Francisco:IEEE International Conference on Robotics and Automation, 2000.

[17] KAVRAKI L E, SVESTKA P, Latombe J C, et al. Probabilistic roadmaps for path planning in high-dimensional configuration spaces[J]. IEEE Transactions on Robotics and Automation, 2002, 12(4):566-580.

第 3 章

# 地面类型在线辨识及牵引特性研究

复杂地面环境的特征可以用其物理参数和几何参数来表述,本章主要针对地面物理参数对移动机器人的影响进行介绍,包括地面物理参数(地面类型)在线辨识、基于地面力学的复杂地面与行驶机构作用模型及移动机器人牵引特性分析等。重点内容是地面类型在线辨识方法,因为不管是在移动机器人领域还是汽车自动驾驶领域,对路面识别都是非常重要的,路面的识别和地面类型的辨识是机器人移动的根本。地面类型在线辨识如图 3.1 所示。

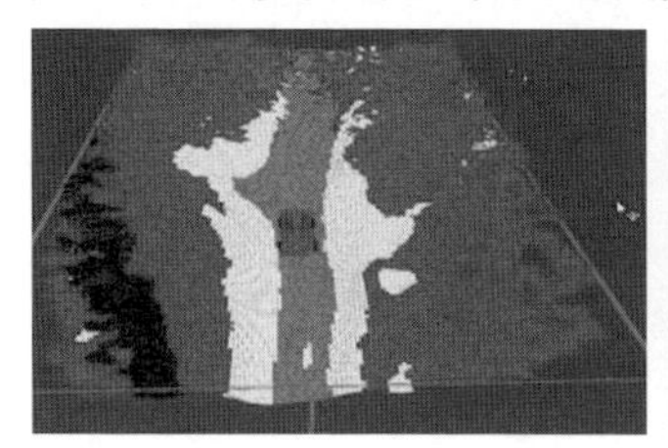

图 3.1　地面类型在线辨识

在获得地面类型之后,3.5 节介绍基于地面力学的行驶机构与地面作用模型的建立方法,向此模型中输入不同的地面类型参数,则可以获得机器人的牵引力,这是 3.5 节的目标。3.5 节建立的模型较传统的库仑摩擦模型更加详细地分析了地面与行驶机构作用的垂直应力和剪切应力,特别是在松软地面。该节也分别介绍了轮子与地面作用模型、履带与地面作用模型的建立方法。

对基于地面力学的移动机器人牵引特性分析,有理论建模分析(如 3.5 节建模内容)、土槽实验和机器人在实际地面实验三种方法。在 3.6 节的最后部分介绍了地面力学的土槽实验和实地测试两种实验研究方法。

# 3.1 机器学习概念

机器学习是一种能够赋予机器学习的能力,以此让它完成直接编程无法完成的功能的方法。但从实践意义上来说,机器学习是一种通过利用数据训练出模型,然后使用模型进行预测的一种方法。机器学习又分为监督学习、非监督学习和强化学习,机器学习模型框架如图3.2所示。

图3.2 机器学习模型框架

在监督学习模式下,输入数据称为“训练数据”,每组训练数据有一个明确的标识或结果,通过数据和标签离线训练模型,然后利用模型在线辨识。例如,垃圾邮件分类系统中的“垃圾邮件”和“非垃圾邮件”,需要人为参数确认样本标签,经过离线训练后,后续可自行分类。

在非监督学习模式下,数据并不被特别标识,学习模型是为推断出数据的一些内在结构。常见的应用场景包括关联规则的学习及聚类等,常见算法包括Apriori算法和$k$ - means算法。

在强化学习模式下,输入数据作为对模型的反馈,不像监督模型那样,输入数据只是作为一个检查模型对错的方式,在强化学习下,输入数据直接反馈到模型,模型必须对此立刻做出调整。常见的应用场景包括动态系统和机器人控制等,常见算法包括Q - Learning和时间差学习(Temporal Difference Learning)。

机器学习可以帮助解决两类问题:分类和回归。如果想预测的是离散值,如“草地”和“沙地”,则此类学习任务称为分类(Classification);如果想预测的是连续值,若已知数据的线性回归和曲线拟合,则此类学习任务称为回归(Regression)。

本章对地面类型的分类用到了监督学习和在线分类的内容,而在图像处理方面,对目标地面的识别用到的$k$ - means聚类则是一种非监督学习。下面首先介绍本章用到的监督学习算法SVM和非监督学习算法$k$ - means。

## 3.1.1 监督学习(以支持向量机为例)

数据(样本)是具有标签的,称为标注样本,也就是用于模型训练的数据是已知分类的。例如,在离线训练过程中,本章中基于振动信号的地面类型识别,在什么样地面上采集振动信号是已知的，所以振动对应的地面类型是已知的，振动数据是样本，地面类型是标签，它们构成的则是标注样本。

**1. 支持向量机简介**

支持向量机(SVM) 主要用于解决模式识别领域中的数据分类问题，属于有监督学习算法的一种。SVM 要解决的问题可以用一个经典的二分类问题加以描述。维基百科定义:支持向量机是在分类与回归分析中分析数据的监督式学习模型及相关的学习算法。给定一组训练实例，每个训练实例被标记为属于两个类别中的一个或另一个，SVM 训练算法创建一个将新的实例分配给两个类别之一的模型，使其成为非概率二元线性分类器。SVM 模型是将实例表示为空间中的点，这样映射就使得单独类别的实例被尽可能宽的明显间隔分开，然后将新的实例映射到同一空间，并基于它们落在间隔的哪一侧来预测所属类别。

**2. 线性可分**

支持向量机原理如图 3.3 所示，圆形(○) 和方形(□) 的二维数据点显然是可以被一条直线分开的，在模式识别领域称为线性可分问题。然而将两类数据点分开的直线显然不止一条。图 3.3(b)、(c) 分别给出了 A、B 两种不同的分类方案，其中黑色实线为分界线，术语称为“决策面”。每个决策面对应了一个线性分类器。虽然在目前的数据上看，这两个分类器的分类结果是一样的，但如果考虑潜在的其他数据，则二者的分类性能是有差别的。

(1) 决策面方程建立。显然每一个可能把数据集正确分开的方向都有一个最优决策面，而不同方向的最优决策面的分类间隔通常是不同的，那个具有“最大间隔”的决策面就是 SVM 要寻找的最优解。而这个真正的最优解对应的两侧虚线所穿过的样本点，就是 SVM 中的支持样本点，称为“支持向量”。如图 3.3 所示，A 决策面就是 SVM 寻找的最优解，而相应的三个位于虚线上的样本点在坐标系中对应的向量就称为支持向量。

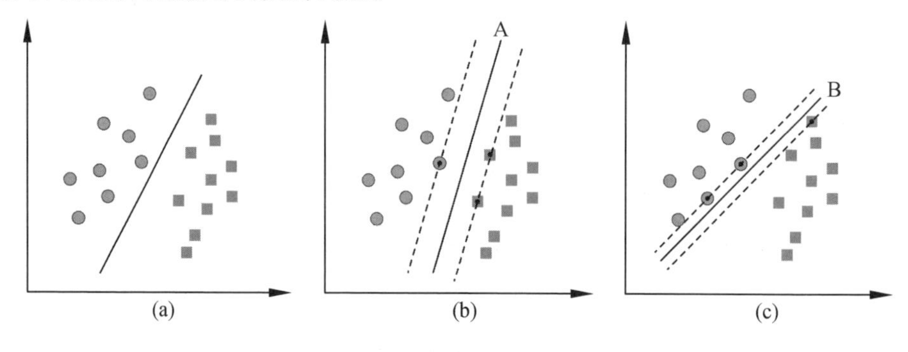


图 3.3　支持向量机原理

这样,SVM 算法要解决的是一个最优分类器的设计问题,其本质必然是个最优化问题。一个最优化问题通常有两个最基本的因素:一个是目标函数,即希望什么东西的什么指标达到最好;另一个是优化对象,即期望通过改变哪些因素来使目标函数达到最优。在线性 SVM 算法中,目标函数显然就是分类间隔,而优化对象则是决策面。

在二维空间中,两类点可以被一条直线完全分开,而这条直线就是一个很简单的超平面方程(其实就是直线)。直线普通表达式为 $y = ax + b$,转化为超平面表达式为

$$\boldsymbol{w}^{\mathrm{T}}\boldsymbol{x} + b = 0$$

式中,$\boldsymbol{x} = [x, y]^{\mathrm{T}}$;$\boldsymbol{w} = [\omega_1, \omega_2]^{\mathrm{T}}$(此处 $\boldsymbol{w} = [a, -1]^{\mathrm{T}}$)。

可以看出,$\boldsymbol{w}$ 和 $\gamma$ 分别控制超平面的斜率和截距,与普通的直线方程参数意义是一样的。在 $n$ 维空间中的超平面方程形式也是类似的样子,只不过向量 $\boldsymbol{w}$ 和 $\boldsymbol{x}$ 的维度从原来的 2 维变成了 $n$ 维。

(2) 分类"间隔" 的计算模型。间隔的大小实际上就是支持向量对应的样本点到决策面的距离的 2 倍,决策面距离优化如图 3.4 所示。

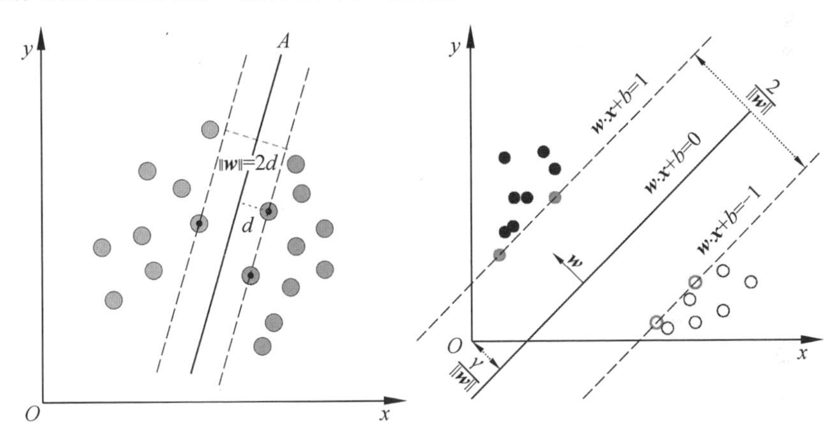


图 3.4　决策面距离优化

分类间隔计算就是点到直线的距离公式。这里的公式为

$$d = \frac{|\boldsymbol{w}^{\mathrm{T}}\boldsymbol{x} + \gamma|}{\|\boldsymbol{w}\|}$$

式中,$\|\boldsymbol{w}\|$ 是向量 $\boldsymbol{w}$ 的模,表示空间中向量的长度。这样就得到了优化目标函数,优化的目标则是距离 $d$ 最大化,得到 $\boldsymbol{w}$ 和 $b$,也就是超平面表达式。

(3) 软间隔解决方法。数据有时不能完美可分,那么会定义一个容忍度 $c$ 来描述最大化间隔时能容忍的模型的误差是多少,这时间隔称为软间隔,完美可分时为硬间隔。SVM 软间隔如图 3.5 所示。

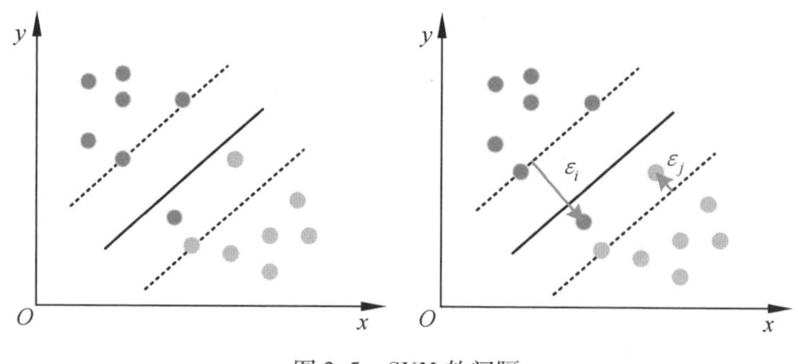


图 3.5 SVM 软间隔

**3. 线性不可分 - 核函数**

上面讨论的硬间隔和软间隔都是在说样本的完全线性可分或者大部分样本点的线性可分,但可能会遇到样本点不是线性可分的情况。SVM 非线性分类如图 3.6 所示。

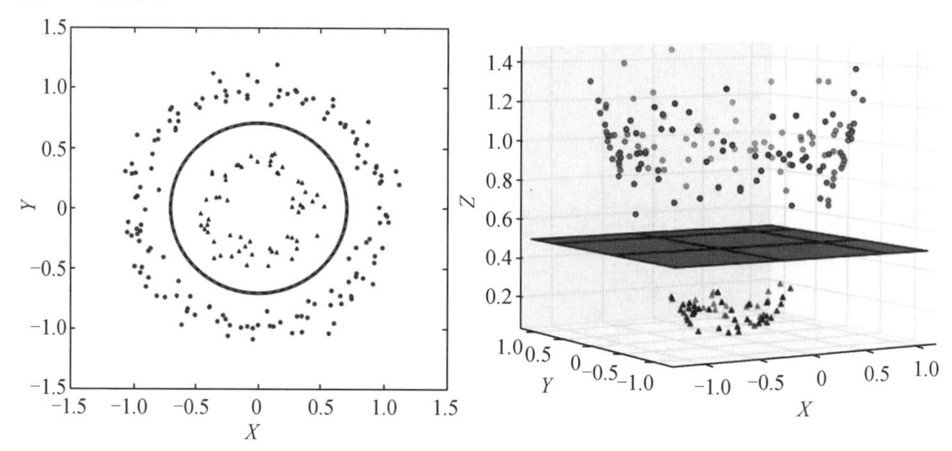


图 3.6 SVM 非线性分类

对于输入空间中的非线性分类问题,可以通过非线性变换(核函数)将它转化为某个维特征空间中的线性分类问题。图 3.6 所示为 $X-Y$ 二维平面的数据,可以通过高斯核函数转化为 $X-Y-Z$ 三维,其中 $Z$ 坐标由高斯获得,可看出中心部分与周边部分被清晰分界。

### 3.1.2 非监督学习(以 $k$ - means 聚类为例)

相比之下,在非监督学习中面对的是一组无标记的训练数据。数据之间不具有任何关联的标记,所以数据看起来是这样的:一个数据集里面有一堆数据点,但是没有任何标记以供参考。因此,在非监督学习中,要将这种未标记的训练数据送入特定的算法,然后要求算法分析出数据的结构。其中一种结构就是

将所有的数据分类为两个或两个以上的组，这种划分组的算法称为聚类算法（Clustering Algorithm）。

**1. $k$ - means 算法**

$k$ - means 算法是一种简单的迭代型聚类算法，采用距离作为相似性指标，从而发现给定数据集中的 $k$ 个类，且每个类的中心是根据类中所有值的均值得到的，每个类用聚类中心来描述。对于给定的一个包含 $n$ 个 $d$ 维数据点的数据集 $X$ 以及要分得的类别 $k$，选取欧式距离作为相似度指标，聚类目标是使得各类的聚类平方和最小，即最小化，有

$$J = \sum_{k=1}^{k} \sum_{i=1}^{n} \| x_i - x_k \|^2 \tag{3.1}$$

结合最小二乘法和拉格朗日原理，聚类中心为对应类别中各数据点的平均值，同时为使算法收敛，在迭代过程中应使最终的聚类中心尽可能不变。

**2. 算法流程**

$k$ - means 是一个反复迭代的过程，算法分为以下几个步骤。

（1）选取数据空间中的 $k$ 个对象作为初始中心，每个对象代表一个聚类中心。

（2）求取样本中的数据与这些聚类中心的欧氏距离，按距离最近准则将它们聚类，聚到最近的聚类中心（最相似）所对应的类。

（3）更新聚类中心，求取每个类别中所有对象的均值，作为此类的新聚类中心。

（4）以新聚类中心对所有的数据进行重新聚类，求取新的聚类中心，重复迭代。

（5）利用算法收敛条件判断是否收敛。

算法收敛条件：迭代次数；聚类距离；中心点变化率小。

$k$ - means 聚类过程如图 3.7 所示。图 3.7(a) 代表原始数据，可以看出能够分成两类，这样，$k$ 选择为 2，而对于一些不能分辨的数据，则需要进行尝试，从最终的聚类效果确定 $k$ 值；任意选择两个聚类中心点，如图 3.7(b) 所示（明显不是很理想）；所有的点与聚类中心求取欧氏距离，每个点向最近的聚类中心聚集，形成两个新的类，分别用圆形和三角形区分，如图 3.7(c) 所示；重新求取聚类中心，也就是分别对圆形和三角形的点求它们的聚类中心，即求取平均值，如图 3.7(d) 所示；图 3.7(e) 重复图 3.7(c) 的内容，所有的点重新与新的聚类中心求欧氏距离，然后向最近的聚类中心聚集，形成新的分类，再按图 3.7(d) 的方法求取新的聚类中心，以此重复迭代，最终满足收敛条件而收敛；聚类算法收敛后，聚类完成，如图 3.7(f) 所示。

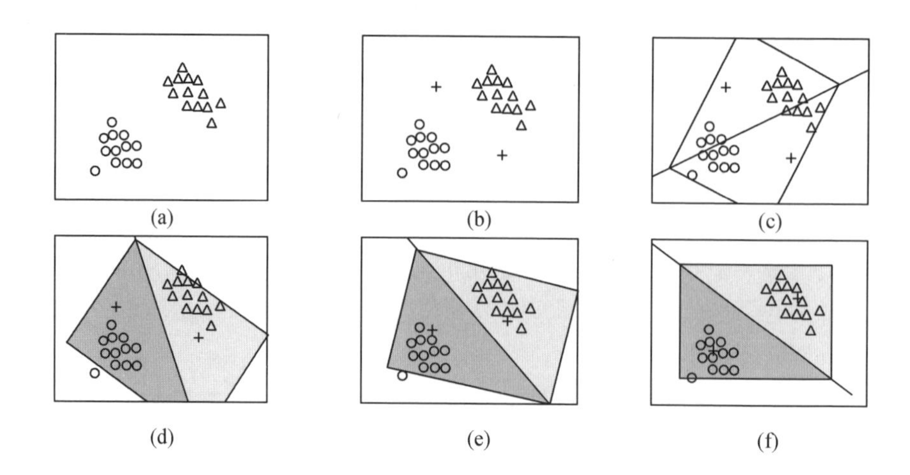


图 3.7　$k$ - means 聚类过程

**3. $k$ - means 的缺点**

$k$ - means 是一个极其高效的聚类算法，但是它存在以下三个问题。

(1) $k$ - means 不能保证定位到聚类中心的最佳方案，但能保证收敛到某个解决方案。

(2) $k$ - means 无法指出应该使用多少个类别，也就是 $k$ 值的选择。在同一数据集中，选择不同的类别得到的结果是不一样的，甚至是不合理的。

(3) $k$ - means 假定空间的协方差矩阵不会影响到结果。

## 3.2　基于振动信号的地面物理参数在线辨识方法

地面参数在线辨识方法属于机器学习的范畴，因此首先要建立特征值，其次选用一种机器学习的分类方法进行离线学习，最后利用学习后的模型进行在线分类。地面类型在线分类方法如图 3.8 所示。因此，本节需要介绍的内容为能够表征地面类型的特征值的选取、分类算法的选取、离线学习和在线辨识的实现。

对于特征值的选取，表征地面特征的信号可以通过"观察"地面形貌特征和"感觉"机器人运行参数（振动）来提取，也就是通过视觉、红外和激光雷达来测量地面的形貌特征，或者是通过振动信号表示的行驶特性来提取地质特性。然而，单传感器先天不足，如视觉易受光照变化和地面覆盖物的影响，振动除不能在穿越地面前进行分类外，还易受到地形参数（障碍、斜坡等）和运行参数（速度、加速度等）的影响。本节主要介绍基于振动信号的地面类型辨识。

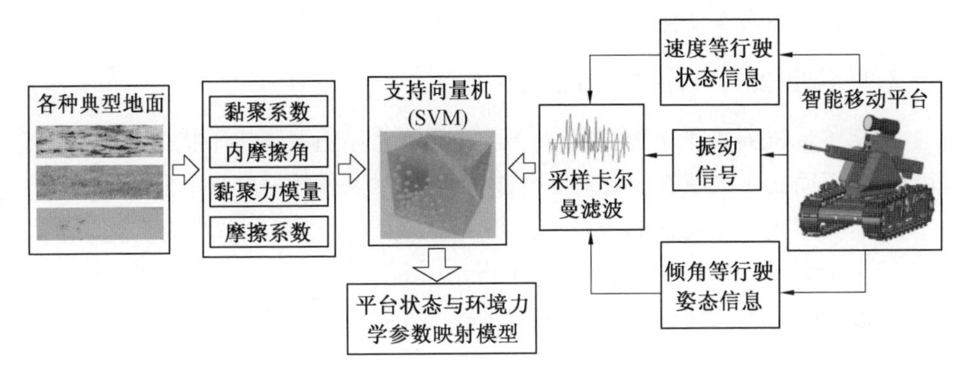


图3.8　地面类型在线分类方法

振动特征值表示方法如下。

(1) 时域分析。包括振动信号的符号变化情况、平均值、标准差、自相关函数、最大值、范数、最小值、平均值等多个时域信息。

(2) 频域分析。包括平均功率频率(Mean Power Frequency, MPF)、中位频率(Median Frequency, MF)、功率谱密度(PSD)、快速傅里叶变换(FFT) 等。

## 3.2.1　振动信号预处理

首先对采集到的原始振动信号进行滤波处理，以消除存在的小波干扰、噪声干扰、零点漂移和高频干扰等问题。

**1. 消除多项式趋势项——零漂消除**

由于传感器内部放大器会受环境温度变化等环境不稳定因素影响而和干扰因素产生零点漂移，测量结果会偏离基线，而且会随时间变化而变化，因此需要消除这些多项式趋势项。常用的消除多项式趋势项的方法是多项式最小二乘法。

设$x_k$是振动信号片段值，把采集1 s的信号片段共计100个数值点作为$x_k$，其中$k=1\sim100$，设多项式$\hat{x}_k=a_0+a_1k+a_2k^2+\cdots+a_nk^n$，确定函数$\hat{x}_k$的系数$a_i$，使得函数$\hat{x}_k$与离散数据$x_k$的误差平方$E$最小，对$a_i$求偏导，得出极值条件为

$$\frac{\partial E}{\partial a_i}=2\sum_{k=1}^{m}k^i\left(\sum_{i=0}^{n}a_ik^i-x_k\right)=0,\quad i=0,1,\cdots,n \tag{3.2}$$

由式(3.2)可知，共可以产生$n+1$个线性方程组。求出方程组的$n+1$个待定系数$a_i(i=0,1,\cdots,n)$，便可求出多项式。

当$n=0$时，求出多项式为算术平均值，当$n=1$时为线性多项式，当$n\geqslant2$时为曲线趋势项，$n$值越大，效果越好，但是会增加计算量，因此一般取$n=1\sim4$。

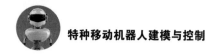

在履带机器人平台振动信号处理中，采用 $n=3$。

## 2. 平滑处理——连续信号平滑

由于履带机器人采集的振动信号不可避免地伴随着随机干扰信号，它使离散数据的振动曲线出现许多毛刺噪声，因此需要对采样数据进行平滑处理。

平滑处理包括平均法和五点三次平滑法，由于五点三次平滑法既能用于时域也能用于频域，因此采用五点三次平滑法，但使用该方法会使峰值降低，造成识别参数误差增大，因此采用次数不宜过多。五点三次平滑法计算公式为

$$y_n=\frac{1}{70}[-x_{k-4}+4(x_{k-3}+x_{k-1})-6x_{k-2}+69x_k],\quad k=5,6,\cdots \tag{3.3}$$

## 3. 数字滤波

数字滤波分为时域法和频域法，频域法适用于数据长度大的信号，它对短信号分析会产生时域失真变形，故对于振动信号的分析采用时域法。时域滤波有无限脉冲响应（Infinite Impulse Response，IIR）滤波和有限脉冲响应（Finite Impulse Response，FIR）滤波，分别应用于无限激励和有限激励，车辆振动信号属于无限激励，应采用 IIR 滤波。

IIR 滤波采用差分方程，即

$$y(n)=\sum_{k=0}^{M}a_kx(n-k)-\sum_{k=0}^{M}b_ky(n-k) \tag{3.4}$$

式中，$x(n)$ 为输入时域信号；$y(n)$ 为输出时域信号；$a_k$、$b_k$ 为滤波系数。其传递函数为

$$H(z)=\frac{\sum_{k=0}^{M}a_kz^{-k}}{1+\sum_{k=0}^{N}b_kz^{-k}} \tag{3.5}$$

式中，$M$ 为传递函数零点；$N$ 为 IIR 滤波器的阶数。

运用成熟的模拟滤波方法也可以方便地得到较好的效果，因此采用低通切比雪夫 Ⅱ 型滤波，其特性函数为

$$|H(\mathrm{j}\Omega)|^2=\frac{1}{1+\varepsilon^2U_N^2\dfrac{\Omega}{\Omega_\mathrm{c}}} \tag{3.6}$$

式中，$\Omega_\mathrm{c}$ 为阻带衰减到规定数值的最低频率。

由于履带机器人运行过程中会产生高频噪声干扰，因此对采集的振动信号进行下一步处理前，必须滤除其中的噪声，有效地抑制甚至去除其中的干扰信

号。机器人与地面之间的振动频率集中在 0 ~ 25 Hz,因此对机器人采集到的信号进行低通滤波。以马赛克路面为例,对采集的马赛克路面初始振动样本进行各种处理,振动信号预处理结果如图 3.9 所示。

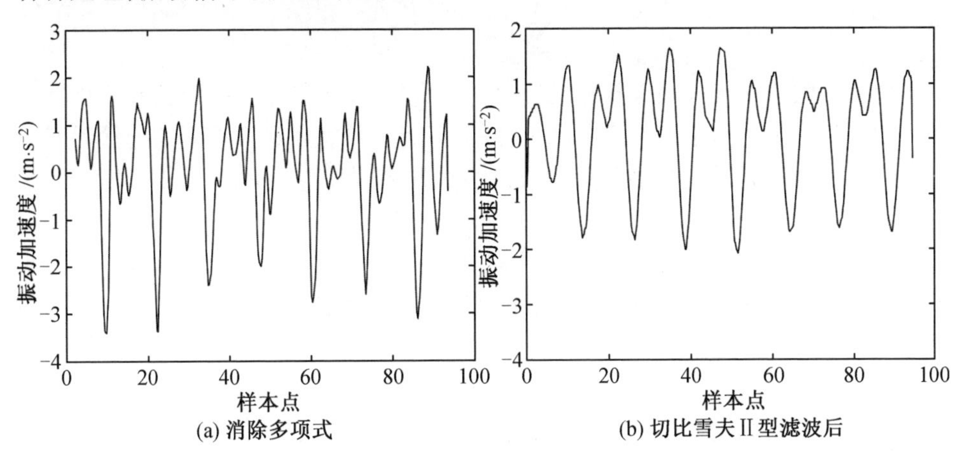

(a) 消除多项式　(b) 切比雪夫Ⅱ型滤波后

图 3.9　振动信号预处理结果

## 3.2.2　振动信号特征分析

振动信号在时域和频域都有很多特征来表达,本节将对所有的振动特征进行比较和分析,以便选择最优的特征值来分类,提高分类准确性。因此,下面首先分析振动信号的常用时域特征和频域特征。

**1. 时域特征分析**

振动信号时域特征包括符号变换次数、平均值、标准差等,对各个特征分析如下。

(1) 符号变换次数。符号变换次数是指对一个振动信号将相邻数据点连接,计算穿越零点的次数,它体现信号的主频率。

(2) 平均值。平均值是指信号数值和的平均。然而由于履带机器人运行过程产生的振动信号是围绕零点波动的,因此平均值不能作为履带机器人的振动信号特征值。平均值计算方法为

$$u_v = \frac{1}{N}\sum_{k=1}^{N} V(k) \tag{3.7}$$

(3) 标准差。在粗糙的地面上,履带机器人振动信号的标准差会比光滑地面大。标准差计算方法为

$$\sigma_v = \sqrt{\frac{1}{N}\sum_{k=1}^{N}(V(k) - u_v)^2} \tag{3.8}$$

(4) 自相关函数。自相关函数描述振动信号在不同瞬时幅值之间的相互依

赖性，可评价履带机器人振动信号的周期振动比例。自相关函数的计算方法为

$$r_i = \frac{\sum_{k=1}^{N-i} (V(k) - u_v)(V(k+i) - u_v)}{\sum_{k=1}^{N} (V(k) - u_v)^2} \tag{3.9}$$

(5) 最大值。最大值是指振动信号的最大值，反映了地面地形的起伏程度。

(6) 最小值。最小值是指振动信号的最小值，反映了地面地形的起伏程度。

(7) 范数。范数是指振动信号数值的平方和，即

$$\| \boldsymbol{v} \| = \sqrt{\sum_{k=1}^{N} V(k)^2}$$

它反映振动信号能量的多少，由于履带机器人的平均值接近零，因此范数起到的作用与标准差类似。

履带机器人运行速度为 0.48 m/s 时，分别提取四种地面共计 100 s 的振动信号，以每秒的信号作为样本，对其进行预处理后，分别进行上述的时域特征提取，将每种地面的 10 个特征点连线，得到自相关函数与标准差特征对不同地面敏感程度的对比图（图 3.10）。可以看出，不同的特征值对不同类型地面的敏感程度是不同的。

**2. 频域特征分析**

对履带机器人采集到的振动信号进行频域分析，分析方法包括平均功率频率、中位频率、功率和（Total Power，TP）、自功率谱、快速傅里叶变换等。

(1) 平均功率频率。平均功率频率是指各个频率产生的功率与频率功率的比值。平均功率频率的计算方法为

$$\mathrm{MPF} = \frac{\int_0^\infty fP(f)\,\mathrm{d}f}{\int_0^\infty P(f)\,\mathrm{d}f} \tag{3.10}$$

振动信号的平均功率频率 MPF 能够分辨不同地面对振动信号频率的影响程度。

(2) 中位频率。中位频率是指功率值等于总功率的 1/2 时的频率，振动信号的中位频率 MF 代表振动信号功率的平均值。中位频率的计算方法为

$$\int_0^{\mathrm{TP}} P(f)\,\mathrm{d}f = \int_{\mathrm{TP}}^\infty P(f)\,\mathrm{d}f = \frac{1}{2}\int_0^\infty P(f)\,\mathrm{d}f \tag{3.11}$$

(3) 功率和。功率和是指将所有频率下的功率相加，功率和能估计振动信号的总能量，作为评价地面振动信号特征的指标。功率和的计算方法为

$$M = \int_0^\infty P(f)\,\mathrm{d}f \tag{3.12}$$

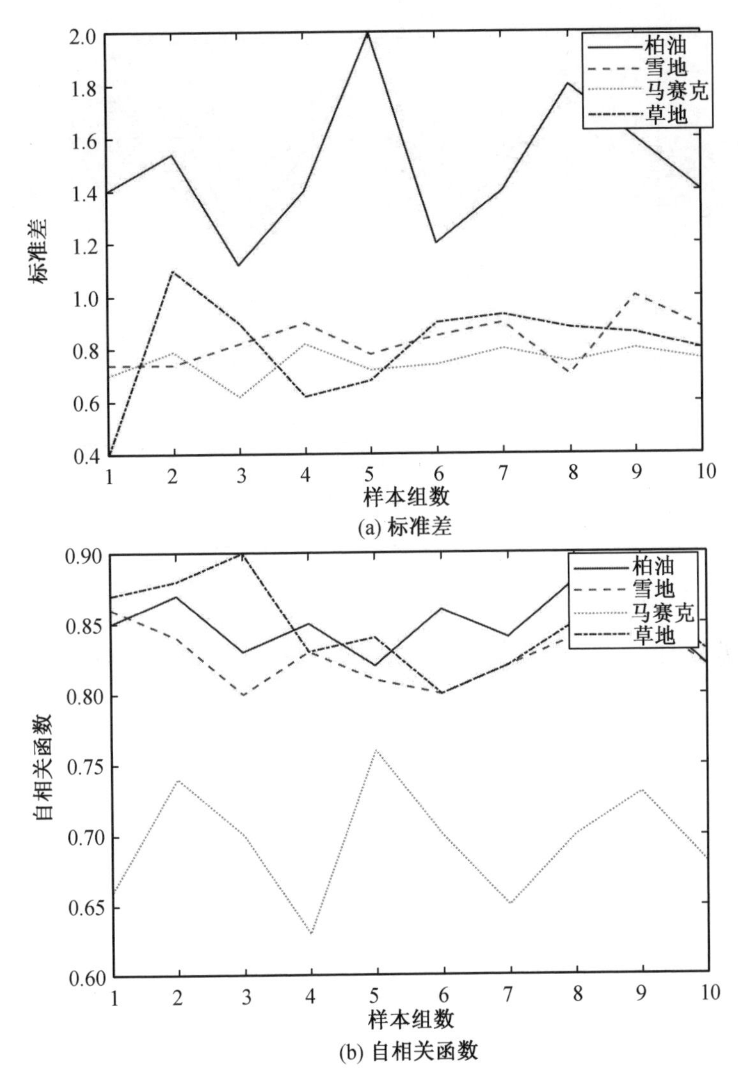


(a) 标准差

(b) 自相关函数

图3.10　时域特征对不同地面的敏感度

(4) 自功率谱。自功率谱是描述随机振动在各处频率的功率分布情况,反映频率的功率主次情况,可以判断结构的自振情况。

(5) 快速傅里叶变换。将振动信号从时域转换到频域,可得出振动的剧烈程度与频率的关系,增加信号的直观性。

当速度为0.48 m/s时,频域特征对不同地面的敏感度如图3.11所示,柏油路面的硬度高于其他路面,而柏油路面实地采集信号的功率和要大于其他路面,由此可知硬地面振动要远大于软地面,与实际的现象是吻合的。

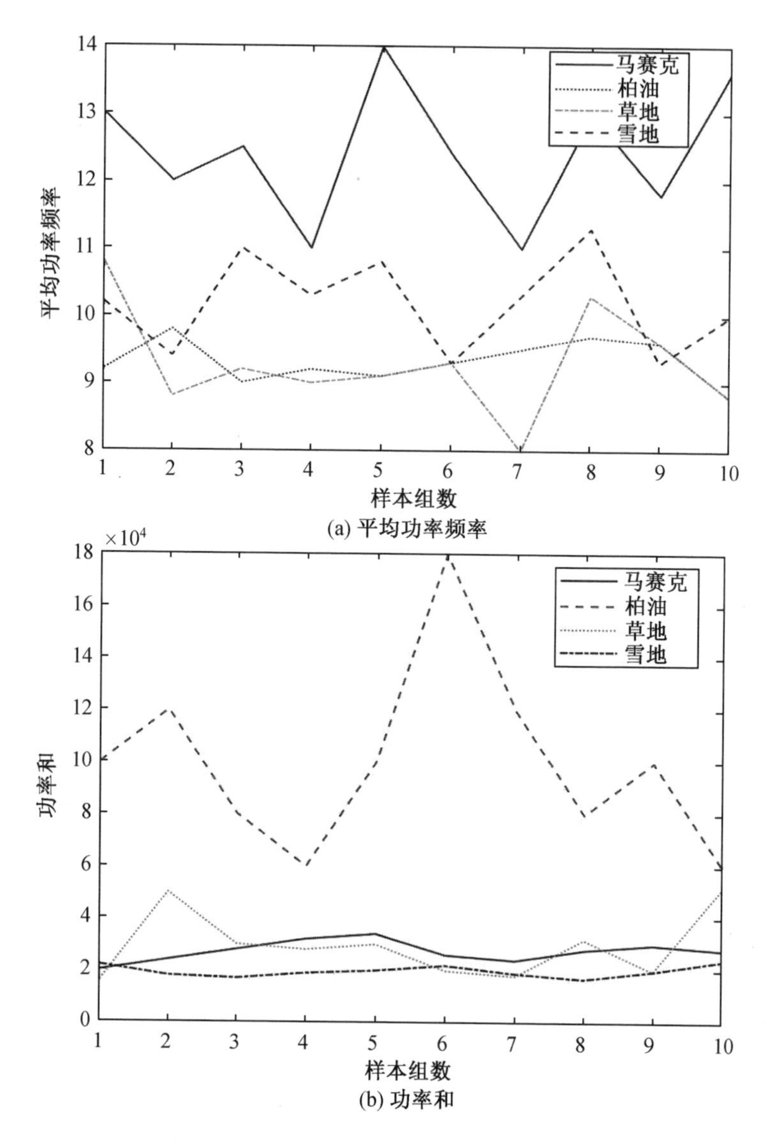


图 3.11　频域特征对不同地面的敏感度

### 3.2.3 支持向量机模型建立

支持向量机模型是一种二分类模型,它的目的是寻找一个超平面来对样本进行分割,分割的原则是使间隔最大化,最终转化为一个凸二次规划问题来求解。最优分类线如图 3.12 所示。

利用支持向量机进行分类的过程中,假设线性可分样本$(x_i,y_i)$,$i=1,\cdots,n$,$\boldsymbol{x}\in\mathbf{R}^n$,即$\boldsymbol{x}$是任意维向量,假定为$d$维,$y=\{-1,1\}$是对于样本分类的类别号。

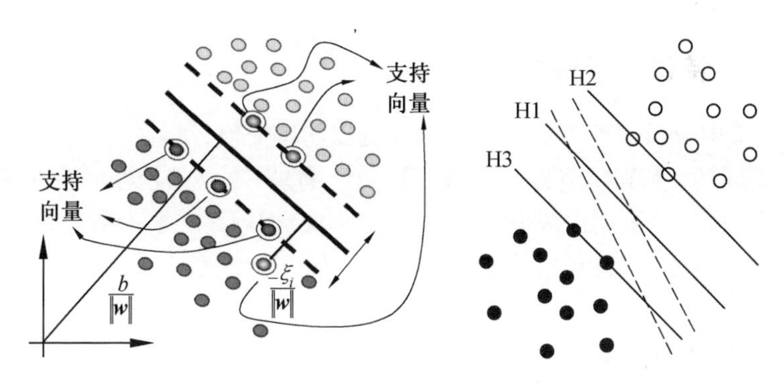


图 3.12　最优分类线

设 $d$ 维空间线性判断函数的形式是 $g(\boldsymbol{x}) = \boldsymbol{wx} + b$,其中 $\boldsymbol{w}$ 是分类向量。分类平面是 $\boldsymbol{wx} + b = 0$。即若两类可以分割,则存在对应的 $\boldsymbol{w}$、$b$,对于任意样本 $\boldsymbol{x}$,满足

$$\begin{cases} \boldsymbol{wx}_i + b > 0, & \boldsymbol{x}_i \in z \\ \boldsymbol{wx}_i + b < 0, & \boldsymbol{x}_i \in \bar{z} \end{cases} \tag{3.13}$$

式中,$z$ 为分类结果之一(标记为 1);$\bar{z}$ 为分类结果之一(标记为 -1);$\boldsymbol{w}$ 为权向量;$b$ 为阈值。

支持向量是指使 $\boldsymbol{wx} + b = 0$ 边界成立的两个向量。使用支持向量机面对的不仅是线性可分问题,对于线性不可分问题,将样本特征映射到高维中,然后在高维中分类,这个变换过程是通过内积函数实现的。在两类分类识别问题中,有

$$f(\boldsymbol{x}) = \mathrm{sgn}\left[\sum_{i=1}^{t} a_i y_i K(\boldsymbol{x}_i, \boldsymbol{x}) + b\right] \tag{3.14}$$

式中,$K(\boldsymbol{x}_i, \boldsymbol{x})$ 为核函数;$\boldsymbol{x}_i$ 为训练样本;$\boldsymbol{x}$ 为待判决样本;$b$ 为门限。

核函数包括线性核函数、多项式、径向函数 $\mathrm{e}^{-(u-v)^2}$,函数的参数由实验来确定。利用 MATLAB 进行支持向量机模型的搭建,离线学习程序框图如图 3.13 所示。在 SVM 训练过程中,根据训练的准确度选择合适的核函数及其参数。

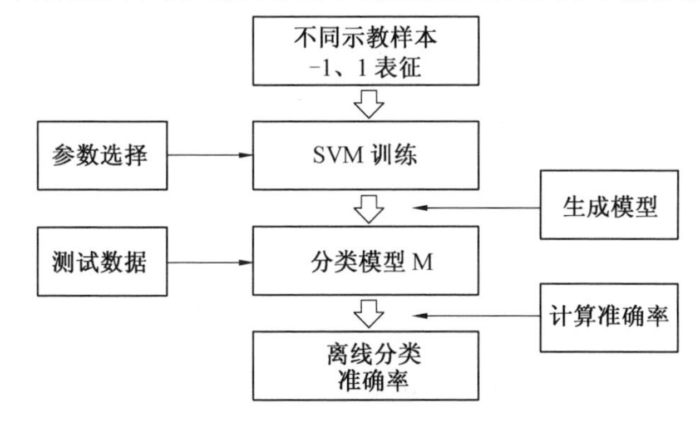


图 3.13　离线学习程序框图

### 3.2.4 特征矢量提取

3.2.2 节中分析了所有能够表征振动特点的特征值，每种特征值对地面分类的效果是不同的，本节介绍如何选择特征值。另外，本书选取了特征值之后，维度还是较高，往往是采用主成分分析（PCA）降维，也就是将所有的特征值对分类的贡献程度进行排序，选择贡献最大的几个，贡献极小的可以忽略，最后对样本充分性进行分析。

**1. 特征矢量的选择**

本书用分类准确率作为特征值选取的判别指标来选择特征值。分类准确率定义是正确分类的次数与总分类次数的比值。分类准确率越高，说明特征值选取和分类模型训练的效果越好。

下面利用此方法选择特征值，前面介绍的三类不同特征向量作为离线学习输入，这三种类型特征向量分别如下。

（1）时域的符号变换次数$n$、标准差$\sigma_v$、自相关函数值$r_1$、最大值max、最小值min五种特征组成的向量$\boldsymbol{v}_1=(n,\sigma_v,r_1,\max,\min)$。

（2）频域的平均功率频率MPF、中位频率MF、功率和TP，以及在由履带产生振动附近极值点值组成的向量$\boldsymbol{v}_2=(K_1,K_2,\mathrm{MPF},\mathrm{MF},\mathrm{TP})$。

（3）信号傅里叶变换值，采用主元素提取后产生的特征组成的向量（$\mathrm{FFT}_1$，$\mathrm{FFT}_2,\cdots,\mathrm{FFT}_n$），进行PCA变换后得到$\boldsymbol{v}_3=(P_1,P_2,\cdots,P_k)$。

分别利用三种类型特征向量，采用支持向量机建立不同的离线学习模型，并对比这三种特征提取方式对于不同地面分类识别的效果。

为更好地反映不同片段之间的联系并满足“短而平稳”的要求，对总的采样$S$采用50%的重叠率采样，形成$S_1,S_2,\cdots,S_n$的样本。样本重叠法如图3.14所示。

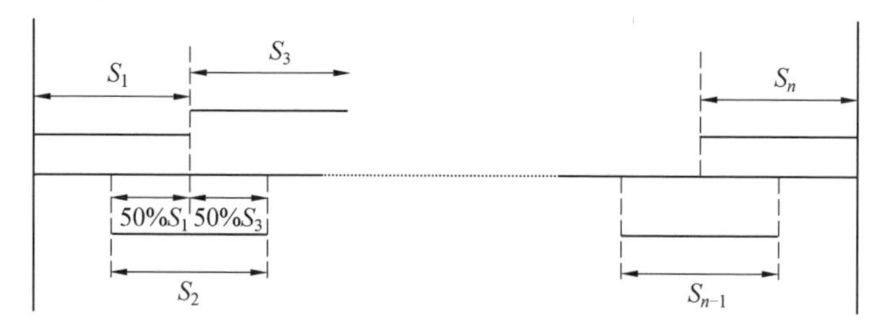


图3.14 样本重叠法

**2. 基于PCA的特征值降维**

特征值降维的目的是删除对分类影响小的特征值，提高分类效率。本节以FFT特征为例分析降维过程，振动信号傅里叶变换后，特征向量为128维，全部作为地面特征输入支持向量机进行训练会增加计算量，且不能得到满意的分类效

果。对特征贡献量的提取和排序需利用主成分分析来实现。

(1) 主成分分析。主成分分析在离散信号领域又称离散K－L变换。变换的思想是寻求正交矩阵$\boldsymbol{A}$,使变换后信号对应的协方差矩阵为对角矩阵。它可以用较少数量的特征对样本进行描述以达到降低特征空间维数的目的,从而把信号从高维空间表示转换到低维空间表示[1]。

根据上述思想,设对于振动信号进行 FFT 后,其中任意一个振动信号片段为 $\boldsymbol{x}=(x_1,x_2,\cdots,x_n)$,其协方差矩阵 $\boldsymbol{C}_x$ 为

$$\boldsymbol{C}_x=\begin{bmatrix} c_{0,0} & c_{0,1} & \cdots & c_{0,N-1} \\ c_{1,0} & \cdots & \cdots & c_{1,N-1} \\ \vdots & & & \vdots \\ c_{N-1,0} & \cdots & \cdots & c_{N-1,N-1} \end{bmatrix} \tag{3.15}$$

式中,$c_{i,j}$ 为 $E[(x_i-u_x)(x_j-u_x)]$;$u_x$ 为均值。

$\boldsymbol{C}_x$ 的特征值和特征向量为

$$|\lambda \boldsymbol{E}-\boldsymbol{C}_x|=0 \tag{3.16}$$

式中,$\lambda$ 为特征值;$\boldsymbol{E}$ 为单位对角矩阵。

协方差矩阵特征值计算结果从大到小排列为 $\lambda_0,\lambda_1,\cdots,\lambda_{n-1}$,特征值对应的特征向量为$\boldsymbol{\xi}_0,\boldsymbol{\xi}_1,\cdots,\boldsymbol{\xi}_{n-1}$,进而对$\boldsymbol{\xi}_0,\boldsymbol{\xi}_1,\cdots,\boldsymbol{\xi}_{n-1}$ 进行归一化处理得出特征向量组成的矩阵$\boldsymbol{A}=[\boldsymbol{\xi}_0',\boldsymbol{\xi}_1',\cdots,\boldsymbol{\xi}_{n-1}']^{\mathrm{T}}$。利用方程$\boldsymbol{y}=\boldsymbol{Ax}$ 实现信号的 K－L 变换。对其进行逆变换得

$$\boldsymbol{x}=\boldsymbol{A}^{\mathrm{T}}\boldsymbol{y}=[\boldsymbol{\xi}_0',\boldsymbol{\xi}_1',\cdots,\boldsymbol{\xi}_{n-1}']\boldsymbol{y}=y_0\boldsymbol{\xi}_0'+y_1\boldsymbol{\xi}_1'+\cdots+y_{n-1}\boldsymbol{\xi}_{n-1}'=\sum_{i=0}^{n-1}y_i\boldsymbol{\xi}_i'$$

对数据进行截断,得

$$\hat{\boldsymbol{x}}=\sum_{i=0}^{m}y_i\boldsymbol{\xi}_i' \tag{3.17}$$

定义 $\boldsymbol{x}$ 的均方误差计算公式为

$$\boldsymbol{\varepsilon}=E[(\boldsymbol{x}-\hat{\boldsymbol{x}})^{\mathrm{T}}(\boldsymbol{x}-\hat{\boldsymbol{x}})]=E[\|\boldsymbol{x}-\hat{\boldsymbol{x}}\|^2]=(\sum_{i=m+1}^{n-1}y_i\boldsymbol{\xi}_i)^2=\sum_{i=m+1}^{n-1}\lambda_i \tag{3.18}$$

式(3.18)表明,相关性矩阵$\boldsymbol{C}_x$ 的特征值$\lambda_i$ 代表了提取的特征向量的第$i$个元素$\boldsymbol{\xi}_i$ 的方差值,根据信息论中的熵定义,即代表了$\boldsymbol{\xi}_i$ 所携带的信息量。因此,$\boldsymbol{C}_x$ 的特征值分布代表了提取特征向量$\boldsymbol{A}$ 中各元素所携带的信息量的分布,定义主成分分析中第$i$主元的贡献率为

$$K_i=\frac{\lambda_i}{\sum\limits_{i=0}^{n-1}\lambda_i} \tag{3.19}$$

综上所述,K－L变换可总结为:对于振动信号的特征向量 $\boldsymbol{x}=(x_1,x_2,\cdots,x_n)$,利用标准化后的 $\boldsymbol{x}$ 相关性矩阵的特征向量(标准正交基)作为列向量构成正交线性变换矩阵 $\boldsymbol{C}_x$,如果将标准正交基按照其对应特征值的大小进行排序,则该变换为离散K－L变换或主成分分析。其中,线性变换的 $\boldsymbol{C}_x$ 的标准正交基按特征值的升序排序称为第 $i$ 主元,生成的新特征向量 $\boldsymbol{y}$ 的第 $i$ 个元素 $y_i$ 为原信号 $\boldsymbol{x}$ 在第 $i$ 个主元方向上的投影。

利用K－L变换对振动信号进行降维的过程中,信号的特征值是其FFT值,为方便表示,定义某种地面所有离线学习样本为

$$\boldsymbol{Y}_a=\begin{bmatrix} y_{a,f_{\min},1} & \cdots & y_{a,f_{\min},n} \\ y_{a,f_{\max},1} & \cdots & y_{a,f_{\max},n} \end{bmatrix} \tag{3.20}$$

式中,$a$ 为地面类型;$f$ 为频率值;$n$ 为训练样本数目。

为分析主成分提取的结果,以马赛克路面 $\boldsymbol{Y}_s$ 和柏油路面 $\boldsymbol{Y}_b$ 为例。首先,将马赛克路面和柏油路面的信号FFT值矩阵组合为 $(\boldsymbol{Y}_s,\boldsymbol{Y}_b)$,进而进行K－L变换。样本 $n$ 值为70,其选择方法研究见下一节的样本充分性分析。因此,对于马赛克－柏油分类器的学习样本,共有 $70\times2=140$ 个振动片段。由于FFT变换过程中所采用的 $N$ 值为128,因此每个振动片段频率 $f$ 共有128个数据。

进行K－L变换后,得到振动信号的128个主元在总体中的累计贡献率,取地面前15个主元的累计贡献率(表3.1)。

**表3.1 地面前15个主元的累计贡献率**

| 地面 | 马赛克/柏油 | 马赛克/草地 | 马赛克/雪地 | 柏油/草地 | 柏油/雪地 | 草地/雪地 |
|---|---|---|---|---|---|---|
| 主元1 | 0.729 2 | 0.705 8 | 0.777 0 | 0.675 1 | 0.699 6 | 0.702 4 |
| 主元2 | 0.787 6 | 0.795 6 | 0.833 6 | 0.737 6 | 0.769 1 | 0.783 4 |
| ⋮ | ⋮ | ⋮ | ⋮ | ⋮ | ⋮ | ⋮ |
| 主元7 | 0.911 3 | 0.921 1 | 0.925 5 | 0.891 1 | 0.896 2 | 0.905 1 |
| 主元8 | 0.921 8 | 0.930 8 | 0.935 0 | 0.903 3 | 0.907 4 | 0.915 4 |
| 主元9 | 0.930 9 | 0.939 1 | 0.943 6 | 0.914 5 | 0.918 0 | 0.925 3 |
| 主元10 | 0.938 5 | 0.946 0 | 0.950 0 | 0.923 9 | 0.926 1 | 0.934 4 |
| 主元11 | 0.944 3 | 0.952 3 | 0.955 9 | 0.932 4 | 0.933 5 | 0.942 1 |
| 主元12 | 0.949 9 | 0.957 7 | 0.960 1 | 0.940 3 | 0.940 3 | 0.948 1 |
| 主元13 | 0.954 9 | 0.961 9 | 0.964 3 | 0.946 2 | 0.946 3 | 0.953 9 |
| 主元14 | 0.959 4 | 0.965 9 | 0.968 1 | 0.951 6 | 0.951 2 | 0.959 6 |
| 主元15 | 0.963 8 | 0.969 6 | 0.971 3 | 0.956 6 | 0.956 0 | 0.964 4 |

K－L变换提取特征值比率后，一般认为主元素占所有比例大于0.95时，则包含所有元素特征。参照表3.1可知，不同地面之间，前15个主元素累计贡献率分别为96.38%、96.96%、97.13%、95.66%、95.60%、96.44%。前15个主元的总贡献率大于0.95，可认为其包含所有信号信息。经过PCA降维，各振动信号的128维特征下降为15维。

### 3. 样本充分性分析

离线学习样本的充分性直接影响着离线训练的分类准确率，离线学习样本太少，不足以得到完整的训练模型，而样本数目太多会降低计算效率。

根据式(3.19)主元贡献率的定义，定义前$k$个主元贡献率的和为$P_k$，称为样本重复系数，$P_k$的定义为

$$P_k = \frac{\sum_{i=1}^{k} \lambda_{i-1}}{\sum_{i=0}^{n-1} \lambda_i} \tag{3.21}$$

由式(3.21)可知，随着训练数目的增加，响应的$P_k$值应该有下降的趋势。但当样本数目充足时，由于样本重复度的增加，因此前$k$个主元贡献率的值达到饱和，其下降趋势将停止。以此判断样本的充分性，水泥路面和柏油路面重叠率分析如图3.15所示。

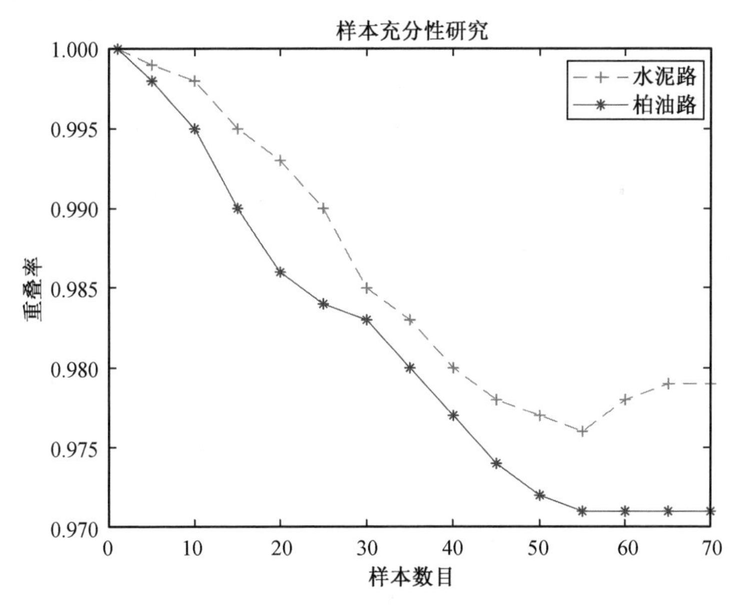


图3.15　水泥路面和柏油路面重叠率分析

图3.15中，样本数目较小时，水泥路面和柏油路面的曲线都接近直线下降的

趋势,当样本数目超过某一值 $O$ 时,出现类似拐点的样本数目,经过拐点后,重复率基本保持水平。可以看出,当二者数值都较小时,在样本数目增加的过程中,综合重叠率下降速度极快。固定任意 $x$ 值或 $y$ 值,可以产生一条曲线,这条曲线的变化趋势和单独的水泥路面或者柏油路面相同。当 $x$ 与 $y$ 的和大于某一值 $O$ 时,综合重叠率随 $x$、$y$ 值的变化极小,此时可以认为样本充分,因此 $O$ 是充分性的点。

### 3.2.5 离线学习模型建立

对于上述地形中任意两种地形的 $2Y$ 个样本,利用样本的不同特征向量 $\boldsymbol{v}_1$, $\boldsymbol{v}_2$,…,$\boldsymbol{v}_k$,分别以 +/-1 作为分类标识。例如,对于马赛克路面和柏油路面所组成的地面分类,采集$(v_1^a,1)$,$(v_2^a,1)$,…,$(v_k^a,1)$ 和$(v_1^b,1)$,$(v_2^b,1)$,…,$(v_k^b,1)$ 共 $2Y$ 个样本。其中,$v_i^a$ 代表马赛克路面,$v_i^b$ 代表柏油路面($i=1,2,\cdots,k$)。离线训练流程示意图如图 3.16 所示。

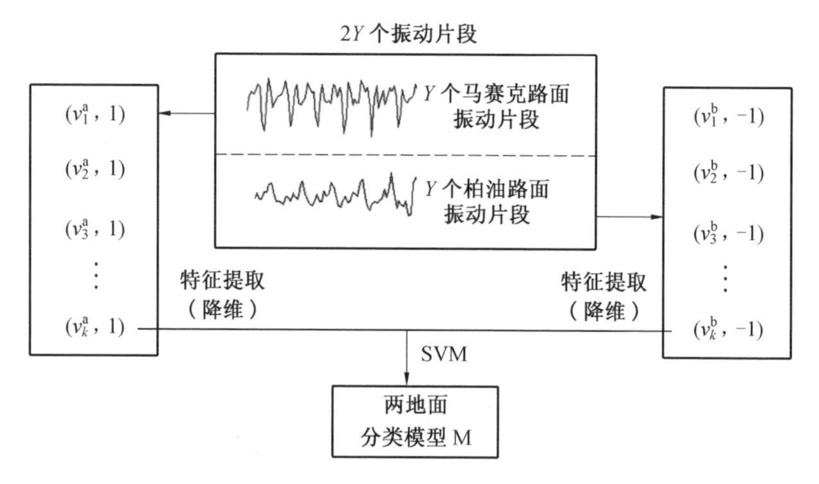


图 3.16　离线训练流程示意图

已知二分类器 SVM 只能实现两种目标的分类,而本章的地面包含多种类型,这就需要对每两种地面类型建立一个分类器。具体实现过程如下:将提取的特征向量作为训练样本,输入支持向量机进行离线训练,得到一个支持向量机最优平面(SVM 分类器)。对于四种地面,由于任意两种地面产生一个最优分类平面(SVM 模型),因此对于提取的四种地面信息,共会产生六个最优分类平面和与其相对应的六个 SVM 分类模型。

将某一未知的振动信号样本处理之后,输入六个 SVM 分类器中,六个 SVM 分类器分别输出 1 和 -1 两种结果,即是该地面或者不是。这样的分类模式会出现误判。例如,草地样本输入水泥路面和柏油路面的 SVM 分类器,无论结果输出

是水泥路面还是柏油路面，都是错误的分类结果，因此引入投票机制。

投票机制是指，对每个振动信号的特征向量，经过六个SVM分类器，若判断为某一地面，则该地面的得分为1，否则得分为-1，把各个地面得分相加，得出各自的得分，取得分最大的作为地面分类结果。地面分类投票机制流程示意图如图3.17所示。

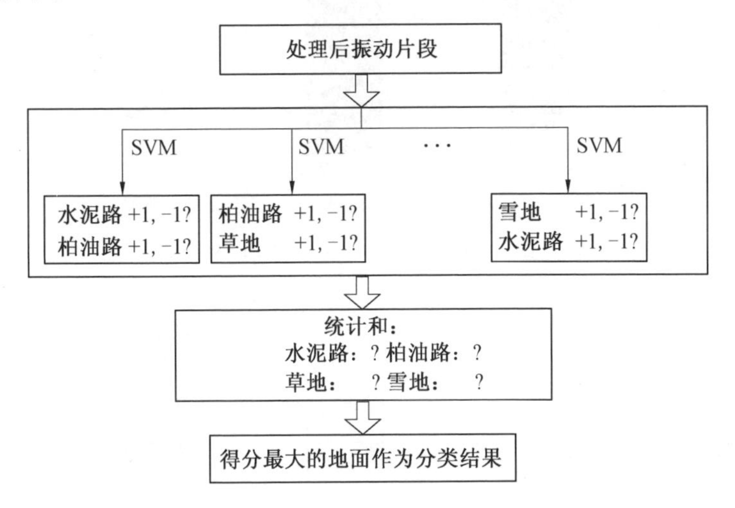


图3.17　地面分类投票机制流程示意图

**1. 支持向量机参数选择**

以柏油路和草地为例，利用2×70个离线训练样本和2×30个测试样本作为实验样本，采用试错法选择参数[2]。

(1) 特征向量规范化。对于特征提取后的特征向量，使用规范化处理以提高其分类准确率，即将获得的数据进行[-1,1]或者[0,1]规范化处理。规范化处理对分类准确率的影响如图3.18所示。可以看出，使用[0,1]规范化处理后的数据分辨率大大增加，分类准确率达到0.95。因此，离线训练时，对数据进行[0,1]规范化处理。

(2) 支持向量机的核函数选择。核函数选择会影响支持向量机的分类结果。核函数包括三类：线性核函数、多项式、径向函数 $e^{-(u-v)^2}$。分别进行测试后，三种核函数的分类准确率如图3.19。可以看出，核函数选择为径向函数时，分类准确率最高。

**2. 离线学习结果**

为评价离线学习模型的准确率，将采集到的未用于离线学习的振动信号输入离线学习模型中进行评测。离线学习模型采用分类准确率进行评估，即对于某一地面，输入 $n$ 个已知该地面振动信号片段，该地面的分类结果为马赛克路面

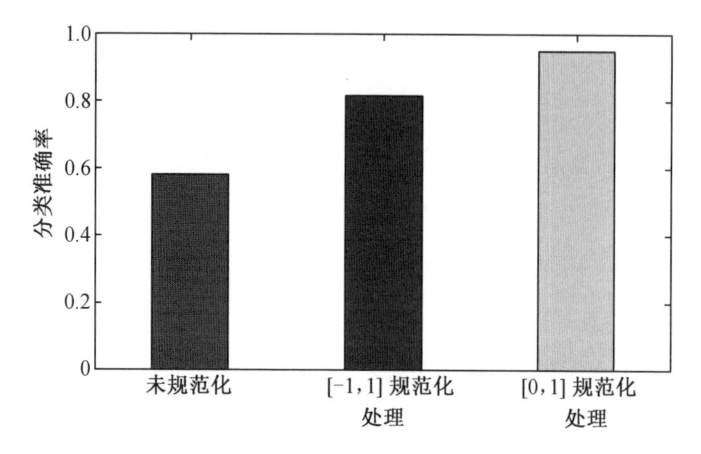


图 3.18　规范化处理对分类准确率的影响

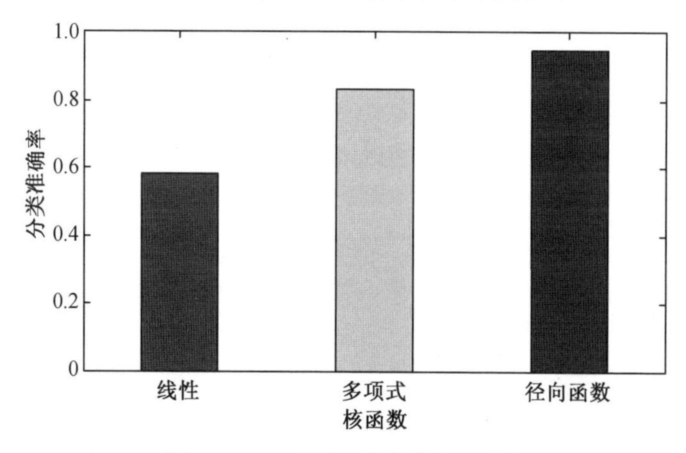


图 3.19　三种核函数的分类准确率

$n_1$、柏油路面 $n_2$、草地 $n_3$、雪地 $n_4$ 四种,其中 $n_1+n_2+n_3+n_4=n$,则其分类结果分别为 $n_1/n$、$n_2/n$、$n_3/n$、$n_4/n$。

测试样本的样本数目与离线学习样本数目相同,每种地面用10个片段,共产生70个。通过相同的处理方式输入训练后的模型中,分别统计70个样本分类的准确度。基于时域特征、基于频域特征、基于傅里叶变换特征的分类准确率分别如图3.20～3.22所示。

从图3.20～3.22中可以看出,对于履带机器人所搭建的实验平台,采用信号的傅里叶变换值作为分类样本的结果要比采用时域特征和频域特征的方式更好,因此采用信号傅里叶变换的模型作为在线分类模型。

为研究速度对分类准确率的影响,机器人以0.24 m/s的速度进行实验,低速运行(0.24 m/s)下基于傅里叶变换特征的分类准确率如图3.23所示。与前面0.48 m/s运行速度下的结果比较,可以看出速度对履带机器人识别地面产生的

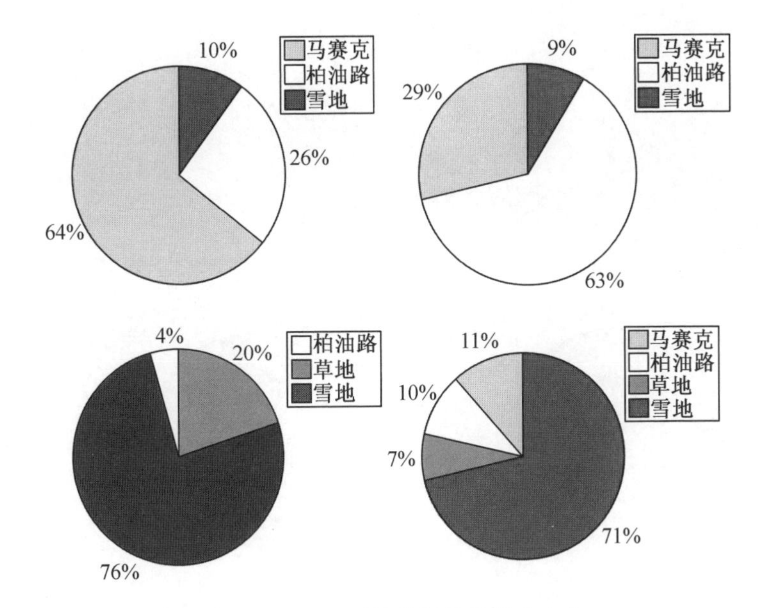


图 3.20　基于时域特征的分类准确率

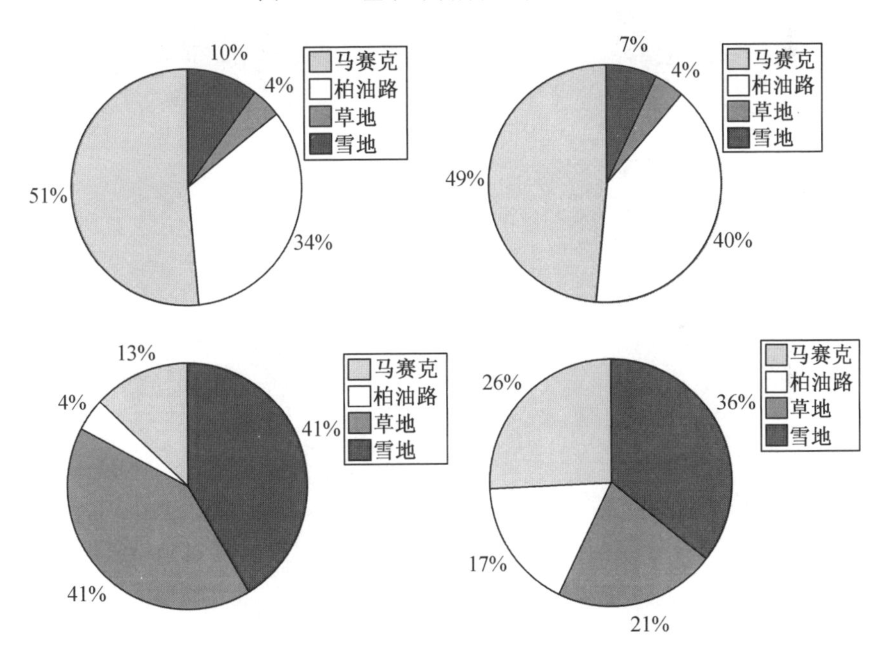


图 3.21　基于频域特征的分类准确率

影响，低速模式下，履带机器人每秒运行的距离更近，对地面更加“敏感”，采集的振动信号更能准确地反映地面的真实情况。因此，低速模式下，履带机器人的分类准确率更高。

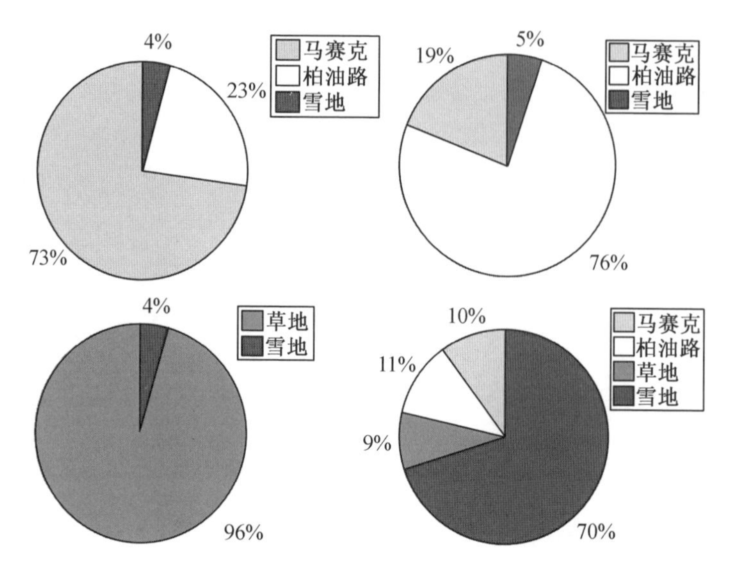


图 3.22　基于傅里叶变换特征的分类准确率

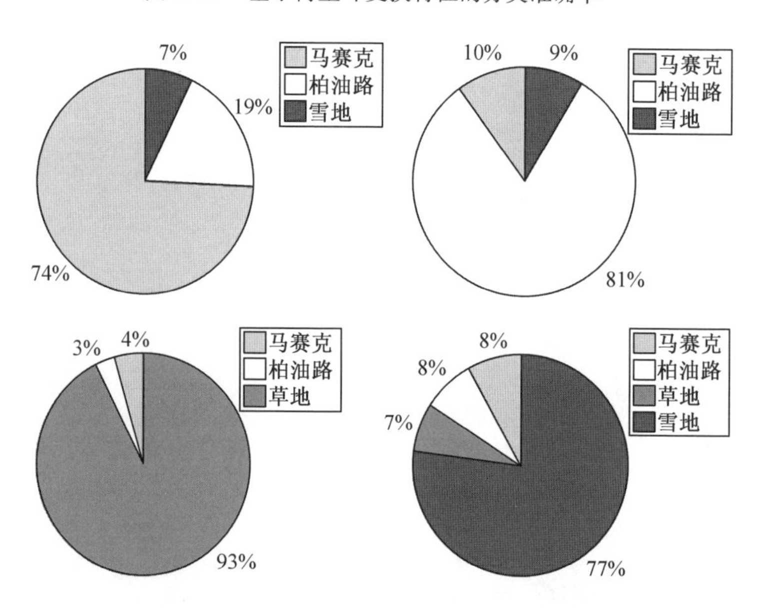


图 3.23　低速运行(0.24 m/s) 下基于傅里叶变换特征的分类准确率

### 3.2.6　实验研究方法

考虑到在线辨识的实时性，将支持向量机工具箱集成在 VC++ 中，同时履带机器人控制系统实时采集振动加速度信号，处理后的数据输入训练好的 SVM 分类器中，分类结果通过“投票得分机制” 获取最终多种地面分类结果。程序中采

用多线程的编程方式，增加数据的运算效率。履带机器人在线识别程序流程示意图如图3.24所示。

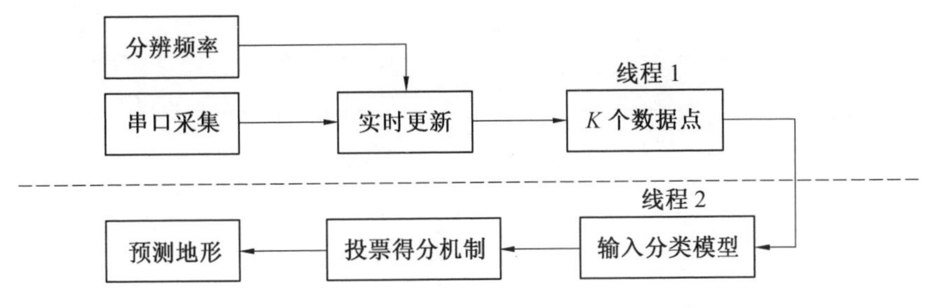


图3.24　履带机器人在线识别程序流程示意图

### 1.模型分类结果

在线识别过程中，为验证机器人识别的效果，分辨周期为250 ms，即分类频率为4 Hz，此时利用振动信号进行分类识别的重叠率为75%，在线识别时间设定（重叠率为75%）如图3.25所示。

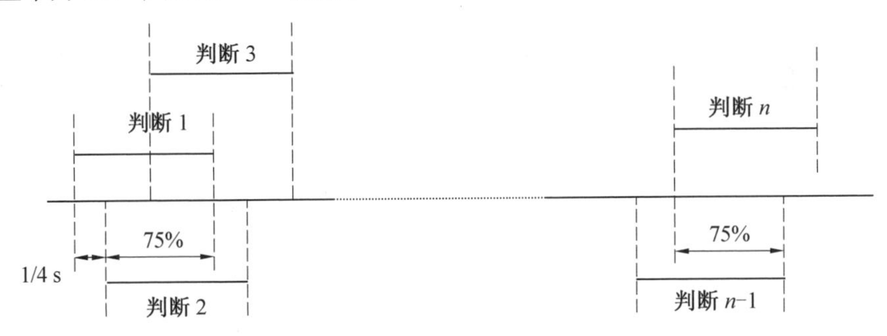


图3.25　在线识别时间设定（重叠率为75%）

在此时间间隔下，利用履带机器人在高速模式下（速度为0.48 m/s）于各个地面上运行25 s，以获得高速在线识别准确率(0.48 m/s)，见表3.2。同时，利用履带机器人在低速模式下（速度为0.24 m/s）于各个地面上运行25 s，以获得低速在线识别准确率(0.24 m/s)，见表3.3。

从表3.2和表3.3中可以看出，草地的分类准确率高达1，柏油路和马赛克路面最容易被相互误判，尽管没有进行雪地的在线实验验证，但仍然存在误判为雪地的可能性。之所以发生这种情况，是因为柏油路面和马赛克路面都属于硬地面，相似性较高。在线识别过程中，低速模式平均分类准确率为87.5%，高速模式平均分类准确率为81%，低速模式的分类准确率高于高速模式，因为低速模式下，履带机器人对地面更加“敏感”，采集的振动信号更能准确地反映地面的真实情况。

表 3.2　高速在线识别准确率(0.48 m/s)

| 测试地面 | 判断地面 | | | |
| --- | --- | --- | --- | --- |
| | 马赛克 | 柏油 | 草地 | 雪地 |
| 马赛克 | 76.7% | 16.7% | 0 | 6.7% |
| 柏油 | 19.3% | 76.3% | 0 | 4.4% |
| 草地 | 0 | 0 | 1 | 0 |

表 3.3　低速在线识别准确率(0.24 m/s)

| 测试地面 | 判断地面 | | | |
| --- | --- | --- | --- | --- |
| | 马赛克 | 柏油 | 草地 | 雪地 |
| 马赛克 | 78.2% | 16.4% | 0 | 5.4% |
| 柏油 | 12.4% | 84.4% | 0 | 3.2% |
| 草地 | 0 | 0 | 1 | 0 |

## 2. 前行触角及分类实验

履带式移动机器人在路面行走时,实时探测的地面情况是其运行过后的地面,此过程对于履带机器人预知地面、反馈地面类型从而对机器人行驶参数进行最优控制来说是一个障碍。为解决此问题,设计前行轮以实现对将要行驶地面的预分类,以便实现履带机器人的最优控制。同时,采用前行轮预测地面与履带机器人本体预测地面相互结合的方式,能够更准确地预测地面的变换情况。

前行轮即履带机器人的“前行触角”,能够最先感知地面情况。然而前行轮提取信号的过程需要消除履带机器人振动信号的干扰,采用柔性减振结构能很好地解决此问题,因此选择弹簧阻尼系统作为履带机器人的减振系统,减振机构也保证了运行过程中前行轮与地面的贴合度,提高了信号保真度。履带机器人前行触角结构如图 3.26 所示。

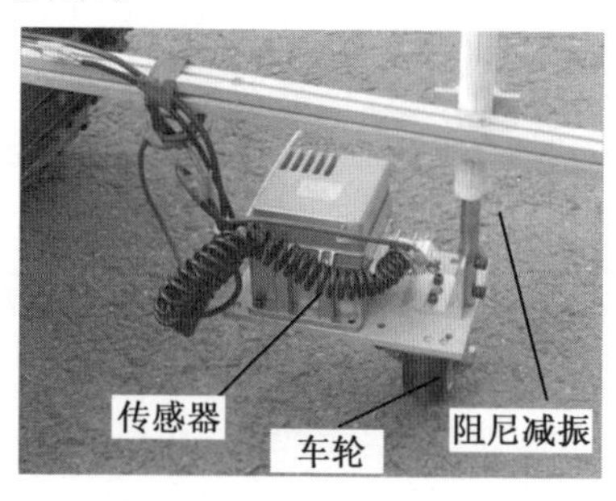


图 3.26　履带机器人前行触角结构

### 3. 前行轮分类辨识准确率

采用相同的数据处理方式，运用前行触角进行信号的采集、预处理、特征向量提取、降维和离线训练，搭建出在线辨识模型。触角实验现场如图3.27所示。

(a) 马赛克路面

(b) 柏油路

(c) 草地

图3.27　触角实验现场

根据上述搭建的前行触角方案，得出前行触角的在线分类准确率，见表3.4。从表3.2与表3.4的对比中可以看出，前行触角的分类准确率较履带机器人本身的分类准确率有较大的提升，表明车轮的振动比履带振动具有更佳的分辨率，这是因为轮子本身对地面更加敏感。

表3.4　前行触角的在线分类准确率

| 测试地面 | 判断地面 | | |
|---|---|---|---|
| | 马赛克 | 柏油 | 草地 |
| 马赛克 | 97.14% | 2.86% | 0 |
| 柏油 | 0 | 86.29% | 13.71% |
| 草地 | 0 | 0 | 1 |

### 4. 在线辨识综合实验

为验证履带机器人在线识别模型的准确性，需要对履带机器人进行在线分类实验，实验指标用分类准确率和识别时间表示。机器人从柏油路面驶往草地，多地面测试如图3.28所示。统计履带机器人在此过程中对地面识别的情况，并统计反应时间。

实验中测试指标有柏油路识别率、草地识别率和柏油路到草地识别时间。柏油路和草地识别率是履带机器人在柏油路面和草地稳定运行过程中的地面分辨率；而识别时间是履带机器人从柏油路进入草地，并首次判断为草地所需要的时间。多地面测试指标和结果见表3.5。

图 3.28　多地面测试

**表 3.5　多地面测试指标和结果**

| 测试次数 | 柏油路面识别率 /% | 草地识别率 /% | 地面变换识别时间 /s |
| --- | --- | --- | --- |
| 1 | 78.8 | 95.3 | 3.00 |
| 2 | 82.3 | 97.7 | 2.83 |
| 3 | 76.8 | 95.6 | 2.68 |
| 4 | 79.3 | 98.4 | 2.88 |
| 5 | 81.2 | 95.3 | 2.62 |
| 平均值 | 79.7 | 96.5 | 2.80 |

### 3.2.7　小结

本节主要介绍基于振动信号的地面类型在线辨识方法，通过本节的内容可以建立基于机器学习的地面类型在线辨识方法。

## 3.3　基于视觉信号的地面物理参数在线辨识方法

基于视觉的地面物理参数在线辨识的基本思路与前面小节类似，不同的是选取的地面特征值是相机采集到的图像，图像的特征可以选取颜色和纹理特征。具体的实现方法包括图像信号的预处理、图像信号特征提取、特征提取后处理、分类器的建立和实验研究。

## 3.3.1　图像预处理

由于相机自身一定的制造误差及非结构化环境的不确定性带来的噪声，因此要先对采集到的图像进行预处理，包括对相机的标定及对噪声的去除。

### 1. 单目相机标定

对单目相机的标定采用张正友提出的棋盘角点自检测校正的平面标定法[3]。单目相机的成像方式可看作针孔相机模型，即采集到的视图通过透视变换把三维空间点投射到二维图像平面上，其投影公式为

$$\lambda \boldsymbol{m}' = \boldsymbol{A} \cdot [\boldsymbol{R} \mid \boldsymbol{t}] \cdot \boldsymbol{M}' \tag{3.22}$$

展开为

$$\lambda \begin{bmatrix} x \\ y \\ 1 \end{bmatrix} = \begin{bmatrix} f_x & 0 & c_x \\ 0 & f_y & c_y \\ 0 & 0 & 1 \end{bmatrix} \cdot \begin{bmatrix} r_{11} & r_{12} & r_{13} & t_1 \\ r_{21} & r_{22} & r_{23} & t_2 \\ r_{31} & r_{32} & r_{33} & t_3 \end{bmatrix} \cdot \begin{bmatrix} X \\ Y \\ Z \\ 1 \end{bmatrix} \tag{3.23}$$

式中，$\lambda$ 为比例缩放系数；$\boldsymbol{M}$ 为目标点的世界坐标，$\boldsymbol{M} = (X, Y, Z)$；$\boldsymbol{m}$ 为图像内目标点坐标，$\boldsymbol{m} = (u, v)$；$\boldsymbol{A}$ 为内参数矩阵，其中$(c_x, c_y)$ 为基准点，$f_x$、$f_y$ 为两个方向上的焦距；$[\boldsymbol{R} \mid \boldsymbol{t}]$ 为外参数矩阵。

标定也就是对内外参数矩阵的求取。对于每一帧图像，三维空间点和投射到图像上的二维点均有特定对应关系，即具有单应性。设 $\boldsymbol{H}$ 为单应性矩阵，则有

$$\lambda \boldsymbol{m}' = \boldsymbol{H}\boldsymbol{M}' \tag{3.24}$$

求取过程中考虑到一般性，选择定义平面，可使 $Z = 0$，则可将公式简化为

$$\lambda \begin{bmatrix} x \\ y \\ 1 \end{bmatrix} = \boldsymbol{A} \cdot [\boldsymbol{r}_1 \quad \boldsymbol{r}_2 \quad \boldsymbol{t}] \cdot \begin{bmatrix} X \\ Y \\ 1 \end{bmatrix} \tag{3.25}$$

单目相机的标定如图 3.29 所示，自制一张棋盘标定图片，棋盘上有 7 × 7 个黑白格子交点，每个正方形格子边长为 2 cm，通过摄像机对角点探测，当捕捉到所有 49 个交点时，便可以测量得到拍摄图像中交点之间的距离。

先假定求解内外参数矩阵时并没有畸变。对于每一帧图像，根据对应关系可以求得一个 3 × 3 单应性矩阵 $\boldsymbol{H}$，即将标定问题转换为

$$\lambda \boldsymbol{H} = \lambda [\boldsymbol{h}_1 \quad \boldsymbol{h}_2 \quad \boldsymbol{h}_3] = \boldsymbol{A}[\boldsymbol{r}_1 \quad \boldsymbol{r}_2 \quad \boldsymbol{t}] \tag{3.26}$$

按列分解得到三个方程，对于外参数矩阵的旋转向量 $\boldsymbol{r}_1$ 和 $\boldsymbol{r}_2$ 相互正交，因此可根据正交含义（即点积为 0、长度相等）得到两个等式约束方程为

$$\begin{cases} \boldsymbol{h}_1^{\mathrm{T}} \boldsymbol{A}^{-\mathrm{T}} \boldsymbol{A}^{-1} \boldsymbol{h}_2 = 0 \\ \boldsymbol{h}_1^{\mathrm{T}} \boldsymbol{A}^{-\mathrm{T}} \boldsymbol{A}^{-1} \boldsymbol{h}_1 = \boldsymbol{h}_2^{\mathrm{T}} \boldsymbol{A}^{-\mathrm{T}} \boldsymbol{A}^{-1} \boldsymbol{h}_2 \end{cases} \tag{3.27}$$

(a) 角点捕捉

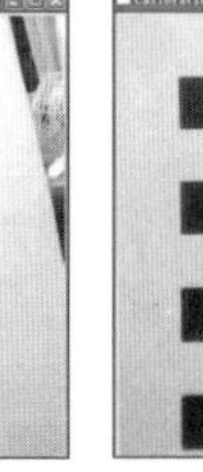
(b) 未标定前图像

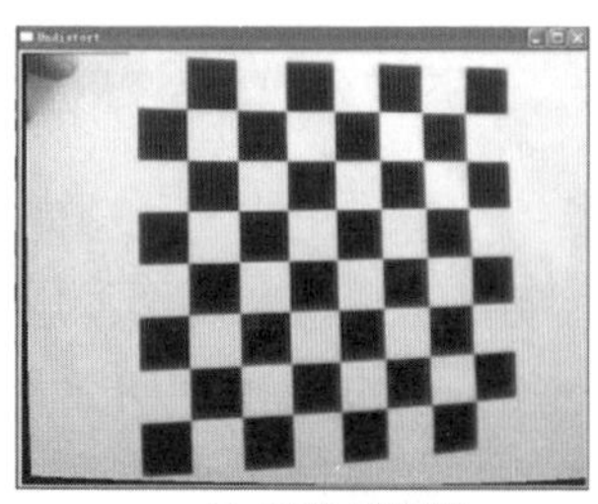
(c) 标定后图像

图 3.29　单目相机的标定

设 $\boldsymbol{B}=\boldsymbol{A}^{-\mathrm{T}}\boldsymbol{A}^{-1}$，$\boldsymbol{B}$ 有通用形式封闭解，即

$$\boldsymbol{B}=\begin{bmatrix} B_{11} & B_{12} & B_{13} \\ B_{21} & B_{22} & B_{23} \\ B_{31} & B_{32} & B_{33} \end{bmatrix}=\begin{bmatrix} \dfrac{1}{f_x^2} & 0 & \dfrac{-c_x}{f_x^2} \\ 0 & \dfrac{1}{f_y^2} & \dfrac{-c_y}{f_y^2} \\ \dfrac{-c_x}{f_x^2} & \dfrac{-c_y}{f_y^2} & \dfrac{c_x^2}{f_x^2}+\dfrac{c_y^2}{f_y^2}+1 \end{bmatrix} \tag{3.28}$$

当采集的图像帧数大于等于 2 时，即可使式(3.27) 有解 $[B_{11},B_{12},B_{22},B_{13},B_{23},B_{33}]$，由于 $\boldsymbol{B}$ 为对称矩阵，因此 $\boldsymbol{B}$ 的有效参数只有 6 个，摄像机内参数和比例系数可通过式(3.28) 中封闭解得到，即

$$\begin{cases} f_x=\sqrt{\lambda/B_{11}} \\ f_y=\sqrt{\lambda B_{11}/(B_{11}B_{22}-B_{12}^2)} \\ c_x=-B_{13}f_x^2/\lambda \\ c_y=(B_{12}B_{13}-B_{11}B_{23})/(B_{11}B_{22}-B_{12}^2) \\ \lambda=B_{33}-[B_{13}^2+c_y(B_{12}B_{13}-B_{11}B_{23})]/B_{11} \end{cases} \tag{3.29}$$

由单应性条件可以直接计算得到外参数为

$$\begin{cases} \boldsymbol{r}_1=\lambda\boldsymbol{A}^{-1}\boldsymbol{h}_1 \\ \boldsymbol{r}_2=\lambda\boldsymbol{A}^{-1}\boldsymbol{h}_2 \\ \boldsymbol{r}_3=\boldsymbol{r}_1\times\boldsymbol{r}_2 \\ \boldsymbol{t}=\lambda\boldsymbol{A}^{-1}\boldsymbol{h}_3 \end{cases} \tag{3.30}$$

求外参数矩阵解时，通常难以得到一个精确的旋转矩阵 $[\boldsymbol{r}_1,\boldsymbol{r}_2,\boldsymbol{r}_3]$，可采用奇异值分解(SVD) 方法强制计算成要求的旋转矩阵。

多次采集棋盘标定图像将得到一组内外参数解，用最小二乘法对参数解进行极大似然估计以减小误差。

在求取畸变参数时，根据多次采集得到方程组求解，畸变参数和内外参数矩阵之间呈非线性关系，即

$$\begin{cases} x' = x + xk_1(x^2 + y^2) + xk_2(x^2 + y^2)^2 \\ y' = y + yk_1(x^2 + y^2) + yk_2(x^2 + y^2)^2 \end{cases} \tag{3.31}$$

式中，$(x', y')$ 为存在畸变的二维坐标；$(x, y)$ 为无畸变的二维坐标。

最小二乘法求解得到畸变参数后，内外参数矩阵结果将发生偏差，故需重新估计内外参数，解算后继续校核畸变参数（即双线性插值）直至二者均收敛。

在标定过程中，对标定精度和误差的影响因素有如下几点。

（1）图像采集次数过少，会导致样本数不够充分，应确定每次标定采集进行计算的完整图像帧数为10。

（2）标定的时候，标定棋盘所在平面与成像平面之间的夹角过小会产生较大的误差，因此在标定拍摄图像过程中，应保证每帧图像的位姿差异较大，避免与成像平面平行。

（3）角点的提取精度和测量算法误差会直接影响标定结果，故除采用改进提取角点方法外，选择相纸打印版本棋盘角点图片替代喷墨打印版本图片以提升自身角点位置精度。

**2. 非结构化环境下去噪声处理方法研究**

图像去噪声预处理方法包括无尺度变换的简单滤波、中值滤波、高斯滤波和双向滤波，下面将分别进行比较介绍。

（1）简单滤波器输出图像中的像素为输入图像对应像素在某尺寸窗口中的简单平均值，其优点在于计算速度快、运算负担小，但是对于大的孤立噪声点（即镜头噪声）非常敏感，会使均值有明显波动。

（2）中值滤波器将正方形窗口内每个像素值用中间的像素值替换，计算速度快，且可以避免镜头噪声影响。

（3）高斯滤波器用卷积核与输入图像各点进行卷积计算，即令图像与正态分布作卷积计算。其原理为对每个像素进行周围相邻像素的加权平均，中心像素高斯分布值最大，具有最大权重。相邻像素随着与中心像素距离的增加，权重越来越小。如此滤波处理比其他滤波器更好地保留了边缘效果，其表达式为

$$g(i,j) = \frac{1}{2\pi\sigma_x\sigma_y} e^{-\frac{(i-\mu_x)^2}{2\sigma_x^2} - \frac{(i-\mu_y)^2}{2\sigma_y^2}} \tag{3.32}$$

式中，$(i,j)$ 为像素坐标点；$(\mu_x, \mu_y)$ 为两个方向的均值；$(\sigma_x, \sigma_y)$ 为两个方向的方差值，若非特殊指定，方差与该方向的尺寸之间关系为 $\sigma = 0.3(n/2 - 1) + 0.8$，$n$ 为卷积核的宽或高。

（4）双边滤波器与高斯滤波器类似，与其不同的是，双边滤波由两个函数构

成,通过对相邻像素加权方式改变的方法优化了边缘处的平滑处理,其在高斯模糊滤波加权方式上增加了基于相邻像素与中心像素亮度差值的加权。因此,双边滤波器需要更多的处理时间,其表达式为

$$g(i,j)=\frac{\sum_{k,l}f(k,l)\omega(i,j,k,l)}{\sum_{k,l}\omega(i,j,k,l)} \tag{3.33}$$

其中

$$\omega(i,j,k,l)=\mathrm{e}^{-\frac{(i-k)^2+(j-l)^2}{2\sigma_{\mathrm{d}}^2}-\frac{\|f(i,k)-f(j-l)\|^2}{2\sigma_{\mathrm{r}}^2}} \tag{3.34}$$

式中,$(k,l)$ 为邻域像素坐标。

指数函数中,$-\frac{(i-k)^2+(j-l)^2}{2\sigma_{\mathrm{d}}^2}$ 即 $x$、$y$ 两方向方差相等时的高斯滤波函数,即 $\sigma_{\mathrm{d}}=\sigma_x=\sigma_y$;$-\frac{\|f(i,k)-f(j-l)\|^2}{2\sigma_{\mathrm{r}}^2}$ 则为亮度差值函数。

实验验证了采集的图像经高斯滤波方法处理降噪效果最为显著。在实验中,为平衡滤波效果和计算速度,参数选择最终确定用 5 像素 × 5 像素高斯卷积核对采集到的图像进行处理,去噪声处理如图 3.30 所示。

(a) 源图像

(b) 高斯滤波

图 3.30　去噪声处理

## 3.3.2　实时视觉信号特征提取

通过对地面环境特征分析可以得到,不同类型地面的颜色和纹理是有明显区别的,因此选取图像的颜色和纹理作为机器学习的输入特征。本节将介绍如何以颜色和纹理作为特征对图像进行分割和表述。

### 1. 颜色特征提取

图像中最直观的特征即信号的颜色特征,其特点在于不同颜色之间区分度较高,易于辨识。而且地面区域常常是以相同或相近色块的集聚呈现出来的。

因此,颜色特征是表征地面类型的一个重要指标。

(1)RGB 颜色特征提取。标准单目相机对图像的采集和存储制式均为 RGB(即红绿蓝)三色通道格式,用三种基颜色所占目标像素本征颜色比重大小来表示颜色特征。三维向量($B,G,R$)取值范围为 0 ~ 255 内的整数。通过聚类算法用 RGB 特征对图像进行分割,如图 3.31 所示。

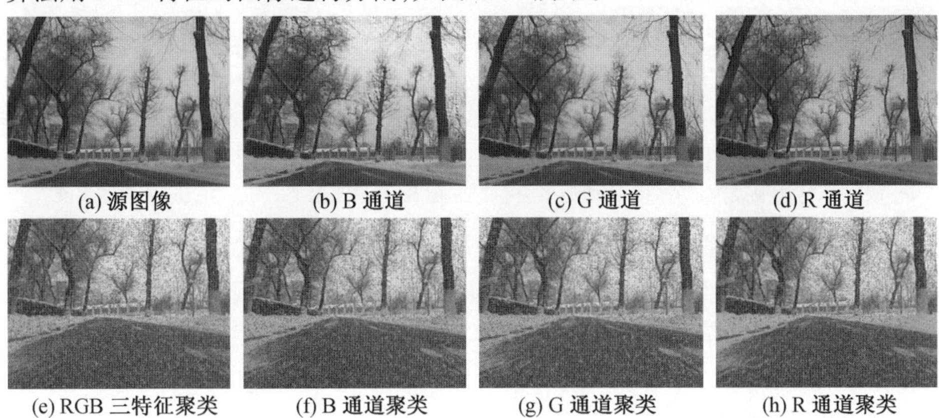


图 3.31　通过聚类算法用 RGB 特征对图像进行分割

(2)HSV 颜色特征提取。非结构化环境中,相同地形因光照条件变化,在每一天中的不同时间颜色不同,这是 RGB 格式颜色特征无法克服的困难,因此考虑进一步提取 HSV(即色彩 - 饱和 - 光强)三通道格式颜色特征作为协助。HSV 颜色特征更接近于人眼颜色模式,色彩通道和饱和度通道可以直接获取拍摄对象的本质颜色特征,而光强通道则可以表征出当时的光照条件。HSV 特征可从已提取的 RGB 特征空间线性转换得到,即

$$V = \max(R,G,B) \tag{3.35}$$

$$S = \frac{[\max(R,G,B) - \min(R,G,B)]}{\max(R,G,B)} \times 255 \tag{3.36}$$

$$H = \begin{cases} \dfrac{G - B}{\max(R,G,B) - \min(R,G,B)} \times 30, & \max(R,G,B) = R \\ \dfrac{B - R}{\max(R,G,B) - \min(R,G,B)} \times 30 + 60, & \max(R,G,B) = G \\ \dfrac{R - G}{\max(R,G,B) - \min(R,G,B)} \times 30 + 120, & \max(R,G,B) = B \end{cases} \tag{3.37}$$

$H$ 为非正值时,相位需加上 180。每像素最终得到一个三维向量($H,S,V$),$H$ 取值范围为$[0,180)$,$S$ 和 $V$ 取值范围为$[0,255]$。图 3.32 所示为用 HSV 特征对图像进行聚类算法分割。

(a) 源图像　(b) H 通道　(c) S 通道　(d) V 通道

(e) HSV 三特征聚类　(f) H 通道聚类　(g) S 通道聚类　(h) V 通道聚类

图 3.32　用 HSV 特征对图像进行聚类算法分割

综上所述,颜色特征的提取基于单帧图像的各个像素,因此单帧图像的特征提取效率除取决于单像素的特征提取速度外,更多地决定于图像内参与特征提取像素总数。

### 2. 纹理特征提取

与颜色特征相对应的另一种特征为纹理特征,纹理特征可以表示出目标单位的纹理走向,可以通过细部纹理的差异对不同对象进行区分。颜色特征与纹理特征各有优势,因此需要二者相互辅助。

(1) 局部二值模式(Local Binary Patterns,LBP) 纹理特征提取。LBP 特征提取原理如图 3.33 所示,纹理特征提取如图 3.34 所示。将目标像素周围 8 个像素的灰度值与中心像素比较,将大于中心像素灰度值的像素灰度值置 1,小的置 0,比较完毕从左上顺时针记下 8 位链码,即为该像素的 LBP 特征向量。若将提取结果以灰度形式表示出来则如图 3.34(b) 所示,LBP 特征聚类结果如图 3.34(c) 所示。

| 94 | 38 | 54 |
|---|---|---|
| 23 | 50 | 78 |
| 47 | 66 | 12 |

| 1 | 0 | 1 |
|---|---|---|
| 0 |  | 1 |
| 0 | 1 | 0 |

二进制编码 =10110100

图 3.33　LBP 特征提取原理

(2) 局部三元模式(Local Ternary Pattern,LTP) 纹理特征提取。当周围像素灰度值与中心像素相差无几时像素之间的比较意义并不大,因此在 LBP 特征基础之上,衍生出 LTP 特征。其提取公式为

$$T=\begin{cases}1, & T \geqslant (c+k) \\ 0, & (c+k) > T > (c-k) \\ -1, & T \leqslant (c-k)\end{cases} \tag{3.38}$$

式中,$T$ 为对应像素取值;$c$ 为中心像素灰度值;$k$ 为敏感性阈值。

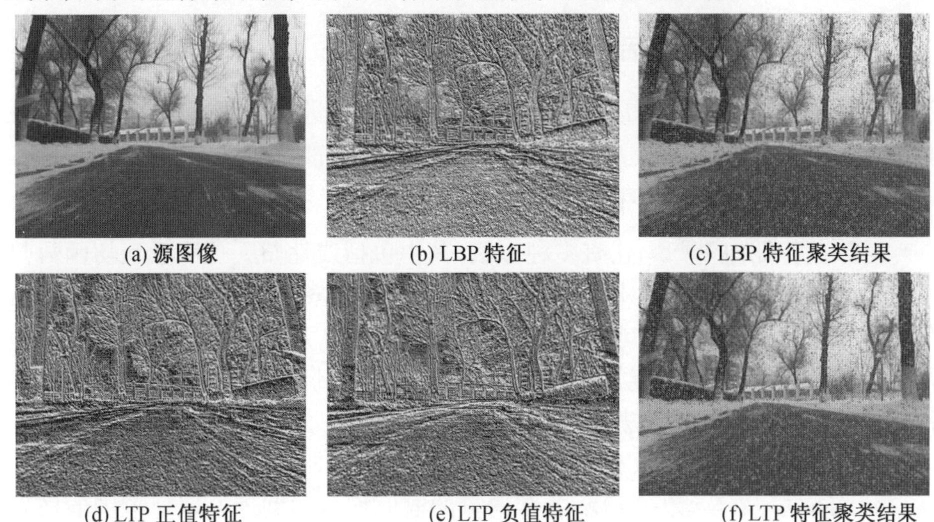

(a) 源图像　(b) LBP 特征　(c) LBP 特征聚类结果

(d) LTP 正值特征　(e) LTP 负值特征　(f) LTP 特征聚类结果

图 3.34　LBP 和 LTP 纹理特征聚类过程

LTP 特征提取下,像素灰度值在中心像素灰度值上下浮动 $k$ 范围内时改为置 0,而原来置 0 处改置 -1,则生成了 8 位每位三取值的链码。可以用两个灰度图像来显示正负 LTP 链码描述的图像,如图 3.34(d)、(e) 所示。$k$ 为 LTP 描述图像对纹理感应的敏感性,过低对图像变化反映强烈,过高则鲁棒性较强。经过实际实验结果验证,其中 $k=2$ 效果较好。

(3)LATP 纹理特征提取。以 LTP 为基础拓展的 LATP 纹理特征针对每一个像素都以统计方式(周围像素均值和方差) 确定 $k$ 值,用自适应的方式来确定局部的纹理特征,其公式为

$$T=\begin{cases}1, & T \geqslant (\mu+k\sigma) \\ 0, & (\mu+k\sigma) > T > (\mu-k\sigma) \\ -1, & T \leqslant (\mu-k\sigma)\end{cases} \tag{3.39}$$

式中,$\mu$、$\sigma$ 为相邻八个像素灰度均值与方差。

由式(3.39) 可以看出,LATP 并不需要中心像素的取值,通过这种方式克服了单点噪声对纹理特征带来的干扰。但每一个像素的特征求得都需要做一次局部统计,与 LBP 纹理特征和 LAP 纹理特征相比计算量大很多。

通常单像素的传统纹理特征在图像中局部差异很大,尤其单点噪声会对图像起到干扰作用。纹理特征的提取是在以中心像素向外辐射的区域内实行的,

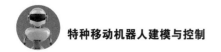

因此图像的边缘部分无法进行提取,在实际操作中对边缘区域进行遮盖处理。

实验表明,LBP 特征描述图像过于简单化,而 LATP 消耗的计算量过大且效果不明显,通常选定 LTP 法表征纹理的特征,并以分类效果有效且计算消耗最小原则确定最后的 LTP 算子区域大小为 9 像素 × 9 像素。

### 3.3.3 特征提取后处理

针对选取特征取值范围不同的问题,对各类特征进行协调归一化处理;针对特征较多的问题,则采用主成分分析的方法对特征进行降维。

**1. 各类特征协调归一化**

对颜色特征向量归一化有多种方法,其中包括线性归一化和反正切函数归一化。线性归一化需要估计出实际情况下向量的极限取值范围,以便归一后结果能够充分充满[0,1] 区间,代价则是冗余的计算量;反正切函数归一化方法利用反正切函数的特性,直接将任何区间致密地映射到[0,1] 中,缺点则是其非线性转换造成的畸变现象无法克服。

根据实际实验验证,反正切函数归一化对图像特征畸变的效果过于严重,因此摒弃该方法。在实验中发现,各维向量的取值均可达到理论取值范围的极限值,因此对线性归一化方法做出改进,直接利用理论取值范围进行归一化,减少计算量,增强实验的实时性,即

$$\begin{cases}\boldsymbol{H}=\boldsymbol{H}/180\\ \boldsymbol{X}=\boldsymbol{X}/256\end{cases}\tag{3.40}$$

式中,$\boldsymbol{X}$ 为除 $\boldsymbol{H}$ 外的其他特征向量,包括 $\boldsymbol{S}$、$\boldsymbol{V}$、$\boldsymbol{R}$、$\boldsymbol{G}$、$\boldsymbol{B}$。

在归一化过程中,颜色特征和纹理特征彼此相互独立,在实验中发现将这两类特征全部归一至[0,1] 区间时,纹理特征由于维度长度相对颜色特征略高,影响较大,因此需要重新制定合理的取值。通过聚类算法对图像初步二分类观察分类效果,最终确定 LTP 特征单像素取值范围为{0,0.3,0.6}。

**2. 主成分分析降维处理**

某些维度的特征向量对于全局和实验结果的影响和贡献并不大,特征向量过多也会使建立起的模型过于复杂,令后面机器学习部分速度减慢。为提高算法的实时性,减少实时计算量,在特征预处理时进行特征的降维处理,采用 PCA 方法对 14 维特征向量进行降维。

综上所述,PCA 算法的原理即在全部特征维度空间内寻找到一个合适的高维平面,使各个特征投射到该平面时方差最大或者投影后得到的向量正交距离总和最小。对于视觉信号的处理,假设样本个数为 $m$,数据特征维数为 $n$,其算法过程如下。

(1) 计算各个特征值的平均值。

$$\mu_j = \frac{\sum_{i=1}^{m} x_j^{(i)}}{m} \tag{3.41}$$

式中,$x_j^{(i)}$ 为第 $i$ 个样本中第 $j$ 维特征的值;$\mu_j$ 为第 $j$ 维特征的平均值。

对每个不同尺度特征进行进一步归一化,得到各维特征归一化算子 $s_j$,将特征进行平均一般化处理,有

$$x_j^{(i)} = (x_j^{(i)} - \mu_j)/s_j \tag{3.42}$$

(2)$k$ 个主要特征的选取。求 $n \times n$ 的协方差矩阵 $\boldsymbol{\Sigma}$,有

$$\boldsymbol{\Sigma}_{n\times n} = \frac{1}{m}\sum_{i=1}^{m} \boldsymbol{x}^{(i)} \left(\boldsymbol{x}^{(i)}\right)^{\mathrm{T}} \tag{3.43}$$

通过奇异值分解(SVD) 方法对协方差矩阵的特征值和特征向量求解,可以得到

$$\boldsymbol{\Sigma} = \boldsymbol{USV'} \tag{3.44}$$

则有

$$\boldsymbol{\Sigma\Sigma'} = \boldsymbol{USV'} \cdot \boldsymbol{VS'U'} = \boldsymbol{U}(\boldsymbol{\Sigma\Sigma'})\boldsymbol{U'} \tag{3.45}$$

$$\boldsymbol{\Sigma'\Sigma} = \boldsymbol{VS'U'} \cdot \boldsymbol{USV'} = \boldsymbol{V}(\boldsymbol{\Sigma'\Sigma})\boldsymbol{V'} \tag{3.46}$$

式中,$\boldsymbol{U}$、$\boldsymbol{V}$ 分别为 $\boldsymbol{\Sigma\Sigma'}$ 和 $\boldsymbol{\Sigma'\Sigma}$ 的 $n \times n$ 特征向量矩阵。对于方阵 $\boldsymbol{\Sigma}$,SVD 分解相当于特征值分解,因此实际中 $\boldsymbol{U} = \boldsymbol{V}$,即 $\boldsymbol{\Sigma} = \boldsymbol{USU'}$,$\boldsymbol{U}$ 为特征向量组成的正交矩阵,同时可得到对应的特征值。将特征值按降序重新排列,便可从中选取前 $k$ 个主要特征。

在雪地实验中,选取 1 000 个数据样本,通过 PCA 处理后,得到前 14 个主要特征向量,雪地实验 PCA 降维结果见表 3.6,即可将雪地类型特征降至 11 维。

表 3.6　雪地实验 PCA 降维结果

| PCA 降维前取值 | PCA 降维后取值 | | | | | | |
|---|---|---|---|---|---|---|---|
| 平均值(1 ~ 7) | 0.41 | 0.19 | 0.59 | 0.54 | 0.57 | 0.49 | 0.50 |
| 平均值(8 ~ 14) | 0.50 | 0.51 | 0.51 | 0.53 | 0.53 | 0.52 | 0.51 |
| 特征值(1 ~ 7) | 0.20 | 0.16 | 0.09 | 0.05 | 0.03 | 0.03 | 0.02 |
| 特征值(8 ~ 14) | 0.02 | 0.02 | 0.01 | 0.01 | 0.00 | 0.00 | 0.00 |

### 3.3.4　基于视觉信号的地面类型辨识算法

基于视觉信号的地面类型辨识算法流程示意图如图 3.35 所示。机器人采集得到的前视图像内地面区域是复杂分布的,在对地面类型分类辨识前,需要确定目标地面区域的范围,因此在实现辨识算法之前,需要对采集到的图像进行目标地面区域划分处理($k$ - means 聚类),并且区域的划分要求自适应完成,需要聚类算法自动生成样本,再通过机器学习的方法(SVM) 和模型匹配这两种方法实

现区域划分,并对两种方法的分类效果进行比较,最后对分类后的离散点进行形态学处理,形成连续的分类区域。

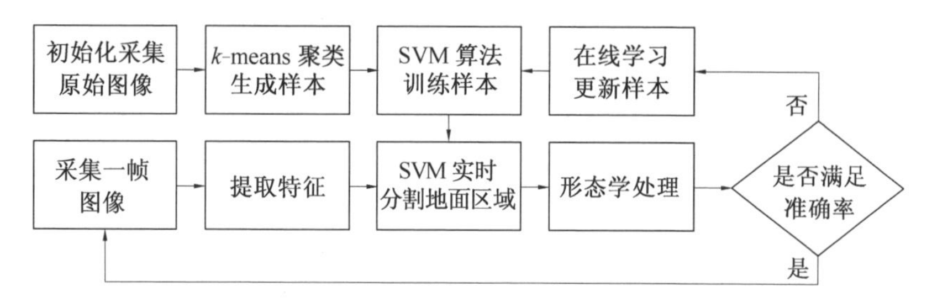


图 3.35　基于视觉信号的地面类型辨识算法流程示意图

**1. 基于 $k$ - means 聚类算法进行路面区域划分**

在实际应用中,机器人采集到的图像往往除具有路面信息外,还包含复杂的背景信息,因此在分类之前需要将目标路面从图像中分离出来,所选用的聚类算法为 $k$ - means 算法,利用参数与实验样本数据的反复迭代得到聚类质心点的特征,在单帧图像中随机选取出 $m$ 个样本,特征提取完毕后,以目标地面与非目标地面二分类为基础的标准算法如下。

(1) 随机选取两个聚类质心点,其特征向量设为 $\boldsymbol{\mu}_1,\boldsymbol{\mu}_2 \in \mathbf{R}^{14}$。

(2) 对于每一个样本 $\boldsymbol{x}^{(i)}$,计算出其应当被归属的类别,即

$$c^{(i)} = \min_j \|\boldsymbol{x}^{(i)} - \boldsymbol{\mu}_j\|^2 \tag{3.47}$$

对于每一个类别 $j$,重新计算出其对应的质心向量,即

$$\boldsymbol{\mu}_j = \frac{\sum_{i=1}^{m} (\Lambda\{c^{(i)} = j\}\boldsymbol{x}^{(i)})}{\sum_{i=1}^{m} \Lambda\{c^{(i)} = j\}} \tag{3.48}$$

式中,$\Lambda\{c^{(i)} = j\}$ 为判断函数,当 $c^{(i)} = j$ 为真时,判断式取值为 1,否则为 0。

在户外实验中,为使聚类预分类更加精确,设定算法提取的随机样本数 $m$ 为 10 000,其更新率预先设置为 10%。颜色和纹理特征共同作用的 $k$ - means 结果如图 3.36 所示。

**2. 支持向量机地面分类辨识模型**

单个支持向量机模型只能解决二分类问题,而对于多种地面类型分类辨识,则需要对多个二分类模型进行组合以实现多分类功能,采用一对一法对任两类地面进行二分类支持向量机模型建立,对于 $k$ 种地面类型,将得到 $k(k-1)$ 个支持向量机模型。在实时分类时,将采集到的特征输入各个模型内进行二类判断,判断类归属数最多者即为辨识的类型,也就是前面提到的投票机制。

(a) 阴影下的柏油路　(b) 雪地　(c) 阳光下的柏油路

(d) 阴影柏油路聚类结果　(e) 雪地聚类结果　(f) 阳光柏油路聚类结果

图 3.36　颜色和纹理特征共同作用的 $k$ - means 结果

支持向量机模型选择 RBF 函数，即径向基核函数作为核函数。RBF 函数具有快速向高维空间转换以及参数少的优点，符合快速计算要求，其表达式为

$$K(\boldsymbol{x}_i,\boldsymbol{x}_j) = \mathrm{e}^{-\frac{\|\boldsymbol{x}_i-\boldsymbol{x}_j\|^2}{(2\sigma)^2}} \tag{3.49}$$

设定损失参数 $c = 1.2$，RBF 函数中参数 $\sigma = 0.3$，样本收敛终止判据为 0.001。

实时性分析：算法耗时长短与支持向量机模型内的支持向量个数直接正相关。以冬季雪地和柏油路二分类模型为例，通过对不同训练样本容量训练得到模型内支持向量个数，再进行统计测算实验得出，支持向量机模型内支持向量个数与样本容量正相关。支持向量机模型实时性研究如图 3.37 所示。因此，在保证准确率的前提下，应选择尽量小的训练样本容量对支持向量机模型进行训练。

**3. 模型匹配算法对地面类型分类辨识**

模型匹配算法是另一种分类方法，是在各个目标地面类型上采集对应的特征向量样本。以 HSV 颜色通道为例，选择柏油路、瓷砖地面、草地、沙地、石板路五种地面类型在 HSV 三维向量上的取值分布（图 3.38）。

各维取值服从正态分布示例如图 3.39 所示，即特定目标地面的特征在 14 维坐标系中汇聚为一个高维高斯椭球体。实时实验时将探测到的特征进行平均化处理，得到即时的目标地面特征，将该特征与特征模型库内各个模型进行匹配，当采集处理到的特征处于模型库对应的高斯椭球内时，则证明匹配成功，即得到了实时探测的地面类型。

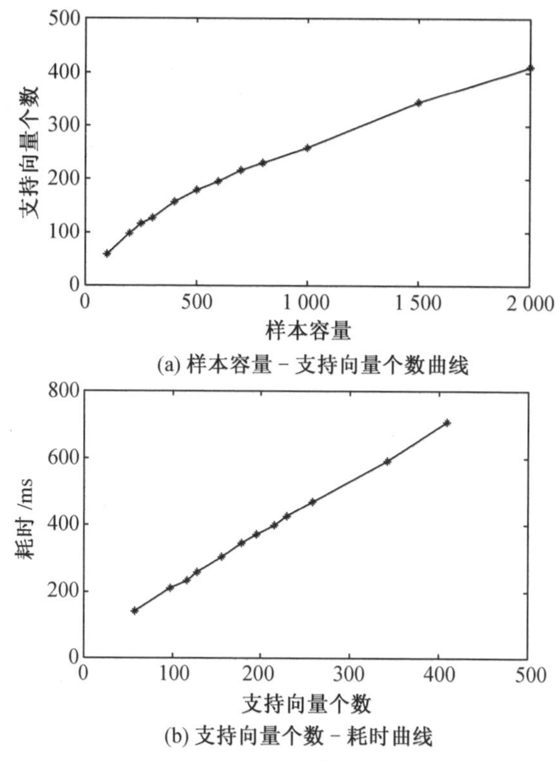

(a) 样本容量－支持向量个数曲线

(b) 支持向量个数－耗时曲线

图 3.37　支持向量机模型实时性研究

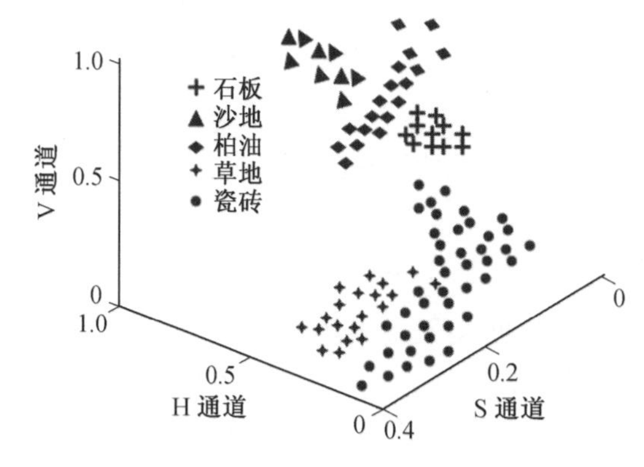

图 3.38　多种地面类型的 HSV 取值分布

在模型匹配中，对新地面类型的学习可实现移动机器人对地面类型的自适应学习，在完全陌生的环境中运行时，可通过模型匹配算法从零样本基础建立起该环境地面类型的样本。地面类型匹配识别如图 3.40 所示。

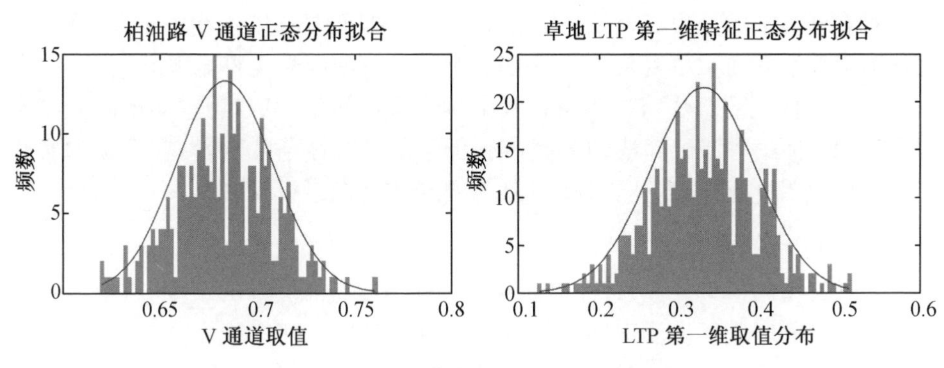


图3.39　各维取值服从正态分布示例

(a) 雪地　　(b) 阴影下柏油路　　(c) 阳光下柏油路

图3.40　地面类型匹配识别

（1）模型匹配算法的问题。在匹配过程中，可能出现探测特征符合两种或多种特征模型，从图3.38中可以看出，柏油路和沙地的取值相似度较高。采用比较各个类别与采集到特征向量二范数球心距的方法，最小距离在远小于其他模型距离时，该地面类型模型匹配成功；若距离大小均相似，则返回下帧图像进行重新探测并重新匹配。

若特征与已建立的特征模型均不匹配且球心距均很大，则证明探测到的目标地面为新类型地面，经过多次不匹配确定后，为其建立起新的地面类型模型，并按新建顺序序号为其命名，后处理时可为其进行人工命名处理，通过这种方式可以实现对未知地面类型的学习。

（2）模型匹配算法与支持向量机算法的比较。对于匹配模型算法的实时性，其算法时间复杂度正相关于已训练的地面类型数$k$，而支持向量机分类辨识算法因一对多分类被拆分为多个二分类模型，其算法时间复杂度正相关于 $k^2$，在模型随地面类型增多而不断复杂化的同时，二者的计算实时性也将显现出差别。

支持向量机的算法将样本特征投射到高维空间中，从高维空间解决低维不可分问题。而模型匹配算法的分类辨识仍停留在线性条件阶段，在后续的实验验证中也说明，模型匹配算法辨识准确率低于支持向量机算法。

**4. 形态学处理**

通过支持向量机分类，目标地面与非目标地面有了基本的集聚，可形成若干个相对独立的区域。为使识别工作可以约束在目标地面区域内，将对训练后的染色图像进行形态学处理，采用漫水填充算法对支持向量机算法分类得到的结果进行形态学处理。

漫水填充算法是在图像上选定一个初始化种子点，再标记出相邻的像素点，检测该点颜色。当该像素点颜色处于给定范围或处在原始种子点像素值范围时，则进行染色或者标记处理并继续标记相邻像素点进行染色判断和处理；反之，则停止，直到整个过程延续到区域的边界。以这种方式填充某个连续的区域。

漫水填充算法处理过程如图 3.41 所示。种子点的选取为摄像机光轴与地面的交点，即目标地面所在位置，将局部的目标地面区域进行填充处理。由于支持向量机对图像的处理已经将图像大部分区域染成连通的两种颜色，因此漫水填充算法在计算邻近像素颜色时只需判断颜色是否相同即可，以此降低计算消耗。经过处理后得到图 3.41(c) 圈中封闭的地面区域。

(a) 源图像

(b) SVM 分类结果

(c) 漫水填充后结果

图 3.41　漫水填充算法处理过程

在执行漫水填充时，设定种子点的扩散模式为四向连通，即沿 $x$ 轴与 $y$ 轴进行漫延。在 SVM 处理中，对单像素染色时着色方式采用半径 0.5 像素单位圆点处理，相邻的染色像素点之间可以实现虚断连接，因此并不必逐像素扫描，利用漫水填充算法中特殊的延展性质可以间隔两个像素进行处理，使处理效率提高，耗时下降至原来的 11.11%。

漫水填充之后，在已填充颜色区域中会有孔洞，目标地面区域中的孔洞需要

进一步的补偿填充处理,因此需要进行最大连通域算法结合边缘轮廓提取算法处理将目标地面区域完整界定出来,而且在可视化需求上也要进行轮廓描绘优化图像,使分界一目了然。

轮廓描绘算法将已用漫水填充算法处理过的图像进行二值化处理,其二值化处理所需阈值通过迭代获得;在得到的二值化图像中扫描,将所有白色点存储在链表中,以待分类;将链表中白点提取进行连通域分类判断,将白色点分配至不同的连通域中,并计算各连通域的大小;找到最大连通域,并进行该连通域的轮廓提取以及描绘。经过最大连通域算法和区域轮廓描绘算法得到道路区域的轮廓,如图3.42所示。

(a) 阳光下柏油路

(b) 雪地

(c) 阴影下柏油路

图3.42　经过最大连通域算法和区域轮廓描绘算法得到道路区域的轮廓

## 3.3.5　基于视觉信号的地面类型辨识实验方法

实验基于履带式移动机器人对非结构化化环境多种道路类型的识别,因此以履带式移动机器人为本体搭建实验平台,履带式移动机器人本体结构组成和控制箱如图3.43所示。

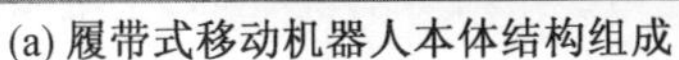

(a) 履带式移动机器人本体结构组成

(b) 控制箱

图3.43　履带式移动机器人本体结构组成和控制箱

### 1. 实验平台简介

在原有机器人平台的基础上增加上位机电脑,用于采集和处理图像信息。这样,硬件平台和软件算法做成独立模块,方便二次开发。上下位机通过套接字(Socket)进行通信,软件程序实现的辨识流程简图如图3.44所示,控制程序界面如图3.45所示。

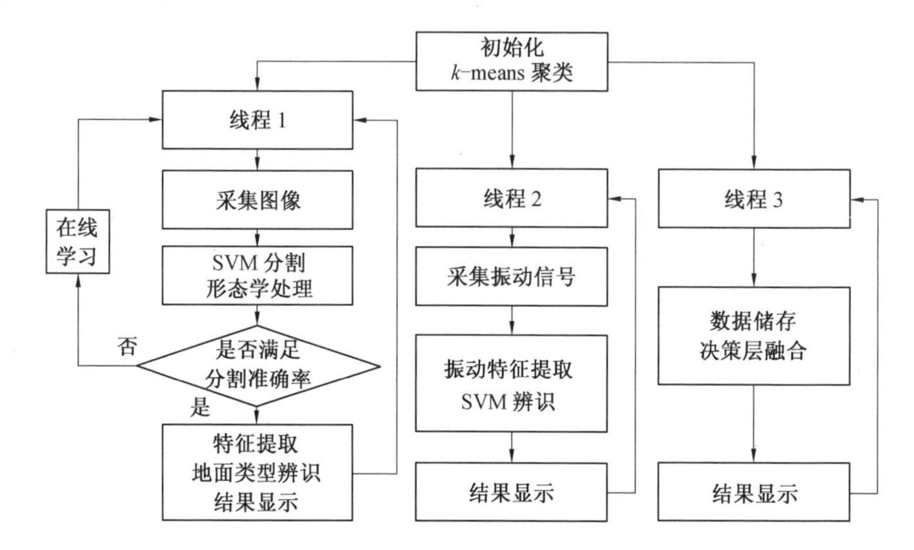


图3.44　软件程序实现的辨识流程简图

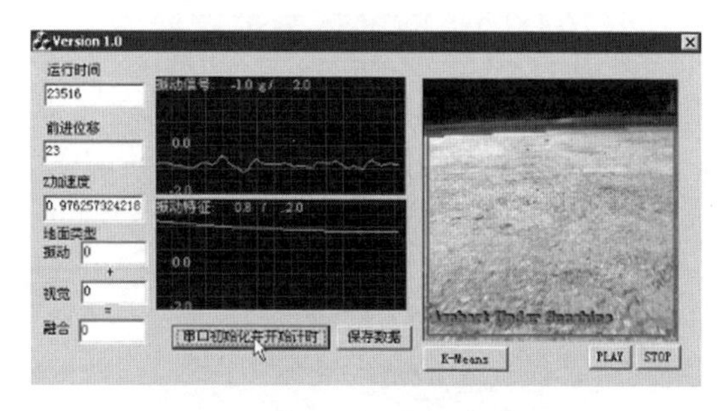


图3.45　控制程序界面

### 2. 基于视觉信号的分类辨识实验

在单种类型地面上以不同的恒定运行速度模式进行履带式移动机器人运行实验,地面类型包括柏油路、土地、瓷砖地面、地毯、草地、石板路等。将实时分类结果作为分类准确率的凭证,并记录每一个分类辨识结果消耗时间,作为模型实时性效果的表征。移动机器人在各种类型地面上运行情况如图3.46所示,实验实时辨识得到的实验图像如图3.47所示。

(a) 草地实验

(b) 雪地实验

(c) 土地实验

图 3.46　移动机器人在各种地面类型上运行情况

图 3.47　实验实时辨识得到的实验图像

实时实验测量中,在保证一个分类辨识算法循环周期完整执行的前提下,为可能触发的在线学习算法留出时间裕度,将处理视觉图像信号的采集频率设定为 1 Hz。每种路面因地形不同采集路程长度不尽相同,进而采集数据容量不同,数据处理时采用加权平均的办法克服数据容量差异。不同类型地面准确率结果见表 3.7。

表 3.7　不同类型地面准确率结果

| 地面类型 | 模型匹配 | SVM |
| --- | --- | --- |
| 柏油路 | 90.63% | 96.97% |
| 草地 | 91.86% | 92.59% |
| 瓷砖地面 | 97.12% | 97.65% |
| 土地 | 95.83% | 96.33% |
| 石板路 | 86.32% | 88.45% |

### 3.3.6　小结

本节介绍了图像预处理的方法及颜色特征与纹理特征的原理和表达方式。根据分析的各个特征特点,确定分类所用特征为 RGB 特征、HSV 特征和 LAP 纹理特征。最后对多类型特征进行特征归一化和合并处理,作为辨识算法特征输入。

本节还介绍了两种基于视觉特征的地面类型辨识模型的建立方法：一是基于支持向量机原理的高维分辨模型；二是根据实验数据统计得到的模型匹配方法。并介绍了分类流程，包括通过 $k$ - means 聚类算法将目标地面与非目标地面分割，通过支持向量机建立分类模型，利用形态学方法将目标地面区域选定出来，最终完成基于视觉的地面在线分类。

## 3.4 视觉信号与振动信号信息融合

基于视觉信号和基于振动信号的特征分类辨识各有特点，并且两种信号针对不同的地面类型，其辨识准确率各有高低。对两种信号进行融合对辨识准确率的提高具有重要意义。本节将针对振动信号与视觉信号各自的特点分析其融合的可行性，根据两种信号的特点提出不同的信息融合方案，并对各融合方式进行优劣分析。

### 3.4.1 振动信号与图像信号融合的可行性分析

前述对视觉信号特征进行提取，得到 14 维特征向量，记为 $\boldsymbol{X}_{\mathrm{v}}$，以表述前视单帧图像内目标区域的特征描述，得到的分类结果记为 $I_{\mathrm{v}}$。

由实验数据可以得到，振动信号对于硬度不同的地面类型分辨率较高，而对硬度近似的地面则难以区分，如柏油路和瓷砖地面在实验进行辨识中准确率偏低，而相对较柔软的草地则辨识准确率偏高。视觉信号对颜色纹理有明显差异的地面类型极易辨识，而对颜色纹理差异较小的地面类型辨识准确率稍有下降，如阴影下的柏油路和土地以及阳光照射下的柏油路和石板路之间误判较高，另由于光线强度变化，因此某些地面类型的视觉特征也易随之变化，导致分辨准确率的下降。总体上，振动信号与视觉信号对不同地面类型的误分辨类型差异较大。

视觉信号与振动信号相比，二者有明显的互补优点。

(1) 视觉信号的特征提取虽然只有 14 维特征，但对每一帧图像处理时的耗时较之 128 维振动信号特征更长一些。

(2) 振动信号提取的特征可更准确地表征当前地面类型的物理特征，视觉信号则只能描述地面类型的外表，对履带式移动机器人根据地面情况的运行判断并无本质的贡献，但对于人工监督以及后期算法改进和处理则更加直观。

(3) 基于振动信号的特征提取要求相对于视觉信号更加严格，其采集过程需要保证恒定速度以及直线方向的运行，而视觉信号则没有过多限制。

(4) 基于振动信号的辨识为履带式移动机器人当前位置的地面类型判断，具有即时性；而基于视觉信号的辨识为前视范围的地面，具有预测性。将二者融合，则既可以对当前所处地面进行感知，也能够预测判断即将进入的领域。

(5) 基于视觉信号的分类辨识算法对非结构化环境的适应性较强。

两种信号对相同尺度面积区域地面的特征提取除维度长度之外均相同。各自测试地面类型数有所不同,融合时需要进行交集计算求得二者共有的测试地面类型。基于振动信号的分类辨识目前仅限于三种地面,即草地、瓷砖路面和柏油路,而基于视觉信号的分辨算法可对更多种地面类型进行辨识。在前述振动信号可辨识三种地面类型中的判断中有超出范围的辨识结果,如模型匹配算法中对柏油路的判断有土地和石板路的结果,对此种现象在限定地面类型数量后的融合分析时判作完全错误标签,损失的概率不做重新整合处理。例如,视觉信号中阳光下柏油路和阴影下柏油路在振动信号中为同一种地面类型,需要对其进行合并处理。对于两种信号的输出值,取值均为各地面类型标签。综上所述,两种信号的融合在理论上是可行的。

对于实际实验,两种传感器辨识地面位置关系如图 3.48 所示,单目相机辨识地面位置为光轴所在直线与地面的交点 $A$ 处,加速度传感器辨识的地面位置则为加速度计的正下方 $B$ 处,二者之间有固定的位移差 $S$。由于距离 $S$ 为永久性的存在,因此实际实时实验中,两传感器单位时间内采集的信息与分辨结果均有时间上的差异,如何消除时间差异成为两种信号可否融合的关键。

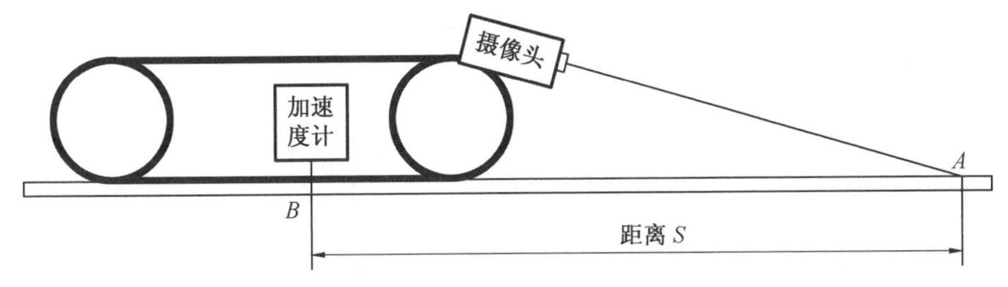


图 3.48　两种传感器辨识地面位置关系

综上所述,振动信号的采集要求为恒定的某一速度,以此为前提,两传感器探测位置的时间差异因固定位移差 $S$ 和恒定速度 $v$ 决定而成为固定的时间常数。经过对相机的俯角调整固定后,测量距离 $S$ 为 120 cm,当以恒定速度 0.24 m/s 进行实验时,计算出从 $B$ 处运行到 $A$ 处的时间为 5 s。

在控制程序中,各自的特征提取模块里特征的存储信息中为所提取的特征添加时间信息,如此便可实现两种特征之间消除时间常数之后的寻址匹配,即得出结论:两种信号的融合是完全可行的。

### 3.4.2　两种传感器信号融合方法研究

由于分类辨识的框架一致,均为“特征提取 — 机器学习 — 分类辨识”,因此在各自对应的环节均可以进行融合处理。通过不同信息的组合,可实现不同的传感器融合模式,其中包括:视觉信号提取的特征与振动信号提取的特征之间进行融合,即两传感器的特征层融合;视觉信号的辨识结果与振动信号的辨识结果之间进行融合,即两传感器的决策层融合。不同层次的融合方式如图 3. 49 所示,基于振动信号的分类模型与基于视觉信号的分类模型融合过程如图 3. 50 所示。

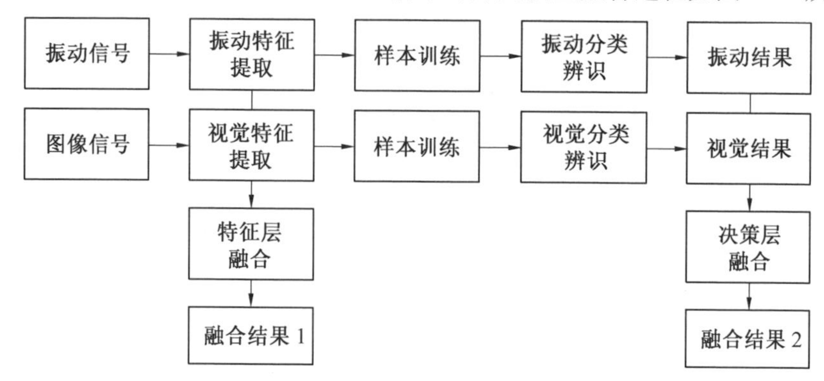


图 3. 49　不同层次的融合方式

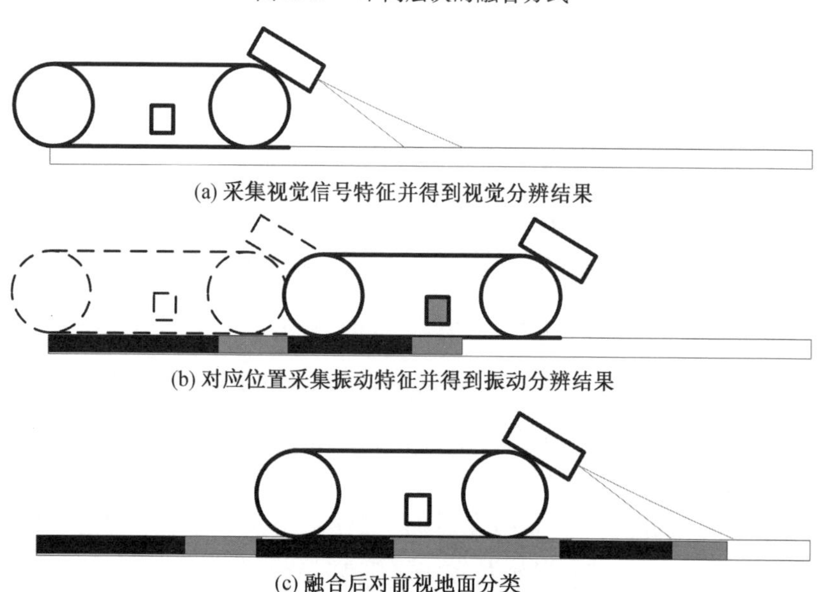

(a) 采集视觉信号特征并得到视觉分辨结果
(b) 对应位置采集振动特征并得到振动分辨结果
(c) 融合后对前视地面分类


图 3. 50　基于振动信号的分类模型与基于视觉信号的分类模型融合过程

### 1. 视觉特征与振动特征层融合(特征级融合)

将两种信号对各自信息源上采集信息所提取的特征 $X_z$ 和 $X_v$ 进行特征层级别的融合。特征层级别融合示意图如图 3. 51 所示。振动信号的提取需要在 1 s 内获得加速度传感器所感知的连续 100 个采集的加速度值并对其处理得到 128 维特征,为统一两种信号采集信息特征的频率,对实验控制程序的采集模块进行

调整,在消除两传感器传感时间差的前提下,将采集周期调整为 1.5 s,处理得到的特征作为融合样本。

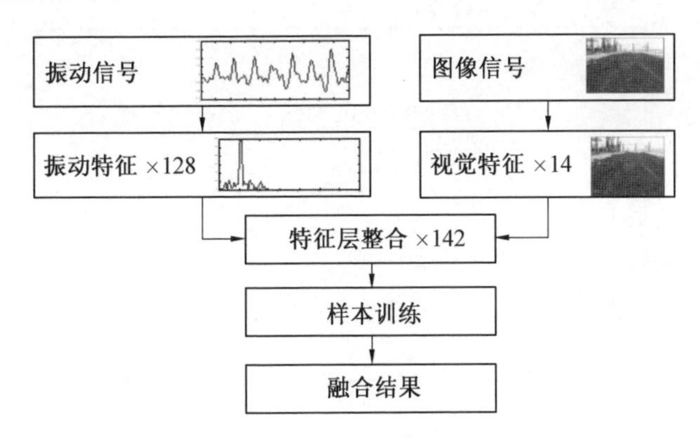


图 3.51　特征层级别融合示意图

单帧图像信号提取的特征向量长度为 14 维,与振动信号的 128 维特征尺度相差较多,且基于振动信号特征提取的归一化处理在前有技术中处于缺省状态。为平衡二者之间的训练权重,需要对两种特征重新进行归一化处理,得到统一的 142 维特征。依据前面内容对新的特征进行支持向量机模型训练,特征层级别的融合仅适用于基于支持向量机辨识算法的视觉信号与振动信号融合。

为寻找最适合的归一化尺度,将采集得到的视觉信号特征同比放大不同倍数进行不同尺度的特征层级别融合,用交叉验证的办法对融合结果的准确率进行检验。对特征层级别融合方法采集得到的特征样本进行训练,基于视觉信号的辨识算法交叉检验准确率为 77.59%,振动信号辨识算法交叉检验准确率相对较低,为 62.87%。不同尺度融合之后交叉验证准确率如图 3.52 所示。

实验得出,视觉特征融合时放大倍数会影响融合准确率,但并非准确率较高的视觉特征权重越大,融合准确率越高,在 12 ~ 24 倍时融合准确率达到饱和值,过于放大融合则准确率会下降,甚至跌破击穿较低的振动信号准确率。视觉信号特征被放大至 19 倍时,融合后交叉检验准确率最高为 72.24%,饱和准确率仍然与单独视觉信号准确率有一定差距。

实验中将视觉信号放大20 倍与振动信号进行特征层融合。根据实验采集得到的数据进行特征层融合处理,特征层融合前后分辨情况柱状图如图 3.53 所示。

由图3.53 可以得出,除柏油路辨识外,融合准确率均处于视觉准确率和振动准确率之间。由融合失效情况看,融合后被误分类的类型均为柏油路,因此有理由相信虽然融合后的柏油路分辨准确率达到了 100%,但是仍有因分辨失效使错误分类恰好为柏油路的可能性。

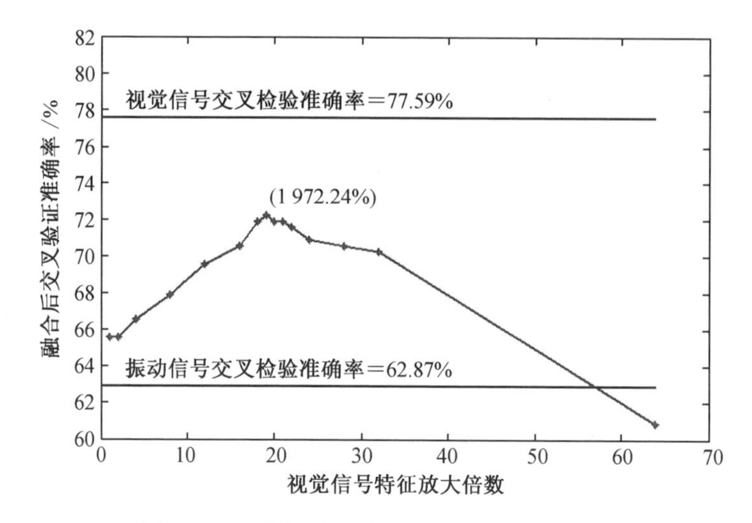


图 3.52　不同尺度融合之后交叉验证准确率

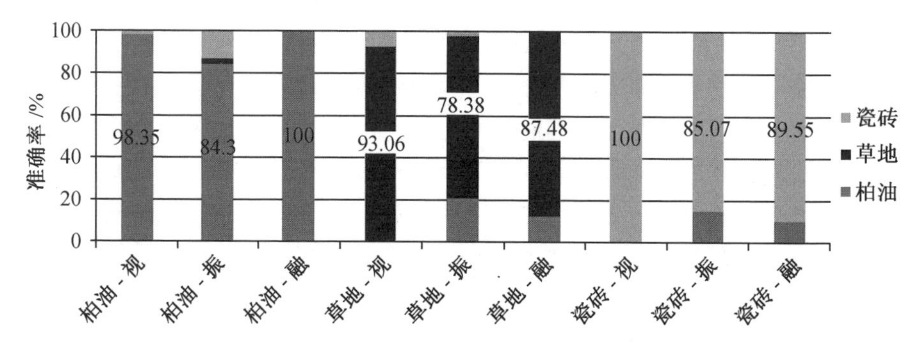


图 3.53　特征层融合前后分辨情况柱状图

## 2. 基于两种信号辨识结果的贝叶斯融合模型(决策级融合)

基于辨识结果的融合模型利用得到的分别为 $I_z$ 和 $I_v$ 的两种信号分类结果对地面类型进行探测,相当于对传感器的决策层进行融合。基于贝叶斯公式理论对融合模型进行搭建,特征决策层融合示意图如图 3.54 所示。

融合模型搭建之前需要进行两种传感器对单一地面类型的辨识实验,以对各自信号的分辨准确率进行统计。设测试地面类型数为 $k$,测试的某特定地面标签为 $m = m_1, m_2, \cdots, m_k$,传感器输出的分辨结果标签为 $n = n_1, n_2, \cdots, n_k$。经过实验可以得到两种传感器将 $m$ 辨识为 $n$ 的概率,记为 $P_z(n \mid m)$ 或 $P_v(n \mid m)$,其中 $P_z$ 为振动信号辨识概率,$P_v$ 为视觉信号辨识概率,统计后即可得到已探测所有地面类型的条件概率。各地面类型在不同分类方法下的条件概率如图 3.55 所示。

各测试地面的先验概率 $P(m)$ 因季节变化等分布有所不同,如冬季雪地出现概率增加,而草地出现概率近乎为零,夏季反之。为此,对先验概率做出简化,假

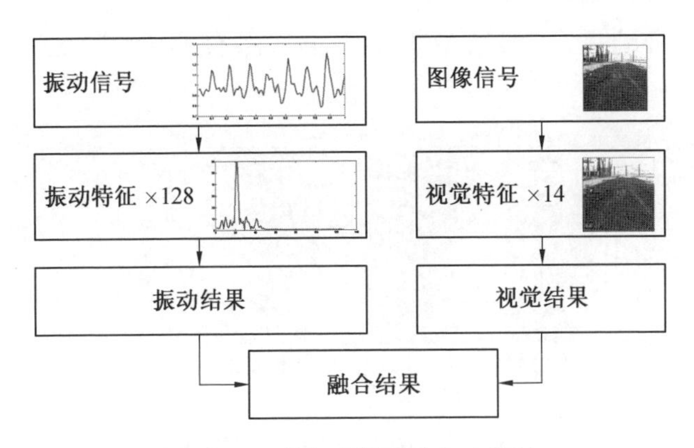


图3.54　特征决策层融合示意图

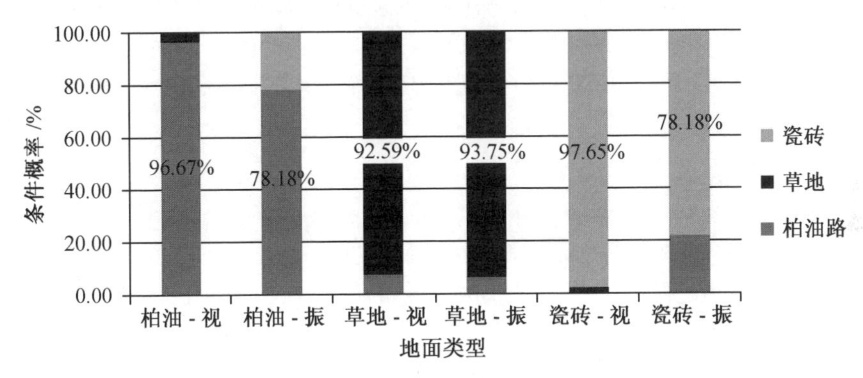


图3.55　各地面类型在不同分类方法下的条件概率

设各测试地面为等概率出现,即 $P(m)=1/k$。

根据全概率公式

$$P(A)=\sum_{i=1}^{k}P(A\mid B_i)P(B_i) \tag{3.50}$$

可以计算出传感器判断输出为某地面的概率 $P(n)$。再根据贝叶斯公式

$$P(A\mid B)=\frac{P(B\mid A)P(A)}{P(B)} \tag{3.51}$$

即可求出该传感器以辨识算法输出结果为已知条件,其测试地面类型的可能性概率为 $P(m\mid n)$。两种信号各生成含有 $k^2$ 个概率值的列表。由于各传感器特征提取的方式不同,因此其对各地面类型的分辨准确率也不尽相同,即所求出的 $P_z(m\mid n)$ 或 $P_v(m\mid n)$ 分布不同且相互独立。

当振动信号辨识输出为 $n_1$,视觉信号辨识输出为 $n_2$ 时,由于二者的相互独立性,因此测试地面为 $m$ 的联合条件概率 $P(m\mid n_1,n_2)$ 正相关于 $P_z(m\mid n_1)P_v(m\mid n_2)$。以此为依据建立概率数据表,在相同输出条件下找到概率最大的测试地面,即为两

信号输出的融合结果，生成决策表。决策层融合实验结果准确率如图3.56所示。

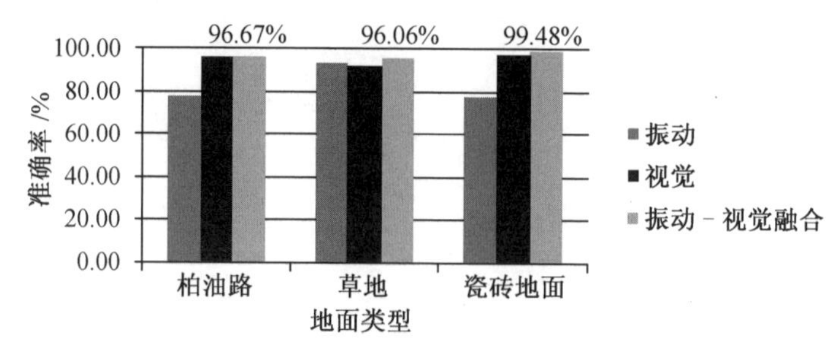


图3.56　决策层融合实验结果准确率

综上所述，结合理论依据和实验结果可知：特征层融合对多种传感器之间的准确率差异起到中和作用，但无法对准确率实现进一步提高；决策层融合方法需要大量先验数据统计，但可以有效提高辨识准确率，尤其当传感器分辨模型差异较大时功效更为显著。

### 3.4.3　小结

本节对视觉信号与振动信号的优缺点及两者之间的差异进行了对照和分析，并根据二者间的互补性提出了信号融合的研究。在消除两传感器之间的时间差异后，建立了不同的传感器融合模式，包括视觉信号提取的特征与振动信号提取的特征之间进行融合（特征级融合），以及视觉信号的辨识结果与振动信号的辨识结果之间进行融合（决策级融合）。

## 3.5　基于地面力学的行驶模型

行驶机构与地面之间的相互作用产生了驱动力，因此分析行驶机构/地面作用机理是行驶机构设计、牵引特性分析和行驶轨迹控制的理论基础。本节则以履带/地面作用机理为例，介绍行驶机构/地面作用模型建立和牵引特性分析的方法。地面的参数可以通过前面章节建立的在线辨识模型来获得，因此本节也是前面地面类型在线辨识的延续。

本节将基于计算地面力学理论，建立履带与地面的作用模型。根据履带与地面相互作用的情况，提出橡胶履带与地面的作用模型（图3.57(a)）。由于橡胶履带与地面接触为软接触，与刚性轮和地面接触的典型区别是产生了较大变形，因此可以将履带与地面的作用分为三部分：第一部分为前面从动轮与地面的作用，如图3.57(a)中的*ABC*段，这部分类似于轮子与地面的相互作用，只是增

加了履带的切向作用力；第二部分是纯履带与地面的作用，如图中的 $CDEF$ 段，由于是软的橡胶履带，因此以弧形与地面接触；第三部分是后面驱动轮与地面的作用，如图中的 $FGH$ 段，这部分还是轮子与地面作用的衍生，不同的是这部分的地面是前面轮子作用后的再加载，使得对于剪切应力和垂直应力的求解方法发生变化。

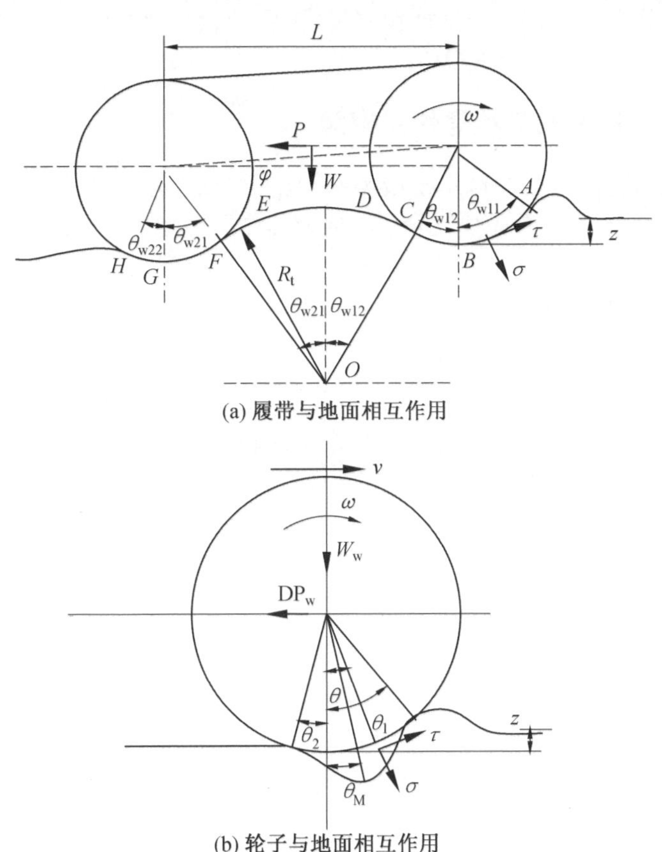


(a) 履带与地面相互作用

(b) 轮子与地面相互作用

图 3.57　履带与地面相互作用和轮子与地面相互作用

在这个作用过程中，从 $A$ 点到 $B$ 点是地面加载的过程，也就是作用在履带上的压力增加的过程；从 $B$ 点到 $D$ 点是地面卸载的过程，这样作用压力逐渐减小；从 $D$ 点到 $G$ 点是对地面重新加载的过程；最后 $G$ 点到 $H$ 点是对地面的最后卸载。也就是地面经历了两次加载和卸载的过程。

通过上面的分析可以得知，履带与地面的作用模型分为三部分，分别是前从动轮、中间履带和后面驱动轮与地面的作用。垂直载荷只作用在两个轮子部分，而牵引力则由这三部分共同提供。如果是多负重轮的情况，可以利用同样的方法进行分析，只是增加了加载和卸载的次数，即

$$W = W_{w1} + W_{w2} \tag{3.52}$$

$$DP = DP_{w1} + DP_t + DP_{w2} \tag{3.53}$$

式中，$W$ 为作用在整条履带上的垂直载荷；$W_{w1}$ 为作用在前轮上的垂直载荷；$W_{w2}$ 为作用在后轮上的垂直载荷；DP 为整条履带提供的驱动力，$DP_{w1}$、$DP_{w2}$ 和 $DP_t$ 分别是前轮、后轮和履带提供的驱动力。

下面将分别从从动轮与地面作用模型、驱动轮与地面作用模型和中间履带与地面作用模型这三部分进行建模分析。

## 3.5.1　从动轮与地面作用模型

由于从动轮与地面的作用模型类似于轮子与地面的作用模型，只是受到了履带的拉力约束，因此首先建立轮子与地面的作用模型，然后在此模型的基础上进行修正，分别得到驱动轮和从动轮与地面的作用模型。

**1. 轮子与地面的相互作用**

轮子与地面的相互作用如图 3.57(b) 所示。轮子运行速度为 $v$，角速度为 $\omega$。作用在轮子上的垂直载荷为 $W_w$，地面提供的驱动力为 $DP_w$。由于履带刚性轮不像汽车充气轮胎，与地面接触变形较小，因此其与地面接触处不能等效为平面，而是进入角 $\theta_1$ 和离去角 $\theta_2$。作用在轮子边缘的剪切应力和垂直应力分别为 $\tau$ 和 $\sigma$，并且随着 $\theta$ 角度的变化而变化，在 $\theta_M$ 处达到最大值。

根据贝克的《地面力学》一书中的介绍，剪切应力 $\tau$ 和垂直应力 $\sigma$ 可以通过库仑公式获得，即

$$\begin{cases} \sigma = (k_c/b + k_\phi) z^n \\ \tau = (c + \sigma \tan \phi)(1 - e^{-j/k}) \end{cases} \tag{3.54}$$

式中，$j$ 为剪切变形长度；$k$ 为剪切变形模量；$k_c$ 为内聚模量；$k_\phi$ 为摩擦模量。

要求取垂直应力，应先求取轮子下陷深度。轮子的下陷深度可以表示为作用角度的关系式，即

$$\begin{cases} z_{w1} = r(\cos \theta - \cos \theta_1), & \theta_M \leqslant \theta \leqslant \theta_1 \\ z_{w2} = r\left\{\cos\left[\theta_1 - \dfrac{\theta - \theta_2}{\theta_M - \theta_2}(\theta_1 - \theta_M)\right] - \cos \theta_1\right\}, & \theta_2 \leqslant \theta \leqslant \theta_M \end{cases} \tag{3.55}$$

式中，$\theta_1$ 为轮子与地面的进入角；$\theta_2$ 为轮子与地面的离去角，$\theta_2 = A \times \theta_1$，$A$ 为常数；$\theta_M$ 为应力转折角，$\theta_M = (c_1 + c_2 i)\theta_1$，$c_1$、$c_2$ 为常数；$\theta$ 为沿着轮缘的变化角度；$r$ 为车轮半径，$i$ 为滑动率。

在最大值角度 $\theta_M$ 前后，轮胎地面之间的垂直应力可以分别表示为

$$\begin{cases} \sigma_1(\theta) = (k_c/b + k_\phi) r^n (\cos \theta - \cos \theta_1)^n \\ \sigma_2(\theta) = (k_c/b + k_\phi) r^n \left\{\cos\left[\theta_1 - \dfrac{\theta - \theta_2}{\theta_M - \theta_2}(\theta_1 - \theta_M)\right] - \cos \theta_1\right\}^n \end{cases} \tag{3.56}$$

要求取剪切应力，需获得剪切变形量。车轮上任意一点的滑动速度 d$j$ 为绝对速度的切向分量，随 $\theta$ 的变化而变化，可以表示为

$$\mathrm{d}j = \omega r - \omega r(1-i)\cos\theta \tag{3.57}$$

式中，$i$ 为滑动率；$\omega$ 为车轮角速度。

滑动变形量 $j$ 为滑动速度 d$j$ 从 $0 \sim t$ 的积分。车轮下地面的变形量可以表示为

$$j = \int_0^t \omega r[1-(1-i)\cos\theta]\mathrm{d}t = r[\theta_1 - \theta - (1-i)(\sin\theta_1 - \sin\theta)] \tag{3.58}$$

剪切应力可以表示为

$$\tau(\theta) = (c + \sigma(\theta)\tan\phi)(1 - \mathrm{e}^{-r[\theta_1-\theta-(1-i)(\sin\theta_1-\sin\theta)]/k}) \tag{3.59}$$

不同类型地面的各个物理参数值见表3.8。

表3.8　不同类型地面的各个物理参数值

| 参数 | 沙地 | 沙土混合 | 黏土 | 雪地 |
|---|---|---|---|---|
| $n$ | 1.1 | 0.7 | 0.5 | 1.6 |
| $c$/kPa | 1.0 | 1.7 | 4.14 | 1.0 |
| $\phi$/(°) | 30.0 | 29.0 | 13.0 | 19.7 |
| $k_c$/(kPa · m$^{-n-1}$) | 0.9 | 5.3 | 13.2 | 4.4 |
| $k_\phi$/(kPa · m$^{-n}$) | 1 523.4 | 1 515.0 | 692.2 | 196.7 |
| $K$/m | 0.025 | 0.025 | 0.01 | 0.04 |

通过式(3.56)可以看出地面作用在轮子上的垂直应力由车轮的下陷量和地面参数决定。通过式(3.59)可以看出，剪切应力由车轮相对于地面的滑动率和地面参数决定。因此，求取轮子下面的应力分布也就是求取地面的下陷量和滑动率。

图3.58所示为轮子在沙地和黏土地上垂直应力和剪切应力的分布情况，此时滑动率 $i=0.1$，进入角 $\theta_1 = 7\times\pi/15$，轮子半径为0.1 m，轮子宽度为0.05 m。图3.58(a)为在沙地运行的轮子垂直应力和剪切应力沿轮缘的分布情况，图3.58(b)为在黏土地上的分布情况。可以看出，在沙地上，应力分布趋向于线性分布，因此机器人在沙地运行计算受力时可简化为线形，而在黏土地面应力接近于圆弧形。

垂直应力和剪切应力随进入角 $\theta_1$ 的分布情况如图3.59所示，此时滑动率 $i=0.1$。随着进入角度的增加应力分布相应地增大，应力分布趋势与前面分析相似。

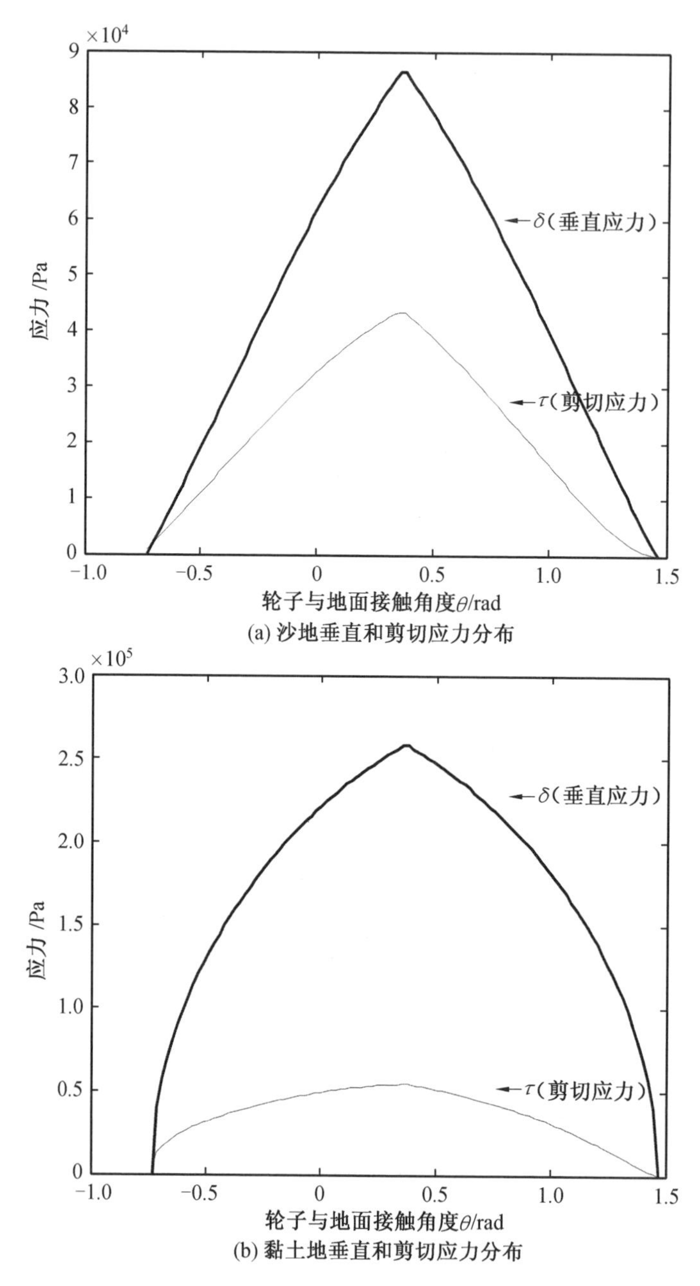


(a) 沙地垂直和剪切应力分布

(b) 黏土地垂直和剪切应力分布

图 3.58　轮子在沙地和黏土地上垂直应力和剪切应力的分布情况

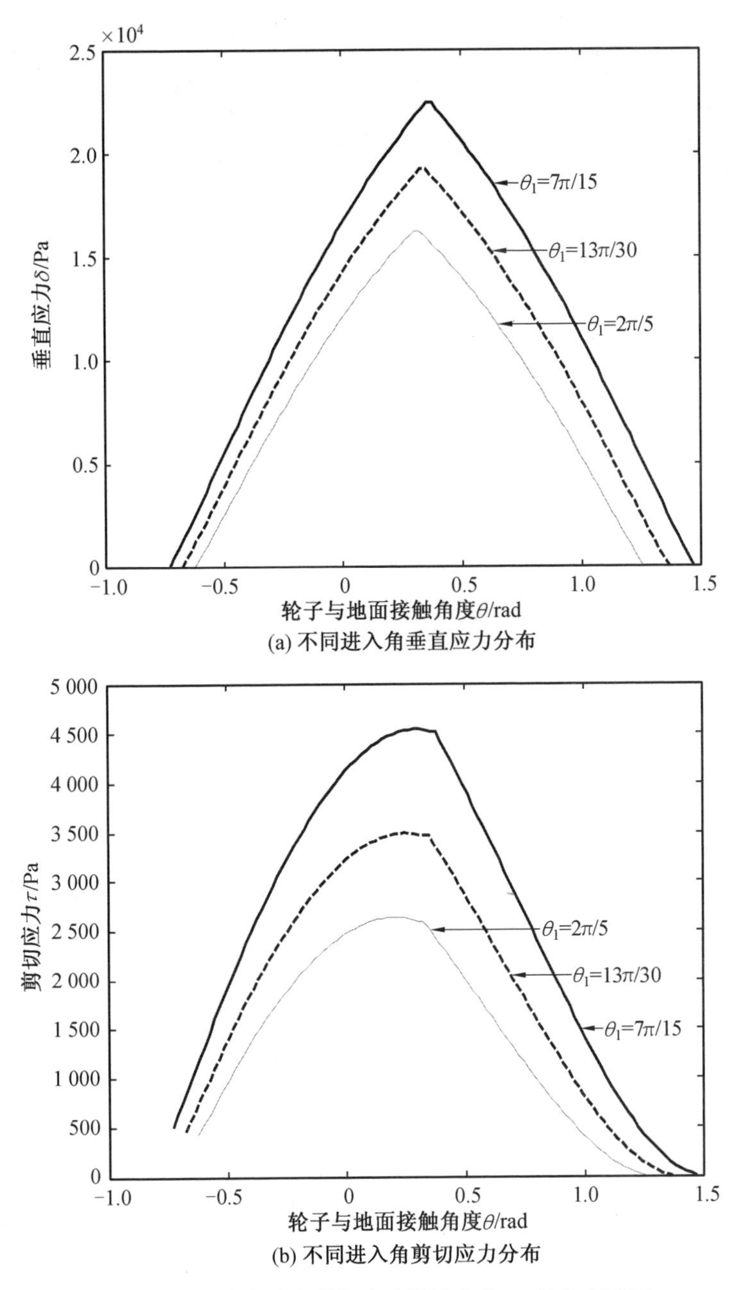


(a) 不同进入角垂直应力分布

(b) 不同进入角剪切应力分布

图 3.59　垂直应力和剪切应力随进入角 $\theta_1$ 的分布情况

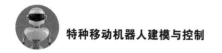

车轮的受力情况如图3.57所示,可以通过对垂直应力和剪切应力沿轮缘进行积分获得。牵引力 $DP_w$、垂直力 $W_w$ 和切向力矩 $T_w$ 为

$$DP_w = rb\int_{\theta_1}^{\theta_M}(\tau(\theta)\cos\theta - \sigma_1(\theta)\sin\theta)d\theta + rb\int_{\theta_M}^{\theta_2}(\tau(\theta)\cos\theta - \sigma_2(\theta)\sin\theta)d\theta \tag{3.60}$$

$$W_w = rb\int_{\theta_1}^{\theta_M}(\tau(\theta)\sin\theta + \sigma_1(\theta)\cos\theta)d\theta + rb\int_{\theta_M}^{\theta_2}(\tau(\theta)\sin\theta + \sigma_2(\theta)\cos\theta)d\theta \tag{3.61}$$

$$T_w = r^2 b\int_{\theta_1}^{\theta_2}\tau(\theta)d\theta \tag{3.62}$$

式中,$r$ 为轮子半径;$b$ 为轮子宽度;DP 为挂钩牵引力,$DP = H - R$,$H$ 为土壤推力,$R$ 为行驶阻力。

轮子分别以进入角度为 $3\pi/16$ 和 $\pi/8$ 在黏土中的运行情况如图3.60所示,图3.60(a)为牵引力随滑动率变化的情况,图3.60(b)为牵引力和垂直力的比值(牵引系数)随滑动率变化的情况。现已公认,车辆每单位质量的挂钩牵引力 $DP/W$ 更能准确地评定车辆的软土通过性。

从图中可以看出,随着滑动率的增加,地面提供的牵引力和牵引系数逐渐增加,当滑动率增加到一定程度时,牵引力趋于稳定数值。比较进入角分别为 $3\pi/16$ 和 $\pi/8$ 时的牵引力和牵引系数,从图中可以看出随着进入角的增加,牵引力也跟着增加。

**2. 从动轮与地面的相互作用**

根据前面对轮子与地面相互作用的分析结果,从动轮受力情况如图3.61所示。由于在此履带系统中,前轮为从动轮,因此不提供驱动力矩,但是在履带的上下两端分别受到拉伸力 $T_{f1}$ 和 $T_{f2}$ 作用。由于履带系统采用后轮驱动的方式,因此在运动过程中,上履带为松弛段,下履带为张紧段,这样上端拉伸力 $T_{f1} = 0$。

根据受力分析和力平衡方程,得到前轮所能提供的牵引力 $DP_{w1}$、前轮承受的垂直载荷 $W_{w1}$ 和履带拉伸力平衡方程为

$$DP_{w1} = rb\int_{\theta_{w11}}^{\theta_{w12}}(\tau_{w1}(\theta)\cos\theta - \sigma_{w1}(\theta)\sin\theta)d\theta \tag{3.63}$$

$$W_{w1} = rb\int_{\theta_{w11}}^{\theta_{w12}}(\tau_{w1}(\theta)\sin\theta + \sigma_{w1}(\theta)\cos\theta)d\theta + T_{f2}\sin\theta_{w12} \tag{3.64}$$

$$T_{f2}\cos\theta_{w12} = rb\int_{\theta_{w11}}^{\theta_{w12}}(\tau_{w1}(\theta)\cos\theta - \sigma_{w1}(\theta)\sin\theta)d\theta \tag{3.65}$$

式中,$\theta_{w11}$ 为从动轮进入角;$\theta_{w12}$ 为从动轮离去角,$\theta_{w12} = A_{w1}\times\theta_{w11}$,$A_{w1}$ 为常数;$b$ 为履带宽度。

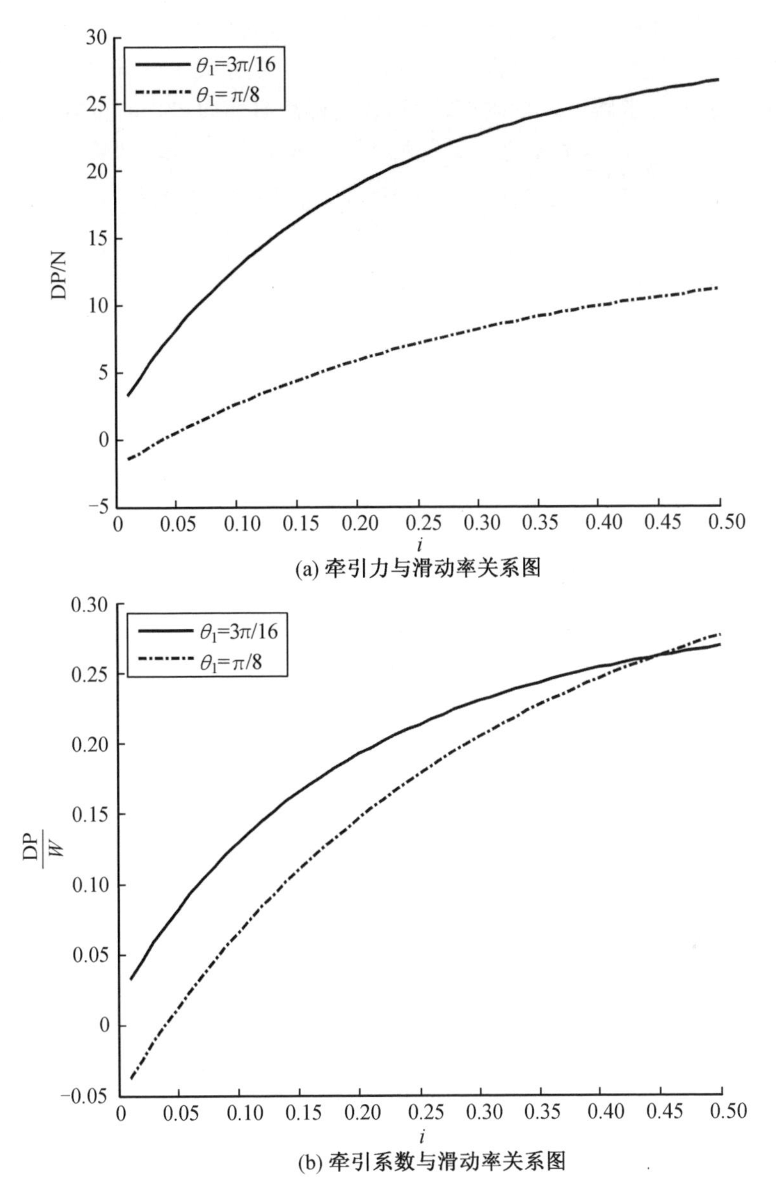


图 3.60　轮子分别以进入角度为 3π/16 和 π/8 在黏土中的运行情况

后驱动轮与前从动轮的另一个区别是，后驱动轮与地面的作用过程是在前从动轮与地面作用后对地面的重复加载。中间履带与地面的作用过程也是一个加载、卸载和重加载的过程。

故本章提出了采用 Wong[4] 的重复加载模型求解垂直应力。图 3.62 所示为地面加载、卸载和重复加载的压力图。可以看出，$OA$ 段是加载过程，用式(3.66)

中 ① 式进行求解。卸载时车轮的下陷量为 $z_u$，这时压力和下陷量的变化按照 $AB$ 段进行变化。重复加载的过程为 $BC$ 段，以 $z_u$ 为界分成了两部分，分别用下式中的两个式子进行求解。以后的加载、卸载过程是对前面过程的重复。公式为

$$\sigma(z)=\begin{cases}(k_c/b+k_\phi)z^n, & z\geqslant z_u \quad ①\\(k_c/b+k_\varphi)z_u{}^n-k_u(z_u-z), & z\leqslant z_u \quad ②\end{cases} \tag{3.66}$$

式中，$z_u$ 为压缩过程最大下陷量，单位为 m；$k_u$ 为恢复常数，表示恢复时 $z$ 和 $\sigma(z)$ 的线性关系，单位为 kPa/m。

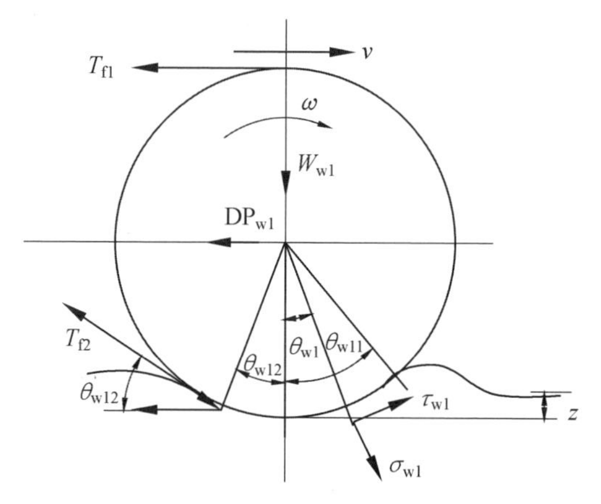


图 3.61　从动轮受力情况

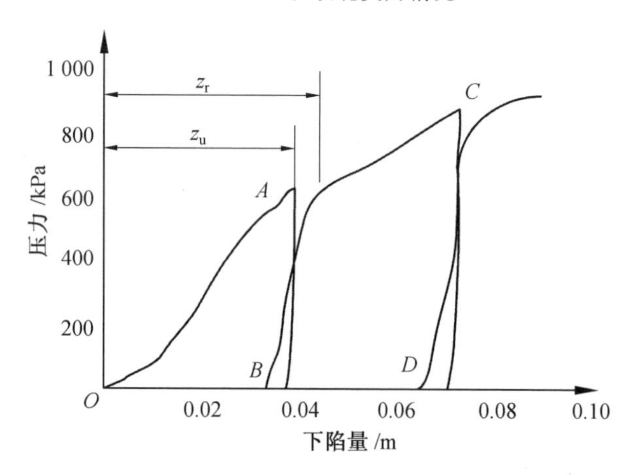


图 3.62　地面加载、卸载和重复加载的压力图

从动轮与地面的作用模型中也采用 Wong 模型进行求解。为简化计算，令 $\theta_{w1M}=0$，则 $\theta_{w1}$ 在 $[0,\theta_{w1}]$ 中采用式(3.66) 中的第一式求解垂直应力，而在 $[\theta_{w2},0]$ 中则采用式(3.66) 的 ② 式进行求解。剪切应力则用式(3.59) 求解。

### 3.5.2　驱动轮与地面作用模型

驱动轮受力情况如图3.57所示，由于前面建立的机器人履带系统中，后轮为驱动轮，驱动轮与地面的作用模型与前面的从动轮模型比较，除存在履带的上下两端作用的拉伸力 $T_{r1}$ 和 $T_{r2}$ 外，还有驱动电机提供的力矩 $T$，因此在力矩平衡式中添加此项。并且由于履带系统为后轮驱动，履带下面为张紧段，上部分为松弛段，因此 $T_{f2} = T_{r2} = 0$。

根据轮子受力分析和力平衡方程，得到驱动轮所能提供的牵引力 $DP_{w2}$、承受的垂直载荷 $W_{w2}$ 和履带拉伸力平衡方程为

$$DP_{w2} = rb\int_{\theta_{w21}}^{\theta_{w22}}(\tau_{w2}(\theta)\cos\theta - \sigma_{w2}(\theta)\sin\theta)\mathrm{d}\theta \tag{3.67}$$

$$W_{w2} = rb\int_{\theta_{w21}}^{\theta_{w22}}(\tau_{w2}(\theta)\sin\theta + \sigma_{w2}(\theta)\cos\theta)\mathrm{d}\theta + T_{r2}\sin\theta_{w21} \tag{3.68}$$

$$T/r - T_{r2}\cos\theta_{w21} = rb\int_{\theta_{w21}}^{\theta_{w22}}(\tau_{w2}(\theta)\cos\theta - \sigma_{w2}(\theta)\sin\theta)\mathrm{d}\theta \tag{3.69}$$

式中，$\theta_{w21}$ 为驱动轮进入角；$\theta_{w22}$ 为驱动轮离去角，$\theta_{w22} = A_{w2} \times \theta_{w21}$，$A_{w2}$ 为常数；$T$ 为驱动轮牵引力矩；$r$ 为轮子半径。

进入角 $\theta_{w21}$ 为

$$\theta_{w21} = \theta_{w12} + 2 \times \psi \tag{3.70}$$

式中，$\psi$ 为车体倾斜角度，可通过下式计算，即

$$\psi = \arcsin\left(\frac{z_{w2} - z_{w1}}{L}\right) \tag{3.71}$$

式中，$z_{w1}$ 为从动轮下陷量；$z_{w2}$ 为驱动轮下陷量；$L$ 为两个轮子之间的距离。

垂直应力和剪切应力分别通过式(3.66)和式(3.59)求解。

### 3.5.3　中间履带与地面作用模型

中间履带的受力情况如图3.57所示。可以看出，机器人的重力作用在两个轮子上，而并不施加在履带上，而地面提供给履带的垂直力平衡履带的拉力。受力平衡方程为

$$DP_{t} = R_{t}b\int_{\theta_{w21}}^{\theta_{w12}}(\tau(\theta)\cos\theta + \sigma(\theta)\sin\theta)\mathrm{d}\theta \tag{3.72}$$

$$T_{r2} \times \cos\theta_{w12} - T_{f2} \times \cos\theta_{w21} = R_{t}b\int_{\theta_{w21}}^{\theta_{w12}}(\tau(\theta)\sin\theta + \sigma(\theta)\cos\theta)\mathrm{d}\theta \tag{3.73}$$

式中，$R_{t}$ 为履带部分的弯曲半径。

根据 Okello 的模型[5]，履带与地面作用处的半径为

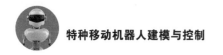

$$R_t = \frac{(\sqrt{X^2 + Y^2})/2}{\sin(\theta_{w12} + \theta_{w21})/2} \tag{3.74}$$

式中,$X$为点$C$和点$F$之间的水平距离;$Y$为点$C$和点$F$之间的垂直距离;$\theta_{w12}$为前从动轮的离开角;$\theta_{w21}$为后驱动轮的离开角。

点$C$和点$F$之间的水平距离和垂直距离可表示为

$$\begin{cases} X = L \times \cos\psi - r \times (\sin\theta_{21} + \sin\theta_{12}) \\ Y = z_1 R_{1f} + r \times (\cos\theta_{21} - \cos\theta_{12}) \end{cases}$$

式中,$R_{1f}$为重复加载系数,$R_{1f} = (z_r - z_u)/z_u$,$z_r$为重新加载下陷转折常数。

垂直应力和剪切应力分别通过式(3.66)和式(3.59)求解,不同的部分是履带下地面剪切变形的表达式变为

$$j = R_t[\theta - \theta_{12} + (1 - i)(\cos\theta - \cos\theta_{12})] \tag{3.75}$$

将上面建立的从动轮、中间履带和驱动轮与地面作用的模型通过接点边界平衡条件(力平衡和变形平衡)进行合并,得到整条履带与地面作用的模型。通过模型可以得到应力沿履带的分布情况和履带参数对应力分布的影响,然后对履带上分布的应力沿履带进行积分得到地面能够提供给履带的牵引力。

### 3.5.4 整条履带与地面作用应力分布和牵引特性

#### 1. 履带/地面的正应力和剪切应力分布

利用前面建立的履带/地面作用模型,可以得到履带/地面作用的正应力和剪切应力的分布情况。图3.63(a)中虚线表示剪切应力的分布情况,实线表示垂直应力的分布情况,横轴表示后轮离开地面到前轮进入地面的水平距离。从图中可以看出,后面的轮子较前面的轮子在剪切应力和垂直应力方面都有增加,在履带处应力有一个减小又增加的过程,形状与地面变形的情况相似。图3.63(b)表示下陷量沿履带的分布,分布情况类似于前面分析的应力的分布。后面的轮子较前面轮子的下陷量增加了,这是因为后面轮子对地面的作用是重复加载的过程,同样负荷下下陷量增加,并且在完全卸载后还有一定下陷量无法恢复,这就是轮辙的成因。由于履带的存在,因此中间下陷量趋于平缓变化。

从图中可以看出,在履带段应力有一个减小又增大的过程,使得整体应力分布不是很平缓,增加负重轮的数量将会使中间出现多个波峰,从而使中间变得平缓,使得整条履带的应力分布波峰数量增加,但是波峰值减小,整个应力分布平缓。这也是使用软的橡胶履带的原因,若使用刚性履带,中间的变形很小,可将其等效为不变形的平板,计算模型更加简单。

从履带的应力分布情况也可以看出,履带车辆较具有同样多轮子的车辆的应力分布平滑,这也是中间履带起到的作用,在同样滑动率和下陷量的情况下可提供更大的牵引力。

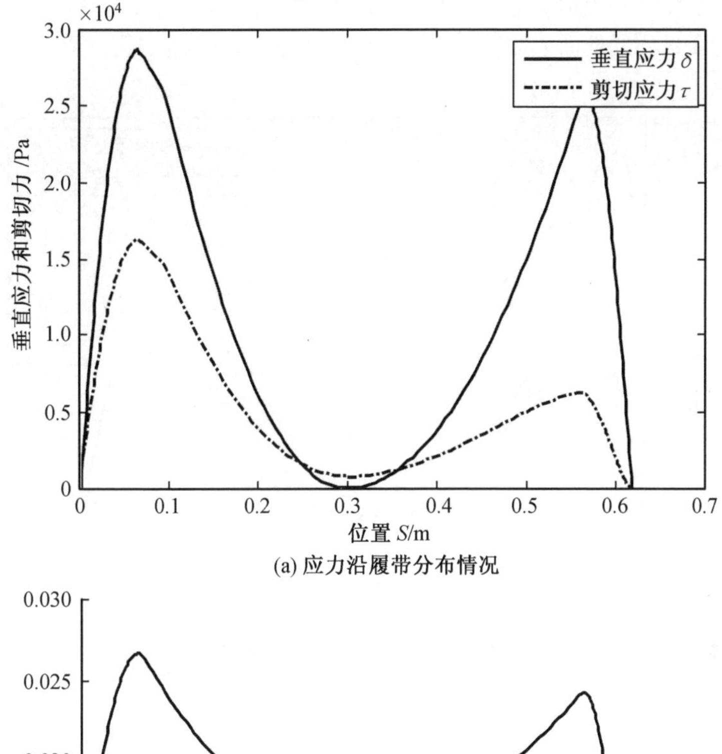


(a) 应力沿履带分布情况

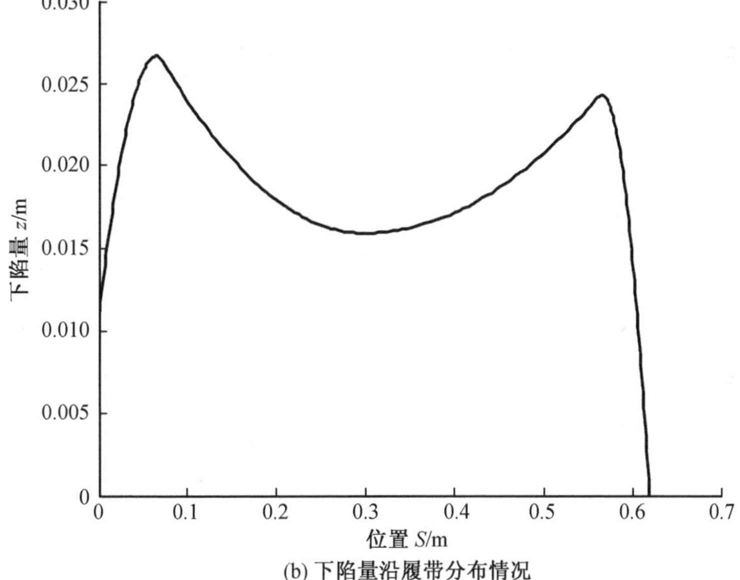


(b) 下陷量沿履带分布情况

图3.63　垂直应力、剪切应力和下陷量沿履带的分布情况

## 2. 地面类型对正应力和剪切应力的影响

在此模型的基础上，可以分析不同地面类型下的正应力和剪切应力分布情况。图3.64所示为沿履带垂直应力和下陷量在不同地面上的分布情况，图3.64(a)所示为垂直应力在不同地面上的分布情况，虚线表示在黏土地面的分布情况，实线表示在沙地上的分布情况。图3.64(b)表示沿履带下陷量的情况。

可以看出,沙地较黏土地下陷量增加,但是垂直应力相对平缓,在履带上的作用长度较大,因此在这样的地面上运行需增加承载面积,降低下陷量,提高牵引力。

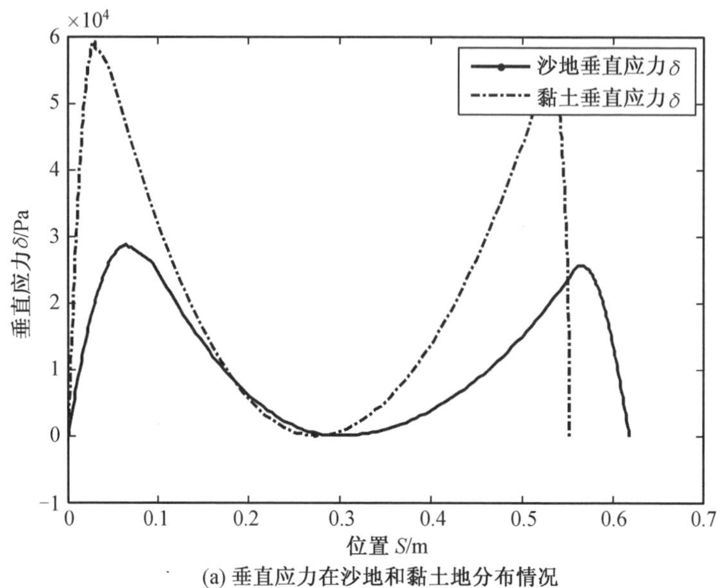


(a) 垂直应力在沙地和黏土地分布情况

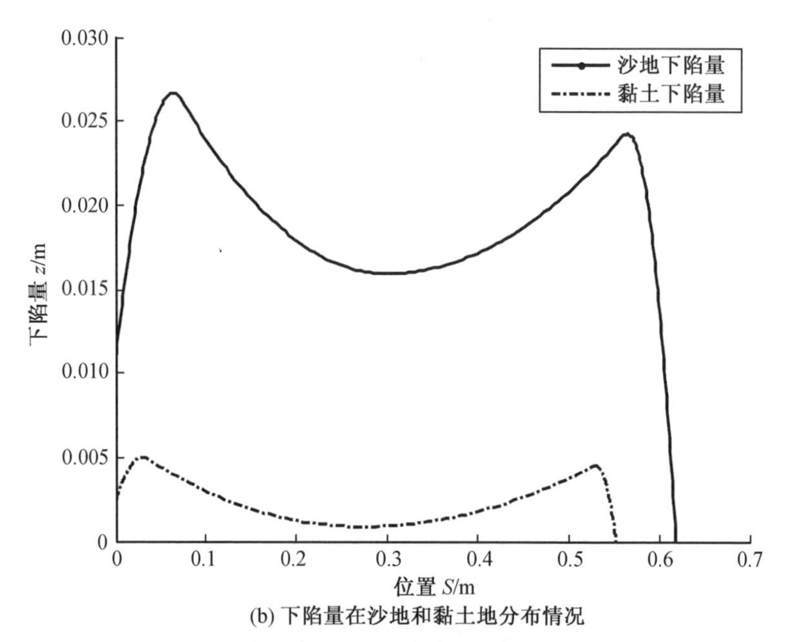


(b) 下陷量在沙地和黏土地分布情况

图 3.64　沿履带垂直应力和下陷量在不同地面上的分布情况

### 3. 履带参数对正应力和剪切应力的影响

图 3.65 所示为垂直应力和下陷量在不同宽度履带下的分布情况,履带宽度

分别采用 $b = 0.06$ m 和 $b = 0.10$ m。可以看出,宽履带机器人履带与地面的接触面增加了,因此履带作用在地面上的应力平缓,下陷量减小,垂直应力也减小。

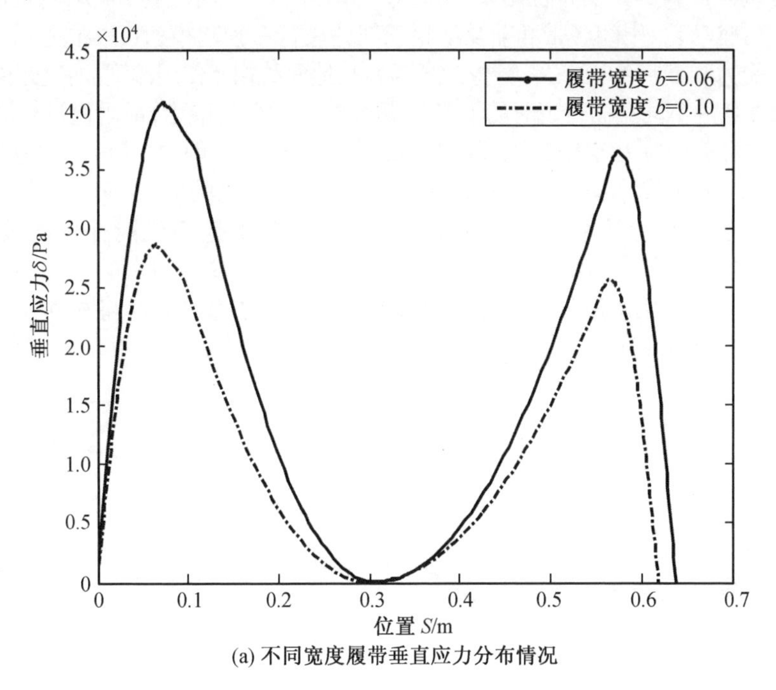


(a) 不同宽度履带垂直应力分布情况

(b) 不同宽度履带下陷量分布情况

图 3.65　垂直应力和下陷量在不同宽度履带下的分布情况

#### 4. 牵引特性分析方法

移动机器人的牵引特性用牵引力和滑动率的关系来表达。本节首先将履带系统分为后驱动轮、中间履带和前从动轮三部分进行单独建模;其次通过三部分的过渡点处受力和变形约束条件,建立整条履带与地面的相互作用模型,通过此模型可得到履带在各种不同路面行走时的下陷量、垂直应力和剪切应力;最后通过对沿履带的垂直应力和剪切应力等效受力,得到整条履带运行时地面可以提供的牵引力。

图 3.66 所示为履带牵引力 DP 随履带滑动率变化的情况(牵引特性)。通过建立的牵引力和滑动率的关系式得到不同滑动率下地面所能提供的极限牵引力,然后得到牵引力与滑动率的关系。可以看出,随着滑动率的增加,牵引力也跟着增加,但是当滑动率增加到一定程度后,牵引力的增加量将相对减少,最后牵引力趋近于某一值。

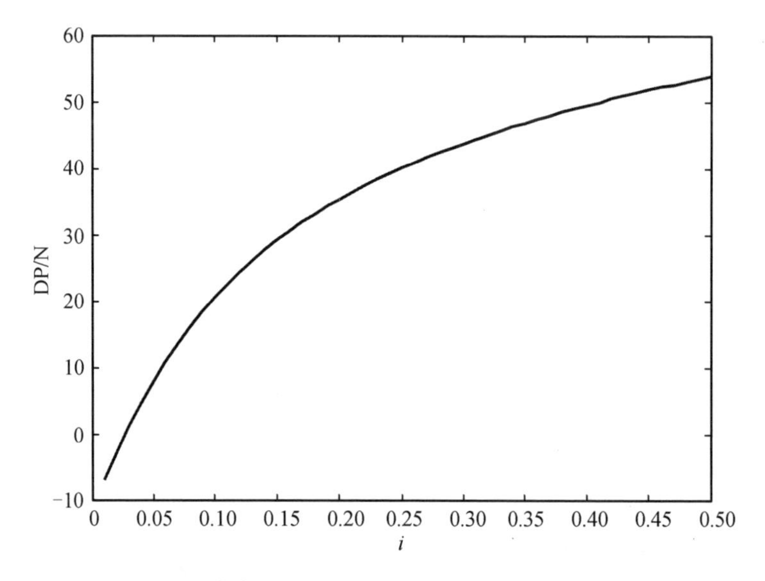


图 3.66 履带牵引力 DP 随滑动率变化的情况(牵引特性)

### 3.5.5 小结

本章介绍了基于计算地面力学建立履带/地面作用数学模型的过程。首先将履带分成从动轮、驱动轮和纯履带三部分,基于计算地面力学重复加载模型,根据履带对地面加载、卸载、再加载过程的作用特点分别建立模型。然后通过三部分结合点受力平衡和位移平衡条件得到整条履带模型。通过此模型,可以得到履带/地面相互作用的正应力和剪切应力的分布情况,可以对履带的牵引特性进行数值分析,并可以分析履带参数对地面下陷量、垂直应力和剪切应力分布情况的影响,求解在不同滑动率下地面所能提供的牵引力。也可以通过建立履带/地面作用模型,针对不同的行驶地面类型,利用此模型对履带尺寸进行优化设计。

# 3.6　移动机器人牵引力实验方法

关于牵引性能的实验研究分为室内实验和室外实验。室内实验主要以土槽实验为主，土槽实验的优点是实验所用土壤不受室外环境（天气）的影响，实验环境稳定，便于进行重复实验；室外实验的优点是实验条件比较接近环境，更能反映机器人室外活动的实际情况，并且方便在不同类型的土壤上进行实验，但是实验数据受实验环境的干扰也较大，室外环境很难实现与室内相比拟的实验条件。例如，室内实验对土壤进行刮平以保证土壤水平比较容易操作，而室外环境下操作相对复杂。

本章介绍研究基于地面力学的机器人牵引特性的实验方法。首先介绍实验平台的搭建和相关参数的实验测量方法。然后基于此实验平台对沙地、土地和雪地三种路面进行牵引性能实验，并对实验数据进行分析，得出履带式机器人多种路面下的牵引特性，主要研究两种履带不同负载下的下陷量、压力分布及挂钩牵引力－滑动率关系，为小型履带机器人多种路面的通过性能提供基础数据和参考。

## 3.6.1　履带机器人牵引特性实验平台搭建

对履带－土壤相互作用的研究离不开相关实验研究，地面力学中的很多理论都是基于实验基础得出的。本节基于实验室履带式煤矿探测机器人，借鉴国外地面力学实验的方法搭建履带机器人牵引特性实验平台，被测量及实验设备见表3.9。

表3.9　被测量及实验设备

| 被测量 | 实验设备 |
|---|---|
| 挂钩牵引力 | 拉力计 |
| 滑动率 | 前小轮编码器、机器人驱动轮编码器 |
| 下陷量 | 激光位移传感器、加速度计 |
| 土壤压力 | 压力传感器 |

### 1. 实验平台搭建

（1）实验平台设计总体方案。在机器人外部添加激光位移传感器、前小轮测距机构、压力传感器、加速度计、拉力计等获得机器人履带/地面作用下比较完整全面的数据信息，履带机器人牵引力实验平台简图如图3.67所示，实物图如图3.68所示。沙地、土地实验场地长约为4 m，通过手柄控制履带机器人以一定的速度在沙地或土地上直线前进，在前进过程中通过平台实现对上述信息的采集。

（2）挂钩牵引力的获取。履带机器人的挂钩牵引力采用温州海宝仪器有限公司生产的HG2000型拉力计测量（图3.69(a)），该拉力计的测量范围为0～2 000 N，误差为5%。拉力计一边与机器人本体相连，一边与重物箱相连，重物箱通过放置不同质量的重物块调整机器人拖动的不同负载，进而获得不同的挂钩牵引力。

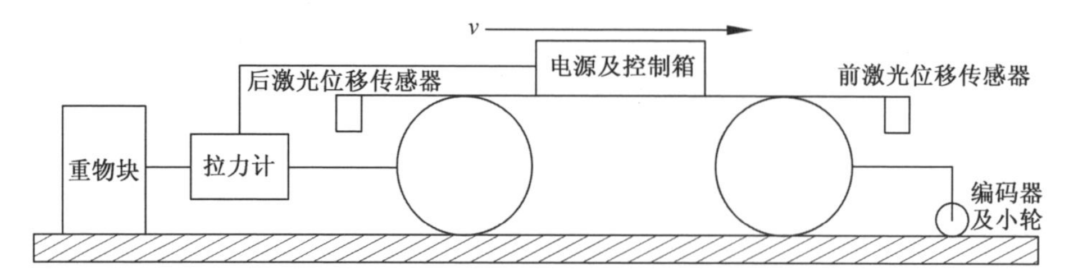


图 3.67　履带机器人牵引力实验平台简图

图 3.68　履带机器人牵引力实验平台实物图

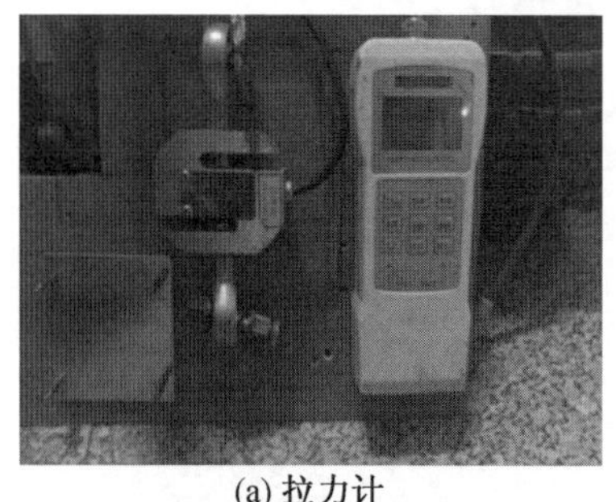

(a) 拉力计

(b) 小轮编码器

图 3.69　拉力计及小轮编码器

(3) 滑动率的获取。滑动率定义为

$$i = 1 - v/(r\omega)$$

式中,$v$ 为履带的实际速度(即机器人行驶速度);$r$ 为驱动轮的半径;$\omega$ 为驱动轮的角速度。

因此,需要测量机器人行驶速度和驱动轮的角速度。前者通过在机器人前方安置带有编码器的小轮(图 3.69(b))获得,前小轮通过弹簧及滑杆与机器人本体相连,可以上下浮动以应对凹凸不平的路面;后者通过机器人电机内置编码器获得。

(4) 下陷量数据采集及计算方法。机器人下陷量的求取采用两个激光位移传感器(图 3.70)和安装在机器人本体上的加速度传感器(图 3.71(a))测量,在履带前后各安置一只位移传感器用于测量传感器与地面的距离。激光位移传感

器为德国劳易测公司生产的 ODSL420 系列,量程为 2 ~ 40 mm,分辨率为 1 μm,加速度传感器为美国 Crossbow 公司的 NAV420 GPS&MEMS 组合惯性传感器,用来获得机器人前进方向的对地倾角。

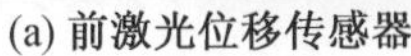

(a) 前激光位移传感器

(b) 后激光位移传感器

图 3.70　激光位移传感器

图 3.71(b) 所示为下陷量测量示意图,在坐标系 $xOz$ 内,前激光位移传感器与地面距离为 $l_1$(mm),后激光位移传感器与地面距离为 $l_2$(mm),机器人本体倾斜角度为 $\delta$(°),假设路面保持水平且相对于 $x$ 轴的高度为 $z_0$(mm),那么在 $t$ 时刻后轮的下陷量为 $h=(z_0-z_1)$,根据前激光位移传感器和后激光位移传感器的坐标 $(x_f,z_f)$、$(x_r,z_r)$ 及相对位置,有

$$\begin{cases} z_1+l_2=z_r \\ z_0+l_1=z_f \\ z_f-L\sin\delta=z_r \end{cases} \tag{3.76}$$

得到后轮下陷量为

$$h=(z_0-z_1)=l_2+L\sin\delta-l_1 \tag{3.77}$$

式中,$L$ 为前后激光位移传感器的距离(mm)。

(a) 加速度传感器

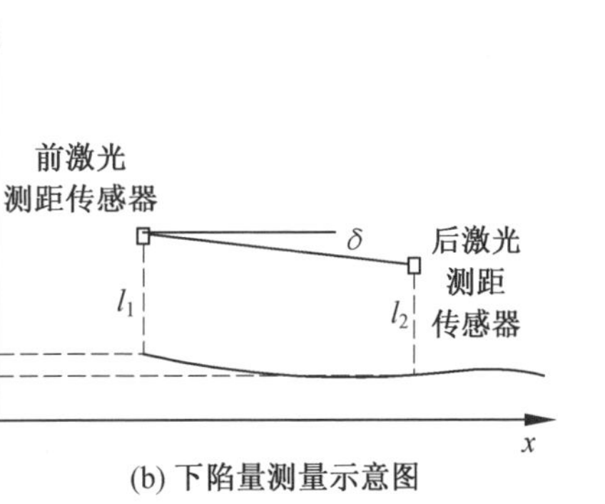



(b) 下陷量测量示意图

图 3.71　加速度传感器及下陷量测量示意图

上述变量 $l_1$、$l_2$、$\delta$ 分别由前激光位移传感器、后激光位移传感器和加速度计测得，这样后轮相对于水平路面的下陷量即可由式(3.77)求得，上述三种数据均由串口通信读取。

**2. 实验数据处理**

(1)挂钩牵引力与电机力矩数据处理。挂钩牵引力－滑动率关系曲线是研究机器人牵引特性的重要曲线，实验过程中保持挂钩牵引力的稳定性以及准确获取滑动率是两个重要的方面。挂钩牵引力是通过拉力计测量的，拉力计连接机器人本体与重物箱。在实验中发现电机力矩在进行周期性的波动，对其进行低通滤波，如图3.72(a)所示。图3.72(b)为履带机器人在沙地上以55 mm/s的速度进行实验时测量的电机力矩和挂钩牵引力曲线，电机力矩与挂钩牵引力保持了一致性。

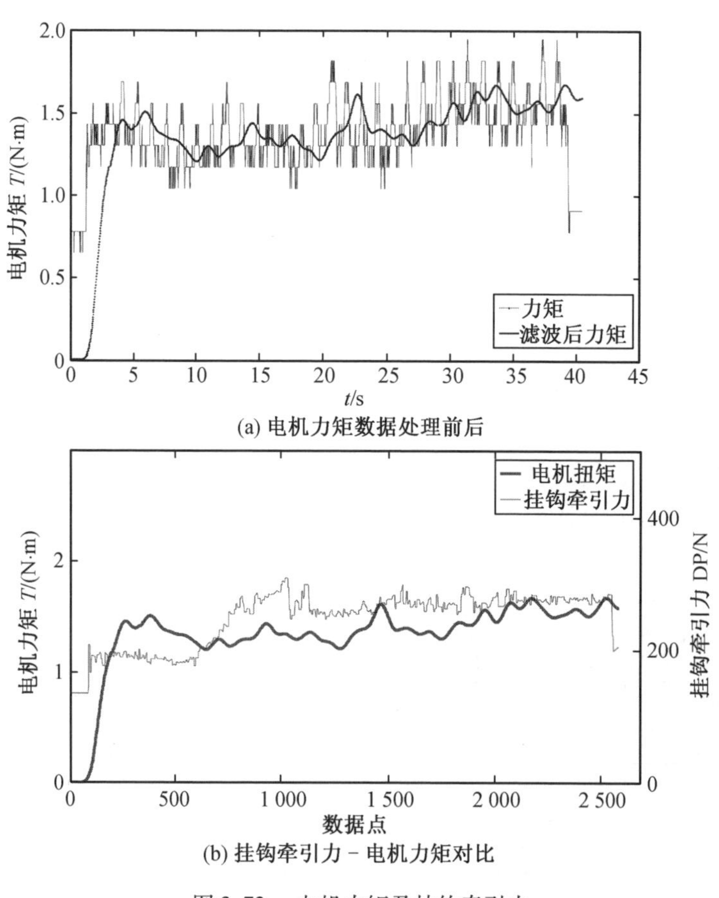

(a) 电机力矩数据处理前后

(b) 挂钩牵引力－电机力矩对比

图3.72　电机力矩及挂钩牵引力

(2) 滑动率数据处理。基于位移获取滑动率如图3.73所示,通过电机编码器获得机器人实时位移,对其进行多项式处理后得到实时滑动率。可以看出,实时位移在以稳定的速度增长,得到的滑动率值约等于12.5%,这与实际情况相符。

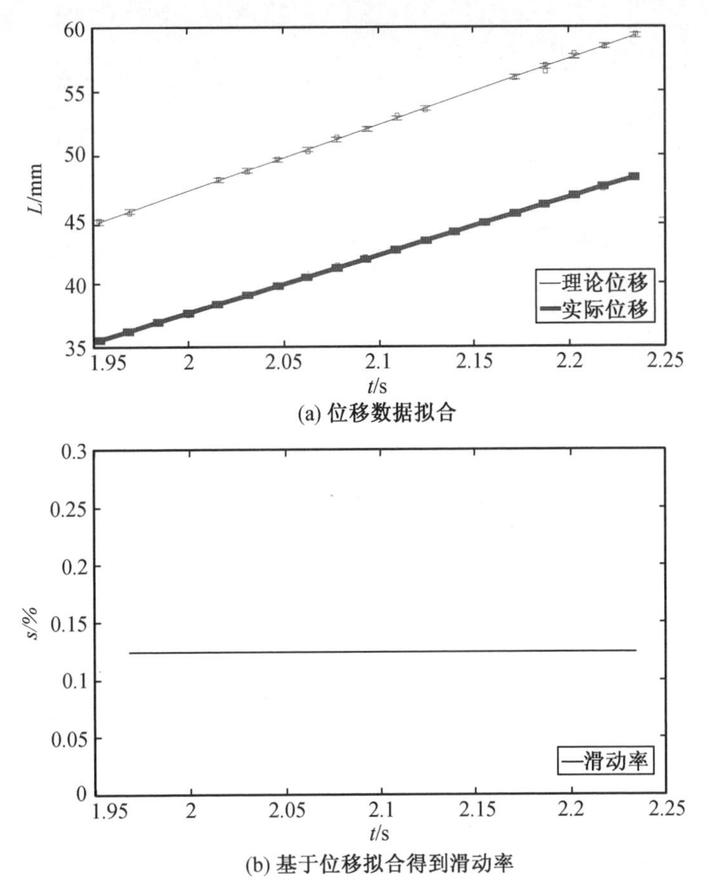

(a) 位移数据拟合

(b) 基于位移拟合得到滑动率

图3.73　基于位移获取滑动率

(3) 下陷量的处理。图3.74(a)为机器人前激光位移传感器所测的原始数据,需要对数据进行低通滤波,滤波后的数据如图3.74(b)所示,可以看出滤波后曲线消除了波动的影响。

图3.75所示为在沙地上进行实验得到的挂钩牵引力－下陷量关系,可以看出分出了11段数据,最小下陷量为3 mm,最大下陷量为15 mm。数据的分段原则是根据挂钩牵引力的大小进行划分,对每段数据进行上述下陷量的处理,得到挂钩牵引力－下陷量关系,可以看出挂钩牵引力与下陷量成正相关。

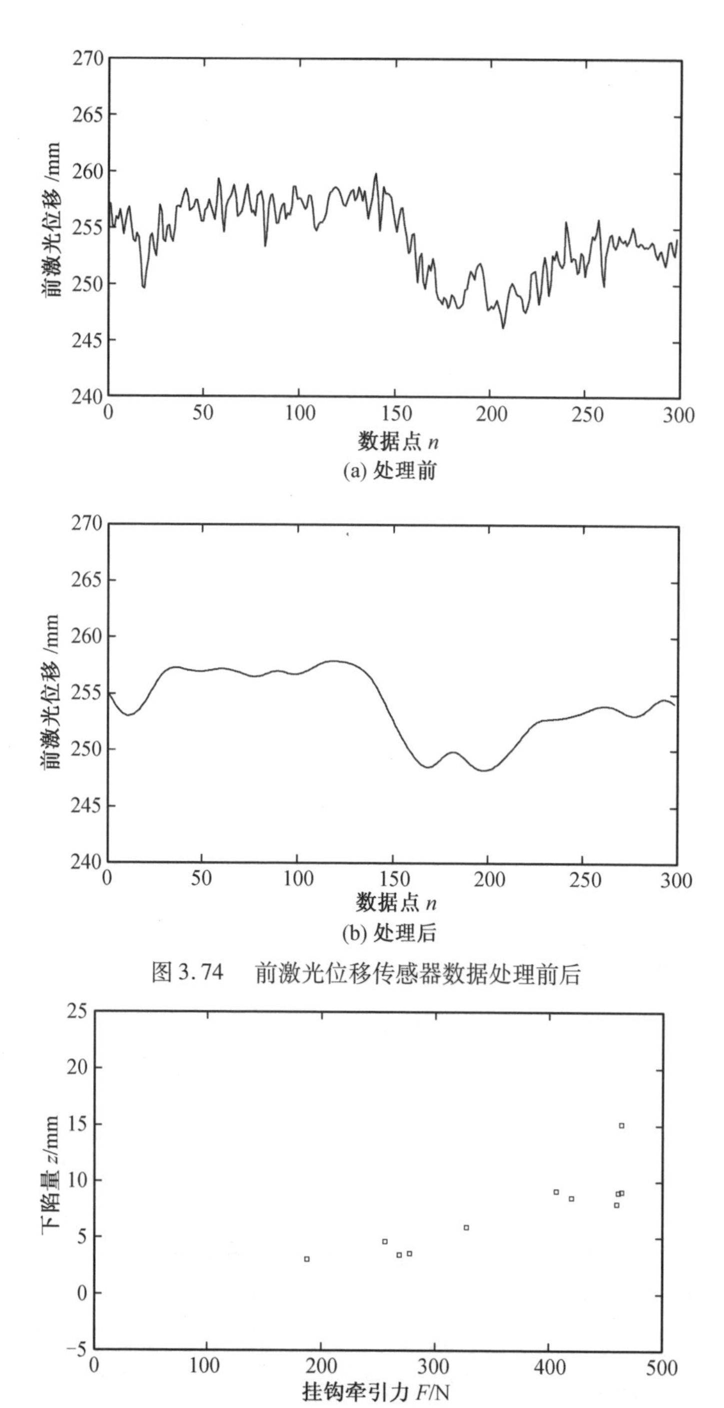


图 3.74　前激光位移传感器数据处理前后

图 3.75　在沙地上进行实验得到的挂钩牵引力 - 下陷量关系

### 3.6.2 不同地面类型下牵引力性能分析

图3.76所示为不同地面类型下挂钩牵引力-滑动率对比。可以看出,不同地面类型下履带机器人牵引性能是不一样的。实验场地分为沙地、土地和雪地三种地面,在相同条件下,由于沙地较为松软,因此土地提供的挂钩牵引力总体大于沙地,雪地提供的牵引力最小,并且雪地容易打滑。

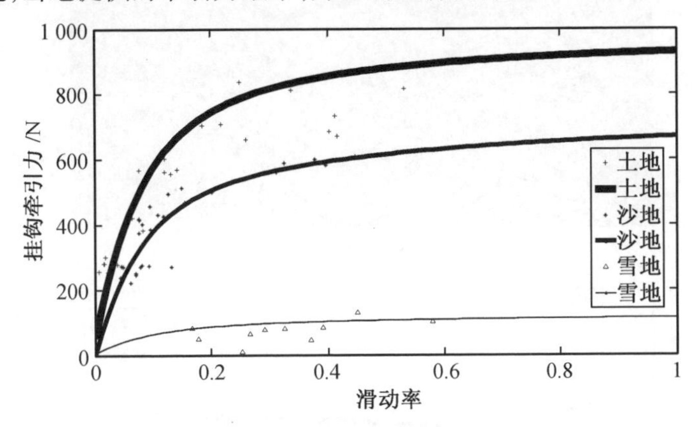


图3.76 不同地面类型下挂钩牵引力-滑动率对比

### 3.6.3 履齿高度对牵引性能影响

由于履带的履齿高度和移动平台垂直负载对牵引力的影响最大,因此设计实验分析这两个因素对牵引力的影响情况。

(1) 有履齿的履带和无履齿的履带比较,履齿高度为12 mm。

(2) 垂直负载分为三个:机器人无额外负重、机器人负载30 kg和60 kg三个代表值。共进行5组实验,履齿和负载实验分组见表3.10。

表3.10 履齿和负载实验分组

| 分　组 | 实验组号 | 速度/(mm·s$^{-1}$) | 垂直负载/kg | 有无履齿 |
|---|---|---|---|---|
| 履齿高度分组 | 1 | 55 | 0 | 无 |
| | 2 | 55 | 0 | 有 |
| 垂直负载分组 | 3 | 55 | 0 | 有 |
| | 4 | 55 | 30 | 有 |
| | 5 | 55 | 60 | 有 |

在沙地和土地两种类型下进行履带有履齿与无履齿的对比实验,并与模型进行对比。沙地无履齿实验如图3.77所示,可以看出,模型中当履齿高度为12 mm时,对牵引力的贡献有限,无履齿情况下牵引力峰值达到600 N左右,有履

齿情况下牵引力峰值为620 N左右，这是因为沙地类型下当履带处于大的滑动率状态时，沙地被完全剪切破坏，剪切强度下降，沙粒的剪切流动使得履齿对沙粒的推力有限，因此履齿效应对牵引力影响较小。

(a) 沙地无履齿实验

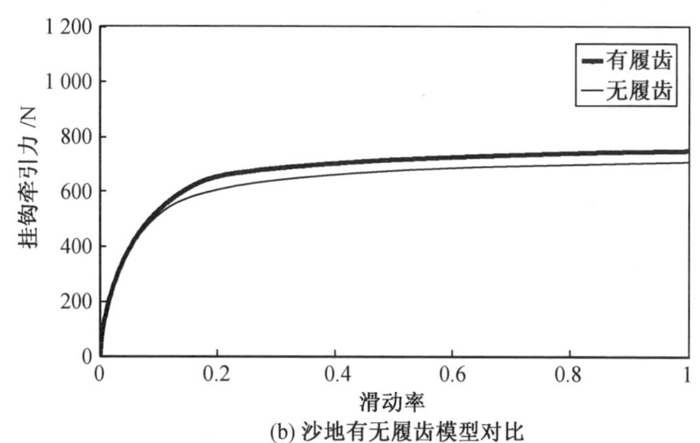


(b) 沙地有无履齿模型对比

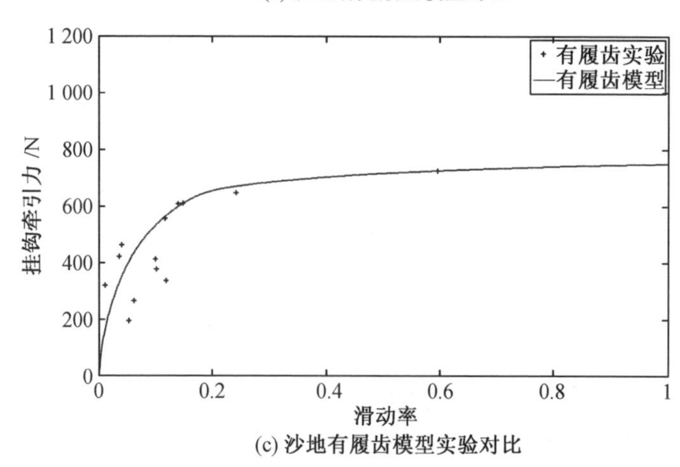


(c) 沙地有履齿模型实验对比

图3.77　沙地无履齿实验

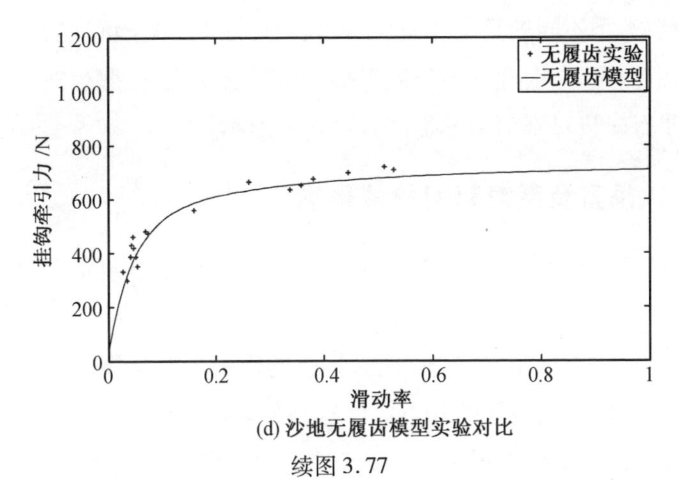


(d) 沙地无履齿模型实验对比

续图 3.77

图 3.78 所示为土地无履齿实验，履齿高度为 12 mm，可以看出无履齿情况下牵引力峰值达到 800 N 左右，有履齿情况下牵引力峰值为 950 N 左右，履齿效应

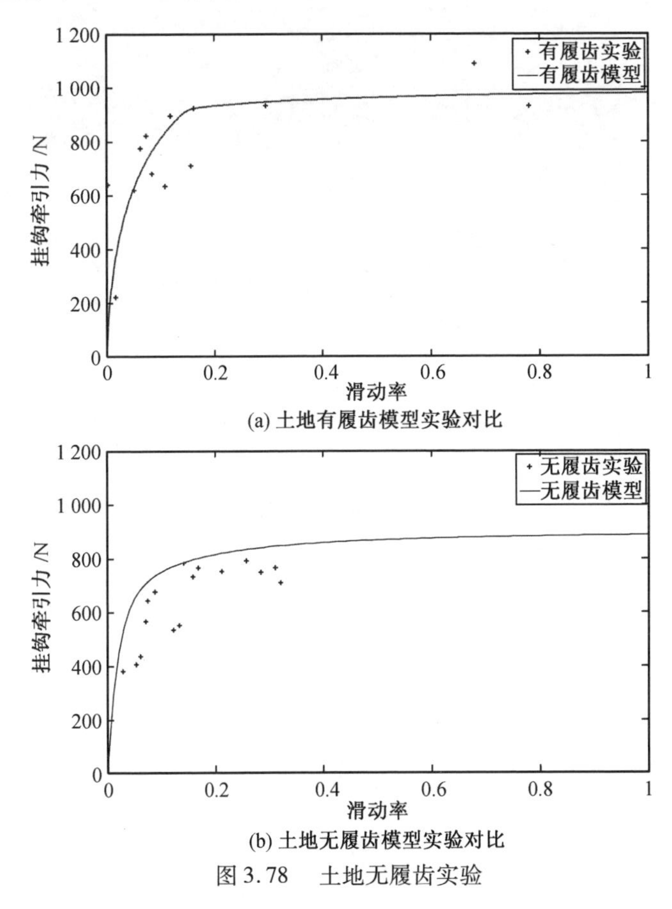


图 3.78　土地无履齿实验

明显。与沙地类型不同的是,土壤具有较大剪切强度,当土壤被剪切破坏后由于具有比较大的内聚力,因此土壤仍能保持一定的剪切强度,履齿对于土壤的推力依然有效,使得履齿对牵引力的提高有一定的影响。

### 3.6.4 垂直负载对牵引性能影响

沙地垂直负载实验如图 3.79 所示,在沙地上进行了垂直负载对牵引性能影响的实验。

从模型中可以看出负载增加,地面提供的牵引力有所提高,但是增加不大,实验结果验证了这一点(图 3.79(b))。这是因为垂直负载的存在虽然增大了履带下陷,提高了沙地提供牵引的能力,但是也增大了沙地对履带的阻力,能提供给履带机器人的净牵引力反而有限。

(a) 沙地垂直负载实验

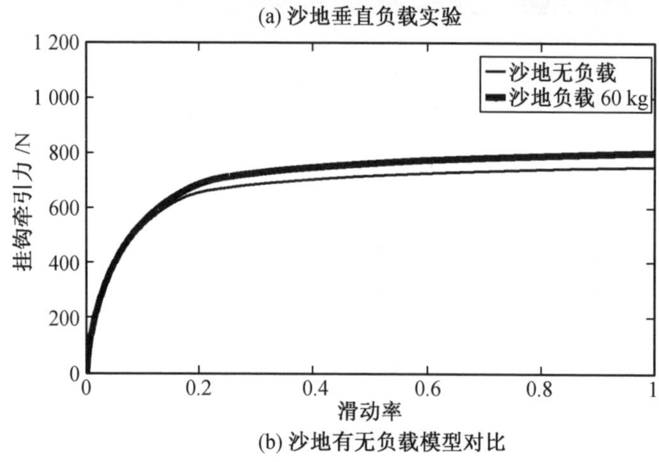


(b) 沙地有无负载模型对比

图 3.79　沙地垂直负载实验

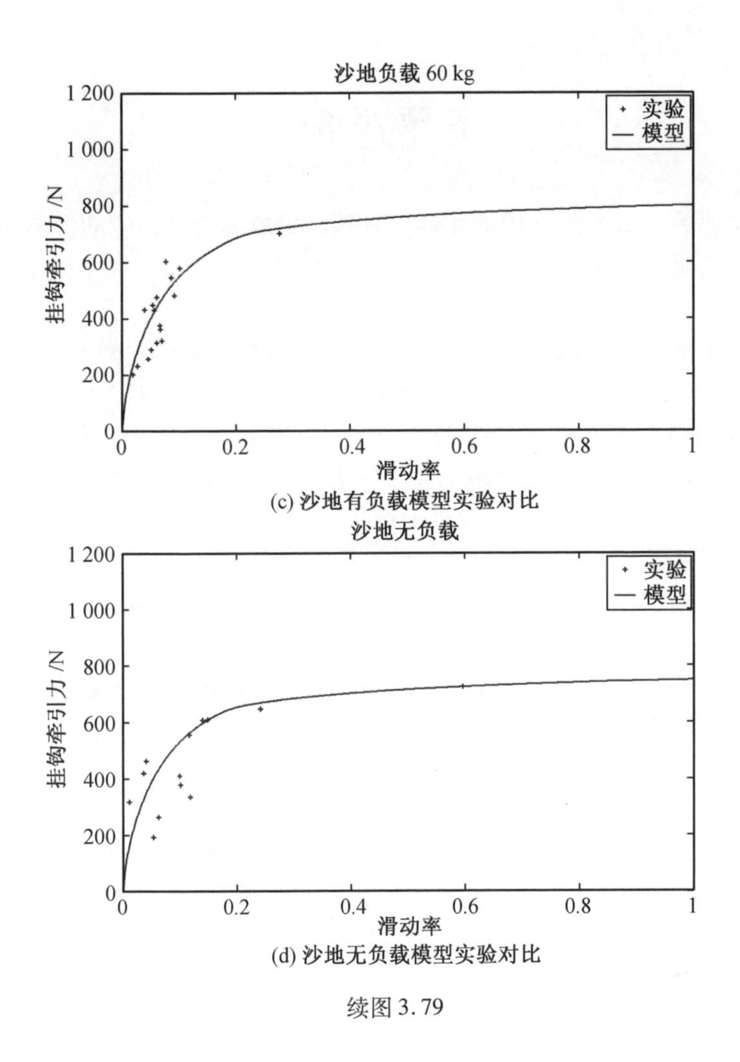


(c) 沙地有负载模型实验对比



(d) 沙地无负载模型实验对比

续图 3.79

### 3.6.5　小结

本节介绍了室外履带机器人牵引特性实验平台的搭建方法，相关参数的测量设备和测量方法，实现对影响履带机器人牵引性能相关信息的采集。在建立的实验平台上分别进行了履齿高度和垂直负载对牵引性能的影响实验，分析了实验结果并与模型进行了对比。结果表明，履齿高度有利于提高土地类型下履带机器人的牵引性能，增加垂直负载对提高机器人的牵引性能作用有限。

# 本 章 小 结

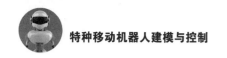

本章主要针对室外复杂的地面环境对移动机器人行驶性能的影响,介绍了地面类型在线辨识方法、履带/地面作用模型和移动机器人牵引特性的分析方法。

一是基于振动信号的地面类型在线辨识方法,建立基于时域特征、频域傅里叶变换特征、频域特征三种不同的离线学习模型,介绍了样本充分性的分析方法,对比分析了不同特征向量建立的离线学习模型分类准确率以及特征向量和速度对分类准确率的影响,还介绍了实验方法,基于履带探测机器人建立了实验平台,建立了"前行触角"方案获取地面预测信息。

二是基于视觉信号的地面类型在线辨识方法,分析比较了图像特征对地面类型的描述能力,确定采用 RGB 和 HSV 颜色特征与 LTP 纹理特征表征地面类型,建立了基于视觉信号的自适应实时地面类型在线分类辨识方法。首先通过 $k$ - means 算法实现了多种地面类型区域分割与目标地面区域选定;其次建立了基于支持向量机的高维分辨模型和基于样本数据统计的模型匹配算法;最后结合区域划分方法,建立了基于视觉信号的自适应实时地面类型在线分类辨识方法。

三是基于视觉和振动信号融合的地面类型在线辨识方法。通过比较视觉信号与振动信号辨识模型,实现了特征层融合和决策层融合等方法,分析了几种融合方法的有效性,其中决策层融合方案可以有效提高辨识准确率。搭建实时地面类型分类辨识实验平台及实验研究,实现了视觉信号与振动信号特征的提取和处理,测试了各种地面类型的分类准确率和处理速度等指标,验证了在线辨识模型的有效性和辨识效能。

四是履带/地面作用模型的建立方法,基于地面力学建立了履带机器人与多种地面(沙地,土地,雪地)作用下的牵引力影响模型。通过建立柔性履带/土壤作用模型,分析了履带与地面作用下的下陷量分布、正应力和切应力分布,以及不同地面类型、履带形状参数及垂直负载对挂钩牵引力的影响。

五是室外移动机器人牵引特性实验研究,介绍了室外履带机器人牵引特性实验平台的搭建方法,介绍了影响履带机器人牵引性能相关信息的采集方法。基于此平台,分别介绍了履齿高度和垂直负载对牵引性能的影响实验,分析了实验结果并与模型进行对比。结果表明,履齿高度有利于提高土地类型下履带机器人的牵引性能,增加垂直负载对提高机器人牵引性能作用有限。

## 本章参考文献

[1] RENÉ VIDAL, MA Y, SASTRY S. Generalizedprincipal component analysis (GPCA)[J]. IEEE Transactions on Pattern Analysis and Machine Intelligence, 2006, 27(12):1945-1959.

[2] 董春曦, 饶鲜, 杨绍全, 等. 支持向量机参数选择方法研究[J]. 系统工程与电子技术, 2004, 26(8):1117-1120.

[3] ZHANG Z Y. Flexible camera calibration by viewing a plane from unknown orientations[C]. Kerkyra: IEEE International Conference on Computer Vision, 1999.

[4] WONG J Y. Theory of ground vehicles : Second edition[M]. NewYork: John Wiley and Sons, Inc, 1993.

[5] OKELLO J A, WATATANY M, CROLLA D A. A theoretical and experimental investigation of rubber track performance models[J]. Journal of Agriculture Engineering, 1998, 69:15-24.

# 第4章

# 特种移动机器人越障动作规划及稳定性分析

随着机器人技术的不断完善,移动机器人逐渐从室内结构化环境走向室外非结构化环境,在煤矿事故和城市废墟搜救、工程探险勘测、反恐防暴、军事侦察、星球探测等复杂环境领域得到了广泛应用,而这些需要移动机器人工作的地点地形一般都较为复杂,这就要求机器人系统进一步具有更强的多地形自适应越障能力。如何提高移动机器人在复杂地面环境中的全地形通过性、机动性、抗振抗冲击性、越障性能和越障稳定性及系统可靠性成为机器人成功应用的根本,也是目前该领域的研究热点和前沿问题。

本章针对几种典型的移动机器人构型和障碍物类型,从地面几何参数获取、自主越障规划和越障稳定性分析三方面展开讲解。首先介绍基于 3D 激光雷达的环境障碍物几何参数在线识别方法,重点针对质心在机器人越障过程中起到的决定性作用介绍利用质心坐标公式和机器人运动学建立质心运动学模型的方法,利用此模型,根据质心越障准则和稳定性判据规划越障动作和越障姿态;其次介绍两种越障稳定性分析方法,即基于质心投影法的稳定性分析和基于动力学及 ZMP 的稳定性分析,分别用于静态分析和动态分析场景中;最后以前后摆臂履带式移动机器人和六轮摆臂式移动机器人为例,介绍质心运动学的建立方法、越障动作规划方法及越障稳定性分析方法。

# 4.1　地面几何参数获取方法

复杂地面环境可以用其物理参数和几何参数来描述。物理参数也就是地面类型,如草地、黏土地、雪地和水泥地等;几何参数则用来描述地面不平度,如楼梯斜坡、壕沟等障碍。第3章介绍了地面物理参数在线辨识的方法和物理参数对移动机器人牵引特性的影响,本章则介绍地面几何参数的获取和描述。几类障碍物的理想几何模型如图4.1所示。典型的障碍可以分为垂直障碍、壕沟、斜坡和楼梯等,从识别方法上可以分为正障碍和负障碍两类,也就是以地面为分界,地面以下为负障碍,地面以上为正障碍。

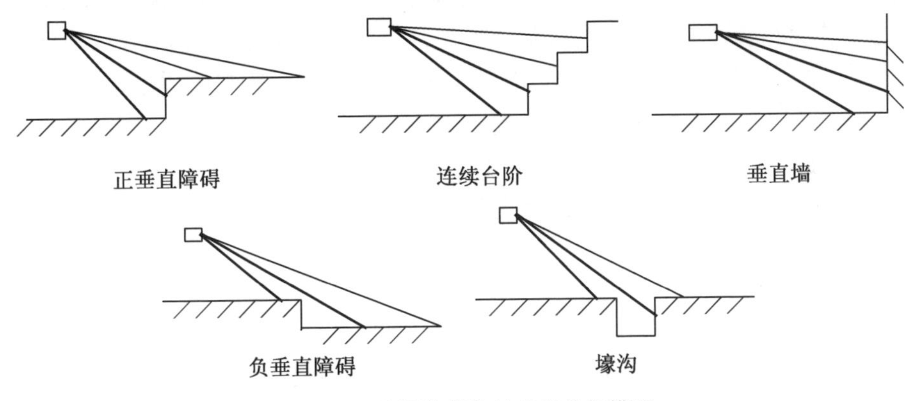


图4.1　几类障碍物的理想几何模型

环境几何信息可以通过激光雷达和3D视觉来获得,多数都是转化为点云表达。由于本章主要是介绍移动机器人自主越障,因此与传统避障的环境感知相比,需要在点云的基础上识别障碍物的类型和尺寸。

## 4.1.1　障碍物识别算法

障碍物识别算法分为三步:基于平面拟合算法的地面分割;障碍物地图构建和障碍物聚类;基于最小矩形包围盒算法的障碍物尺寸识别。障碍物识别流程如图4.2所示,下面以垂直障碍物为例,介绍实现过程。

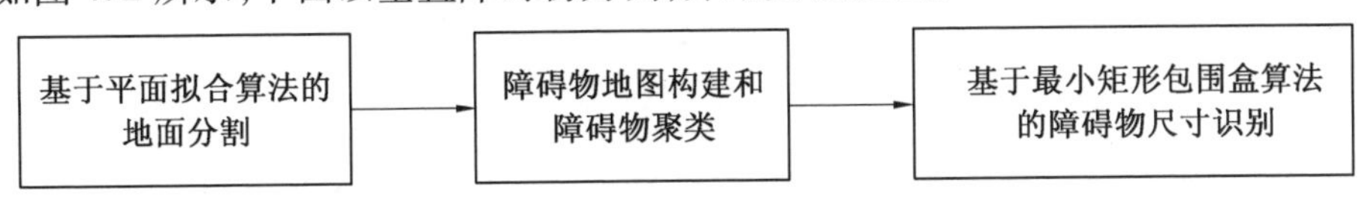


图4.2　障碍物识别流程

### 1. 基于平面拟合算法的地面分割

地面分割一方面可以排除地面信息对障碍物识别的干扰，另一方面也可以根据地面高度来计算障碍物的相对高度值，因此首先进行地面识别和分割。

机器人越障的主要应用场景中，由于地形在小范围内趋于平缓，不会存在较大的地面起伏，因此采用平面拟合的方法进行地面分割，拟合过程中通过设置高度阈值来适应传感器的测量噪声和地面中较小的突起和凹陷。同时，为应对地面存在一定坡度的情况，可以选择将当前地图区域沿 $x$ 方向分为两个子区域，分别进行平面拟合。选择最多分为两个子区域是为了降低计算量。

地面分割主要分为两个过程：种子点选取和平面拟合的迭代优化。种子点选取时选择尽可能多的属于地面的点对地面模型进行预估。地面是指机器人当前所处的地面位置。由于机器人始终位于地图的中心，因此本书以机器人当前高度 $H_{\text{seeds}}$ 作为筛选种子点的高度基准，在该高度上下 $\text{Th}_{\text{seeds}}$ 范围内选取 $N_{\text{seeds}}$ 个种子点 $P_{\text{seeds}}$，种子点选取如图 4.3 所示，该方法对于两个子区域的情况同样有效。

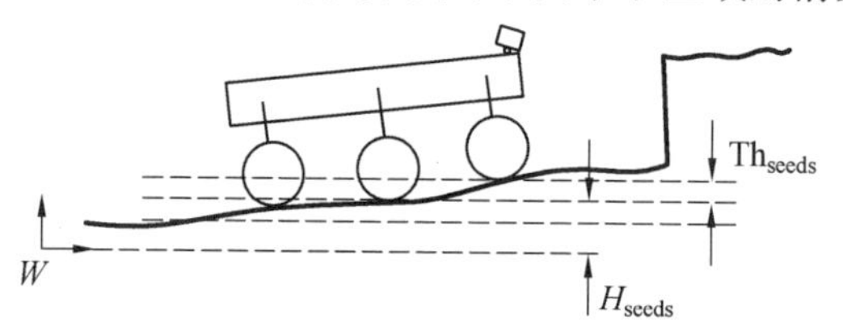


图 4.3　种子点选取

平面拟合过程中采用一个简单的线性模型来表示空间平面，有

$$ax + by + cz + d = 0$$

即有

$$\boldsymbol{n}^{\mathrm{T}}\boldsymbol{X} = -d \tag{4.1}$$

式中，$\boldsymbol{n} = [a \quad b \quad c]^{\mathrm{T}}$ 为平面法向量；$\boldsymbol{X} = [x \quad y \quad z]^{\mathrm{T}}$；$\boldsymbol{n}$ 和常量 $d$ 构成了对平面模型的描述。

法向量 $\boldsymbol{n}$ 的求解根据种子点协方差矩阵的 SVD 奇异值分解实现。协方差矩阵描述了种子点的分布情况，在垂直于平面的方向上种子点具有最小的方差，因此可以通过 SVD 得到该矩阵的最小奇异值，对应的奇异向量即法向量 $\boldsymbol{n}$。定义种子点的协方差矩阵为

$$\boldsymbol{C} = \sum_{i=1}^{N_{\text{seeds}}} (p_{\text{seeds},i} - \bar{p}_{\text{seeds}})(p_{\text{seeds},i} - \bar{p}_{\text{seeds}})^{\mathrm{T}} \tag{4.2}$$

式中，$\bar{p}_{\text{seeds}}$ 为种子点集的均值点。将 $\bar{p}_{\text{seeds}}$ 代入式(4.2)，结合式(4.1)可以求得常量 $d$。

求得平面模型之后，计算点集中的点到该平面的垂直距离。在地面平面拟

合阈值 $Th_{ground}$ 内的点被归为地面点，再根据这些地面点重新进行平面拟合，迭代计算 $N_{iter}$ 次，得到原始地面点集 $P_{ori}$。在最后一次的迭代计算后，将不属于地面的点 $\boldsymbol{p}_k=[x_k \quad y_k \quad z_k]^T$ 代入最后一次拟合的平面模型中，计算这些点的地面高度值，并由新的点 $\boldsymbol{p}'_k=[x_k \quad y_k \quad z'_k]^T$ 构成计算地面点集 $P_{com}$，即

$$z'_k=-\frac{ax_k+by_k+d}{c} \tag{4.3}$$

通过地面分割，可以根据得到的地面点构建地面的高程图，即地面地图。将只含有原始地面点的地面高程图称为地面地图，将由原始地面点和计算地面点共同构成的地面高程图称为计算地面地图。算法整体框架的伪代码如下。

算法 4.1　基于平面拟合的地面分割算法

```
1  P_seeds = ExtractSeeds(P, H_seeds, Th_seeds, N_seeds);
2  P_ori = P_seeds;
3  for i = 1:N_iter do
4  (n = [a  b  c]^T, d) = PlaneFitting(P_ori);
5  clear(P_ori);
6  for p_j : P do
7     if |n^T p_j + d| < Th_ground then
8     P_ori ← p_j;
9  else
10    if i == N_iter then
11      ∑ p_k ← p_j;
12  if i == N_iter then
13    P_com = ComputedPoints(∑ p_k);
14  return P_g = P_ori + P_com;
```

算法 4.1 中，ExtractSeeds( ) 为根据所给条件进行种子点选取的函数；PlaneFitting( ) 为根据预估地面点计算地面模型的函数；ComputedPoints( ) 为根据地面拟合结果求解计算地面点集的函数。

地面分割效果如图 4.4 所示，分割算法中取子区域数为 1，种子点个数 $N_{seeds}$ 为 500，迭代计算 3 次，其中种子点阈值 $Th_{seeds}$ 为 10 cm，平面拟合阈值 $Th_{ground}$ 为 5 cm。

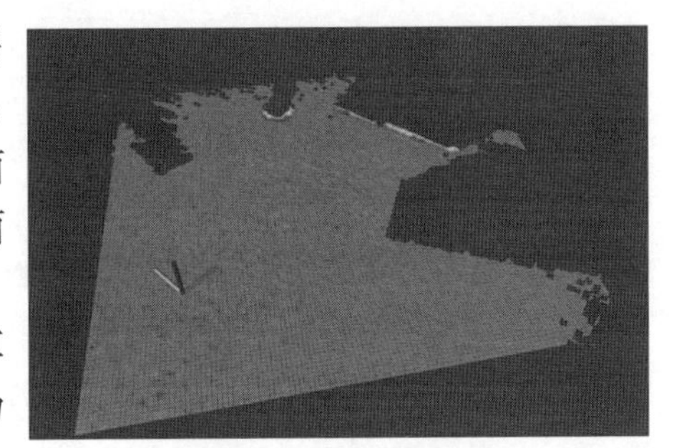

图 4.4　地面分割效果

**2. 障碍物地图计算与障碍物聚类**

(1) 障碍物地图计算。在分割出地面之后，其余部分即认为是障碍物区域。

根据高程图和地面地图，通过二者做差的方式可以计算得到障碍物地图 $M_{\text{obs}}$ 为

$$M_{\text{obs}} = \{ \sum_{i=1}^{o} c_i \mid c_i = (x_i, y_i, h_{\text{ele},i}, h_{\text{diff},i}) \} \tag{4.4}$$

障碍物地图中储存障碍物点的两个信息为障碍物在世界坐标系中的绝对高程值 $h_{\text{ele}}$ 和障碍物相对于地面的相对高度值 $h_{\text{diff}}$。前者用于障碍物位置的计算和可视化，后者用于障碍物高度的计算。障碍物地图的计算公式为

$$\begin{cases} h_{\text{ele},i} = h_i \\ h_{\text{diff},i} = h_i - h_{\text{com},i} \end{cases}, \quad c_i \in M_{\text{ori}} \wedge h_{\text{ori},i} = NAN \wedge h_i \neq NAN \tag{4.5}$$

式中，$M_{\text{ori}}$ 为原始地面地图；$h_{\text{ori},i}$ 为原始地面地图中网格点的高程值；$h_{\text{com},i}$ 为计算地面地图中网格点的高程值；$h_i$ 为高程图中网格点的高程值。地图中无效区域（即没有高度值的区域）的高程值储存为 $NAN$，式(4.5)中通过在地面地图中无效但是在高程图中有效这一依据来确定障碍物区域。图 4.4 中场景的障碍物地图如图 4.5 所示。

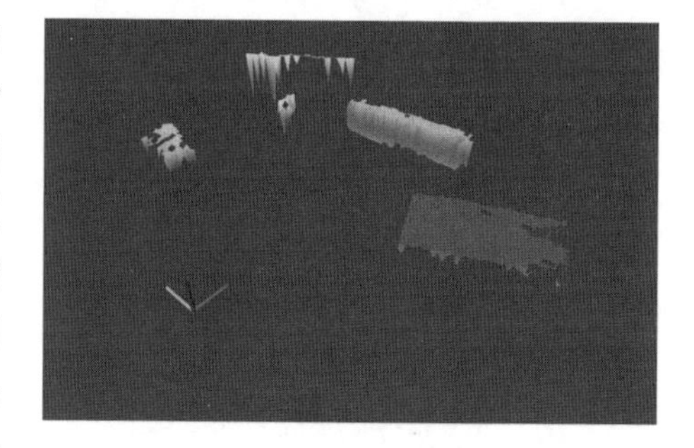

图 4.5　障碍物地图

(2) 障碍物聚类。聚类是障碍物识别中常用的方法，用于将多个障碍物分离。基于欧几里得聚类算法的思想，设计了聚类算法对障碍物进行分离提取。以正障碍物为例，聚类过程如下。

① 首先建立查询点集 $Q$、障碍物点集 obstacle 和障碍物集合 obstacles，obstacles 中储存聚类得到的障碍物点集。遍历障碍物地图 $M_{\text{obs}}$，寻找第一个属于正障碍物的网格点 $c_i$，即高程值大于 0 的网格点，放入点集 $Q$ 和 obstacle 中，每一个被查询过的网格点都会进行标记。

② 取出位于 $Q$ 中栈顶的网格点，以该网格点为中心，获取尺寸为 $D \times D$ 的正方形子地图 $M_{\text{sub}}$，子地图示意图如图 4.6 所示。遍历 $M_{\text{sub}}$，将其中没有被查询过的正障碍物网格点放入 $Q$ 和 obstacle 中。继续取 $Q$ 的栈顶元素重复该步骤，直到 $Q$ 为空或者 obstacle 中的元素数大于设定的上限阈值 $N_{\max}$，此时完成一个障碍物的聚类退出该循环。

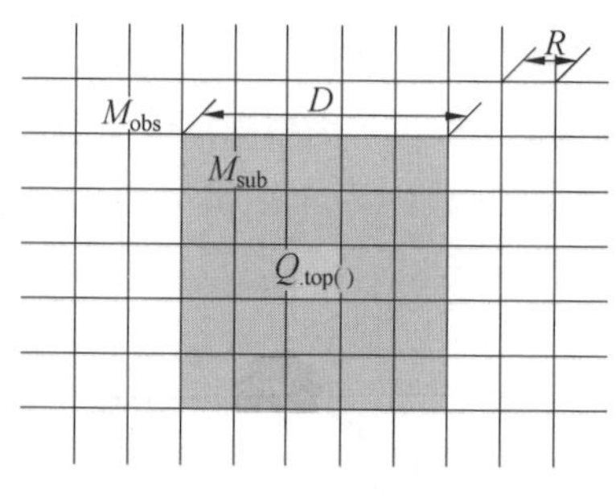


图 4.6　子地图示意图

③ 若 obstacle 中的元素数符合下限阈值 $N_{\min}$，将 obstacle 放入集合 obstacles 中，然后清空 $Q$ 和 obstacle，继续遍历障碍物地图开始下一次聚类。

算法中,$D$ 为聚类半径,$D = d \times R$。其中,$R$ 为障碍物地图的分辨率;$d$ 为聚类半径系数。聚类半径和障碍物点数的上下限阈值决定了算法的聚类效果,算法的伪代码如下。

算法 4.2　障碍物聚类算法

```
1  for c_i : M_obs do
2  clear(Q, obstacle);
3  If IsObstacle (c_i) ∧ NotProcessed(c_i) then
5  obstacle ← c_i;
6  while! Q.empty() ∧ obstacle.size() < N_max do
7  M_sub = GetSubmap(Q.top(), D);
8  Q.pop();
9  for c_j : M_sub do
10   if IsObstacle(c_j) ∧ NotProcessed(c_i) then
11   Q ← c_j;
12   obstacle ← c_j;
13   if obstacle.size() > N_min then
14   obstacles ← obstacle
15   return obstacles;
```

算法 4.2 中,几个重要的函数如下:IsObstacle( ) 为判断当前网格点是否满足正障碍物条件的函数;NotProcessed( ) 为判断当前网格点是否被处理过的函数;GetSubmap( ) 为根据位置和尺寸获取子地图的函数。

### 3. 基于最小矩形包围盒算法的正障碍识别

正障碍识别要求获知障碍物的轮廓、尺寸和方位等信息,矩形包围盒是一种常用的障碍物表示方法。该方法通过一个能将障碍物全部包裹起来的长方体来表示障碍物占据空间的大小及其方位,而体积最小的矩形包围盒最接近障碍物实际形态。在实际应用场景中,适合机器人越障通过的理想正障碍需要符合长方体形态,因此采用包围盒对正障碍进行识别分析。

包围盒由底面矩形和高决定,以障碍物在水平面投影形成的最小面积矩形为底面,包围盒高取障碍物相对地面的最大高度值,而最小面积矩形又需要通过障碍物的凸包计算得来。因此,正障碍识别的整个过程可分为凸包计算、最小面积矩形计算、包围盒生成和越障条件分析。

(1) 凸包计算。对于平面上散布的一些点,过其中的某些点形成的凸多边形能将所有的点都包裹在内,这个凸多边形就是这些点的凸包。提取障碍物所在区域网格点的二维坐标,生成障碍物点集 $P$,采用 Graham 扫描法来计算其凸包,算法大致思路如下。

① 将所有的点进行排序,找到其中纵坐标值最小的点,若不唯一,则取其中

横坐标值最小者,该点为 $p_0$。计算其他点与 $p_0$ 点相对于横坐标轴的极角,并按极角由小到大对其他点进行排序,得到点序列 $P_{\text{sort}}=\{p_1,p_2,p_3,\cdots\}$,很显然 $p_0$ 和序列 $P_{\text{sort}}$ 中第一个点 $p_1$ 属于凸包点,将其压入储存凸包点的栈 convex。

② 现以序列 $P_{\text{sort}}$ 中的下一个元素 $p_i$ 为当前目标点,取栈最顶部的两个元素 convex[top − 1] 和 convex[top] 组成向量1,再由栈顶元素 convex[top] 与 $p_i$ 组成向量2,判断由向量1到向量2在右手定则中是否为左转。若左转,则说明 $p_i$ 为凸包中的点,将 $p_i$ 入栈,取 $p_i$ 的下一个点为目标点重复该步骤;否则,说明栈顶元素 convex[top] 不属于凸包,将 convex[top] 丢弃,保持 $p_i$ 为当前目标点重复该步骤。

如此遍历完点序列 $P_{\text{sort}}$ 即可将凸包点按顺序求得。Graham 扫描法示意图如图4.7所示,向量$\overrightarrow{p_0p_1}$到向量$\overrightarrow{p_1p_2}$为左转,$p_2$ 属于凸包,;向量$\overrightarrow{p_2p_3}$到向量$\overrightarrow{p_3p_4}$为右转,$p_3$ 不属于凸包,被丢弃。

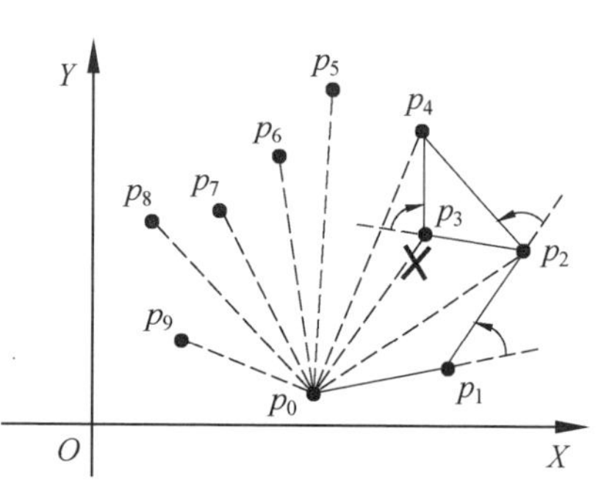


图4.7　Graham 扫描法示意图

二维向量的左转和右转利用两向量的叉乘来判断,根据向量叉乘的定义,有

$$\begin{cases}\boldsymbol{a}\times\boldsymbol{b}>0, & \boldsymbol{a}\rightarrow\boldsymbol{b}\ \text{左转}\\ \boldsymbol{a}\times\boldsymbol{b}=0, & \boldsymbol{a}、\boldsymbol{b}\ \text{共线}\\ \boldsymbol{a}\times\boldsymbol{b}<0, & \boldsymbol{a}\rightarrow\boldsymbol{b}\ \text{右转}\end{cases}\tag{4.6}$$

基于最小矩形包围盒算法的伪代码如下。

算法4.3　Graham 扫描法

```
1  SortByYValue(P);
2  convex ← P[0];
3  P_sort = SortByPolarAngle(P);
4  convex ← P_sort[1];
5  for p_i:P_sort(i ⩾ 2) do
6     while CrossProduct(convex[top - 1],convex[top],p_i) ⩽ 0 do
7     convex. pop();
8  convex ← p_i;
9  return convex;
```

算法4.3中,SortByYValue()为根据纵坐标值由小到大对点进行排序的函数;SortByPolarAngle()为根据极角由小到大对点进行排序的函数;CrossProduct()为计算二维向量叉乘结果的函数。

(2) 最小面积矩形计算。最小面积矩形计算的一般思路是:连接凸包中相邻两个点构成一条直线 $l_1$,以该直线为底边,在与 $l_1$ 平行的方向上寻找过其他凸包

点且距离 $l_1$ 最远的直线 $l_2$，在与 $l_1$ 垂直的方向上寻找过其他凸包点且相距最远的两条直线 $l_3$ 和 $l_4$，上述四条直线相交便构成一个矩形。遍历凸包，依次连接相邻两点构成不同的底边，$n$ 个凸包点可以得到 $n$ 个矩形，其中面积最小者即为所求。

如何高效地寻找上述四条直线所通过的凸包点，即位于矩形边上的点，是该部分的计算关键，采用转角判定法来解决这一问题。转角判定如图 4.8(a) 所示，以过点 $p_i$ 和 $p_{i+1}$ 的直线 $l_1$ 为底边，直线 $l_2$ 通过的点为 $p_k$，直线 $l_3$ 通过的点为 $p_j$，直线 $l_4$ 通过的点为 $p_m$。从转动的角度分析四条直线间的关系时不难发现，由直线 $l_1$ 到 $l_2$ 为逆时针转动 90°，由直线 $l_2$ 到 $l_3$ 同样是逆时针转动 90°，依此类推。因此，对于图 4.8(a) 中所标注的转角，有

$$\begin{cases} \alpha_1 + \alpha_2 + \alpha_3 > \dfrac{\pi}{2} \\ \alpha_1 + \alpha_2 + \alpha_3 + \alpha_4 + \alpha_5 > \pi \\ \alpha_1 + \alpha_2 + \alpha_3 + \alpha_4 + \alpha_5 + \alpha_6 + \alpha_7 > \dfrac{3\pi}{2} \end{cases} \tag{4.7}$$

式中，$\alpha_i$ 表示由向量 $\overrightarrow{p_{i-1}p_i}$ 到向量 $\overrightarrow{p_ip_{i+1}}$ 的逆时针方向转角。

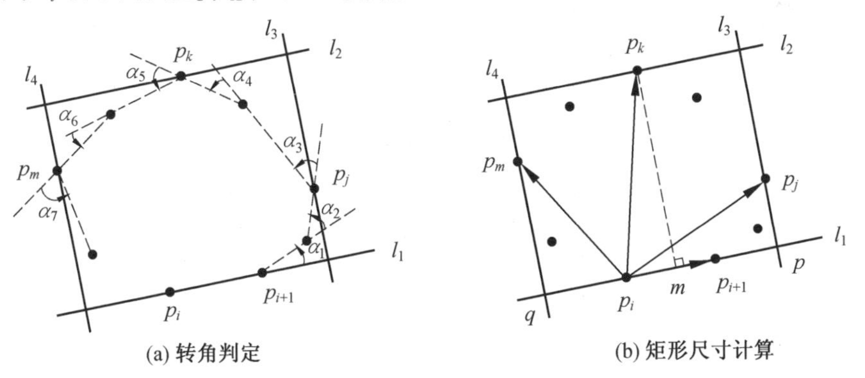


(a) 转角判定　　(b) 矩形尺寸计算

图 4.8　最小面积矩形计算示意图

综上所述，从底边开始，按逆时针顺序将相邻向量间的转角依次相加，通过判断转角之和的大小即可寻找到矩形相应边上的点。

矩形面积为其长宽之积。矩形尺寸计算如图 4.8(b) 所示，矩形的长由图中线段 $pq$ 的长度确定，宽由线段 $p_km$ 的长度确定，其中点 $p$、点 $q$ 和点 $m$ 分别为点 $p_j$、点 $p_m$ 和点 $p_k$ 在直线 $l_1$ 上的投影点，这三个点可以利用向量点乘的性质求得。以点 $p$ 为例，推导公式为

$$\boldsymbol{p} = \boldsymbol{p}_i + \overrightarrow{p_ip} = \boldsymbol{p}_i + \frac{|\overrightarrow{p_ip}|}{|\overrightarrow{p_ip_{i+1}}|}\overrightarrow{p_ip_{i+1}} \tag{4.8}$$

根据向量点乘的意义，有

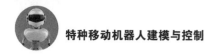

$$|\overrightarrow{p_i p}| = \frac{\overrightarrow{p_i p_j} \cdot \overrightarrow{p_i p_{i+1}}}{|\overrightarrow{p_i p_{i+1}}|} \tag{4.9}$$

因此，式(4.8)可写为

$$\boldsymbol{p} = \boldsymbol{p}_i + \frac{\overrightarrow{p_i p_j} \cdot \overrightarrow{p_i p_{i+1}}}{|\overrightarrow{p_i p_{i+1}}|^2} \overrightarrow{p_i p_{i+1}} \tag{4.10}$$

最小面积矩形计算的最后一步是确定矩形的位置坐标和方向，用矩形的中心点 $c$ 来表示其位置，以其边长中较长一边的方向表示其方向，中心点位置的求解式为

$$\boldsymbol{c} = \frac{\boldsymbol{p} + \boldsymbol{q} + (\boldsymbol{p} + \overrightarrow{mp_k}) + (\boldsymbol{q} + \overrightarrow{mp_k})}{4} \tag{4.11}$$

该部分算法整体框架的伪代码如下。

算法 4.4　最小面积矩形算法

```
1  Initialization:
2  i = 0;j = k = m = 1;
3  α = 0.0;β = γ = δ = AngleBetweenVectors(convex,1);
4  for i:Size(convex) do
5  if i > 0 then
6  α = α + AngleBetweenVectors(convex,i);
7  while β < π/2 do
8  j = j + 1;β = β + AngleBetweenVectors(convex,j);
9  while γ < π do
10  k = k + 1;γ = γ + AngleBetweenVectors(convex,k);
11  while δ < 3π/2 do
12  m = m + 1;δ = δ + AngleBetweenVectors(convex,m);
13  (model_i,A_i) = ComputeRectangle(convex,i,j,k,m);
14  if i = = 0 ∨ A < A_i then
15  model = model_i;
16  A = A_i;
17  return model;
```

算法4.4中，model表示储存最小面积矩形位置、方向、面积等信息的结构体；$A$ 为矩形面积；AngleBetweenVectors( )为计算相邻向量间逆时针转角大小的函数，ComputeRectangle( )为根据所给信息计算矩形结构体和面积的函数。

(3)包围盒生成。得到障碍物的最小面积矩形之后，以障碍物相对于地面的最大高度值为高，即可生成包围盒。

(4) 越障条件分析。如前所述,只要尺寸适当、形状规则,类似于长方体外形的障碍是具备机器人越障通过条件的。本书从以下几个方面对正障碍物的越障条件进行分析。

① 障碍物尺寸,包括高度、宽度及长度。高度在包围盒中已经体现,根据机器人转动调整尽量小的原则,在障碍物靠近机器人一侧的两条边中,选择边法线与机器人正向夹角较小的一条边作为越障起始边,该边法线方向即越障起始方向,如图4.9正障碍物识别结果中的箭头所示,在该方向上对障碍物的宽度和长度做判断,过窄或者过短的障碍物都无法越障通过。

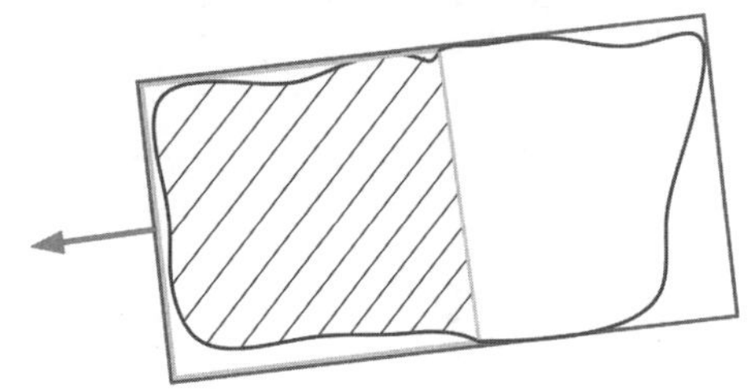

图4.9　正障碍物识别结果

② 障碍物上表面的平整度 $R$。平整度 $R$ 定义为

$$R = \sqrt{\frac{\sum_{i=1}^{o} (h_{\mathrm{diff},i} - \bar{h}_{\mathrm{diff}})^2}{o - 1}} \tag{4.12}$$

即用障碍物包含网格点相对于地面高度值的均方差来表示障碍物上表面的平整度,$R$ 值相对较小的障碍物上表面趋于平面,更具备越障通过条件,具体判断阈值需要通过实验确定。

③ 障碍物前端形状的规则度 $\Omega$。如图4.9所示,曲线范围内为障碍物区域,矩形区域为其最小面积矩形,箭头为越障起始方向。规则度 $\Omega$ 定义为在越障起始方向障碍物前半部分与其最小面积矩形前半部分的区域大小之比,即图中阴影区域与被包络的其他区域的区域大小之比。障碍物的前半部分靠近机器人,能够确保被传感器尽可能完整地扫描到,进而可以确保该判断依据的有效性。$\Omega$ 的计算通过网格数量之比实现,$\Omega$ 值较大的障碍物更具备越障通过的条件,具体判断阈值同样需要通过实验确定。

## 4.1.2　越障稳定性理论和稳定裕度

机器人在室外非结构化环境中运行,地面不平度或者是障碍物(壕沟、垂直障碍和楼梯等)会引起机器人倾翻等问题。分析倾翻的原因,进而实现对机器人稳定性分析和控制是移动机器人研究的热点。其中,包括普通的轮式和履带式移动机器人,还有像波士顿动力公司的大狗机器人(BigDog),以及日本本田的阿西莫(ASIMO)人形机器人,所有移动机器人的稳定性是必须考虑的问题,也是动作规划和控制的核心内容。

稳定裕度示意图如图4.10所示,1 kg负载放置于轮式机器人顶部,这会导致其质心位置增高,如图4.10(a)、(b)所示,在斜坡上运行时,将会产生倾翻,究其原因则是质心超出了支撑面,产生了倾翻力矩。而图4.10(c)、(d)则是将1 kg的负载放在运动平台上,这样质心位置并未大幅度增高,在斜坡运行时,质心的投影落在了支撑面以内,这样机器人则是稳定的。可以看出,机器人的质心在稳定性分析中起到重要作用。

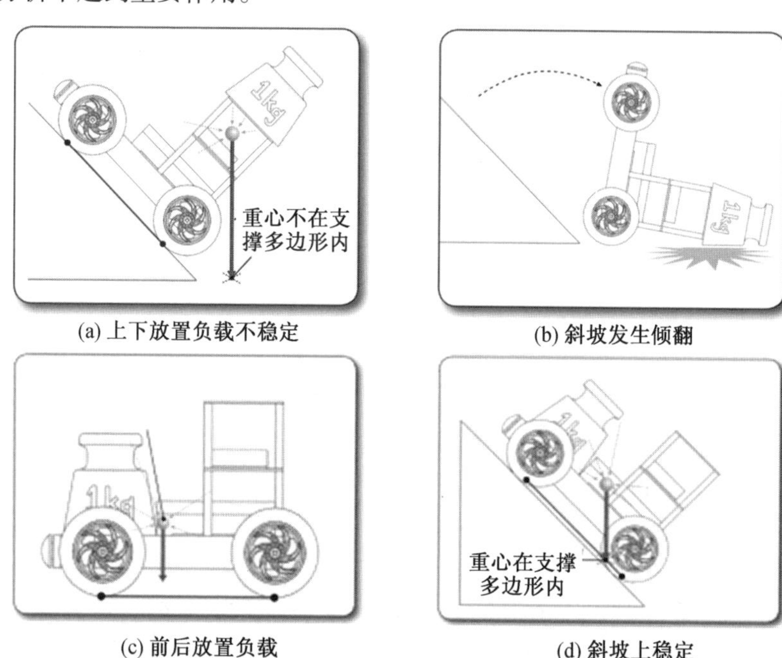


(a) 上下放置负载不稳定　(b) 斜坡发生倾翻

(c) 前后放置负载　(d) 斜坡上稳定

图4.10　稳定裕度示意图

### 1. 稳定裕度和稳定裕度角

如何通过数学来表达机器人的稳定性是进行机器人稳定性分析和控制的基础,下面将介绍稳定裕度和稳定裕度角的表达方式。

(1) 稳定裕度。通过质心投影法计算机器人的稳定裕度,也就是机器人与地面的接触点构成一个多边形,若机器人质心在地面上的投影落在多边形内则为稳定状态,落在多边形外则不稳定(图4.11(a))。如图4.11(b)所示,稳定裕度定义为质心投影与各个边的垂直距离的最小值,通过直观理解也可以看出,离质心最近的边的方向即是可能产生倾翻的方向,为保证机器人在动态力作用下的越障稳定性,就要保持一定的稳定裕度。在有些情况下,只关心纵向的稳定性,这时

可以像图 4.11(c) 那样,在机器人的纵向求取最短距离,也就是纵向稳定裕度。

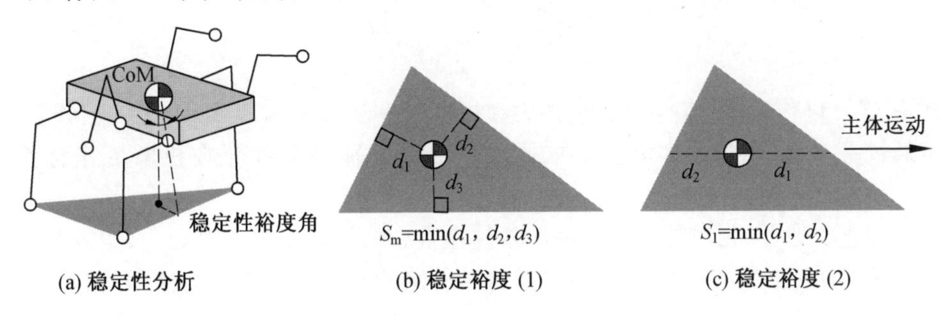


图 4.11　稳定裕度和稳定裕度角

(2) 稳定裕度角。质心垂线与多边形构成的最小角度即稳定裕度角,往往用角度的正切(tan) 来表示,如图 4.11(a) 所示。稳定裕度与稳定裕度角的区别是:稳定裕度角在稳定裕度的基础上考虑了质心高度对稳定性的影响,如对于相同稳定裕度(到支撑边界的最短距离相等) 的机器人,质心高的机器人在外界扰动作用下更容易超出支撑面,导致倾翻。因此,稳定裕度角能够更准确地表达机器人的稳定性。

### 2. 动态稳定性

前面建立静态稳定性的理论用于分析独轮车的稳定性则不适用。独轮车与地面的接触认为是点接触,但质心很难准确地落在这个支撑点上,也就是说独轮车是会倾翻的。而在实际应用中,通过对其进行动态调整,独轮车是可以稳定在支撑点位置的。因此,动态稳定性分析和控制对于高速运动和不稳定系统来说十分重要。

(1) 惯性力(Inertial Force)。当物体加速、减速或改变方向时,惯性会使物体有保持原有运动(物理学) 状态的倾向,若是以该物体为参照物,看起来就仿佛有一股方向相反的力作用在该物体上,因此称为惯性力。由于惯性力实际上并不存在,实际存在的只有原本将该物体加速的力,因此惯性力又称假想力(Fictitious Force)。

当物体以加速度 $\boldsymbol{a}$ 加速时,看起来就仿佛有一股与 $\boldsymbol{a}$ 方向相反的力 $\boldsymbol{F}$ 作用在该物体上,$\boldsymbol{F}$ 即惯性力,$\boldsymbol{F}$ 与 $\boldsymbol{a}$ 反向。例如,当公交车刹车时,车上的人因为惯性而向前倾,在车上的人看来仿佛有一股力量将他们向前推,这就是惯性力。然而只有作用在公交车的制动力以及轮胎上的摩擦力使公交车减速,实际上并不存在将乘客往前推的力,这只是惯性在不同参考系下的表现。

(2) 零力矩点(Zero Moment Point,ZMP)。ZMP 是地面上的一点,重力和惯性力对这一点力矩的水平分量为零,即整个系统对于这个点的前向、侧向的倾覆力矩为零,有

$$x_{ZMP}=\frac{\sum\limits_{i=1,3,4}F_{iy}L_{ix}-\sum\limits_{i=1,3,4}F_{ix}L_{iy}}{\sum\limits_{i=1,3,4}F_{iy}} \tag{4.13}$$

式中,$F_x$ 和 $F_y$ 分别为各个部分惯性力在机器人坐标系 $X_1O_1Y_1$ 中 $x$ 轴和 $y$ 轴分量,可通过上面建立的动力学正解求取;$L_x$ 和 $L_y$ 分别为各部分在机器人坐标系 $X_1O_1Y_1$ 中的质心坐标长度。

静止状态下,物体能保持平衡的条件是重心的投影位于支撑面内,也就是前面介绍的质心投影法;运动状态下,其绝对稳定的条件是重力和惯性力的合力延长线通过支撑面。通常把合力延长线与支撑面的交点定义为 ZMP。ZMP 稳定性判据主要是重力、惯性力和外力对机器人产生的合力矩等于零的点。

(3)ZMP 判据下的机器人稳定条件。ZMP 落在支撑多边形内是稳定的,落在支撑多边形外则是不稳定的。稳定性定义的方式与基于质心的静态稳定性分析类似,只是把质心换成了 ZMP,这是因为机器人在此点受到的力矩为零。用静态稳定性分析的方法发现,质心落在支撑面以外,系统是不稳定的,然而如果机器人产生一个惯性力,惯性力和重力的合力与地面产生一个交点,这个交点落在机器人脚的支撑面内,在动态分析中机器人系统也是稳定的,原因是系统动态运动过程中产生了惯性力,改变了系统的力平衡。

## 4.2　履腿移动机器人自主越障动作规划

移动机器人越障过程主要解决两个问题:一是越障动作规划,由于质心在越障过程中起到决定作用,因此首先建立质心运动学模型,在此基础上,结合机器人的特点进行越障动作规划;二是越障过程中的稳定性计算,需要建立机器人在越障过程中的稳定裕度计算方法。本节以履带摆腿式移动机器人为例,建立履腿移动机器人的越障性能分析和越障动作规划方法。

### 4.2.1　典型障碍分类

评价机器人的越障能力可以将跨越复杂的障碍简化为跨越两种典型的障碍,即跨越壕沟和跨越垂直障碍。下面将以履带式移动机器人为例分析这两种典型障碍的特点,进而得到成功跨越障碍的准则。

质心对跨越壕沟的影响如图 4.12 所示,机器人质心和机器人前端以及后端与地面的接触点不同时落在壕沟中,则能保证成功跨越壕沟。可见,质心决定跨越壕沟的性能,即得到成功跨越壕沟的质心位置原则是:在越障初期质心应尽量靠后,而在后期则希望尽量靠前。

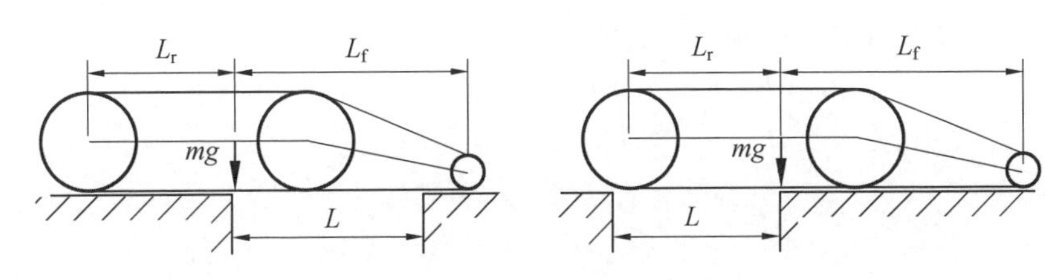


图 4.12　质心对跨越壕沟的影响

质心对跨越垂直障碍的影响如图 4.13 所示。如图 4.13(a) 所示,对于较低的障碍,机器人可以只依靠平动来完成,只是前摆臂要保持一定的角度,以保证越障的平顺性,越障成功准则是机器人的质心越过障碍最高点。如图 4.13(b) 所示,对于稍高的障碍,即通过平动不能越过的障碍,则通过摆臂辅助运动来完成,越障成功准则同样是质心越过障碍的最高点则越障成功。因此,质心在越障过程中起到关键作用。

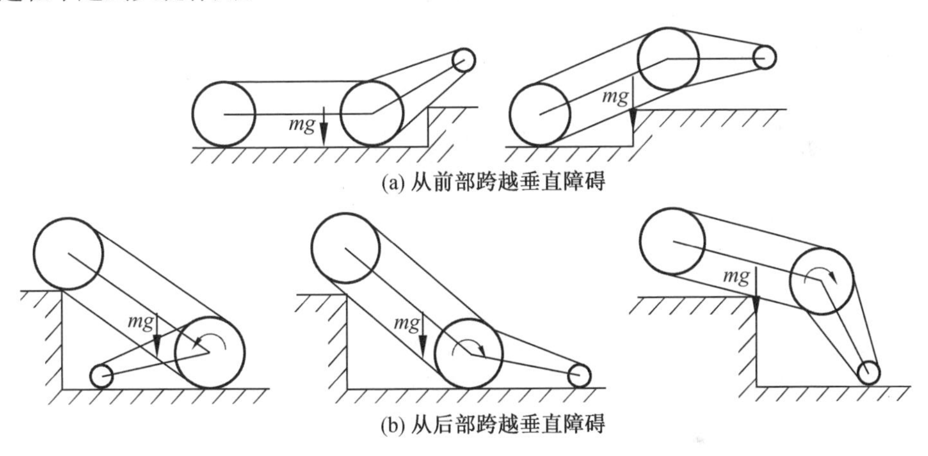


图 4.13　质心对跨越垂直障碍的影响

### 4.2.2　质心运动学模型的建立

通过上面分析可以看出,质心在越障过程中起到至关重要的作用,并且质心也决定机器人的稳定性。因此,本节提出了利用质心坐标公式和机器人运动学建立的质心运动学模型,利用此模型,根据质心越障准则和稳定性判据规划越障动作和越障姿态。为表示建立的质心运动学模型在越障动作规划中的通用性,本节建立的质心运动学模型以三节履带式移动机器人进行建模分析。

机器人坐标系及几何参数如图 4.14 所示,机器人坐标系 $XOY_1$、前摆臂坐标系 $XOY_2$ 和后摆臂坐标系 $XOY_3$ 分别建在机器人驱动轮、前从动轮和后从动轮上。机器人坐标系相对于固定坐标系 $XOY_0$ 的变换矩阵为

$$
\begin{aligned}
{}^{0}\boldsymbol{T}_1 &= \mathrm{RPY}(\phi,\psi,\theta,P_x,P_y,P_z) \\
&= \mathrm{Trans}(P_x,P_y,P_z)\mathrm{Rot}(z,\theta)\mathrm{Rot}(y,\psi)\mathrm{Rot}(x,\phi)
\end{aligned}
\tag{4.14}
$$

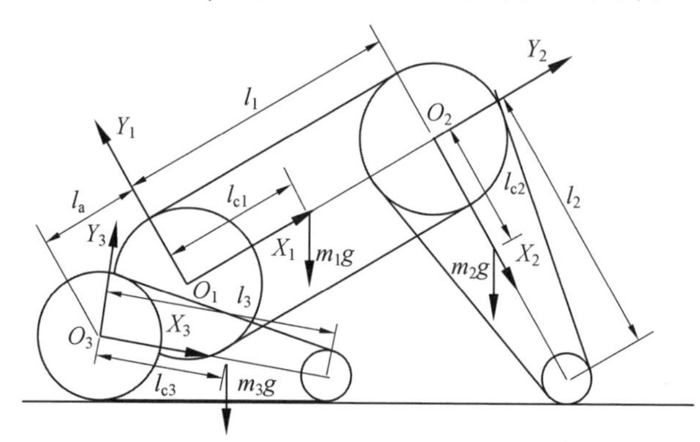


图 4.14　机器人坐标系及几何参数

前摆臂坐标系 $XOY_2$ 和后摆臂坐标系 $XOY_3$ 与机器人坐标系 $XOY_1$ 的变化矩阵为

$$
{}^{1}\boldsymbol{T}_2 = \begin{bmatrix} \cos\alpha_2 & -\sin\alpha_2 & 0 & l_1 \\ \sin\alpha_2 & \cos\alpha_2 & 0 & 0 \\ 0 & 0 & 1 & 0 \\ 0 & 0 & 0 & 1 \end{bmatrix},\quad
{}^{1}\boldsymbol{T}_3 = \begin{bmatrix} \cos\alpha_3 & -\sin\alpha_3 & 0 & -l_a \\ \sin\alpha_3 & \cos\alpha_3 & 0 & 0 \\ 0 & 0 & 1 & 0 \\ 0 & 0 & 0 & 1 \end{bmatrix}
\tag{4.15}
$$

式中，$\theta$ 为机器人的俯仰角度；$\phi$ 为机器人的侧倾角度；$\psi$ 为机器人的转向角度。以上角度均取逆时针为正。

由质心坐标公式和机器人运动学得到机器人系统质心在机器人坐标系中的表达式，即机器人坐标系中的质心运动学模型，有

$$
{}^{1}\boldsymbol{P} = \frac{\sum_{i=1}^{3} {}^{1}\boldsymbol{T}_i\,{}^{i}\boldsymbol{P}_i m_i}{m} = \begin{bmatrix} \dfrac{1}{m}[m_1 l_1 + m_2(\cos\alpha_2 l_{c2} + l_1) + m_3(\cos\alpha_3 l_{c3} - l_a)] \\ \dfrac{1}{m}(m_2\sin\alpha_2 l_{c2} + m_3\sin\alpha_3 l_{c3}) \\ 0 \\ 1 \end{bmatrix}^{\mathrm{T}}
\tag{4.16}
$$

式中，$l_{c1}$、$l_{c2}$、$l_{c3}$ 为机器人本体、前摆臂和后摆臂的质心位置；$l_1$、$l_2$、$l_3$ 为机器人本体、前摆臂和后摆臂的长度；$m_1$、$m_2$、$m_3$ 为机器人本体、前摆臂和后摆臂的质量；$m$ 为机器人系统的总质量；${}^{i}\boldsymbol{P}_i$ 为质量 $m_i$ 在坐标系 $XOY_j$ 中的坐标矩阵；${}^{1}\boldsymbol{T}_i$ 为从坐标系 $XOY_i$ 与坐标系 $XOY_1$ 的变化矩阵。

由式(4.16)和式(4.14)可得机器人在固定坐标系中的质心运动学模型为

$$
{}^{0}\boldsymbol{P} = {}^{0}\boldsymbol{T}_{1}{}^{1}\boldsymbol{P}
= \begin{bmatrix}
\cos\theta\cos\psi[m_1 l_{c1} + m_2(\cos\alpha_2 l_{c2} + l_1) + m_3(\cos\alpha_3 l_{c3} - l_a)]/m + \\
\quad (-\sin\theta\cos\varphi + \cos\theta\sin\psi\sin\varphi)(m_2\sin\alpha_2 l_{c2} + m_3\sin\alpha_3 l_{c3})/m + P_x \\
\sin\theta\cos\psi[m_1 l_{c1} + m_2(\cos\alpha_2 l_{c2} + l_1) + m_3(\cos\alpha_3 l_{c3} - l_a)]/m + \\
\quad (\cos\theta\cos\varphi + \sin\theta\sin\psi\sin\varphi)(m_2\sin\alpha_2 l_{c2} + m_3\sin\alpha_3 l_{c3})/m + P_y \\
-\sin\psi[m_1 l_{c1} + m_2(\cos\alpha_2 l_{c2} + l_1) + m_3(\cos\alpha_3 l_{c3} - l_a)]/m + \\
\quad \cos\psi\sin\varphi(m_2\sin\alpha_2 l_{c2} + m_3\sin\alpha_3 l_{c3})/m + P_z \\
1
\end{bmatrix}
\tag{4.17}
$$

在实际越障过程中，机器人的三个姿态角中，俯仰角 $\theta$ 变化最大，为方便表示，下面用 $\alpha_1$ 代替俯仰角 $\theta$。因此，在机器人越障过程中，机器人坐标系相对于固定坐标系的主要变换参数为俯仰角 $\alpha_1$、水平平动 $P_x$ 和垂直平动 $P_y$，式(4.17)简化后的固定坐标系中的质心运动学模型为

$$
{}^{0}\boldsymbol{P}(\alpha_1) = {}^{0}\boldsymbol{T}_{1}(\alpha_1){}^{1}\boldsymbol{P}
= \begin{bmatrix}
\dfrac{\cos\alpha_1[m_1 l_{c1} + m_2(\cos\alpha_2 l_{c2} + l_1) + m_3(\cos\alpha_3 l_{c3} - l_a)]}{m} - \\
\quad \dfrac{\sin\alpha_1(m_2\sin\alpha_2 l_{c2} + m_3\sin\alpha_3 l_{c3})}{m} + P_x \\
\dfrac{\sin\alpha_1[m_1 l_{c1} + m_2(\cos\alpha_2 l_{c2} + l_1) + m_3(\cos\alpha_3 l_{c3} - l_a)]}{m} + \\
\quad \dfrac{\cos\alpha_1(m_2\sin\alpha_2 l_{c2} + m_3\sin\alpha_3 l_{c3})}{m} + P_y \\
P_z \\
1
\end{bmatrix}
\tag{4.18}
$$

在下面的越障动作规划中，只要知道机器人俯仰角度和前后摆臂摆角 $\alpha_1$、$\alpha_2$、$\alpha_3$ 及机器人坐标在固定坐标中的位置 $P_x$、$P_y$，通过质心运动学模型就可以求解越障过程的质心位置，得到机器人越障能力和稳定裕度，而质心逆运动学的求解就是对越障进行动作规划。

### 4.2.3　基于质心运动学的自主越障规划

对于自主越障，首先要规划一组通用的越障动作。一般的动作包括前后摆臂的摆动角度和机器人的前进后退距离。

机器人具有轮式、履带式和腿式三种运动模式，基本运动元包括机器人平动、前摆臂摆动和后摆臂摆动。越障运动规划也就是对这三种基本运动元进行有效组合,寻求最有效的越障方式和动作幅度,从而提高机器人的越障性能和降低能耗。

对于较低的障碍,机器人可以只依靠其平动来完成,只是前摆臂要保持一定的角度,以保证越障的平顺性,越障过程如图 4. 13(a) 所示。对于稍高的障碍,即通过平动不能越过的障碍,则通过后摆臂支撑和前摆臂下压来完成。对于跨越极限障碍的机器人需要完成八步动作,跨越垂直障碍动作规划如图 4. 15 所示。

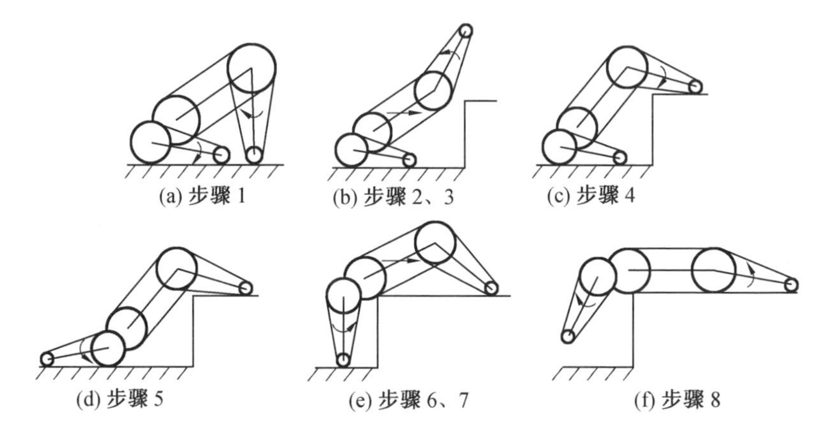


图 4. 15　跨越垂直障碍动作规划

步骤 1,通过前后摆臂协调向下摆动将机器人支起,这样避免单个摆臂受力较大;步骤 2,前摆臂上扬,为后面完成前摆臂下压动作做准备;步骤 3,机器人通过后部履带运动前进 $S_1$,直到机器人到达障碍边缘;步骤 4,前摆臂下压,直到前摆臂与障碍接触;步骤 5、6,后摆臂向后摆动支起机器人,这一步是后摆臂受力最大的情况,也是决定机器人越障高度的关键步骤;步骤 7,机器人前部履带运动 $S_2$ 和后部履带运动 $S_1$ 协调使机器人靠近障碍,直到机器人的质心越过障碍的最高点,这样机器人就会在重力作用下翻越到障碍上面,从而完成越障动作;步骤 8,前摆臂收起,后摆臂收起,越障完成。步骤 3 和步骤 7 是机器人保持姿态平动过程,其余各步是前后摆臂摆动,以便改变机器人的质心位置。

通过分析可看出,每一步运动都是由前摆臂摆动 $\alpha_2$、后摆臂摆动 $\alpha_3$、后履带平动 $S_1$ 和前履带平动 $S_2$ 四个运动元组成。针对不同高度的障碍,若求得每一步中各个运动元的数值,就可以得到跨越障碍的最有效方式。

图 4. 16 所示为规划关节变量值,可以看出在越障过程中有几个步骤是固定的,与障碍的高度无关。在图 4. 16 中用细线表示确定数值,粗线表示不确定数值,不确定数值由障碍高度和机器人距障碍的距离决定,因此在越障过程中,粗线是需要规划的动作幅度。

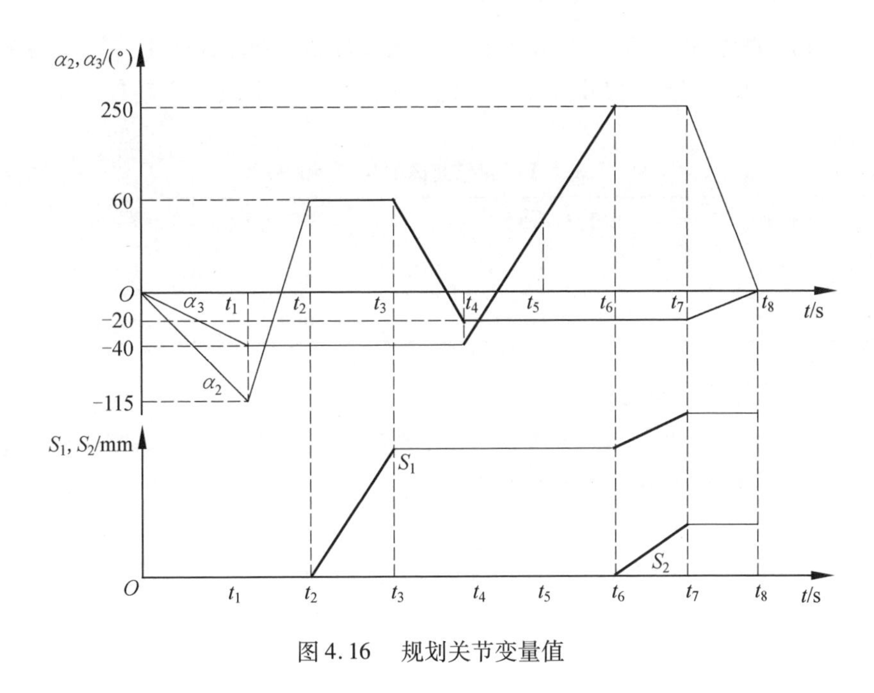


图 4.16　规划关节变量值

## 4.3　履腿移动机器人越障稳定性分析

### 4.3.1　质心位置求解

利用上面的动作规划方法，可以获得越障动作步骤，在此基础上，需要根据障碍物的具体高度详细规划越障动作幅度，也就是图 4.16 中的粗线部分，针对规划出的越障动作的特点求解质心位置。下面将介绍跨越垂直障碍的质心变化表达方式。

**1. 质心运动学模型平动项求解**

由质心运动学模型（式(4.18)）可以看出，质心位置与前后摆臂角度 $\alpha_2$、$\alpha_3$，机器人俯仰角度 $\alpha_1$，以及机器人坐标与世界坐标的水平和垂直距离 $P_x$、$P_y$ 有关。

前后摆臂角度 $\alpha_2$ 和 $\alpha_3$ 可以直接通过码盘读取，而平动项 $P_x$ 和 $P_y$ 是一个变结构函数的求解过程，下面分析对平动项的求解。对没有相对转动只有移动的步骤分析，如步骤 3 和步骤 7，式(4.18) 中平动项 $P_x$ 和 $P_y$ 与前后履带水平移动 $S_1$ 和 $S_2$ 有关。而在其他步骤中，平动项 $P_x$ 和 $P_y$ 除与前后履带水平移动 $S_1$ 和 $S_2$ 有关外，还与机器人姿态有关。

平移矩阵变量 $P_x$ 和 $P_y$ 见表4.1，由于随着各关节角度的变化，各关节坐标系与世界坐标系的变换矩阵也发生了变化，因此对于不同步骤，平动项的求解式也不同。

**表 4.1　平移矩阵变量 $P_x$ 和 $P_y$**

| 初始状态 | 步骤1 ~ 5 | 步骤6 ~ 8 |
| --- | --- | --- |
| $P_x = l_a$ | $P_x = l_a\cos\alpha_1 + S_1$ | $P_x = l_a\cos\alpha_1 - l_3\cos(\alpha_1 + \alpha_3) + S_1 + S_2$ |
| $P_y = r_1$ | $P_y = l_a\sin\alpha_1 + r_3$ | $P_y = l_a\sin\alpha_1 - l_3\sin(\alpha_1 + \alpha_3) + r_2$ |

## 2. 机器人俯仰角度

在动作规划过程中，$P_x$ 和 $P_y$ 由表4.1中的求解式得到，前后摆臂摆动角度 $\alpha_2$ 和 $\alpha_3$ 通过码盘获取，在这五个参数中只有机器人俯仰角度不能直接获取，下面将分析俯仰角度的求取方法。机器人俯仰角度与机器人前后摆臂的摆角和障碍高度有关，根据图4.17中机器人的姿态，得到机器人俯仰角度 $\alpha_1$ 与障碍高度 $h$ 的关系式为

$$\begin{aligned}&(l_1 + l_a)\sin\alpha_1\\&= (h - r_2) + l_2\cos\left[\pi - \alpha_2 - \left(\frac{\pi}{2} - \alpha_1\right)\right] - l_3\cos\left(\alpha_3 - \frac{\pi}{2} - \alpha_1\right) + r_2\end{aligned} \tag{4.19}$$

$$\begin{aligned}\alpha_1 = {}&\arcsin\frac{h}{\sqrt{(l_1 + l_a + l_2\cos\alpha_2 - l_3\cos\alpha_3)^2 + (l_3\sin\alpha_3 - l_2\sin\alpha_2)^2}} - \\&\arctan\frac{l_1 + l_a + l_2\cos\alpha_2 - l_3\cos\alpha_3}{l_3\sin\alpha_3 - l_2\sin\alpha_2}\end{aligned} \tag{4.20}$$

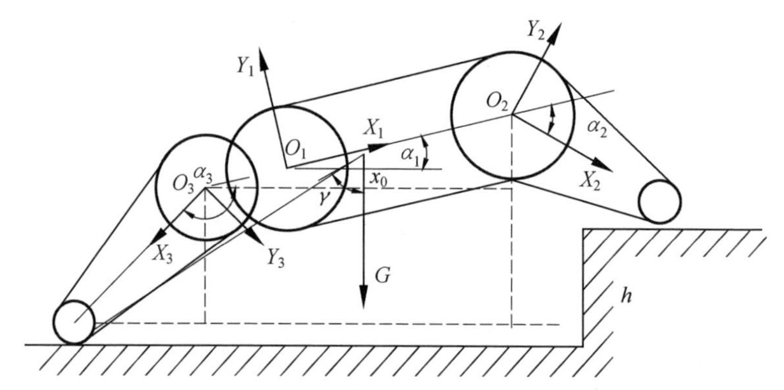


图 4.17　机器人俯仰角度与障碍高度关系

对于前后摆臂在同一水平面的特殊情况，即障碍高度 $h = 0$，也就是机器人在平面运动时机器人俯仰角度与前后摆臂角度的关系，可以通过由编码器测得的

摆臂角度,从而获取机器人的俯仰角度,即

$$\alpha_1 = \arctan \frac{l_2 \sin \alpha_2 - l_3 \sin \alpha_3}{l_1 + l_a + l_2 \cos \alpha_2 - l_3 \cos \alpha_3} \tag{4.21}$$

通过式(4.20)可以解决两个问题:一是若障碍高度 $h$ 已知,可以获取机器人俯仰角度 $\alpha_1$,通过建立运动学模型可以确定机器人各个运动元数值,从而得到稳定裕度角,以确定机器人是否能够以稳定的姿态越过障碍及稳定程度多大,从而可基于最稳定裕度对机器人自主越障进行动作规划;二是若机器人的俯仰角度已知(可通过倾角仪测得),通过式(4.20)中表示的关系可以得到障碍的高度,从而实现对非结构化环境的结构参数辨识,提高机器人对未知环境的感知能力。

**3. 质心变化仿真**

根据机器人质心运动学方程和越障角度规划,可得到机器人越障时质心变化情况。图4.18所示为机器人跨越400 mm高度垂直障碍时质心变化情况,可以看出步骤1 ~ 2和步骤5 ~ 6中机器人质心变化明显,也就是跨越垂直障碍的关键姿态,决定机器人能够跨越垂直障碍的最高值,也可以看出这两段高度分别由前摆臂和后摆臂的长度决定,优化前后摆臂长度可提高越障能力。而在中间产生上下波动的原因是前后摆臂的运动导致自身质心变化对机器人质心的影响,由于摆臂质量小,因此波动幅度小。

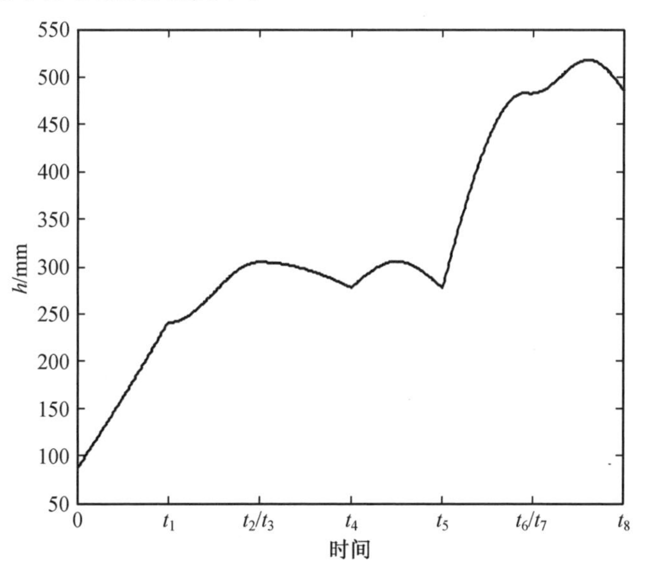


图 4.18　机器人跨越 400 mm 高度垂直障碍时质心变化情况

## 4.3.2　基于质心投影法的越障稳定性分析

机器人成功跨越障碍,除要求机器人质心越过障碍最高点外,还要保证稳定性。本节在运动学分析阶段采用质心投影法来计算机器人的稳定裕度，也就是机器人与地面的接触点构成一个多边形，若机器人质心在地面上的投影落在多边形中，则为稳定状态。

若要保证机器人在动态力作用下的越障稳定性，就需要机器人保持一定的稳定裕度。稳定裕度用质心垂线与多边形构成的最小角度（稳定裕度角）来表示，稳定裕度的定义如图 4. 19 所示。

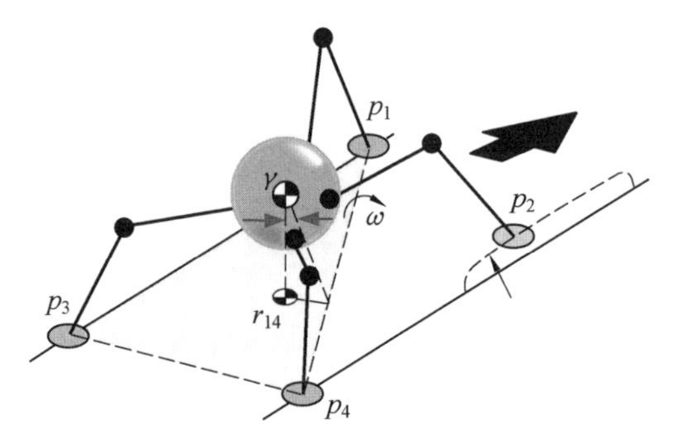


图 4. 19　稳定裕度的定义

在越障过程中，只有几个特殊的步骤会出现临界稳定状态。从图 4. 15 中的越障步骤可以看出步骤7 为此过程中最危险的姿态，下面将对此步骤进行稳定性分析。稳定裕度角（图 4. 17）为

$$\tan\gamma = {}^0P_x / {}^0P_y \tag{4.22}$$

式中，${}^0P_x$ 和 ${}^0P_y$ 分别是机器人在此步骤中质心在固定坐标系中的坐标。因此，稳定裕度角可以由式（4. 18）和式（4. 22）求得，即

$$\gamma = \arctan\frac{\cos\alpha_1[m_1l_{c1} + m_2(\cos\alpha_2l_{c2} + l_1) + m_3(\cos\alpha_3l_{c3} - l_a)]/m - \sin\alpha_1(m_2\sin\alpha_2l_{c2} + m_3\sin\alpha_3l_{c3})/m + P_x}{\sin\alpha_1[m_1l_{c1} + m_2(\cos\alpha_2l_{c2} + l_1) + m_3(\cos\alpha_3l_{c3} - l_a)]/m + \cos\alpha_1(m_2\sin\alpha_2l_{c2} + m_3\sin\alpha_3l_{c3})/m + P_y} \tag{4.23}$$

式中，$P_x$ 和 $P_y$ 可以由表4. 1 获得。通过上式可以看出，机器人的稳定裕度角由机器人的俯仰角和摆臂角度决定。在障碍高度已知的情况下，俯仰角可通过上面的数值方法求得（式（4. 20）），得到稳定裕度角用摆臂角度表示的表达式，基于此进行基于最优稳定裕度的摆臂角规划。

### 4.3.3　基于动力学和 ZMP 的越障稳定性分析

上一节从静力学方面得到了越障性能分析方法，这也是移动机器人越障基本规划方法，对于低速越障移动平台的动作规划和越障动作控制来说，静态规划和稳定性分析已经足够。下面以移动机械臂为例分析动态越障稳定性，机器人坐标系和几何尺寸如图 4. 20 所示。

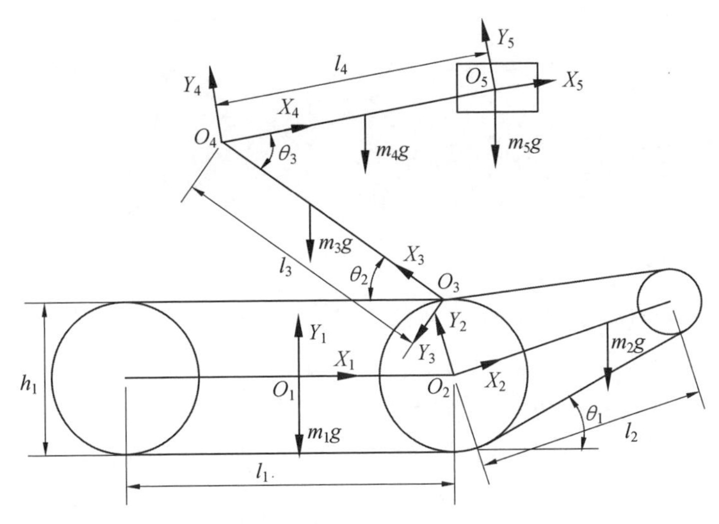


图 4.20　机器人坐标系和几何尺寸

为增加移动机器人的作业性能,大部分机器人都安装作业臂,移动机器人的手臂动态特性会影响机器人的越障稳定性。下面将针对具有手臂的多关节移动机器人的越障动态特性规划方法,提出基于移动手臂动力学模型和 ZMP 的稳定判据。ZMP 是引入惯性力的等效质心的求解方法,在已知运动动态状态的情况下,可以求得 ZMP 等效质心,分析越障性能。相反,也可以通过规划机器人越障动态特性,进而控制 ZMP,实现越障稳定性控制。

**1. 动力学模型的建立**

采用 Newton - Euler 建立动力学模型,此模型由关节运动求解,关节力矩的完整算法由两部分组成:第一部分是对每个连杆利用 Newton - Euler 方程,从连杆 1 到连杆 $n$ 向外迭代计算连杆的速度和加速度;第二部分是从连杆 $n$ 到连杆 1 向内迭代计算连杆间的相互作用力和力矩以及关节驱动力矩,具体表达式如下。

外推:

$$
\begin{aligned}
&{}^{i+1}\boldsymbol{\omega}_{i+1} = {}_{i}^{i+1}\boldsymbol{R}\,{}^{i}\boldsymbol{\omega}_{i} + S_{i+1}\dot{\boldsymbol{\theta}}_{i+1}\,{}^{i+1}\hat{\boldsymbol{Z}}_{i+1} \\
&{}^{i+1}\dot{\boldsymbol{\omega}}_{i+1} = {}_{i}^{i+1}\boldsymbol{R}\,{}^{i}\dot{\boldsymbol{\omega}}_{i} + S_{i+1}({}_{i}^{i+1}\boldsymbol{R}\,{}^{i}\boldsymbol{\omega}_{i} \times \dot{\boldsymbol{\theta}}_{i+1}\,{}^{i+1}\hat{\boldsymbol{Z}}_{i+1} + \ddot{\boldsymbol{\theta}}_{i+1}\,{}^{i+1}\hat{\boldsymbol{Z}}_{i+1}) \\
&{}^{i+1}\boldsymbol{v}_{i+1} = {}_{i}^{i+1}\boldsymbol{R}({}^{i}\boldsymbol{v}_{i} + {}^{i}\boldsymbol{\omega}_{i} \times {}^{i}\boldsymbol{P}_{i+1}) + (1 - S_{i+1})\dot{\boldsymbol{d}}_{i+1}\,{}^{i+1}\hat{\boldsymbol{X}}_{i+1} \\
&{}^{i+1}\dot{\boldsymbol{v}}_{i+1} = {}_{i}^{i+1}\boldsymbol{R}[{}^{i}\dot{\boldsymbol{\omega}}_{i} \times {}^{i}\boldsymbol{P}_{i+1} + {}^{i}\boldsymbol{\omega}_{i} \times ({}^{i}\boldsymbol{\omega}_{i} \times {}^{i}\boldsymbol{P}_{i+1}) + {}^{i}\dot{\boldsymbol{v}}_{i}] + \\
&\qquad (1 - S_{i+1})(2\,{}^{i+1}\boldsymbol{\omega}_{i+1} \times \dot{\boldsymbol{d}}_{i+1}\,{}^{i+1}\hat{\boldsymbol{X}}_{i+1} + \ddot{\boldsymbol{d}}_{i+1}\,{}^{i+1}\hat{\boldsymbol{X}}_{i+1}) \qquad (4.24) \\
&{}^{i+1}\dot{\boldsymbol{v}}_{C_{i+1}} = {}^{i+1}\dot{\boldsymbol{\omega}}_{i+1} \times {}^{i+1}\boldsymbol{P}_{C_{i+1}} + {}^{i+1}\boldsymbol{\omega}_{i+1} \times ({}^{i+1}\boldsymbol{\omega}_{i+1} \times {}^{i+1}\boldsymbol{P}_{C_{i+1}}) + {}^{i+1}\dot{\boldsymbol{v}}_{i+1}
\end{aligned}
$$

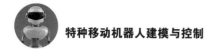

$$^{i+1}\boldsymbol{F}_{i+1} = \boldsymbol{m}_{i+1}{}^{i+1}\dot{\boldsymbol{v}}_{C_{i+1}}$$

$$^{i+1}\boldsymbol{N}_{i+1} = {}^{C_{i+1}}\boldsymbol{I}_{i+1}{}^{i+1}\dot{\boldsymbol{\omega}}_{i+1} + {}^{i+1}\boldsymbol{\omega}_{i+1} \times {}^{C_{i+1}}\boldsymbol{I}_{i+1}{}^{i+1}\boldsymbol{\omega}_{i+1}$$

内推：

$$\begin{cases} ^{i}\boldsymbol{f}_i = {}_{i+1}^{i}\boldsymbol{R}^{i+1}\boldsymbol{f}_{i+1} + {}^{i}\boldsymbol{F}_i \\ ^{i}\boldsymbol{n}_i = {}^{i}\boldsymbol{N}_i + {}_{i+1}^{i}\boldsymbol{R}^{i+1}\boldsymbol{n}_{i+1} + {}^{i}\boldsymbol{P}_{C_{i+1}} \times {}^{i}\boldsymbol{F}_i + {}^{i}\boldsymbol{P}_{i+1} \times {}_{i+1}^{i}\boldsymbol{R}^{i+1}\boldsymbol{f}_{i+1} \\ \boldsymbol{\tau}_i = {}^{i}\boldsymbol{n}_i^{\mathrm{T}\,i}\hat{\boldsymbol{Z}}_i \end{cases} \tag{4.25}$$

式中，$\boldsymbol{\tau}_i$ 为关节力矩；${}_{i+1}^{i}\boldsymbol{R}$ 为第 $i+1$ 坐标向第 $i$ 坐标的变换矩阵；$S_{i+1}$ 为节转换系数，$S_{i+1}=1$ 为转动关节，$S_{i+1}=0$ 为移动关节；${}^{i}\boldsymbol{f}_i$、${}^{i}\boldsymbol{n}_i$ 分别为 $i-1$ 杆作用在 $i$ 杆上的力、力矩；${}^{i+1}\boldsymbol{\omega}_{i+1}$、${}^{i+1}\dot{\boldsymbol{\omega}}_{i+1}$ 分别为第 $i+1$ 杆的角速度、角加速度；${}^{i+1}\boldsymbol{v}_{i+1}$、${}^{i+1}\dot{\boldsymbol{v}}_{i+1}$ 分别为第 $i+1$ 杆的线速度、线加速度；${}^{i+1}\boldsymbol{F}_{i+1}$、${}^{i+1}\boldsymbol{N}_{i+1}$ 分别为作用在第 $i+1$ 杆上的惯性力、力矩；${}^{i+1}\hat{\boldsymbol{Z}}_{i+1}$ 为第 $i+1$ 关节的轴线方向；$\boldsymbol{Q}_{i+1}$ 为第 $i+1$ 关节的变化量；${}^{i}\boldsymbol{P}_{i+1}$ 为第 $i$ 坐标与第 $i+1$ 坐标的距离向量；${}^{i-1}\hat{\boldsymbol{X}}_{i+1}$ 为第 $i+1$ 关节的 $X$ 方向。

通过上面的递推公式可以得到移动手臂的动力学模型为

$$\boldsymbol{M}(\boldsymbol{q})\ddot{\boldsymbol{q}} + \boldsymbol{C}(\boldsymbol{q},\dot{\boldsymbol{q}})\dot{\boldsymbol{q}} + \boldsymbol{G}(\boldsymbol{q}) = \boldsymbol{\tau} \tag{4.26}$$

**2. 正动力学求解方法**

动态分析也就是分析惯性力（即加速度）对越障性能的影响，因此转化为正动力学求解问题，采用 Newton - Euler 法建立逆动力学算法（式(4.24)、式(4.25)）来解决正动力学问题，通过上面质心运动学规划的初始和终止姿态 $\boldsymbol{q}$ 和速度 $\dot{\boldsymbol{q}}$ 及关节电机驱动力矩 $\boldsymbol{\tau}$ 计算 $\ddot{\boldsymbol{q}}$。

首先计算 $\boldsymbol{M}(\boldsymbol{q})$，令 $\ddot{\boldsymbol{q}}=\boldsymbol{0}$，由式(4.25)可计算出 $\boldsymbol{C}(\boldsymbol{q},\dot{\boldsymbol{q}})\dot{\boldsymbol{q}} + \boldsymbol{G}(\boldsymbol{q}) = \boldsymbol{b}$，然后令 $\boldsymbol{\tau}^* = \boldsymbol{\tau} - \boldsymbol{b}$，则式(4.26)可变为

$$\boldsymbol{M}(\boldsymbol{q})\ddot{\boldsymbol{q}} = \boldsymbol{\tau}^* \tag{4.27}$$

求解此线性方程组即可求出 $\ddot{\boldsymbol{q}}$，这就解决了正动力学问题。

具体的求解方法是令 $\dot{\boldsymbol{q}} = \boldsymbol{0}, g = 0, \ddot{\boldsymbol{q}} = \boldsymbol{e}_j$，可以计算出 $\boldsymbol{M}(\boldsymbol{q})$。将 $\boldsymbol{M}(\boldsymbol{q})$ 代入式(4.14)中可以求得 $\ddot{\boldsymbol{q}}$。然后通过式(4.24)求得移动平台、大臂和小臂的惯性力。

**3. 基于 ZMP 动态稳定性的动作规划**

由静力学知识可知，静止状态下的物体能保持平衡的条件是重心在当面的投影位于支撑面之内，也就是前面介绍的质心投影法。例如，在跨越壕沟过程中，当质心到达壕沟边缘时将是稳定临界点。而当物体处于运动状态时，其绝对稳定的条件是重力和惯性力的合力延长线通过支撑面。通常把合力延长线与支撑面的交点定义为 ZMP。零力矩点是重力、惯性力和外力对机器人产生的合力矩等于零，被国内外学者广泛应用于机器人稳定性分析与控制[1-3]，即

$$x_{\mathrm{ZMP}} = \frac{\sum_{i=1,3,4} {}^{1}F_{iy}\ {}^{1}L_{ix} - \sum_{i=1,3,4} {}^{1}F_{ix}\ {}^{1}L_{iy}}{\sum_{i=1,3,4} {}^{1}F_{iy}} \tag{4.28}$$

式中，${}^{1}F_{ix}$ 和 ${}^{1}F_{iy}$ 分别为各部分惯性力在机器人坐标系 $XOY_1$ 中 $x$ 轴和 $y$ 轴的分量，可通过上面建立的动力学正解求取；$({}^{1}L_{ix}, {}^{1}L_{iy})$ 为各部分 $i$ 在机器人坐标系 $XOY_1$ 中的质心坐标。

综合上面分析，基于动力学和 ZMP 的越障动作规划可分为如下几步：首先利用成功越障准则，基于质心运动学模型规划手臂姿态，在越障的不同阶段将机器人质心移到合适位置，然后建立移动手臂动力学模型求取惯性力，利用 ZMP 稳定性判据得到等效质心，即可得到能够跨越障碍的能力，从而得到移动平台及作业手臂加速度对越障的影响，并且通过分析结果规划移动手臂越障动态特性，进而利用手臂动态性能提高越障能力。

从上面的总结可以看出，基于质心的动作规划和稳定性分析属于静态规划，而基于 ZMP 的越障动作规划和稳定性分析解决的问题是动态越障规划问题。动态规划和静态规划的区别是：动态规划解决的思路是利用 ZMP 获得动态等效质心，然后在此质心的基础上进行基于质心的越障动作规划和稳定性分析，也可以看出通过 ZMP 求得的动态等效质心受机器人动力学参数和运动参数的影响，因此可以通过规划机器人越障动力学参数来提高越障性能和稳定性。

## 4.4　轮腿复合式移动机器人跨越壕沟、垂直障碍分析

除前面介绍的履带摆臂式移动机器人具有较强的越障能力外，还有轮腿复合式移动机器人。本节将以轮腿复合式移动机器人为例，针对其跨越壕沟和垂直障碍进行分析，规划机器人的越障动作，分析机器人的越障能力和越障稳定性。

### 4.4.1　机器人的空间位姿运动学分析

应用机器人学中的坐标变换方法，在机器人的形心处建立固定坐标系 $XOY_0$ 和车体坐标系 $XOY_{01}$，并分别以机器人的 12 个回转中心（摆腿轴和车轮轴）为原点建立坐标系[4]，机器人平面运动学如图 4.21 所示。

可以看出，建立的各个坐标关系如下，分为轮子坐标系 $XOY_{i2}$、摆臂坐标系 $XOY_{i1}$ 和车体坐标系 $XOY_{01}$ 这三类，另外则是固定坐标系 $XOY_0$。其建立坐标系顺序为：机器人车身的形心处建立固定坐标系 $XOY_0$ 和车体坐标系 $XOY_{01}$；左前摆腿转动中心建立坐标系 $XOY_{11}$，左前轮转动中心建立坐标系 $XOY_{12}$；右前摆腿转动中

心建立坐标系 $XOY_{21}$，右前轮转动中心建立坐标系 $XOY_{22}$；左中摆腿转动中心建立坐标系 $XOY_{31}$，左中轮转动中心建立坐标系 $XOY_{32}$；右中摆腿转动中心建立坐标系 $XOY_{41}$，右中轮转动中心建立坐标系 $XOY_{42}$；左后摆腿转动中心建立坐标系 $XOY_{51}$，左后轮转动中心建立坐标系 $XOY_{52}$；右后摆腿转动中心建立坐标系 $XOY_{61}$，右后轮转动中心建立坐标系 $XOY_{62}$[5]。

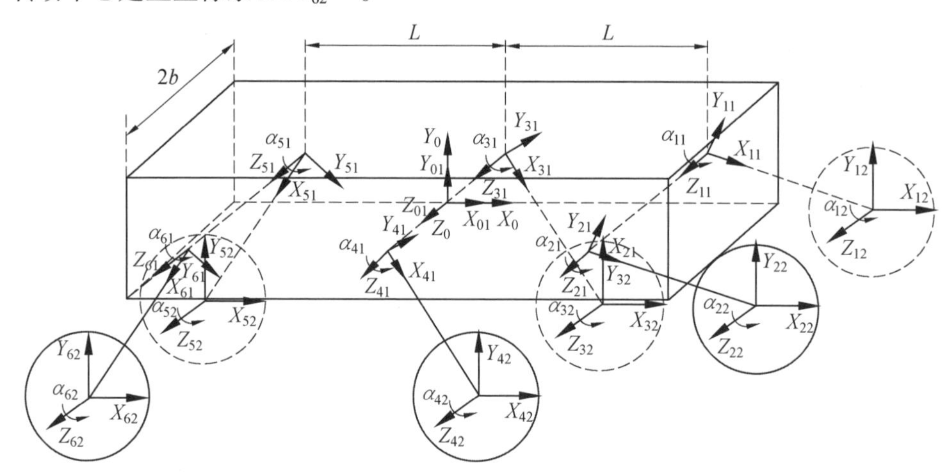


图 4.21　机器人平面运动学

规定 $L$ 为相邻摆腿轴线间距离，$2b$ 为车体宽，$l_1$、$l_2$、$l_3$ 分别为前摆腿、中摆腿、后摆腿轴线到其各自摆轮轴线间距离，本节中前摆腿、中摆腿和后摆腿长度相等，即 $l_1 = l_2 = l_3 = D$，因此下面用 $D$ 表示轮子坐标与摆臂坐标的距离，$L_c$ 为摆腿质心到旋转中心的距离。摆腿中心线垂直水平面时为 0°，逆时针摆动为正，顺时针摆动为负。因此，在初始位置，前摆腿、中间摆腿及后摆腿的位置是水平向前的，与车体的夹角均为 0°。

机器人的六套轮腿机构完全相同并且是相互独立的，所以需要求出每套轮腿机构中的摆腿关节和车轮关节相对于车身坐标系的坐标参数，机器人坐标参数见表 4.2。

**表 4.2　机器人坐标参数**

| 关节 | $L_i$ | $\alpha_i$ | $D_i$ | $\theta_i$ | 变化范围 |
|---|---|---|---|---|---|
| 11 | $L$ | 0 | $-b$ | $\alpha_{11}$ | $-\pi \sim \pi$ |
| 12 | $l_1$ | 0 | 0 | $\alpha_{12}$ | $\infty$ |
| 21 | $L$ | 0 | $b$ | $\alpha_{21}$ | $-\pi \sim \pi$ |
| 22 | $l_1$ | 0 | 0 | $\alpha_{22}$ | |
| 31 | 0 | 0 | $-b$ | $\alpha_{31}$ | $-\pi \sim \pi$ |

续表 4.2

| 关节 | $L_i$ | $\alpha_i$ | $D_i$ | $\theta_i$ | 变化范围 |
|---|---|---|---|---|---|
| 32 | $l_2$ | 0 | 0 | $\alpha_{32}$ | |
| 41 | 0 | 0 | $b$ | $\alpha_{41}$ | $-\pi\sim\pi$ |
| 42 | $l_2$ | 0 | 0 | $\alpha_{42}$ | |
| 51 | $L$ | 0 | $-b$ | $\alpha_{51}$ | $-\pi\sim\pi$ |
| 52 | $l_3$ | 0 | 0 | $\alpha_{52}$ | |
| 61 | $L$ | 0 | $b$ | $\alpha_{61}$ | $-\pi\sim\pi$ |
| 62 | $l_3$ | 0 | 0 | $\alpha_{62}$ | |

机器人的车身相对于固定坐标系的变化可以用一组欧拉角来表示：机器人的车身坐标系绕固定坐标系 $x$ 轴的转角设为横摆角 $\varphi$；车身坐标系绕固定坐标系 $y$ 轴的转角设为偏航角 $\theta$；车身坐标系绕固定坐标系 $z$ 轴的转角设为俯仰角 $\varphi$。则旋转矩阵可以用矩阵 $\mathbf{RPY}(\varphi,\theta,\phi)$ 来表示，从而可得到车身坐标系相对于固定坐标系姿态的变换矩阵为

$$\mathbf{RPY}(\varphi,\theta,\phi)=\mathrm{Rot}(z,\psi)\mathrm{Rot}(y,\theta)\mathrm{Rot}(x,\varphi)$$
$$=\begin{bmatrix}\cos\phi\cos\theta & \cos\phi\sin\theta\sin\varphi-\sin\phi\cos\varphi & \cos\phi\sin\theta\cos\varphi+\sin\phi\sin\varphi\\ \sin\phi\cos\theta & \sin\varphi\sin\theta\sin\varphi+\cos\phi\cos\varphi & \sin\phi\sin\theta\cos\varphi-\cos\phi\sin\varphi\\ -\sin\theta & \cos\theta\sin\varphi & \cos\theta\cos\varphi\end{bmatrix}\tag{4.29}$$

式中，$\phi$ 为绕 $x$ 轴横摆角；$\theta$ 为绕 $z$ 轴俯仰角；$\varphi$ 为绕 $z$ 轴转动角。

车体坐标系相对于固定坐标系的齐次坐标变换为

$$^{0}\boldsymbol{T}_{01}$$
$$=\begin{bmatrix}\cos\phi\cos\theta & \cos\phi\sin\theta\sin\varphi-\sin\phi\cos\varphi & \cos\phi\sin\theta\cos\varphi+\sin\phi\sin\varphi & 0\\ \sin\phi\cos\theta & \sin\phi\sin\theta\sin\varphi+\cos\phi\cos\varphi & \sin\phi\sin\theta\cos\varphi-\cos\phi\sin\varphi & 0\\ -\sin\theta & \cos\theta\sin\varphi & \cos\theta\cos\varphi & 0\\ 0 & 0 & 0 & 1\end{bmatrix}\tag{4.30}$$

各个摆腿关节相对于车体坐标系的齐次变换矩阵为

$$^{01}\boldsymbol{T}_{11}=\begin{bmatrix}\cos\alpha_{11} & -\sin\alpha_{11} & 0 & L\\ \sin\alpha_{11} & \cos\alpha_{11} & 0 & 0\\ 0 & 0 & 1 & -b\\ 0 & 0 & 0 & 1\end{bmatrix}$$

$$^{01}\boldsymbol{T}_{21}=\begin{bmatrix}\cos\alpha_{21} & -\sin\alpha_{21} & 0 & L\\ \sin\alpha_{21} & \cos\alpha_{21} & 0 & 0\\ 0 & 0 & 1 & b\\ 0 & 0 & 0 & 1\end{bmatrix}$$

$$^{01}\boldsymbol{T}_{31}=\begin{bmatrix}\cos\alpha_{31} & -\sin\alpha_{31} & 0 & 0\\ \sin\alpha_{31} & \cos\alpha_{31} & 0 & 0\\ 0 & 0 & 1 & -b\\ 0 & 0 & 0 & 1\end{bmatrix}$$

$$^{01}T_{41}=\begin{bmatrix}\cos\alpha_{41} & -\sin\alpha_{41} & 0 & 0\\ \sin\alpha_{41} & \cos\alpha_{41} & 0 & 0\\ 0 & 0 & 1 & b\\ 0 & 0 & 0 & 1\end{bmatrix}$$

$$^{01}\boldsymbol{T}_{51}=\begin{bmatrix}\cos\alpha_{51} & -\sin\alpha_{51} & 0 & -L\\ \sin\alpha_{51} & \cos\alpha_{51} & 0 & 0\\ 0 & 0 & 1 & -b\\ 0 & 0 & 0 & 1\end{bmatrix}$$

$$^{01}\boldsymbol{T}_{61}=\begin{bmatrix}\cos\alpha_{61} & -\sin\alpha_{61} & 0 & -L\\ \sin\alpha_{61} & \cos\alpha_{61} & 0 & 0\\ 0 & 0 & 1 & b\\ 0 & 0 & 0 & 1\end{bmatrix} \tag{4.31}$$

各个车轮坐标系相对于其对应的车体坐标系的齐次变换矩阵为

$$^{i1}\boldsymbol{T}_{i2}=\begin{bmatrix}\cos\alpha_{i2} & -\sin\alpha_{i2} & 0 & D\\ \sin\alpha_{i2} & \cos\alpha_{i2} & 0 & 0\\ 0 & 0 & 1 & 0\\ 0 & 0 & 0 & 1\end{bmatrix},\quad i=1,2,3,4,5,6 \tag{4.32}$$

机器人的车轮坐标系在世界坐标系中的变换矩阵为

$$^{0}\boldsymbol{T}_{i2}={}^{0}\boldsymbol{T}_{01}\,{}^{01}\boldsymbol{T}_{i1}\,{}^{i1}\boldsymbol{T}_{i2},\quad i=1,2,3,4,5,6 \tag{4.33}$$

由于在机器人运动及越障的过程中，质心影响机器人的稳定性，因此结合机器人运动学和质心坐标公式建立机器人质心变化的求解方法。各个关节质心位置坐标$^{i1}\boldsymbol{P}_{i1}$、$^{i2}\boldsymbol{P}_{i2}(i=1\sim6)$ 表示为

$$^{i1}\boldsymbol{P}_{i1}=[L_c\quad 0\quad 0\quad 1]^{\mathrm{T}},\ ^{i2}\boldsymbol{P}_{i2}=[0\quad 0\quad 0\quad 1]^{\mathrm{T}},\quad i=1,2,3,4,5,6 \tag{4.34}$$

各个摆腿关节质心位置相对于车体坐标系的坐标${}^{01}\boldsymbol{P}_{i1}$为

$$\begin{cases} {}^{01}\boldsymbol{P}_{01}=[0\quad 0\quad 0\quad 1]^{\mathrm{T}} \\ {}^{01}\boldsymbol{P}_{11}={}^{01}\boldsymbol{T}_{11}{}^{11}\boldsymbol{p}_{11}=[L+L_{\mathrm{c}}\times\cos\alpha_{11}\quad L_{\mathrm{c}}\times\sin\alpha_{11}\quad -b\quad 1]^{\mathrm{T}} \\ {}^{01}\boldsymbol{P}_{21}={}^{01}\boldsymbol{T}_{21}{}^{21}\boldsymbol{p}_{21}=[L+L_{\mathrm{c}}\times\cos\alpha_{21}\quad L_{\mathrm{c}}\times\sin\alpha_{21}\quad -b\quad 1]^{\mathrm{T}} \\ {}^{01}\boldsymbol{P}_{31}={}^{01}\boldsymbol{T}_{31}{}^{31}\boldsymbol{p}_{31}=[L_{\mathrm{c}}\times\cos\alpha_{31}\quad L_{\mathrm{c}}\times\sin\alpha_{31}\quad -b\quad 1]^{\mathrm{T}} \\ {}^{01}\boldsymbol{P}_{41}={}^{01}\boldsymbol{T}_{41}{}^{41}\boldsymbol{p}_{41}=[L_{\mathrm{c}}\times\cos\alpha_{41}\quad L_{\mathrm{c}}\times\sin\alpha_{41}\quad b\quad 1]^{\mathrm{T}} \\ {}^{01}\boldsymbol{P}_{51}={}^{01}\boldsymbol{T}_{51}{}^{51}\boldsymbol{p}_{51}=[-L+L_{\mathrm{c}}\times\cos\alpha_{51}\quad L_{\mathrm{c}}\times\sin\alpha_{51}\quad -b\quad 1]^{\mathrm{T}} \\ {}^{01}\boldsymbol{P}_{61}={}^{01}\boldsymbol{T}_{61}{}^{61}\boldsymbol{p}_{61}=[-L+L_{\mathrm{c}}\times\cos\alpha_{11}\quad L_{\mathrm{c}}\times\sin\alpha_{11}\quad b\quad 1]^{\mathrm{T}} \end{cases} \tag{4.35}$$

各个车轮质心位置相对于车体坐标系的坐标${}^{01}\boldsymbol{P}_{i2}$为

$$\begin{cases} {}^{01}\boldsymbol{P}_{12}={}^{01}\boldsymbol{T}_{11}{}^{11}\boldsymbol{T}_{12}{}^{12}\boldsymbol{p}_{12}=[L+D\times\cos\alpha_{11}\quad D\times\sin\alpha_{11}\quad -b\quad 1] \\ {}^{01}\boldsymbol{P}_{22}={}^{01}\boldsymbol{T}_{21}{}^{21}\boldsymbol{T}_{22}{}^{22}\boldsymbol{p}_{22}=[L+D\times\cos\alpha_{21}\quad D\times\sin\alpha_{21}\quad b\quad 1] \\ {}^{01}\boldsymbol{P}_{32}={}^{01}\boldsymbol{T}_{31}{}^{31}\boldsymbol{T}_{32}{}^{32}\boldsymbol{p}_{32}=[D\times\cos\alpha_{31}\quad D\times\sin\alpha_{31}\quad -b\quad 1] \\ {}^{01}\boldsymbol{P}_{42}={}^{01}\boldsymbol{T}_{41}{}^{41}\boldsymbol{T}_{42}{}^{42}\boldsymbol{p}_{42}=[D\times\cos\alpha_{41}\quad D\times\sin\alpha_{41}\quad b\quad 1] \\ {}^{01}\boldsymbol{P}_{52}={}^{01}\boldsymbol{T}_{51}{}^{51}\boldsymbol{T}_{52}{}^{52}\boldsymbol{p}_{52}=[-L+D\times\cos\alpha_{51}\quad D\times\sin\alpha_{51}\quad -b\quad 1] \\ {}^{01}\boldsymbol{P}_{62}={}^{01}\boldsymbol{T}_{61}{}^{61}\boldsymbol{T}_{62}{}^{62}\boldsymbol{p}_{62}=[-L+D\times\cos\alpha_{61}\quad D\times\sin\alpha_{61}\quad b\quad 1] \end{cases} \tag{4.36}$$

机器人的整体质心在车体坐标系中的表示${}^{01}\boldsymbol{P}$为

$${}^{01}\boldsymbol{P}=(m_0\times{}^{01}\boldsymbol{P}_{01}+m_{\mathrm{L}}\times\sum_{i=1}^{6}{}^{01}\boldsymbol{P}_{i1}+m_{\mathrm{W}}\times\sum_{i=1}^{6}{}^{01}\boldsymbol{P}_{i2})/m \tag{4.37}$$

式中，$m$ 为机器人总质量，$m=m_0+6\times m_{\mathrm{L}}+6\times m_{\mathrm{W}}$，$m_0$ 为车底盘质量，$m_{\mathrm{L}}$ 为单个摆腿质量，$m_{\mathrm{W}}$ 为单个车轮质量。

由此可以得到机器人质心在车体坐标系和世界坐标系中的坐标为

$${}^{01}\boldsymbol{P}=\begin{bmatrix} \frac{1}{m}(m_{\mathrm{W}}\times D\sum_{i=1}^{6}\cos\alpha_{i1}+m_{\mathrm{L}}\times L_{\mathrm{c}}\sum_{i=1}^{6}\cos\alpha_{i1}) \\ \frac{1}{m}(m_{\mathrm{W}}\times D\sum_{i=1}^{6}\sin\alpha_{i1}+m_{\mathrm{L}}\times L_{\mathrm{c}}\sum_{i=1}^{6}\sin\alpha_{i1}) \\ 0 \\ 1 \end{bmatrix} \tag{4.38}$$

$$
{}^{0}\boldsymbol{P}=\begin{bmatrix}
\cos\phi\cos\theta\left(m_{\mathrm{W}}\times D\sum_{i=1}^{6}\cos\alpha_{i1}+m_{\mathrm{L}}\times L_{\mathrm{c}}\sum_{i=1}^{6}\cos\alpha_{i1}\right)/m+ \\
\qquad(\cos\phi\sin\theta\sin\psi-\sin\phi\cos\psi)\left(m_{\mathrm{W}}\times D\sum_{i=1}^{6}\sin\alpha_{i1}+m_{\mathrm{L}}\times L_{\mathrm{c}}\sum_{i=1}^{6}\sin\alpha_{i1}\right)/m \\
\sin\phi\cos\theta\left(m_{\mathrm{W}}\times D\sum_{i=1}^{6}\cos\alpha_{i1}+m_{\mathrm{L}}\times L_{\mathrm{c}}\sum_{i=1}^{6}\cos\alpha_{i1}\right)/m+ \\
\qquad(\sin\varphi\sin\theta\sin\psi+\cos\phi\cos\psi)\left(m_{\mathrm{W}}\times D\sum_{i=1}^{6}\sin\alpha_{i1}+m_{\mathrm{L}}\times L_{\mathrm{c}}\sum_{i=1}^{6}\sin\alpha_{i1}\right)/m \\
\cos\theta\sin\psi\left(m_{\mathrm{W}}\times D\sum_{i=1}^{6}\sin\alpha_{i1}+m_{\mathrm{L}}\times L_{\mathrm{c}}\sum_{i=1}^{6}\sin\alpha_{i1}\right)/m- \\
\qquad\sin\theta\left(m_{\mathrm{W}}\times D\sum_{i=1}^{6}\cos\alpha_{i1}+m_{\mathrm{L}}\times L_{\mathrm{c}}\sum_{i=1}^{6}\cos\alpha_{i1}\right)/m \\
1
\end{bmatrix}
\tag{4.39}
$$

机器人自身的姿态角可以通过倾角传感器测量得到,各个摆腿关节的转动角度可以通过码盘测量得到,这样就可以得到机器人的质心在世界坐标系中的位置。

## 4.4.2 特殊姿态运动学模型

### 1. 六轮支撑的运动学模型

4.4.1 节中推导的机器人质心运动学公式过于复杂,在机器人的实际运动过程中可以根据实际情况进行简化处理。当机器人在水平面上正常行驶时,不会发生俯仰运动或者横滚运动,所以机器人的车体坐标系仅有一个偏航角,相当于机器人的俯仰角 $\phi=0$,横摆角 $\varphi=0$,仅偏航角 $\theta$ 变化。

机器人在水平面上行驶时,可以采用图 4.22 所示机器人六轮行驶姿态的构型。设机器人左前腿和右前腿转动角度 $\alpha_{11}=\alpha_{21}=\alpha_1$,左中腿和右中腿转动角度 $\alpha_{31}=\alpha_{41}=\alpha_1$,左后腿和右后腿转动角度 $\alpha_{51}=\alpha_{61}=\pi-\alpha_1$,即机器人的后腿摆动方向和前腿对称分布。其中,$-\pi/2\leqslant\alpha_1\leqslant 0$,则可以得到水平地面的行驶模型为

$$
{}^{0}\boldsymbol{P}=\begin{bmatrix}
(2D\times m_{\mathrm{W}}+2L_{\mathrm{c}}\times m_{\mathrm{L}})\cos\theta\cos\alpha_1/m \\
(6D\times m_{\mathrm{W}}+6L_{\mathrm{c}}\times m_{\mathrm{L}})/m \\
-(2D\times m_{\mathrm{W}}+2L_{\mathrm{c}}\times m_{\mathrm{L}})\sin\theta\cos\alpha_1/m \\
1
\end{bmatrix}
\tag{4.40}
$$

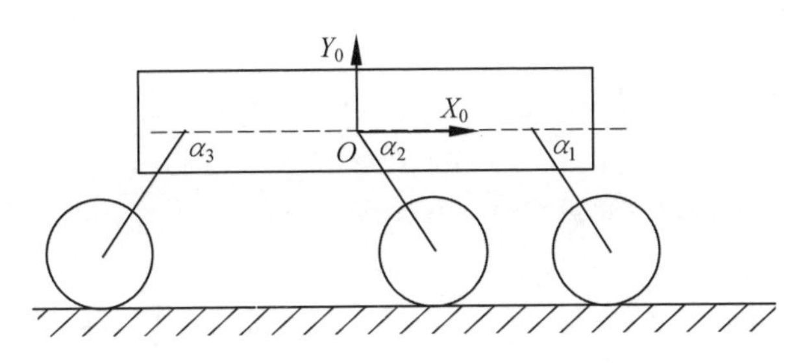


图 4.22　机器人六轮行驶姿态

机器人在行驶过程中,可以通过调整 $\alpha_1$ 来调整质心的高度,当 $-\pi/2 \leqslant \alpha_1 \leqslant 0$ 时,质心与摆腿角度关系如图 4.23 所示,$L_c$ 为摆腿质心到摆动中心的距离。

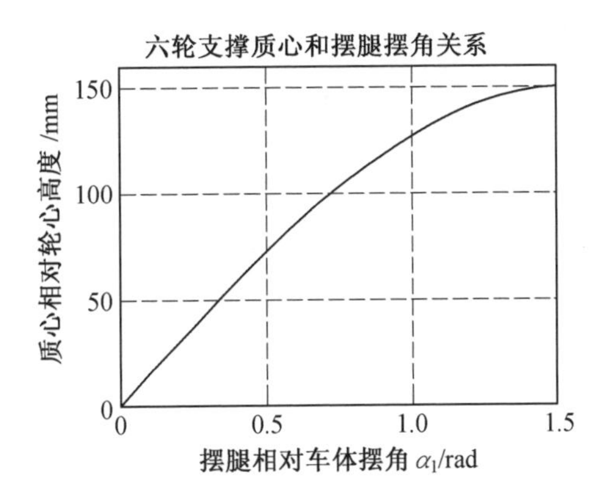


图 4.23　质心与摆腿角度关系

机器人的结构参数为

$$D = 222\ \text{mm},\quad L_c = 111\ \text{mm},\quad m_W = 4.5\ \text{kg},\quad m_L = 4\ \text{kg},\quad m = 57\ \text{kg}$$

**2. 中后轮支撑运动学模型**

机器人用中后轮将机器人支撑起来的姿态如图 4.24 所示。$\boldsymbol{Q}_2$、$\boldsymbol{Q}_3$ 分别表示在坐标系 $XOY_{41}$、$XOY_{61}$ 中,从机器人的中间摆腿和后摆腿的坐标原点指向机器人的中间摆腿和后摆腿末端的向量,即车轮坐标系的原点在摆腿坐标系中的位置向量。

当机器人处于中后轮支撑状态时,保证中间摆腿和后摆腿的两侧摆动角度相等的情况下,只有绕 $z$ 轴的转动,相当于机器人的偏航角 $\theta=0$、横滚角 $\varphi=0$、只有俯仰角 $\phi$ 变化。将偏航角 $\theta=0$、横滚角 $\varphi=0$ 代入式(4.39) 中,则可以得到仅考虑俯仰角的质心坐标方程为

$$
{}^{0}\boldsymbol{P}=\begin{bmatrix}
\cos\phi(2D\times m_{\mathrm{W}}\times\sum_{i=1}^{3}\cos\alpha_i+2L_{\mathrm{c}}\times m_{\mathrm{L}}\times\sum_{i=1}^{3}\cos\alpha_i)/m- \\
\sin\phi(2D\times m_{\mathrm{W}}\times\sum_{i=1}^{3}\sin\alpha_i+2L_{\mathrm{c}}\times m_{\mathrm{L}}\times\sum_{i=1}^{3}\sin\alpha_i)/m \\
\sin\phi(2D\times m_{\mathrm{W}}\times\sum_{i=1}^{3}\cos\alpha_i+2L_{\mathrm{c}}\times m_{\mathrm{L}}\times\sum_{i=1}^{3}\cos\alpha_i)/m+ \\
\cos\phi(2D\times m_{\mathrm{W}}\times\sum_{i=1}^{3}\sin\alpha_i+2L_{\mathrm{c}}\times m_{\mathrm{L}}\times\sum_{i=1}^{3}\sin\alpha_i)/m \\
0 \\
1
\end{bmatrix}
\tag{4.41}
$$

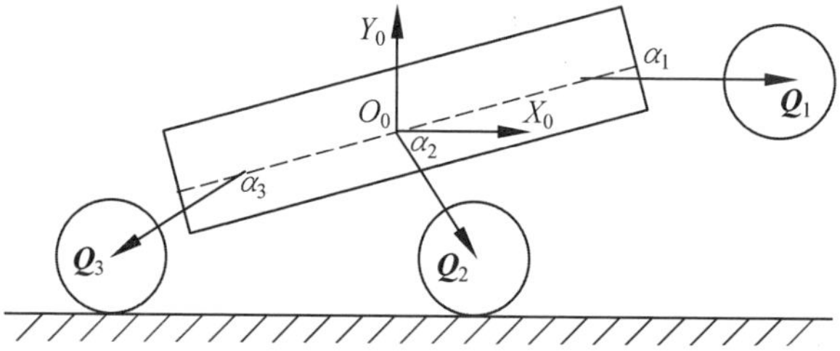

图 4.24　机器人用中后轮将机器人支撑起来的姿态

考虑到机器人的稳定性,当机器人的左前腿和右前腿在水平面上时,前腿对中间支撑腿的转矩最大,此状态为该构型下机器人倾翻的极限条件,简化模型相当于加入约束条件,即

$$\alpha_1=-\phi \tag{4.42}$$

考虑到机器人的后摆腿和中摆腿应在同一水平面上,则有向量 $\boldsymbol{Q}_2$、$\boldsymbol{Q}_3$ 在固定坐标系 $XOY_0$ 中的 $Y$ 方向分量相等,即${}^{0}\boldsymbol{Q}_{2y}={}^{0}\boldsymbol{Q}_{3y}$。简化模型相当于加入约束条件,即

$$
\begin{aligned}
&D\times\cos\alpha_2\sin\phi+D\times\sin\alpha_2\cos\phi \\
&=D\times\sin\alpha_3\cos\phi+D\times\cos\alpha_3\sin\phi-L\times\sin\phi
\end{aligned}
\tag{4.43}
$$

$$\phi=\arctan\frac{D\times\sin\alpha_3-D\times\sin\alpha_2}{D\times\cos\alpha_2-D\times\cos\alpha_3+L} \tag{4.44}$$

代入式(4.39) 中可以得到${}^{01}\boldsymbol{P}$ 是关于 $\alpha_2$ 和 $\alpha_3$ 的矩阵。其中,为保证机器人不会倾翻,取 $-\pi/2\leqslant\alpha_2\leqslant0$ 和 $-\pi\leqslant\alpha_3\leqslant-\pi/2$。

当 $-\pi/2\leqslant\alpha_2\leqslant0$ 和 $-\pi\leqslant\alpha_3\leqslant-\pi/2$ 时,机器人的质心在固定坐标系 $x$ 轴、$y$ 轴方向上位置变化如图 4.25 所示。

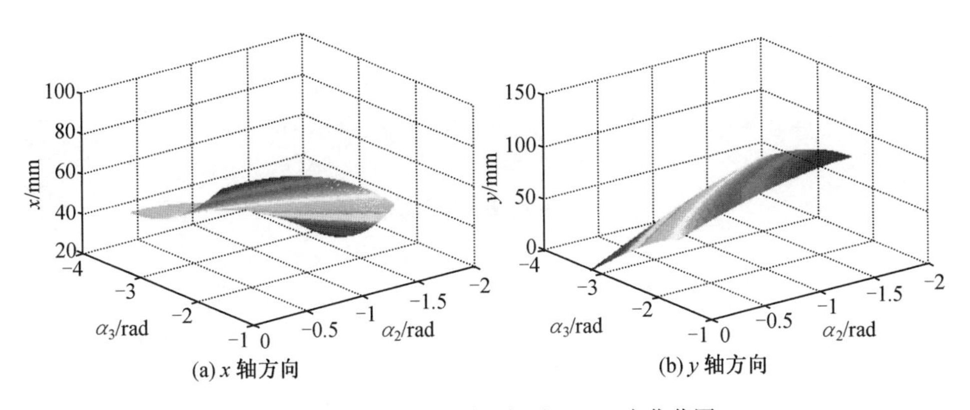


图 4.25　机器人的质心相对 $\alpha_2$、$\alpha_3$ 变化范围

### 3. 前后腿支撑的运动学模型

机器人用前后轮将机器人支撑起来的姿态如图 4.26 所示。$\boldsymbol{Q}_1$、$\boldsymbol{Q}_2$、$\boldsymbol{Q}_3$ 为前摆腿、中摆腿、后摆腿末端在坐标系 $XOY_{21}$、$XOY_{41}$、$XOY_{61}$ 中的向量。

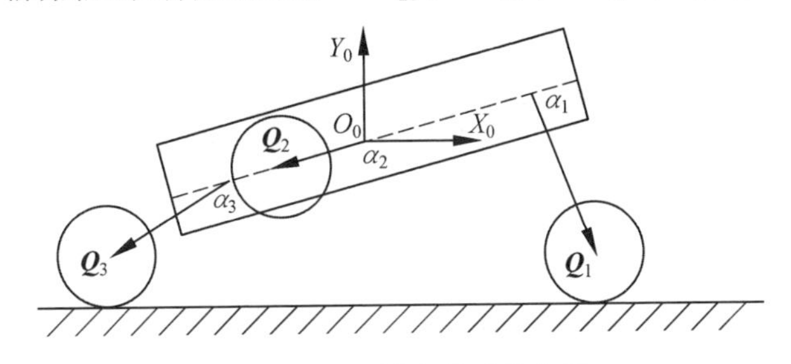


图 4.26　机器人前后轮支撑

当机器人处于前中轮支撑状态时，只有绕 $z$ 轴的转动，相当于机器人的偏航角$\theta=0$，横滚角 $\varphi=0$，只有俯仰角 $\phi$ 变化。

考虑到在机器人前后轮支撑时前后摆腿的运动可能引起中间摆腿的干涉，将中间轮摆动到与车底盘相切的位置，则有向量 $\boldsymbol{Q}_2$ 在车体坐标系 $XOY_{01}$ 中的 $y$ 方向分量与车底板下边缘的 $y$ 坐标相等，有

$$^{01}Q_{2y}-{}^{01}R={}^{01}B \tag{4.45}$$

简化模型相当于加入约束条件，即

$$D\times\sin\alpha_2-{}^{01}R=-{}^{01}B \tag{4.46}$$

可以得到

$$\alpha_2=\pi-\arcsin[({}^{01}R-{}^{01}B)/D]$$

式中，${}^{01}R$ 为车轮半径；${}^{01}B$ 为摆腿中心到底盘的距离。

考虑到机器人的前摆腿和后摆腿应在同一水平面上，则有向量 $\boldsymbol{Q}_1$、$\boldsymbol{Q}_3$ 在固定坐标系 $XOY_0$ 中的 $y$ 方向分量相等，即${}^0Q_{1y}={}^0Q_{3y}$。简化模型相当于式中加入约

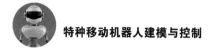

束条件,即

$$D\times\cos\alpha_1\sin\phi+L\times\sin\phi+D\times\sin\alpha_1\cos\phi$$
$$=D\times\sin\alpha_3\cos\phi+D\times\cos\alpha_3\sin\phi-L\times\sin\phi \tag{4.47}$$

可以求得

$$\phi=\arctan\frac{D\times\sin\alpha_3-D\times\sin\alpha_1}{D\times\cos\alpha_1-D\times\cos\alpha_3+2L} \tag{4.48}$$

代入式(4.39)可以得到${}^{01}\boldsymbol{P}$是关于$\alpha_1$和$\alpha_2$的矩阵,为保证机器人不会倾翻,取$-\pi/2\leqslant\alpha_2\leqslant0$和$-\pi\leqslant\alpha_3\leqslant-\pi/2$。当$-\pi/2\leqslant\alpha_2\leqslant0$和$-\pi\leqslant\alpha_3\leqslant-\pi/2$时,机器人的质心在固定坐标系$x$轴、$y$轴方向上的位置变化如图4.27所示。

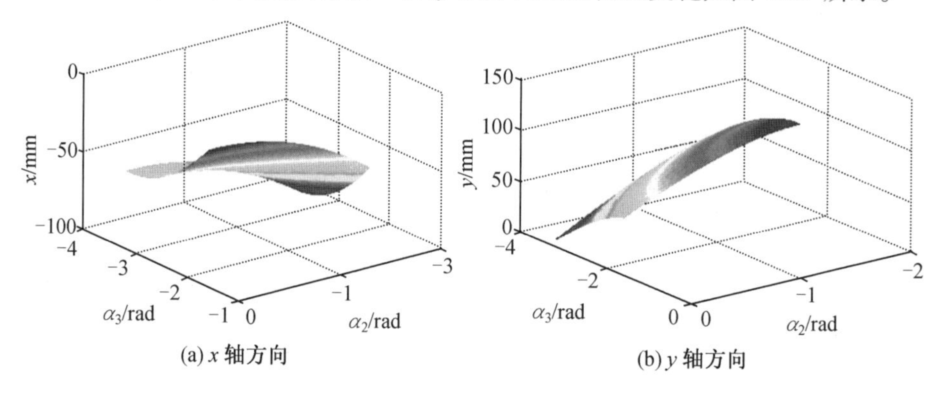


图4.27　机器人的质心相对$\alpha_1$、$\alpha_3$变化范围

### 4. 车体倾斜运动学模型

机器人用六轮支撑时的姿态如图4.28所示,各个关节坐标系的建立方法与前面一样。$\boldsymbol{Q}_1$、$\boldsymbol{Q}_2$为前摆腿、中摆腿、后摆腿末端在坐标系$XOY_{11}$、$XOY_{21}$中的向量。

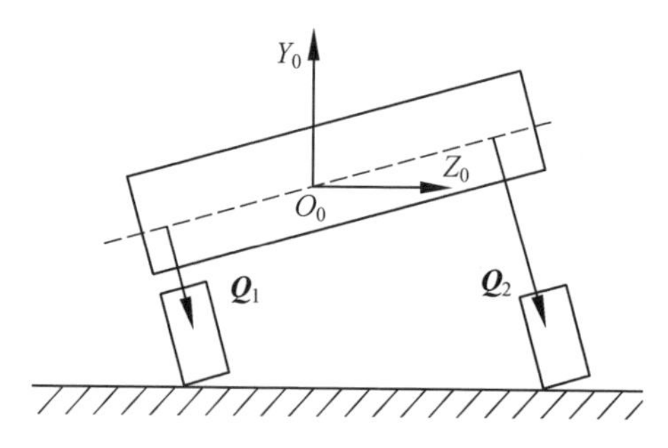


图4.28　机器人用六轮支撑时的姿态

当机器人处于六轮倾斜支撑状态时,只有绕$z$轴的转动,相当于机器人的偏航角$\theta=0$,俯仰角$\phi=0$,只有横滚角$\varphi$变化。因此,机器人的左侧摆腿的角度一

致，设机器人左侧摆腿角度为 $\alpha_{11}=\alpha_1$ 和 $\alpha_{31}=\alpha_{51}=\pi-\alpha_1$，右侧摆腿角度为 $\alpha_{21}=\alpha_2$ 和 $\alpha_{41}=\alpha_{61}=\pi-\alpha_2$，其中 $-\pi/2\leqslant\alpha_1\leqslant 0$ 且 $-\pi/2\leqslant\alpha_2\leqslant 0$。此时，机器人的运动学模型为

$$
{}^{0}\boldsymbol{P}=\begin{bmatrix}[3m_{\mathrm{L}}\times L_{\mathrm{c}}(\cos\alpha_1+\cos\alpha_2)+3m_{\mathrm{W}}\times D(\cos\alpha_1+\cos\alpha_2)]/m\\ \cos\varphi[3m_{\mathrm{L}}\times L_{\mathrm{c}}(\sin\alpha_1+\sin\alpha_2)+3m_{\mathrm{W}}\times D(\sin\alpha_1+\sin\alpha_2)]/m\\ \sin\varphi[3m_{\mathrm{L}}\times L_{\mathrm{c}}(\sin\alpha_1+\sin\alpha_2)+3m_{\mathrm{W}}\times D(\sin\alpha_1+\sin\alpha_2)]/m\\ 1\end{bmatrix}\tag{4.49}
$$

考虑到机器人的左右侧摆腿在同一水平面上，则有向量 $\boldsymbol{Q}_1$、$\boldsymbol{Q}_2$ 在固定坐标系 $XOY_0$ 中的 $y$ 方向分量相等，即 ${}^{0}Q_{1y}={}^{0}Q_{2y}$。

简化模型相当于式中加入约束条件，即

$$b\times\sin\varphi+D\times\cos\varphi\sin\alpha_1=D\times\cos\varphi\sin\alpha_2-b\times\sin\varphi\tag{4.50}$$

可以求得

$$\varphi=\arctan[(D\times\sin\alpha_2-D\times\sin\alpha_1)/2b]\tag{4.51}$$

代入式(4.39)可以得到 ${}^{01}\boldsymbol{P}$ 是关于 $\alpha_1$ 和 $\alpha_2$ 的矩阵，为保证机器人不会倾翻，取 $0\leqslant\varphi\leqslant\pi/9$。

当 $-\pi/2\leqslant\alpha_1\leqslant 0$、$-\pi/2\leqslant\alpha_2\leqslant 0$，且满足 $0\leqslant\varphi\leqslant\pi/9$ 时，机器人的质心在固定坐标系 $y$ 轴、$z$ 轴方向上的位置变化如图 4.29 所示。

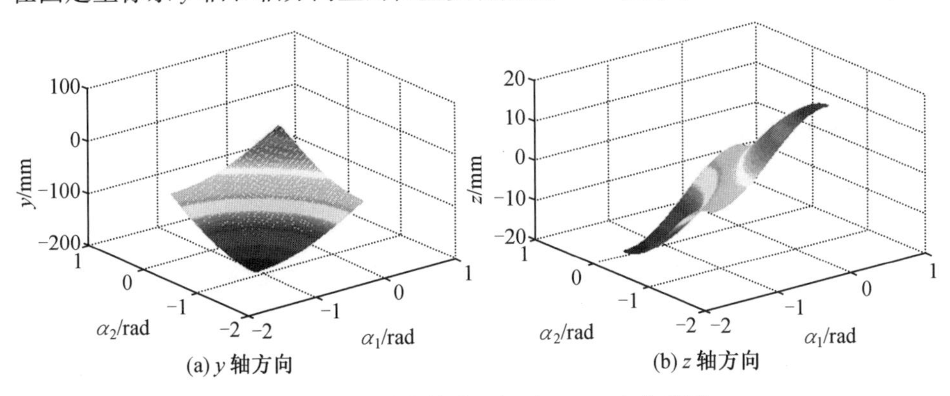


图 4.29　机器人的质心相对 $\alpha_1$、$\alpha_2$ 变化范围

## 5. 车体倾斜俯仰结合的运动学模型

机器人每个摆腿的摆动角度都不同，机器人既可以绕 $z$ 轴转动又可以绕 $x$ 轴转动，相当于机器人的偏航角 $\theta=0$、俯仰角 $\phi$ 和横滚角 $\varphi$ 均变化。此时，机器人的运动学模型为

$$
{}^{01}\boldsymbol{P}=\begin{bmatrix}
\cos\phi(D\times m_{\mathrm{W}}\times\sum_{i=1}^{6}\cos\alpha_i+L_{\mathrm{c}}\times m_{\mathrm{L}}\times\sum_{i=1}^{6}\cos\alpha_i)/m \\
-\cos\varphi\sin\phi(D\times m_{\mathrm{W}}\times\sum_{i=1}^{6}\sin\alpha_i+L_{\mathrm{c}}\times m_{\mathrm{L}}\times\sum_{i=1}^{6}\sin\alpha_i)/m \\
\sin\phi(D\times m_{\mathrm{W}}\times\sum_{i=1}^{6}\cos\alpha_i+L_{\mathrm{c}}\times m_{\mathrm{L}}\times\sum_{i=1}^{6}\cos\alpha_i)/m \\
+\cos\varphi\cos\phi(D\times m_{\mathrm{W}}\times\sum_{i=1}^{6}\sin\alpha_i+L_{\mathrm{c}}\times m_{\mathrm{L}}\times\sum_{i=1}^{6}\sin\alpha_i)/m \\
\sin\varphi(D\times m_{\mathrm{W}}\times\sum_{i=1}^{6}\sin\alpha_i+L_{\mathrm{c}}\times m_{\mathrm{L}}\times\sum_{i=1}^{6}\sin\alpha_i)/m \\
1
\end{bmatrix} \tag{4.52}
$$

假设已知机器人的俯仰角$\phi$、横滚角$\varphi$及质心高度$h$,则可以将各个轮心的坐标从车体坐标系转化到固定坐标系中,用$\boldsymbol{Q}_i$表示,由式(4.36)可以得到机器人的车轮轮心在世界坐标系中的位置为

$$
{}^{0}\boldsymbol{P}_{i2}=\mathrm{Rot}(z,\phi)\mathrm{Rot}(y,\theta)\mathrm{Rot}(x,\varphi)\,{}^{01}\boldsymbol{P}_{i2},\quad i=1,2,3,4,5,6 \tag{4.53}
$$

机器人采用六轮支撑,则满足所有车轮轮心在世界坐标系中均在同一高度的条件,即$y=-h$,则有

$$
\begin{cases}
\sin\phi(L+D\cos\alpha_1)+b\cos\phi\sin\varphi+D\cos\varphi\cos\phi\sin\alpha_1=-h \\
\sin\phi(L+D\cos\alpha_2)-b\cos\phi\sin\varphi+D\cos\varphi\cos\phi\sin\alpha_2=-h \\
D\sin\phi\cos\alpha_3+b\cos\phi\sin\varphi+D\cos\varphi\cos\phi\sin\alpha_3=-h \\
D\sin\phi\cos\alpha_4-b\cos\phi\sin\varphi+D\cos\varphi\cos\phi\sin\alpha_4=-h \\
-\sin\phi(L-D\cos\alpha_2)+b\cos\phi\sin\varphi+D\cos\varphi\cos\phi\sin\alpha_5=-h \\
-\sin\phi(L-D\cos\alpha_2)-b\cos\phi\sin\varphi+D\cos\varphi\cos\phi\sin\alpha_6=-h
\end{cases} \tag{4.54}
$$

由式(4.54)可以求出六个摆腿的摆角,代入式(4.52)中则可以得到机器人质心在世界坐标系中的表示。

### 4.4.3 壕沟越障动作规划及越障能力分析

#### 1. 越障动作规划

根据壕沟宽度的不同,机器人跨越壕沟障碍可以有两种不同跨越模式:窄沟模式和宽沟模式。

(1)窄沟模式。机器人跨越壕沟动作规划(窄沟模式)如图4.30所示,当壕沟宽度较窄,即宽度小于摆腿转轴的间距时,可以采用窄沟模式,分为以下6个

步骤。

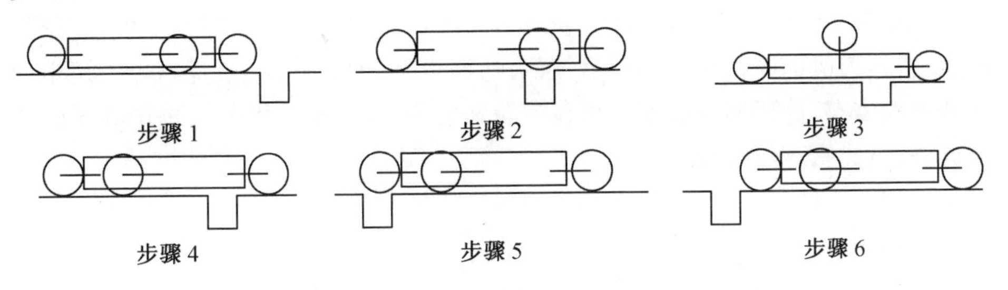


图 4.30　机器人跨越壕沟动作规划(窄沟模式)

步骤 1 为初始阶段。机器人各个摆腿与水平面垂直,运动到壕沟之前一定的位置。

步骤 2 为准备阶段。所有轮腿运动到水平位置,前摆腿和中摆腿向前运动,后摆腿向后运动。

步骤 3 ~ 5 为跨越壕沟阶段。步骤 3 中机器人首先向前运动一定的距离,使前轮跨过壕沟,在此过程中机器人采用中后轮支撑模型;步骤 4 中摆腿转动 180°,变为向后的位置,在此过程中机器人采用前后轮支撑模型;步骤 5 中机器人继续向前运动一定的距离,使机器人的所有车轮都能够运动到壕沟的另一侧停止。

步骤 6 为结束阶段。机器人各个摆腿同时向不同方向运动,恢复到越障之前的姿势。

(2) 宽沟模式。机器人跨越壕沟动作规划(宽沟模式) 如图 4.31 所示,当壕沟宽度比较宽,即宽度大于摆腿转轴的间距同时小于最大跨沟距离时,机器人跨越壕沟可以采用宽沟模式,分为以下 6 个步骤。

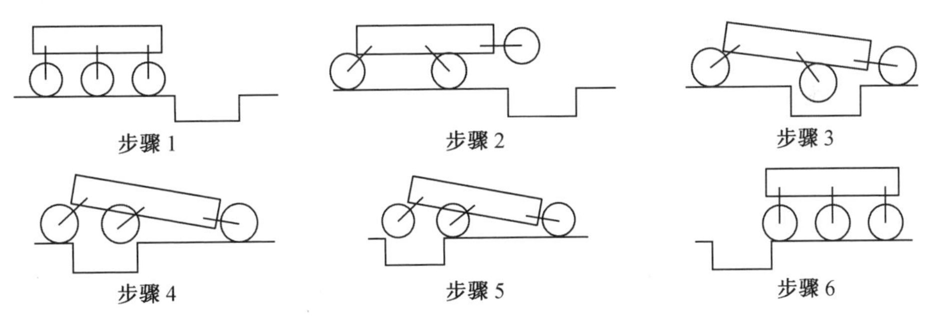


图 4.31　机器人跨越壕沟动作规划(宽沟模式)

步骤 1 为初始阶段。机器人各个摆腿与水平面垂直,运动到距壕沟一定的距离。

步骤 2 为准备阶段。机器人前摆腿与水平面平行,中摆腿和后摆腿分别向前和向后运动一定的角度,此时必须保证机器人的质心落在中后腿支撑点之间,并且尽量靠后。

步骤3～5为跨越壕沟阶段。机器人首先以步骤2的姿势向前运动一定的距离，使机器人的前腿搭在壕沟的另一侧，达到步骤3中的姿势；然后机器人调整到步骤4的姿态，使机器人的质心落在中轮和前轮之间；最后机器人按步骤5的姿势向前运动，直至越过壕沟。

步骤6为结束阶段，机器人恢复到初始状态。

**2. 越障能力分析**

当壕沟的宽度小于摆腿的间距时，即壕沟宽度为$f < L$，$L = 380$ mm，机器人采用窄沟模式，一定能够越过壕沟。因此，下面主要对宽沟模式下机器人最大跨越壕沟的宽度进行分析。

决定机器人能否成功跨越壕沟的关键姿态有两个：① 机器人跨越壕沟前的准备姿态，即当机器人的中轮离开壕沟一侧时，前轮能否搭在壕沟的另一侧，实现前后四轮支撑；② 机器人前轮搭在壕沟另一侧，继续向前行驶，待后轮离开壕沟一侧时，中间轮能否搭在壕沟的另一侧，与前轮实现四轮支撑，并且质心落在前摆腿和中间摆腿之间。

现在从几何角度分别对两个姿态进行分析，求出两种关键姿态下车轮的最大跨沟宽度，取最小值作为宽沟模式下的最大跨越壕沟的宽度。

关键姿态1如图4.32(a)所示，由几何关系可以得到

$$f = L + D - D\cos\alpha_2 \tag{4.55}$$

考虑机器人质心的稳定性问题，由式(4.55)可以看出，$\alpha_2$的数值越大，$f$的数值越大，但是$\alpha_2$过大时会导致机器人质心落在中轮和后轮所形成的支撑点之外，使机器人倾覆，因此当机器人质心处于临界稳定状态，即质心位于中轮轮心的位置时，机器人有最大的跨壕沟能力，则有

$$2G_W(L - D\cos\alpha_2 + D) = G_0(D\cos\alpha_2 + S_0) + 2G_W(L + D\cos\alpha_2 + D\cos\alpha_3) \tag{4.56}$$

假设后摆臂角度$\alpha_3 = \alpha_2$，车体重力$G_0$和重力相对坐标$XOY_{01}$的力矩为$S_0$，可以求出此时$\alpha_2 = 76.68°$，从而求出$f = 550$ mm。

关键姿态2如图4.32(b)所示，由几何关系可以得到

$$\begin{cases} f = D\cos\alpha_3 + L\cos\phi - D\cos(\pi - \alpha_2) \\ D\sin\alpha_3 + L\sin\phi = D\sin(\pi - \alpha_2) \\ D\sin(\pi - \alpha_2) + L\sin\phi = D\sin\alpha_1 \end{cases} \tag{4.57}$$

通过求解可以得到，当$\alpha_1 = -12°$、$\alpha_2 = 180°$、$\alpha_3 = 12°$时，壕沟宽度$f$取最大值，$f = 594$ mm，此时车体俯仰角度$\phi = 7°$，从而可以求得机器人的最大跨越壕沟的宽度为594 mm。

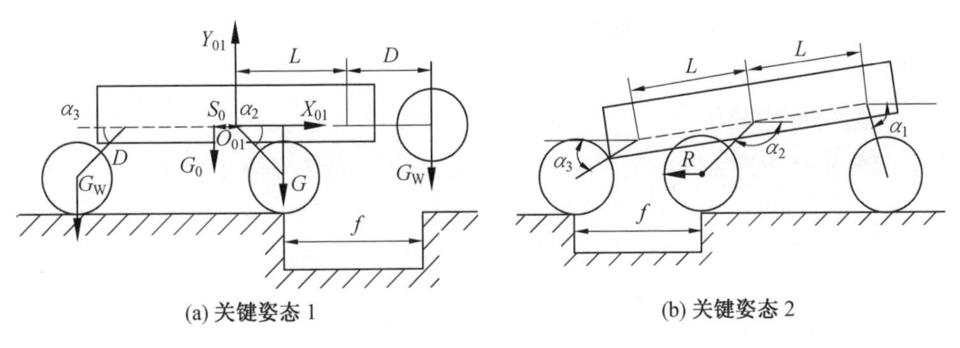


图 4.32　跨越壕沟的关键姿态

## 4.4.4　垂直障碍越障动作规划及越障能力分析

### 1. 越障动作规划

机器人在平面上跨越垂直障碍的动作规划如图 4.33 所示，分为以下 6 个步骤。

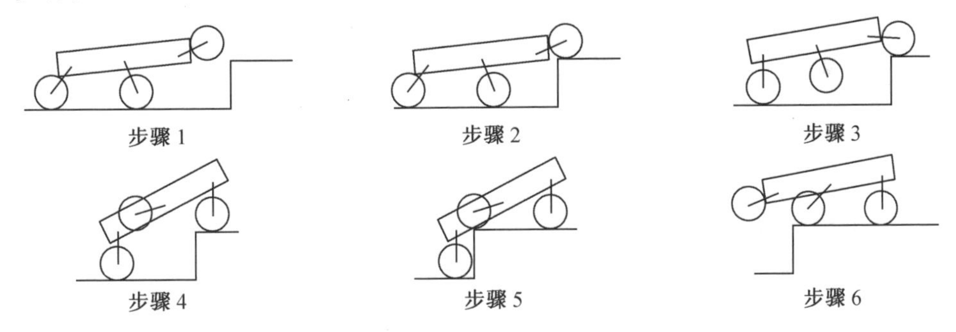


图 4.33　机器人在平面上跨越垂直障碍的动作规划

步骤 1 为准备阶段。机器人初始的状态是所有摆腿均是垂直的，首先后摆腿和中间摆腿运动到一定的角度，使机器人的质心从形心向后偏移；其次前摆腿摆到一定的角度，要求满足前轮高度的最低点在垂直方向高于垂直障碍的高度，并且留有移动的安全裕度，此时机器人为中后四轮支撑状态。

步骤 2 中机器人向前运动一定的距离，使机器人的前轮能够搭在垂直障碍物上面。

步骤 3 ~ 5 为越障阶段。步骤 3 中机器人的前摆腿向下运动，使机器人的中间摆腿悬空，然后三个摆腿同时运动，达到步骤 4 中的越障关键姿态；要求机器人的中轮在垂直方向的最低点位置大于垂直障碍物的高度，此时为前后四轮支撑状态；步骤 5 中机器人前进一定的距离，直至中间车轮能够搭在障碍物上。

步骤 6 为越障结束阶段。首先机器人的前轮向前摆动，中间摆腿下压，保证质心尽量靠近前轮的方向；然后后摆腿抬起，此时机器人为中前轮支撑状态，机器人向前运动，待后摆腿能够搭在台阶上之后，停止运动，机器人各个摆腿恢复到初始状态。

**2. 越障能力分析**

攀越垂直障碍关键姿态如图 4.34 所示，此为机器人攀越垂直障碍的极限状态，其越障的最大高度完全是由自身的几何参数决定的。当机器人处于极限越障高度时，前后腿均处于垂直状态，此时机器人的形心最高。中间腿向后摆，中间轮和底盘的下边缘相切。同时，切点位于垂直障碍的边缘，在这种状态下，机器人恰好能够越过障碍。

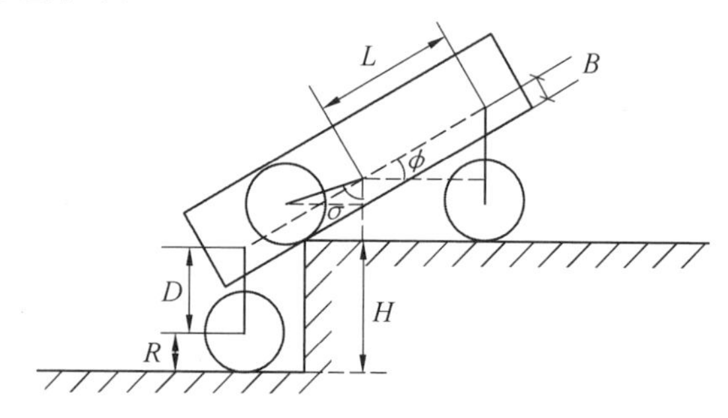


图 4.34　攀越垂直障碍关键姿态

假设障碍物的高度为 $H$，车轮半径为 $R$，底盘下边缘到摆腿中心的距离为 $B$，摆腿之间的距离为 $L$，底盘和水平面的夹角为 $\phi$，即机器人的俯仰角为 $\phi$，中间摆腿和垂直面的夹角为 $\sigma$。通过机器人的几何参数，可以得到以下方程。

通过中间摆腿和垂直面的夹角以及车身俯仰角可以得到

$$\sin[\phi-(\pi/2-\sigma)]=(R-B)/M \tag{4.58}$$

由中间摆腿的高度和前摆腿的高度关系可以得到

$$R\cos\phi+M\cos\sigma+L\sin\phi=M+R \tag{4.59}$$

由前摆腿和后摆腿的高度关系可以得到

$$M+R+2L\sin\phi=M+R+H \tag{4.60}$$

在 $0\leqslant\phi\leqslant\pi/2$ 和 $0\leqslant\sigma\leqslant\pi/2$ 的范围内，以式(4.58)和式(4.59)为条件进行搜索可以求出，当 $\phi=56^\circ$、$\sigma=85^\circ$ 时，$H$ 最大值为 $H_{max}=636$ mm。

### 4.4.5　越障动作规划的仿真验证

越障规划结束后，可以利用虚拟仿真技术对机器人规划的动作以及关键的越障姿态进行仿真分析，确定机器人是否能够越障成功，这在实际开发中能够减少损失、节约经费、缩短开发周期、提高产品质量。ADAMS 是一款虚拟样机分析的应用软件，用户可以运用该软件中的虚拟机械系统进行静力学、运动学和动力学分析，因此可以选择 ADAMS 进行越障的仿真分析。

在 ADAMS 中仿真验证机器人跨越垂直障碍的过程。其中,垂直障碍选用的材料为土壤,弹性模量为 $8 \times 10^9$ N/m$^2$,泊松比为 0.16,密度为 2 000 kg/m$^3$;车轮选用的材料为橡胶,弹性模量为 $8 \times 10^6$ N/m$^2$,泊松比为 0.5,密度为 1 500 kg/m$^3$。设定垂直障碍的高度为 316 mm。通过 ADAMS 仿真验证可得,机器人按照先前设计的运动规划,能够跨越高度为 316 mm 的垂直障碍,证明了前面运动规划的可行性和越障能力分析的正确性。

根据自身需求,可以单独使用 ADAMS 软件进行动力学仿真,也可以联合 Matlab 实现更加复杂的仿真验证。在 ADAMS 中进行仿真需要仿真对象的物理样机,可以通过三维模型导入的方式,也可以选择自行建模的方式。值得注意的是,由于在进行动力学分析时只考虑零件的质心和质量,因此不用考虑零件的外部形状,在建模时没有必要精确表示零件的外部形状特征[6]。利用 ADAMS 进行仿真分析如图 4.35 所示。

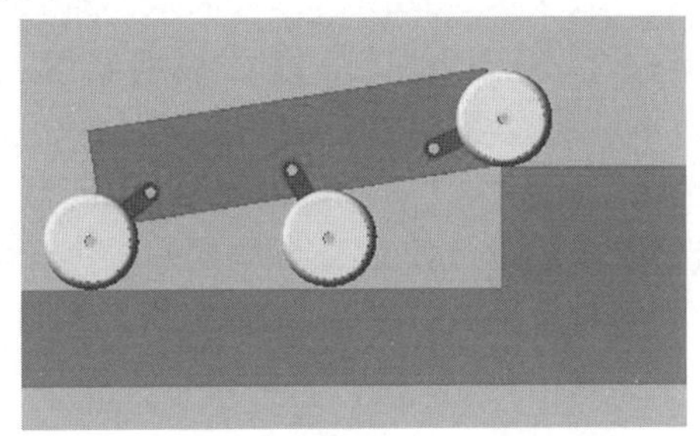

图 4.35　利用 ADAMS 进行仿真分析

利用 ADAMS 的结果处理模块后可以得到整个仿真过程中所需的数据曲线,根据此数据可以进行相关的定性或者定量分析。而在 Matlab 与 ADAMS 的联合仿真中,得益于 Matlab 强大的编程和计算能力,则可以得到更加详细丰富的仿真数据。

## 4.5　履带移动机器人爬楼梯分析

本节研究机器人爬楼梯过程中的静稳定性。根据国家标准,室内楼梯的高度一般为 13 ~ 20 cm,踏步宽大于 22 cm;一般楼梯高度为 15 cm 左右,踏步宽为 25 cm 左右。因此,一般情况下,单节楼梯高度都较低,此时一般的移动机器人只需利用前臂即可爬上楼梯。下面将以一种具备前后各两个摆臂的履带式移动机器人为例,介绍机器人爬楼梯的基本动作规划、爬楼梯的能力和爬楼梯过程中的静稳定性分析。

### 4.5.1 爬楼梯动作规划

爬标准楼梯的过程可以分为四步，下面分别介绍机器人爬标准楼梯过程的基本步骤及其参数识别问题。

**1. 动作规划基本步骤**

本书将爬标准楼梯的动作规划分为四步进行：楼梯参数识别确定参数；后腿支撑，保持角度爬上楼梯；沿楼梯棱行走；着陆。

步骤1：机器人摆动前臂至自身上方，为保证机器人正对楼梯行进，在机器人前端配置了两个红外测距仪，在保证两侧履带与楼梯距离相同的条件下前进到机器人履带最前沿与楼梯的距离为 $d_0$ 时停止，回旋前臂到前方直至接触楼梯棱，如图4.36(a) 所示，记录此时前摆臂与机身夹角 $\varphi_0$，进而楼梯高度可以被计算出来。机器人向上爬上第一级楼梯，当由电子罗盘测得底座的角度达到角度 $\theta_0$ 时，驱动轮停止转动，如图4.36(b) 所示。顺时针摆动前摆臂，它将接触第二个楼梯的棱，如图4.36(c) 所示。通过记录此时前摆臂与车身夹角 $\varphi_1$，楼梯宽度将可以确定，进而可以得到楼梯的倾斜角度 $\theta_s$，然后将机器人前摆臂摆回原角度 $\varphi_0$，再通过机器人驱动轮向前或向后行进使机身与地面间的夹角为 $\theta_s$，车体角度调整好以后再将前摆臂摆下至与行走履带平齐，最后摆下后摆腿与地面接触，准备下一步爬楼梯动作。在本步骤中，爬楼梯的驱动力包含楼梯与履带间的相互作用力和地面提供给机器人的牵引力。

步骤2：驱动后摆腿电机，令其逆时针转动，始终保持机身的倾斜角与上一步得到的楼梯倾斜角一致，如图4.36(d) 所示。在本步骤中，爬楼梯的驱动力包含楼梯与履带间的相互作用力和地面提供给机器人的牵引力。

步骤3：如图4.36(e) 所示，此时机器人已经爬上楼梯，机身的倾斜角为 $\theta_s$，即 $\theta = \theta_s$，此时机器人爬楼梯的驱动力仅由楼梯与履带间的相互作用力提供。

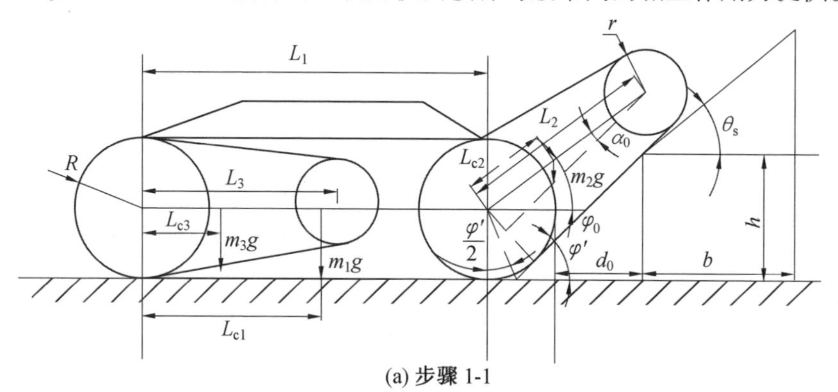


(a) 步骤 1-1

图4.36 机器人爬标准楼梯动作规划示意图

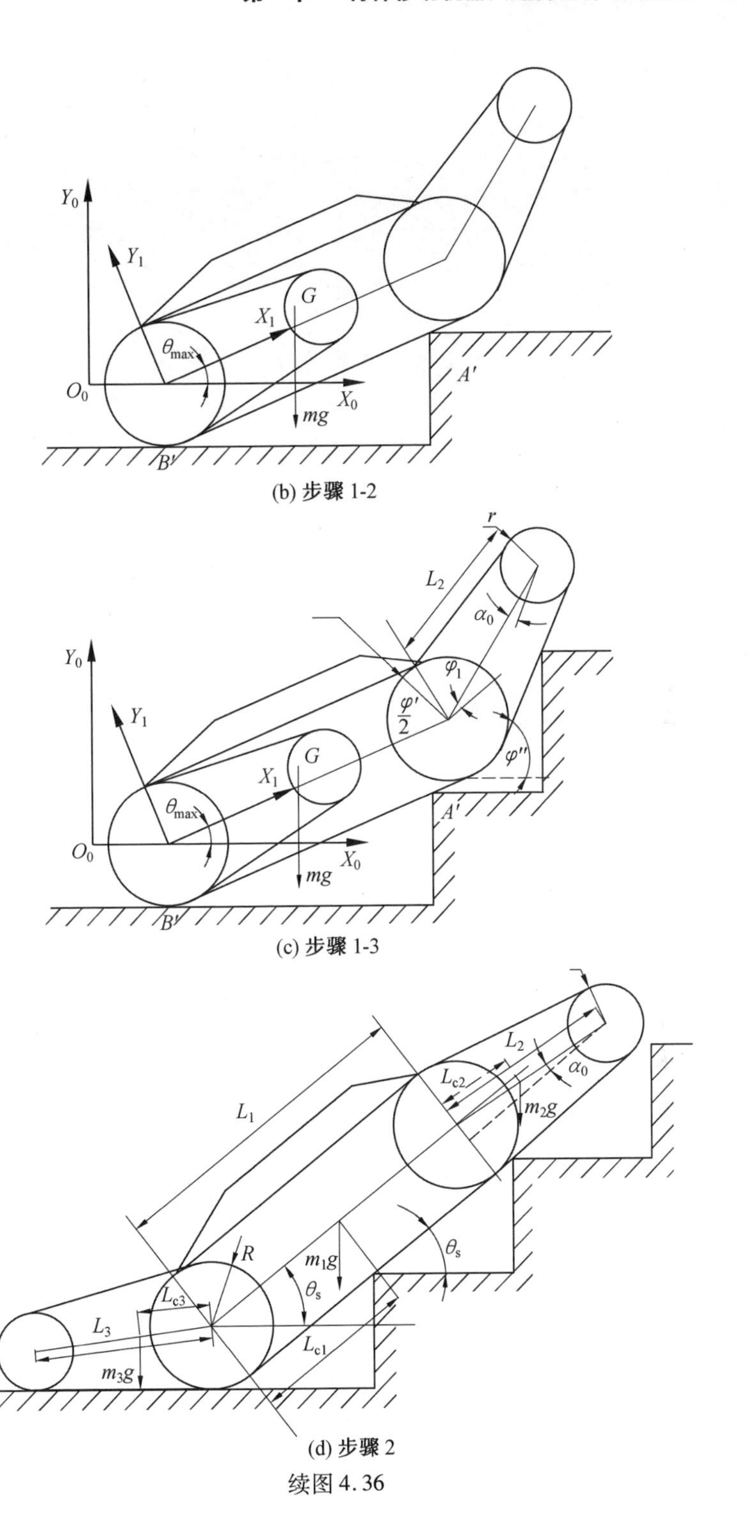

$Y_0$
$Y_1$
$G$
$X_1$
$\theta_{max}$
$O_0$
$X_0$
$A'$
$mg$
$B'$
(b) 步骤 1-2
$r$
$L_2$
$\alpha_0$
$Y_0$
$\varphi_1$
$\frac{\varphi'}{2}$
$Y_1$
$G$
$\varphi''$
$X_1$
$\theta_{max}$
$A'$
$O_0$
$X_0$
$mg$
$B'$
(c) 步骤 1-3
$L_2$
$L_{c2}$
$\alpha_0$
$L_1$
$m_2g$
$\theta_s$
$R$
$m_1g$
$\theta_s$
$L_{c3}$
$L_3$
$L_{c1}$
$m_3g$
(d) 步骤 2


续图 4.36

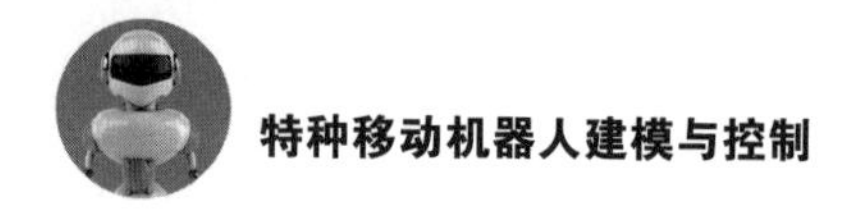

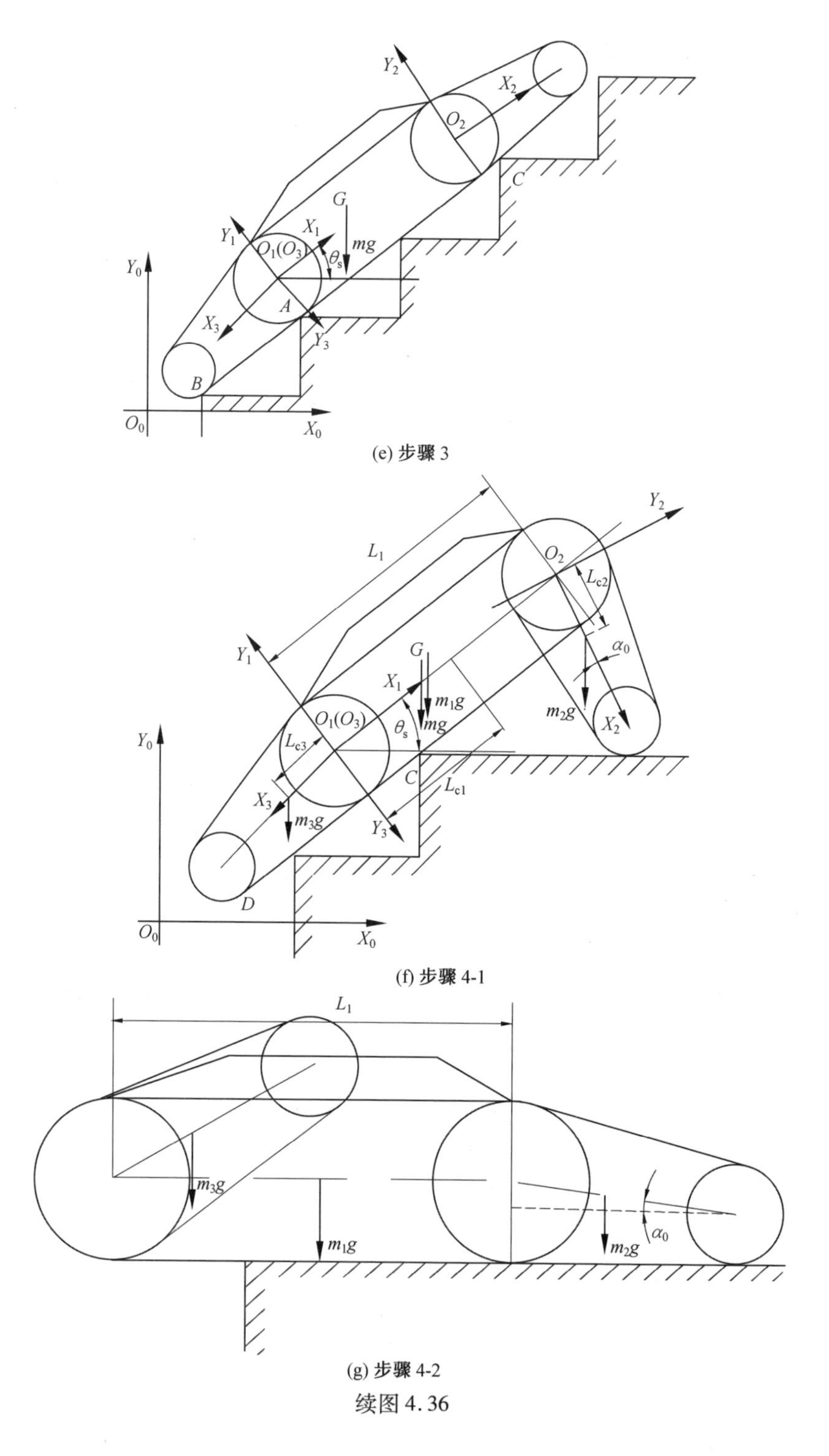


(e) 步骤 3

(f) 步骤 4-1

(g) 步骤 4-2

续图 4.36

步骤4:由红外测距仪检测到机器人前方已无楼梯时,机器人到达楼梯顶部,此时触发机器人的着陆程序,需要机器人的前臂和后臂采取一系列的协调动作以保证机器人运行的柔顺性。如图4.36(f)、(g)所示,首先在机器人前臂全部伸出台阶以后,缓慢令前臂下摆接触台阶上表面,随着机器人的上爬,其质心越过上台阶的最高点,此时令前臂上摆,从而使机器人本体平缓着地,减轻地面对机器人的冲击,后臂摆到前方,帮助质心前移。

**2. 楼梯结构参数识别**

虽然标准楼梯的参数在一定范围内分布,但仍存在不同的楼梯高度与踏步宽度,为适应不同的楼梯,机器人在开始爬楼梯之前(即上述爬楼梯动作规划中的第一步)需要对楼梯的基本参数进行识别,包括楼梯高度和踏步宽度。

(1)楼梯高度获取方法。

图4.36(a)中存在的几何关系为

$$\varphi' = \varphi_0 + \alpha_0, \quad \tan\alpha_0 = (R - r)/L_2$$

$$h = \tan\varphi'[d_0 + R - R\tan(\varphi'/2)] + h_{g1}$$

可得单阶楼梯高度为

$$h = \tan\left(\varphi_0 + \arctan\frac{R - r}{L_2}\right)\left(d_0 + R - R\tan\frac{\varphi_0 + \arctan\dfrac{R - r}{L_2}}{2}\right) + h_{g1} \tag{4.61}$$

式中,$\varphi_0$为前摆臂摆动角度;$\alpha_0$为前摆臂的安装倾斜角(常数);$\varphi'$为前摆臂轴线与水平面夹角;$d_0$为机器人与楼梯的距离;$h_{g1}$为履带外棱的高度(常数)。

(2)踏步宽度获取方法。

图4.36(c)中存在的几何关系为

$$\varphi'' = \varphi_1 + \theta_0 + \alpha_0, \quad \tan\alpha_0 = \frac{R - r}{L_2}$$

式中,$\varphi_1$为前摆臂摆动角度;$\theta_0$为车体俯仰角度;$\alpha_0$为前摆臂的安装倾斜角(常数);$\varphi''$为前摆臂轴线与水平面夹角。

可得单阶楼梯踏步宽度为

$$b = [2h - (h_{g1} + R + L_1\sin\theta_0 - R\cos\varphi'')]\cot\varphi'' + R\sin\varphi'' + L_1\cos\theta_0 - R\tan\frac{\theta_0}{2} - h\cot\theta_0 \tag{4.62}$$

式中,$h$为楼梯高度;$h_{g1}$为履带外棱的高度(常数);$R$为轮半径;$L_1$为车身长度。

进而可得楼梯的倾斜角度为

$$\theta_s = \arctan\frac{h}{b} \tag{4.63}$$

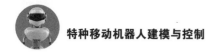

综上,楼梯的参数则被机器人识别到,为顺利爬标准楼梯做准备。

### 4.5.2 爬楼梯能力分析

机器人爬标准楼梯按过程可以划分为上楼梯、楼梯上行走、下楼梯三个部分,下面结合爬楼梯过程分析机器人的爬楼梯能力。

(1) 上楼梯。

首先要使机器人前摆臂能够触及楼梯的第一级上边沿,前摆臂处于竖直方向时能够触及的位置最高。然而为保证履带具备一定的驱动力,设定前臂下侧履带与第一级楼梯接触时,与竖直方向夹角大于30°,此时为前摆臂接触的最大高度的状态。摆臂接触高度分析图如图4.37所示,根据几何关系可得

$$\sin\varphi' = \frac{h_{\max1} - h_{g1}}{L_2\cos\alpha_0 + R\tan(\varphi'/2)} \tag{4.64}$$

式中,$h_{g1}$ 为行走履带外棱高度;$\varphi'$ 为前摆臂的俯仰角度。

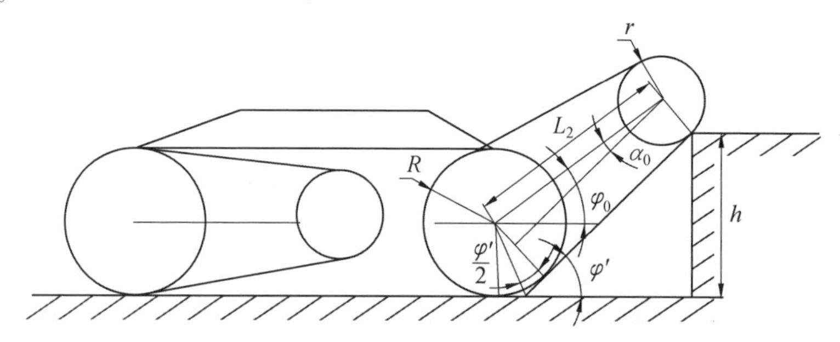


图4.37 摆臂接触高度分析图

代入$\varphi'=60°$及其他已知参数,可得最大高度$h_{\max1}=392.81$ mm,也就是通过第(1)步分析机器人能够爬越楼梯时单步最大高度为392.81 mm。

(2) 在楼梯上行走。

要保证机器人能在楼梯上正常行走,则要求机器人能够与楼梯接触的长度大于二倍的楼梯两棱间距,对于本机器人,有

$$\theta_s \geqslant \arcsin\frac{2h}{L_1 + (L_2 + L_3)\cos\alpha_0} \tag{4.65}$$

当机器人在楼梯上行走时,需要保证机器人整体质心在水平面上的投影始终在机器人与楼梯最后侧接触点之前,而机器人在楼梯上行走的过程中,接触点刚刚更替时最容易出现重心投影落在外面的情况,履带楼梯接触点更替示意图如图4.38所示。

在坐标系$XOY_1$中,刚刚与楼梯脱离的接触点$B$、机器人最后侧的接触点$A$与重心$G$的齐次坐标分别为

$$(-L_3\cos\alpha_0,\ -R,0,1)^{\mathrm{T}}$$

$$(-L_3\cos\alpha_0+h/\sin\theta_s,\ -R,0,1)^{\mathrm{T}}$$

$$\begin{bmatrix} [m_1L_{c1x}+m_2\cos\alpha_2(L_{c2}+L_1)+m_3\cos\alpha_3L_{c3}]/m \\ (m_1L_{c1y}+m_2\sin\alpha_2L_{c2}+m_3\sin\alpha_3L_{c3})/m \\ 0 \\ 1 \end{bmatrix}$$

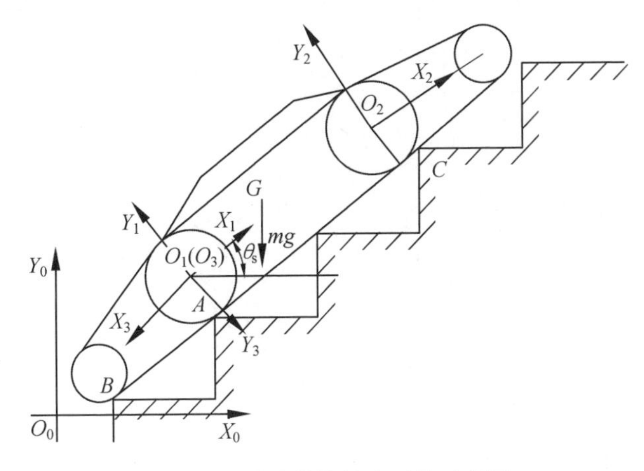


图4.38　履带楼梯接触点更替示意图

如图4.38所示，利用机器人的运动学模型${}^0\boldsymbol{T}_1$，可将$A$、$G$点坐标变换到坐标系$XOY_0$中，即

$$ {}^0\boldsymbol{A}={}^0\boldsymbol{T}_1\left(-L_3\cos\alpha_0+\frac{h}{\sin\theta_s}\quad -R\quad 0\quad 1\right)^{\mathrm{T}} \tag{4.66}$$

$$ {}^0\boldsymbol{G}={}^0\boldsymbol{T}_1\begin{bmatrix} [m_1L_{c1x}+m_2\cos\alpha_2(L_{c2}+L_1)+m_3\cos\alpha_3L_{c3}]/m \\ (m_1L_{c1y}+m_2\sin\alpha_2L_{c2}+m_3\sin\alpha_3L_{c3})/m \\ 0 \\ 1 \end{bmatrix} \tag{4.67}$$

则机器人为完成接触点交替，只需要满足条件${}^0G_x>{}^0A_x$即可。

（3）下楼梯。

在机器人下楼梯过程中，为使机器人能够顺利完成下楼梯动作，重心过顶层台阶时需要保证机器人与楼梯至少有两个接触点。下楼梯临界状态示意图如图4.39所示。

如图4.39所示，在坐标系$XOY_0$中，$C$点在重心$G$点正下方，则此时重心$G$点在坐标系$XOY_1$中的齐次坐标为

$$
{}^{1}\boldsymbol{G}=\begin{bmatrix}[m_1L_{c1x}+m_2\cos\alpha_2(L_{c2}+L_1)+m_3\cos\alpha_3L_{c3}]/m\\(m_1L_{c1y}+m_2\sin\alpha_2L_{c2}+m_3\sin\alpha_3L_{c3})/m\\0\\1\end{bmatrix}
$$

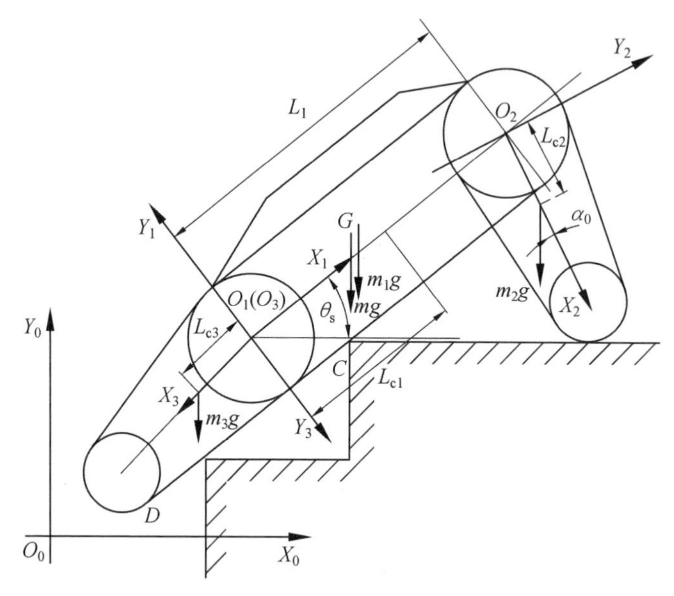


图 4.39　下楼梯临界状态示意图

进而 $C$ 点、$D$ 点在坐标系 $XOY_1$ 中的齐次坐标可以表示出来，即

$$
{}^{1}\boldsymbol{C}=({}^{1}\boldsymbol{G}_x-({}^{1}\boldsymbol{G}_y+R)\tan\theta_s\quad -R\quad 0\quad 1),\quad {}^{1}\boldsymbol{D}=(-L_3\cos\alpha_0\quad -R\quad 0\quad 1)
$$

因此，要保证机器人下楼梯时与楼梯有两个接触点，需要满足条件为

$$
{}^{1}\boldsymbol{C}_x-{}^{1}\boldsymbol{D}_x>\frac{h}{\sin\theta_s} \tag{4.68}
$$

### 4.5.3　爬楼梯倾翻稳定性分析

本节采用一种稳定锥的判别方法[7]，设定相对一个边线倾翻的稳定裕度角为 $\lambda$，机器人与楼梯的接触点中最前端和最后端的四个点连接起来组成的四边形即为稳定锥的底面，质心为稳定锥的顶点，质心沿竖直方向的投影落在稳定锥底面内部，表示机器人稳定。机器人爬楼梯过程中最容易向后倾翻，这里取过稳定锥顶点的竖直线与稳定锥顶点地面间连线的最小值作为稳定裕度角 $\lambda$。稳定裕度角越小，机器人越容易发生倾翻。为保持机器人稳定，综合考虑后将稳定裕度角最小值设为 $\lambda_{\min}$，则保证稳定的条件为

$$
\lambda>\lambda_{\min} \tag{4.69}
$$

机器人爬标准楼梯时，容易发生倾翻的危险状态有两个：一是机器人开始在楼梯上行驶之前的上楼梯过程中（图 4.40）；二是机器人在楼梯上行走的过程中，履带与楼梯接触点更替时（图 4.41）。

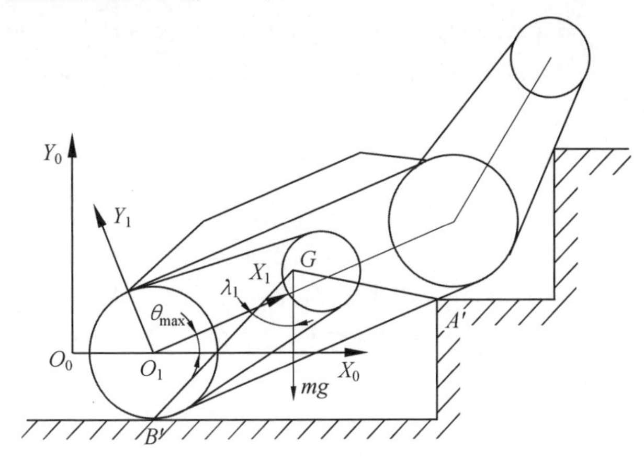


图 4.40　机器人上楼梯稳定性分析图

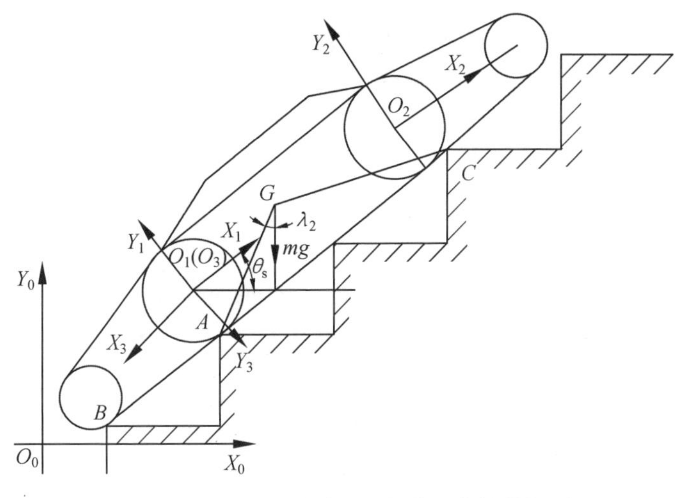


图 4.41　机器人在楼梯上行走稳定性分析图

上面所说的第一个危险状态实际上是一个过程，在这个过程中，机身的倾斜角 $\theta$ 是变化的，要求此状态下的稳定裕度角只需知道在这个过程中倾斜角 $\theta$ 的最大值 $\theta_{max}$ 即可，易证 $\theta_{max}$ 即为初始设置角 $\theta_0$ 与楼梯倾角 $\theta_s$ 中的较大值。如图 4.40 所示，$\triangle A'B'G$ 即为此状态下的稳定锥，此时的稳定裕度角为图中的 $\lambda_1$，根据几何关系容易得到

$$\lambda_1 = \arctan \frac{{}^0G_x - {}^0B'_x}{{}^0G_y - {}^0B'_y} \tag{4.70}$$

式中

$$ {}^{0}\boldsymbol{G} = {}^{0}\boldsymbol{T}_{1}{}^{1}\boldsymbol{G}, \quad {}^{0}\boldsymbol{B}' = {}^{0}\boldsymbol{T}_{1}{}^{1}\boldsymbol{B}' $$

$$ {}^{1}\boldsymbol{B}' = (-(R+dg_{1})\cos\theta_{\max}, -(R+dg_{1})\sin\theta_{\max}, 0, 1)^{\mathrm{T}} $$

$$ {}^{1}\boldsymbol{G} = \begin{bmatrix} [m_{1}L_{c1x} + m_{2}\cos\alpha_{2}(L_{c2}+L_{1}) + m_{3}\cos\alpha_{3}L_{c3}]/m \\ (m_{1}L_{c1y} + m_{2}\sin\alpha_{2}L_{c2} + m_{3}\sin\alpha_{3}L_{c3})/m \\ 0 \\ 1 \end{bmatrix} $$

$$ \theta_{\max} = \max(\theta_{0}, \theta_{s}) $$

对于第二个危险状态，如图 4.41 所示，此时履带上的点 $B$ 刚刚与楼梯棱分开，履带与楼梯最后一个接触点变为图中 $A$ 点，最前一个接触点为图中 $C$ 点，$\triangle ACG$ 即为此状态下的稳定锥，此时的稳定裕度角为图中的 $\lambda_2$，根据几何关系容易得到

$$ \lambda_{2} = \arctan\frac{{}^{0}\boldsymbol{G}_{x} - {}^{0}\boldsymbol{A}_{x}}{{}^{0}\boldsymbol{G}_{y} - {}^{0}\boldsymbol{A}_{y}} \tag{4.71} $$

式中

$$ {}^{0}\boldsymbol{G} = {}^{0}\boldsymbol{T}_{1}{}^{1}\boldsymbol{G} $$

$$ {}^{0}\boldsymbol{A} = {}^{0}\boldsymbol{T}_{1}{}^{1}\boldsymbol{A} $$

$$ {}^{1}\boldsymbol{A} = \left(-L_{3}\cos\alpha_{0} + \frac{h}{\sin\theta_{s}}, -R, 0, 1\right)^{\mathrm{T}} $$

$$ \theta = \theta_{s} $$

$$ {}^{1}\boldsymbol{G} = \begin{bmatrix} [m_{1}L_{c1x} + m_{2}\cos\alpha_{2}(L_{c2}+L_{1}) + m_{3}\cos\alpha_{3}L_{c3}]/m \\ (m_{1}L_{c1y} + m_{2}\sin\alpha_{2}L_{c2} + m_{3}\sin\alpha_{3}L_{c3})/m \\ 0 \\ 1 \end{bmatrix} $$

综上所述，机器人在爬标准楼梯过程中，其稳定裕度角应为两个危险状态下稳定裕度角的最小值，即

$$ \lambda = \min(\lambda_{1}, \lambda_{2}) \tag{4.72} $$

若将稳定裕度角最小值设为 $\lambda_{\min}$，则为保证机器人爬楼梯过程足够稳定，必须满足

$$ \lambda > \lambda_{\min} \tag{4.73} $$

## 本 章 小 结

首先，本章介绍了移动机器人在越障过程中对地面几何参数获取的一般方

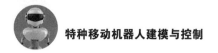

法,然后对两种典型障碍类型(壕沟障碍和垂直障碍)进行了简单说明,并以三节履带式移动机器人为例阐述了基于质心运动学的自主越障规划的步骤。其次,本章介绍了两种越障稳定性分析方法,分别是基于质心投影法的稳定性分析和基于动力学和 ZMP 的稳定性分析,以轮腿复合式机器人为例,分析了其跨越壕沟和垂直障碍的动作规划和越障能力。最后,以一种具备前后各两个摆臂的履带式移动机器人为例,进行了机器人爬标准楼梯的基本动作规划以及爬楼梯的能力和爬楼梯过程中的静稳定性分析。

本章主要介绍了两种关键技术,分别是基于质心运动学的越障动作规划和越障稳定裕度计算方法。在基于质心的越障动作规划中,首先将障碍物分为壕沟、垂直障碍和楼梯等典型障碍,进行了越障步骤规划;然后基于质心坐标公式和运动学模型建立了质心运动学模型,其主要应用于静态越障分析和动作规划,能够满足多数的越障要求,另外还建立了基于 ZMP 的动态等效质心的求解方法,进一步考虑了越障动态特性对越障的影响;最后在此基础上,根据障碍物特点和越障过程中质心变化情况,对越障动作进行了详细的规划。

本章的另一个关键内容则是越障的稳定性分析,首先基于质心投影法,建立了稳定裕度来表达越障过程中的稳定程度,此方法被广泛应用于腿式机器人的稳定性求解中,在稳定性的求解过程中,静态分析仍可以用质心运动学模型求得质心,动态可以用 ZMP 求等效质心;其次由于越障过程中机器人的支撑模式不同,不易建立稳定裕度的统一表达式,因此针对影响越障性能的关键步骤进行稳定裕度建模;最后基于上述模型,对跨越壕沟、垂直障碍和楼梯等典型障碍物进行了越障稳定性分析。

## 本章参考文献


[1] ALIPOUR K, MOOSAVIAN S A A, BAHRAMZADEH Y. Postural stability evaluation of spatial wheeled mobile robots with flexible suspension over rough terrains[C]. Xi'an: IEEE/ASME International Conference on Advanced Intelligent Mechatronics, 2008.

[2] SUGANO S, HUANG Q, KATO I. Stability criteria in controlling mobile robotic systems[C]. Yokohama: IEEE/RSJ International Conference on Intelligent Robots and Systems, 1993.

[3] VUKOBRATOVIC M, BOROVAC B. Zero-moment point—thirty five years of its life[J]. International Journal of Humanoid Robotics, 2004, 1(1): 157-173.

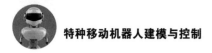

[4] TAROKH M, MCDERMOTT G J. Kinematics modeling and analyses of articulated rovers[J]. IEEE Transactions on Robotics, 2005, 21(4): 539-553.

[5] BORENSTEIN J. Control and kinematic design of multi-degree-of-freedom mobile robots with compliant linkage[J]. IEEE Transactions on Robotics & Automation, 2002, 11(1): 21-35.

[6] SIDDIQUE Z, ROSEN D W. A virtual prototyping approach to product disassembly reasoning[J]. Computer-Aided Design, 1997, 29(12): 847-860.

[7] 信建国,李小凡,王忠,等. 履带腿式非结构化环境移动机器人特性分析[J]. 机器人, 2004(1):35-39.

第5章

# 移动机械臂建模与应用

移动机械臂(Mobile Manipulator)使移动操作系统具有移动平台提供的移动性和机械手提供的灵活性双重优势,移动平台为机械手提供了无限的工作空间,机械臂增加了移动平台作业功能。本章包括移动机械臂运动学建模方法、移动臂特性分析、轨迹规划方法和基于ROS的机械臂抓取实现。首先介绍移动机械臂运动学建模方法,通过对移动平台和机械臂运动学模型的整合,建立移动机械臂运动学模型;在此模型的基础上,建立移动机械臂可操作性和负载能力的分析方法,轨迹规划的部分利用了第2章介绍的内容;最后基于ROS软件平台,结合MoveIt!和Gazebo建立UR机械臂及3指欠驱动手爪的抓取规划仿真平台,实现了机械臂在空间障碍环境中的抓取轨迹规划和仿真控制,并且利用UR机械臂、Kinect深度相机、3手指欠驱动手爪搭建抓取实验平台,将ROS的运动控制器与实际物理实验系统相连接,实现基于ROS的抓取轨迹规划和运动控制。

## 5.1 移动机械臂应用及问题概述

移动机械臂是一种将机械臂安装在移动平台上的机器人系统。这类系统将移动平台的移动能力与机械臂的作业能力相结合,极大限度地扩展了机械臂的工作空间,提升了机械臂的工作维度,使其能够执行许多固定机械臂无法完成的任务。库卡KMR QUANTEC移动机械臂平台如图5.1所示。近年来,移动机械臂已被广泛应用于工业、制造、物流等行业中,这类机器人不仅能大幅度地减少企业劳动力资源的投入,还能在极端环境下代为执行人类所无法完成的危险复

杂任务。在诸如材料处理、放射源搜索,航天工程等领域中,移动机械臂均发挥着不可代替的重要作用。另外,在公路维护、修补和划线作业中,移动机械臂的移动作业能力使得在保障路况畅通的前提下完成任务成为可能。安川 MH12 及 OTTO1500 的移动机械臂平台如图 5.2 所示。

图 5.1　库卡 KMR QUANTEC 移动机械臂平台

图 5.2　安川 MH12 及 OTTO1500 的移动机械臂平台

一般来说,要充分描述一个物体在空间中的姿态,至少需要 6 个参数:其中 3 个笛卡儿坐标用来确定物体的空间位置,其余 3 个参数则用来表示物体的姿态。因此,一个机器人系统至少需要具备 6 个自由度才能完全拥有对空间中的物体的操纵能力。当一个机器人系统具备 6 个以上自由度时,其多出的关节将产生冗余(Redundancy)。实际上,对于任何自由度或关节数量超过控制变量个数的机器人系统来说,均有不同程度的冗余现象存在。同样地,对于移动机械臂中的机械臂子系统来说,移动平台为其引入的额外的移动自由度也将使机械臂在其工作空间内产生冗余。在这种情况下,该移动机械臂的逆运动学问题将会具有多个解,可以从任务性质(如避障)、应用需求(如定点抓取)、合理性(如考虑关节限制,避免奇点位置)等不同角度出发,在多个冗余解中选择并确定合适的配置和运动轨迹,从而得以更好地解决实际问题(图 5.3)。

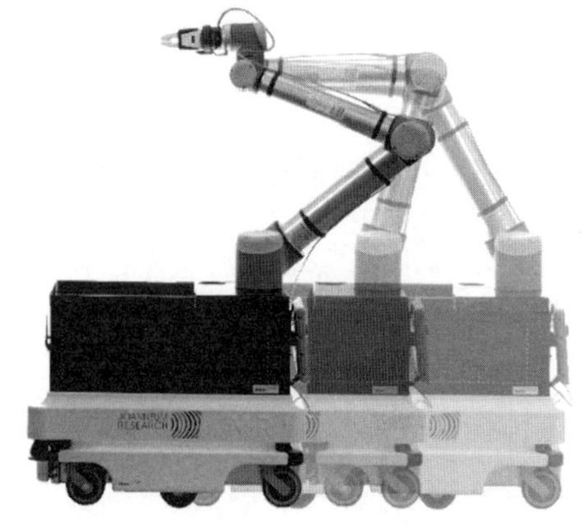

图 5.3　移动机械臂的冗余现象

另外,移动机械臂由机械臂和移动平台两个子系统组成。这两个系统可分别通过独立的末端执行器轨迹和移动平台轨迹进行控制。为完成一些较为复杂的任务,有必要同时对这两种轨迹进行控制,如控制移动机械臂抓取一个物体的同时避开障碍(图5.4),控制移动机械臂打开并通过一扇弹簧门(图5.5),使用移动机械臂制造、装配大型零部件(图5.6),或是对仓库中的物品进行分类和排序(图5.7)。

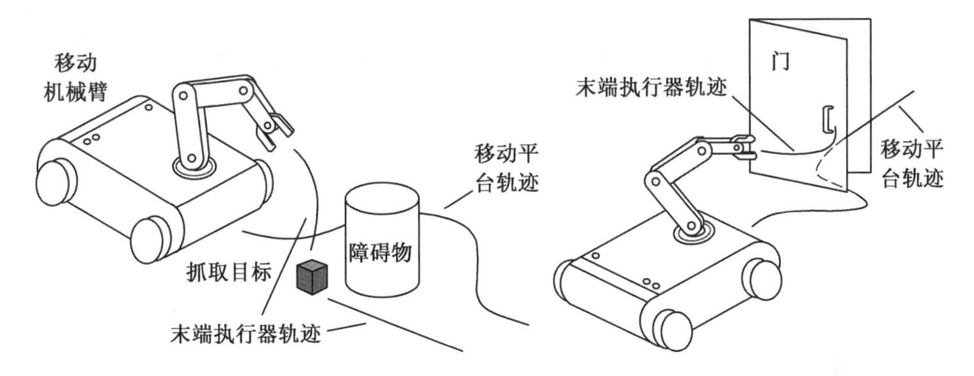


图5.4　移动机械臂“在移动中抓取物体并同时避开障碍物”任务示意图

图5.5　移动机械臂“打开并通过一扇弹簧门”任务示意图

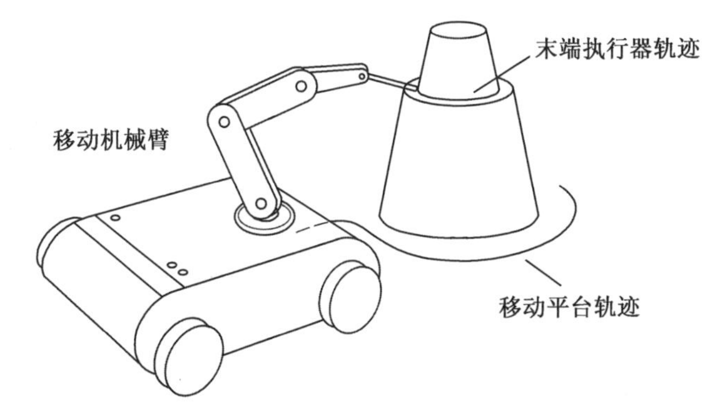


图5.6　移动机械臂进行“大型零部件焊接组装”任务示意图

图5.7　波士顿动力公司使用移动机械臂实现高度自动化的仓库管理

为完成上述一系列实际任务，要求计算机同时能够控制末端执行器和移动平台的轨迹。例如，若当前任务是控制机械臂抓取一个物体并同时避开移动平台所遇到的障碍(图5.4)，末端执行器需要按照一条朝向该物体的轨迹进行运动，与此同时，移动平台需要按照另一条独立的轨迹实现避障。为保证移动机械臂抓取物体的同时能够避开障碍物，两条轨迹应能实现同时跟随。同样的场景和应用需求也存在于物流、汽车制造等行业的一些高度自动化的仓库或车间中(图5.7)。

根据任务要求和工作环境，移动机械臂的末端执行器轨迹和移动平台轨迹既可以在线规划，也可以离线规划。在本书中，为便于叙述，将"移动机械臂轨迹"定义为末端执行器轨迹和移动平台轨迹的总称。这类特殊轨迹的规划也是移动机臂建模和控制过程中需要面对的主要问题(图5.8)。

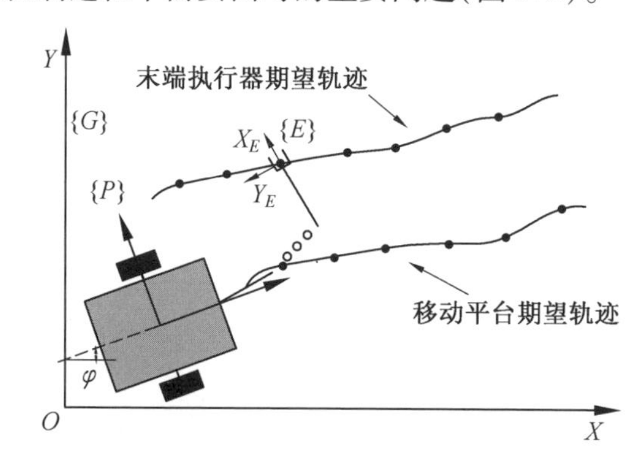


图5.8　移动机械臂及一组预定义的"移动机械臂轨迹"

# 5.2　移动机械臂的运动模型建立

移动机械臂从结构形式上看，本质上就是移动平台上安装了机械臂，因此其运动学建模也就是移动平台和机械臂建模。将这两个模型叠加，构成一个具有冗余运动的机械臂运动学模型。本节通过建立一个简单的移动机械臂的模型，来了解移动机械臂的建模过程和性能特性分析方法。建模的过程是首先建立移动机器人运动学模型，然后建立机械臂的模型，最后将两个模型联立构成移动机械臂的运动学模型。

## 5.2.1　基于普通滚轮的移动平台模型

由于两轮差速移动机器人应用较为广泛，因此以此类移动机器人运动学模型为例介绍移动机械臂运动学建模过程。差速驱动移动机器人运动学模型在

第 2 章运动学模型内容中已经介绍过，详细建模过程可参考第 2 章，并且第 2 章还包含其他驱动模式的运动学模型。二轮差速移动平台的运动模型如图 5.9 所示。

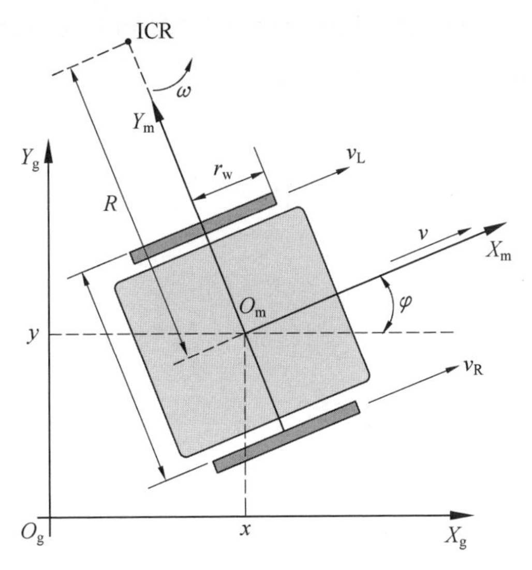


图 5.9　二轮差速移动平台的运动模型

差速驱动移动机器人运动学模型如下：输入的控制变量是右轮的速度 $v_R$ 和左轮的速度 $v_L$。其他变量的含义如下：$r_w$ 为车轮半径，$L$ 为两车轮之间的距离，$R$ 为车辆行驶轨迹的瞬时半径（车辆中心与 ICR 点之间的距离）。在任一时刻，两个轮子绕 ICR 运动的角速度 $\omega$ 都相同，分别由两个轮子的前进速度 $v$ 和角速度 $\omega$ 表示为

$$v=\frac{r_w\omega_L+r_w\omega_R}{2}=\frac{r_w}{2}(\omega_L+\omega_R) \tag{5.1}$$

$$\omega=\frac{r_w\omega_R-r_w\omega_L}{L}=\frac{r_w}{L}(\omega_R-\omega_L) \tag{5.2}$$

车轮切向速度为 $v_R=r\omega_R$ 和 $v_L=r\omega_L$，其中 $\omega_L$ 和 $\omega_R$ 分别是左右车轮绕其轴旋转的角速度。将上述两式进行微分并写成矩阵形式，有

$$\begin{bmatrix}\dot{x}\\\dot{y}\\\dot{\varphi}\end{bmatrix}=\begin{bmatrix}\cos\varphi & 0\\\sin\varphi & 0\\0 & 1\end{bmatrix}\begin{bmatrix}v\\\omega\end{bmatrix}=\begin{bmatrix}\cos\varphi & 0\\\sin\varphi & 0\\0 & 1\end{bmatrix}\begin{bmatrix}\frac{r_w}{2} & \frac{r_w}{2}\\-\frac{r_w}{L} & \frac{r_w}{L}\end{bmatrix}\begin{bmatrix}\omega_R\\\omega_L\end{bmatrix}$$

$$\Rightarrow \boldsymbol{V}_P=\dot{\boldsymbol{P}}=\boldsymbol{J}_w\cdot\boldsymbol{\omega} \tag{5.3}$$

### 5.2.2 二自由度连杆机械臂运动学模型建立

为简化计算，便于移动机械臂的建模分析，本节仅对平面二连杆机器人进行运动学建模。平面二连杆机器人几何参数示意图如图5.10所示。该二连杆机构的末端位置可以根据几何关系很快求出，为体现一般化机械臂的运动学建立过程，此处采取D－H法对其进行建模。

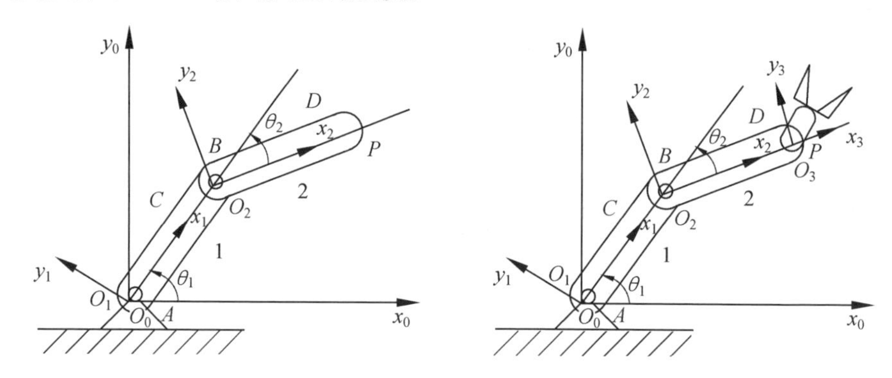


图5.10　平面二连杆机器人几何参数示意图

假设各坐标系的 $z$ 轴均垂直平面向外，则由坐标系{1}到{0}的齐次变换矩阵为

$$
{}^{0}\boldsymbol{T}_{1}=\begin{bmatrix}\cos\theta_1 & -\sin\theta_1 & 0 & 0\\ \sin\theta_1 & \cos\theta_1 & 0 & 0\\ 0 & 0 & 1 & 0\\ 0 & 0 & 0 & 1\end{bmatrix} \tag{5.4}
$$

由{2}到{1}的齐次变换矩阵为

$$
{}^{1}\boldsymbol{T}_{2}=\begin{bmatrix}\cos\theta_2 & -\sin\theta_2 & 0 & l_1\\ \sin\theta_2 & \cos\theta_2 & 0 & 0\\ 0 & 0 & 1 & 0\\ 0 & 0 & 0 & 1\end{bmatrix} \tag{5.5}
$$

故由{2}到{0}的齐次变换矩阵为

$$
{}^{0}\boldsymbol{T}_{2}={}^{0}\boldsymbol{T}_{1}\cdot{}^{1}\boldsymbol{T}_{2}=\begin{bmatrix}\cos(\theta_1+\theta_2) & -\sin(\theta_1+\theta_2) & 0 & l_1\cos\theta_1\\ \sin(\theta_1+\theta_2) & \cos(\theta_1+\theta_2) & 0 & l_1\sin\theta_1\\ 0 & 0 & 1 & 0\\ 0 & 0 & 0 & 1\end{bmatrix} \tag{5.6}
$$

综上，连杆2末端位置点 $P$ 在坐标系{0}下的位置可以表示为

$$
{}^{0}\boldsymbol{P}={}^{0}\boldsymbol{T}_2\cdot{}^{2}\boldsymbol{P}=\begin{bmatrix}\cos(\theta_1+\theta_2) & -\sin(\theta_1+\theta_2) & 0 & l_1\cos\theta_1\\ \sin(\theta_1+\theta_2) & \cos(\theta_1+\theta_2) & 0 & l_1\sin\theta_1\\ 0 & 0 & 1 & 0\\ 0 & 0 & 0 & 1\end{bmatrix}\cdot\begin{bmatrix}l_2\\0\\0\\1\end{bmatrix} \tag{5.7}
$$

式中，$l_1$ 为连杆 1 长度；$l_2$ 为连杆 2 长度。

因此，二连杆末端点 $P$ 在坐标系$\{0\}$ 中的表示为

$$
x_p=l_1\cos\theta_1+l_2\cos(\theta_1+\theta_2) \tag{5.8}
$$

$$
y_p=l_1\sin\theta_1+l_2\sin(\theta_1+\theta_2) \tag{5.9}
$$

由于二连杆机械臂模型较为简单，因此直接对上述两式进行求导即可得

$$
\frac{\mathrm{d}x_p}{\mathrm{d}t}=-l_1\sin\theta_1\cdot\dot\theta_1-l_2\sin(\theta_1+\theta_2)\cdot(\dot\theta_1+\dot\theta_2) \tag{5.10}
$$

$$
\frac{\mathrm{d}y_p}{\mathrm{d}t}=l_1\cos\theta_1\cdot\dot\theta_1+l_2\cos(\theta_1+\theta_2)\cdot(\dot\theta_1+\dot\theta_2) \tag{5.11}
$$

上式写成矩阵形形式为

$$
\begin{bmatrix}\dot x_p\\ \dot y_p\end{bmatrix}=\begin{bmatrix}-[l_1\sin\theta_1+l_2\sin(\theta_1+\theta_2)] & -l_2\sin(\theta_1+\theta_2)\\ l_1\cos\theta_1+l_2\cos(\theta_1+\theta_2) & l_2\cos(\theta_1+\theta_2)\end{bmatrix}\begin{bmatrix}\dot\theta_1\\ \dot\theta_2\end{bmatrix}
$$

$$
\Rightarrow\dot{\boldsymbol{P}}=\boldsymbol{J}(\theta_1,\theta_2)\cdot\dot{\boldsymbol{q}} \tag{5.12}
$$

式中，$\boldsymbol{J}(\theta_1,\theta_2)$ 为该二杆机构的雅可比矩阵，并满足

$$
\boldsymbol{J}(\theta_1,\theta_2)=\begin{bmatrix}J_{11} & J_{12}\\ J_{21} & J_{22}\end{bmatrix}\begin{bmatrix}\dfrac{\partial x_p}{\partial\theta_1} & \dfrac{\partial x_p}{\partial\theta_2}\\ \dfrac{\partial y_p}{\partial\theta_1} & \dfrac{\partial y_p}{\partial\theta_2}\end{bmatrix} \tag{5.13}
$$

扩展到多自由度机械臂建立的雅可比矩阵求解方法，回转关节的线性雅可比矩阵一般通过下式进行计算，即

$$
\boldsymbol{J}_{vi}={}^{0}\boldsymbol{R}_{i-1}\cdot\begin{bmatrix}0\\0\\1\end{bmatrix}\times(\boldsymbol{O}_n-\boldsymbol{O}_{i-1}) \tag{5.14}
$$

式中，$\boldsymbol{J}_{vi}$ 表示所求线性雅可比矩阵的第 $i$ 列向量；$\boldsymbol{R}_{i-1}^{0}$ 表示由坐标系$\{0\}$ 到$\{i\}$ 的旋转变化矩阵与$(0\quad 0\quad 1)^{\mathrm{T}}$ 相乘的结果，也就是取旋转矩阵${}^{0}\boldsymbol{R}_{i-1}$ 的 $Z$ 向分量。$\boldsymbol{O}_n$ 和 $\boldsymbol{O}_{i-1}$ 分别表示末端执行器坐标系$\{n\}$ 的原点位置和第 $i-1$ 个关节坐标系$\{n_{i-1}\}$ 的原点位置。此处 $n=2$，由式(5.8) 和式(5.9) 可知

$$
\boldsymbol{O}_2=\begin{bmatrix}l_1\cos\theta_1+l_2\cos(\theta_1+\theta_2)\\ l_1\sin\theta_1+l_2\sin(\theta_1+\theta_2)\\ 0\end{bmatrix},\quad \boldsymbol{O}_1=\begin{bmatrix}l_1\cos\theta_1\\ l_1\sin\theta_1\\ 0\end{bmatrix},\quad \boldsymbol{O}_0=\begin{bmatrix}0\\0\\0\end{bmatrix} \tag{5.15}
$$

且有

$$ {}^{0}\boldsymbol{R}_0=\boldsymbol{I},\quad {}^{0}\boldsymbol{R}_1={}^{0}\boldsymbol{T}_1,\quad {}^{0}\boldsymbol{R}_2={}^{0}\boldsymbol{T}_2 \tag{5.16} $$

因此

$$ \boldsymbol{J}_{v1}={}^{0}\boldsymbol{R}_0\cdot\begin{bmatrix}0\\0\\1\end{bmatrix}\times(\boldsymbol{O}_n-\boldsymbol{O}_0)=\begin{bmatrix}-[l_1\sin\theta_1+l_2\sin(\theta_1+\theta_2)]\\ l_1\cos\theta_1+l_2\cos(\theta_1+\theta_2)\\0\end{bmatrix} \tag{5.17} $$

$$ \boldsymbol{J}_{v2}={}^{0}\boldsymbol{R}_1\cdot\begin{bmatrix}0\\0\\1\end{bmatrix}\times(\boldsymbol{O}_n-\boldsymbol{O}_1)=\begin{bmatrix}-l_2\sin(\theta_1+\theta_2)\\ l_2\cos(\theta_1+\theta_2)\\0\end{bmatrix} \tag{5.18} $$

$$ \boldsymbol{J}_{v3}={}^{0}\boldsymbol{R}_2\cdot\begin{bmatrix}0\\0\\1\end{bmatrix}\times(\boldsymbol{O}_n-\boldsymbol{O}_2)=\begin{bmatrix}0\\0\\0\end{bmatrix} \tag{5.19} $$

由于机械臂只有两个关节,因此将雅可比矩阵$(\boldsymbol{J}_{v1}\quad \boldsymbol{J}_{v2}\quad \boldsymbol{J}_{v3})$进行降维后即可得

$$ \begin{bmatrix}\dot{x}_p\\ \dot{y}_p\end{bmatrix}=(\boldsymbol{J}_{v1}\quad \boldsymbol{J}_{v2})\begin{bmatrix}\dot{\theta}_1\\ \dot{\theta}_2\end{bmatrix} \tag{5.20} $$

上式与式(5.12)结果一致。

### 5.2.3 移动机械臂运动学模型建立

在分别建立了移动平台和机械臂的运动学模型后,便可以进一步建立移动机械臂的模型。此处针对移动机械臂在水平地面上的运动场景进行建模(即移动平台不存在俯仰和翻滚运动),并定义建立该移动机械臂模型所需的相关参考坐标系及位置矢量。

移动机械臂参考模型示意图如图5.11所示,图中$\{G\}$、$\{M\}$、$\{A\}$和$\{E\}$分别表示地面坐标系、移动平台坐标系、机械臂坐标系及末端执行器坐标系。其中,移动平台坐标系的原点位于两后轮连线的中点,$x$轴与其运动方向保持一致。向量${}^{G}\boldsymbol{P}_M$表示移动平台在地面坐标系下的位矢,

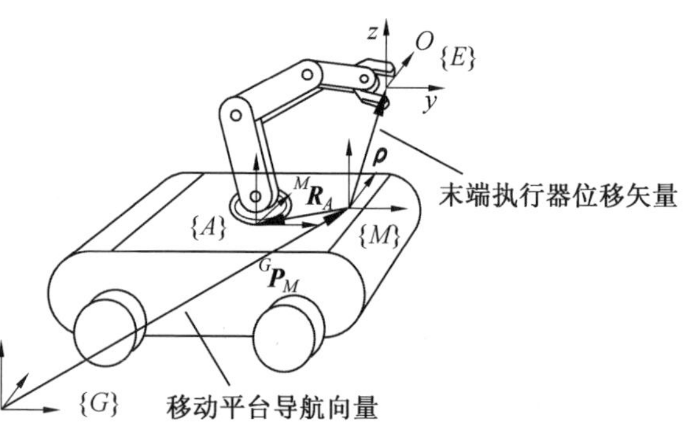


图5.11 移动机械臂参考模型示意图

也就是在水平面的平动和绕$z$轴的转动。常向量${}^{M}\boldsymbol{R}_A$表示机械臂在移动平台坐标系下的位矢,也就是安装位置,即

$$
{}^{G}\boldsymbol{P}_{M}=({}^{G}\boldsymbol{p}_{M}\quad {}^{G}\boldsymbol{\theta}_{M})^{\mathrm{T}}=\begin{bmatrix}{}^{G}p_{Mx}\\{}^{G}p_{My}\\{}^{G}p_{Mz}\\0\\0\\{}^{G}\theta_{Mz}\end{bmatrix},\quad {}^{M}\boldsymbol{R}_{A}=({}^{M}\boldsymbol{r}_{A}\quad {}^{M}\boldsymbol{\theta}_{A})^{\mathrm{T}}=\begin{bmatrix}{}^{M}r_{Ax}\\{}^{M}r_{Ay}\\{}^{M}r_{Az}\\0\\0\\0\end{bmatrix}\tag{5.21}
$$

由于平台高度一定，因此位矢${}^{G}\boldsymbol{P}_{M}$的$z$向分量${}^{G}p_{Mz}$为常数，在实际应用中可以将其置零以简化模型。根据$\{G\}$、$\{M\}$和$\{A\}$间的几何关系，易知移动平台坐标系与地面坐标系变换矩阵形${}^{G}\boldsymbol{T}_{M}$和机械臂坐标系与移动平台坐标系的变换矩阵形${}^{M}\boldsymbol{T}_{A}$为

$$
{}^{G}\boldsymbol{T}_{M}=\begin{bmatrix}\cos{}^{G}\theta_{M} & -\sin{}^{G}\theta_{M} & 0 & {}^{G}p_{Mx}\\ \sin{}^{G}\theta_{M} & \cos{}^{G}\theta_{M} & 0 & {}^{G}p_{My}\\ 0&0&1&{}^{G}p_{Mz}\\0&0&0&1\end{bmatrix},\quad {}^{M}\boldsymbol{T}_{A}=\begin{bmatrix}1&0&0&{}^{M}r_{Ax}\\0&1&0&{}^{M}r_{Ay}\\0&0&1&{}^{M}r_{Az}\\0&0&0&1\end{bmatrix}\tag{5.22}
$$

式中，向量${}^{G}\boldsymbol{P}_{M}$可以根据式(5.1)和式(5.2)给出的运动学模型动态求解，设机械臂的正运动学模型为${}^{A}\boldsymbol{T}_{E}$，则有

$$
{}^{G}\boldsymbol{T}_{E}={}^{G}\boldsymbol{T}_{M}\cdot{}^{M}\boldsymbol{T}_{A}\cdot{}^{A}\boldsymbol{T}_{E}\tag{5.23}
$$

上式即为该移动机械臂的正运动学模型。另外，根据式(5.12)，可以得到静止机械臂模型的微分运动学模型为

$$
{}^{A}\boldsymbol{V}_{E}={}^{A}\boldsymbol{J}_{E}\cdot\dot{\boldsymbol{q}}_{A}\tag{5.24}
$$

机械臂装载到移动平台后，移动平台的运动也会影响机械臂末端执行器的位置和速度。根据该移动机械臂模型的物理意义，可直观地先写出如下的运动学模型，即

$$
\begin{bmatrix}{}^{G}\boldsymbol{V}_{E}\\{}^{G}\boldsymbol{\omega}_{E}\end{bmatrix}={}^{A}\boldsymbol{J}_{E}\cdot\dot{\boldsymbol{q}}_{A}+{}^{G}\boldsymbol{J}_{EM}{}^{G}\dot{\boldsymbol{P}}_{M}\tag{5.25}
$$

式中，${}^{A}\boldsymbol{J}_{E}$表示机械臂自身的雅可比矩阵；${}^{G}\boldsymbol{J}_{EM}{}^{G}\dot{\boldsymbol{P}}_{M}$表示移动平台对末端执行器绝对速度产生的影响。观察上式左边为$2\times1$的分块向量，可将后半部分写成如下分块矩阵相乘的形式，即

$$
{}^{G}\boldsymbol{J}_{EM}{}^{G}\dot{\boldsymbol{P}}_{M}=\begin{bmatrix}\boldsymbol{A}&\boldsymbol{B}\\\boldsymbol{C}&\boldsymbol{D}\end{bmatrix}\cdot\begin{bmatrix}{}^{G}\boldsymbol{p}_{M}\\{}^{G}\boldsymbol{\theta}_{M}\end{bmatrix}=\begin{bmatrix}\boldsymbol{A}\cdot{}^{G}\boldsymbol{p}_{M}+\boldsymbol{B}\cdot{}^{G}\boldsymbol{\theta}_{M}\\\boldsymbol{C}\cdot{}^{G}\boldsymbol{p}_{M}+\boldsymbol{D}\cdot{}^{G}\boldsymbol{\theta}_{M}\end{bmatrix}\tag{5.26}
$$

由于移动平台在水平地面的角速度仅沿竖直方向发生，该方向同时与$\{G\}$和$\{M\}$的$z$轴同向，因此移动平台的线性速度对机械臂末端执行器角速度无影

响,移动平台的角速度应与末端执行器角度线性叠加,即有 $\boldsymbol{C}=\boldsymbol{0},\boldsymbol{D}=\boldsymbol{I}$。另外,移动平台的线性速度也应该与末端执行器线性速度直接叠加,移动平台的角速度应在旋转半径向量 $\boldsymbol{\rho}$ 的作用下转化成额外的线性速度与末端执行器在 $\{A\}$ 下的线性速度的叠加,即有 $\boldsymbol{A}=\boldsymbol{I},\boldsymbol{B}=\boldsymbol{\rho}^{\times}$,其中 $\boldsymbol{\rho}^{\times}$ 表示向量 $\boldsymbol{\rho}$ 的叉乘反对称阵,即

$$\boldsymbol{\rho}^{\times}=\begin{bmatrix}0 & \rho_z & -\rho_y \\ -\rho_z & 0 & \rho_x \\ \rho_y & -\rho_x & 0\end{bmatrix} \tag{5.27}$$

将式(5.26) 和式(5.27) 代入式(5.25) 中可得

$$\begin{bmatrix}{}^{G}\boldsymbol{V}_E \\ {}^{G}\boldsymbol{\omega}_E\end{bmatrix}={}^{A}\boldsymbol{J}_E\dot{\boldsymbol{q}}_A+{}^{G}\boldsymbol{J}_{EM}{}^{G}\dot{\boldsymbol{P}}_M={}^{A}\boldsymbol{J}_E\dot{\boldsymbol{q}}_A+\begin{bmatrix}\boldsymbol{I} & \boldsymbol{\rho}^{\times} \\ \boldsymbol{0} & \boldsymbol{I}\end{bmatrix}\cdot{}^{G}\dot{\boldsymbol{P}}_M \tag{5.28}$$

从工程应用角度出发,可以进一步地将移动平台的绝对速度与驱动轮转速 $\boldsymbol{\omega}$ 相关联,由式(5.1) 和式(5.2) 有

$${}^{G}\dot{\boldsymbol{P}}_M=\boldsymbol{J}_{\mathrm{w}}\cdot\boldsymbol{\omega} \tag{5.29}$$

将上式代入式(5.25) 中即可得到移动机械臂的微分运动学模型为

$${}^{G}\dot{\boldsymbol{P}}_E=\begin{bmatrix}{}^{G}\boldsymbol{V}_E \\ {}^{G}\boldsymbol{\omega}_E\end{bmatrix}=\left[{}^{A}\boldsymbol{J}_E \mid {}^{G}\boldsymbol{J}_{EM}\cdot\boldsymbol{J}_{\mathrm{w}}\right]\begin{bmatrix}\dot{\boldsymbol{q}}_A \\ \boldsymbol{\omega}\end{bmatrix}={}^{G}\boldsymbol{J}_E\cdot\dot{\boldsymbol{q}} \tag{5.30}$$

式中,${}^{G}\boldsymbol{P}_E$ 表示末端执行器在地面坐标系下的位矢;$\dot{\boldsymbol{q}}$ 为移动机械臂的广义关节速度向量。设机械臂共有 $n$ 个关节,则 ${}^{G}\boldsymbol{J}_E\in m\times(n+2)$。当 $n+2>m$ 时,该系统的约束数量将少于控制变量个数,因而系统存在 $n+2-m$ 个冗余度。下节将以此为起点探讨移动机械臂的冗余和逆解方法,并对包括非完整约束移动平台的可控性、机械臂的可操作性和轨迹规划问题进行一定程度的分析和讨论。

## 5.3 移动机械臂的问题分析

本节在前面建立的移动机械臂运动学模型的基础上,首先介绍冗余移动机械臂的逆运动学求解方法;然后建立机械臂可操作性和可负载性的分析方法,体现了建立运动学模型对机构分析的意义;最后介绍移动机械臂轨迹规划方法。本节也只是简单介绍了移动平台和机械臂的规划,若需要进一步了解移动机械臂综合轨迹规划,可参考相关的专业书籍。

### 5.3.1 冗余移动机械臂的运动学逆解

当式(5.30) 存在冗余时,${}^{G}\boldsymbol{J}_E\in m\times(n+2)$,$n+2>m$ 并非方阵,因此无法直接逆向求解其关节速度向量,但可间接通过该矩阵的右逆矩阵近似求解。其

右伪逆矩阵可以通过下式计算，即

$$ {}^{G}\boldsymbol{J}_{E}^{+} = {}^{G}\boldsymbol{J}_{E}^{\mathrm{T}} \cdot ({}^{G}\boldsymbol{J}_{E} \cdot {}^{G}\boldsymbol{J}_{E}^{\mathrm{T}})^{-1} \tag{5.31} $$

式中，${}^{G}\boldsymbol{J}_{E}^{+}$ 表示 ${}^{G}\boldsymbol{J}_{E}$ 的右伪逆矩阵，由式(5.30) 可以得出移动机械臂的逆解模型为

$$ \dot{\boldsymbol{q}} = {}^{G}\boldsymbol{J}_{E}^{+} \cdot {}^{G}\dot{\boldsymbol{P}}_{E} \tag{5.32} $$

当系统存在解时，上述模型求出的是系统广义速度的最小范数解；当系统不存在解时，上述模型求出的是系统广义速度的最小二乘解。注意式(5.31) 给出的右逆公式必须满足行满秩的条件，否则将需要用更一般的伪逆形式得出逆解模型，即

$$ \boldsymbol{A}^{+} = \boldsymbol{V}^{\mathrm{T}}\boldsymbol{\Sigma}^{+}\boldsymbol{U} \tag{5.33} $$

广义速度逆解将在一定程度上引起末端执行器的速度误差，冗余机器人的精度通常也并非靠提高求逆准确性来保证，因此伪逆的形式可以根据任务和需求的不同对应变化。另外，机械臂在运转过程中可能需要对自身的关节速度或末端执行器的速度单独提出相应的要求。下面将针对上述情况给出三种应用较为广泛的逆解方法。

### 1. 奇异鲁棒逆解法(Singularity - Robust Inverse)

在机械臂控制中，如何避免奇异点、提高机械臂的稳定性是必不可少的话题之一。作为一种特殊的机械臂，移动机械臂也同样需要保证良好的奇异鲁棒性。奇异鲁棒逆解法(SR 逆解法) 最初由日本学者中村仁彦提出[1]，该方法以放宽精度要求为代价有效地提高了机械臂在运动过程中的奇异鲁棒性。此外，SR 逆解法也为“如何根据任务需求和指标求冗余系统的最佳逆解” 这一话题提供了范例。

SR 逆解法根据末端执行器的可操作性指标来衡量机械臂当前姿态与奇异点的距离。该指标可以通过下式定义，即

$$ \omega = \sqrt{\det(\boldsymbol{J}\boldsymbol{J}^{\mathrm{T}})} \tag{5.34} $$

则经典的 SR 伪逆矩阵为[1]

$$ \boldsymbol{J}^{\mathrm{SR}+} = \boldsymbol{J}^{\mathrm{T}}(\boldsymbol{J}\boldsymbol{J}^{\mathrm{T}} + k_{\mathrm{SR}}\boldsymbol{I}_{m})^{-1} \tag{5.35} $$

式中，$\boldsymbol{I}_m$ 为 $m \times m$ 的单位矩阵；$k_{\mathrm{SR}}$ 为奇异鲁棒系数，$k_{\mathrm{SR}}$ 的取值决定求解精度，并定义

$$ k_{\mathrm{SR}} = \begin{cases} k_0\left(1 - \dfrac{\omega}{\omega_0}\right)^2, & \omega < \omega_0 \\ 0, & \omega < \omega_0 \end{cases} \tag{5.36} $$

该系数用来确保系统在当前姿态下能够远离奇异位置。其中，$\omega_0$ 表示移动机械臂当前的可操作性阈值；$k_0$ 对应机械臂位于奇异点(即 $\omega = 0$) 时的奇异鲁棒系数。

### 2. 加权运动模型(Weighted Kinematics)

SR 逆解法实际上是针对式(5.30)中的雅可比矩阵进行特定语义下改进的方法。在机械臂运行的过程中,其对于本身的关节速度和末端执行器的速度也会产生不同程度的要求。例如,由于关节类型、驱动方式和其他因素的差异,因此机器人系统各关节的运动范围一般各不相同。为避免各个关节的运动超出对应的极限范围,需要优先考虑关节的速度和位置。又如,在焊接任务中,末端执行器的速度与位置相对于关节速度的优先级显然更高。为量化不同任务对于关节速度和末端执行器速度的指标需求,美国学者 Rajiv Dubey 等提出了一种通过引入加权矩阵对关节速度和末端执行器速度进行差别考虑的方法。该方法定义了两个对角阵 $\boldsymbol{W}_q$ 和 $\boldsymbol{W}_P$ 对应作为关节速度和末端执行器速度的权重矩阵,并定义

$$\boldsymbol{J}_{\mathrm{WK}} = \boldsymbol{W}_P^{\frac{1}{2}} \cdot \boldsymbol{J} \cdot \boldsymbol{W}_q^{-\frac{1}{2}}, \quad \dot{\boldsymbol{P}}_{\mathrm{WK}} = \boldsymbol{W}_P^{\frac{1}{2}} \cdot \dot{\boldsymbol{P}}, \quad \dot{\boldsymbol{q}}_{\mathrm{WK}} = \boldsymbol{W}_q^{\frac{1}{2}} \cdot \dot{\boldsymbol{q}} \tag{5.37}$$

则移动机械臂的微分运动模型将变为

$$\dot{\boldsymbol{P}}_{\mathrm{WK}} = \boldsymbol{J}_{\mathrm{WK}} \cdot \dot{\boldsymbol{q}}_{\mathrm{WK}} \tag{5.38}$$

对应系统关节速度和末端执行器速度的模分别为

$$\begin{aligned} |\dot{\boldsymbol{P}}_{\mathrm{WK}}| &= \sqrt{\dot{\boldsymbol{P}}_{\mathrm{WK}}^{\mathrm{T}} \cdot \dot{\boldsymbol{P}}_{\mathrm{WK}}} = \sqrt{\dot{\boldsymbol{P}}^{\mathrm{T}} \cdot \boldsymbol{W}_P \cdot \dot{\boldsymbol{P}}} \\ |\dot{\boldsymbol{q}}_{\mathrm{WK}}| &= \sqrt{\dot{\boldsymbol{q}}_{\mathrm{WK}}^{\mathrm{T}} \cdot \dot{\boldsymbol{q}}_{\mathrm{WK}}} = \sqrt{\dot{\boldsymbol{q}}^{\mathrm{T}} \cdot \boldsymbol{W}_q \cdot \dot{\boldsymbol{q}}} \end{aligned} \tag{5.39}$$

类似式(5.31)和式(5.32),加权逆解模型为

$$\dot{\boldsymbol{q}}_{\mathrm{WK}} = \boldsymbol{J}_{\mathrm{WK}}^{+} \cdot \dot{\boldsymbol{P}}_{\mathrm{WK}}, \quad \boldsymbol{J}_{\mathrm{WK}}^{+} = \boldsymbol{J}_{\mathrm{WK}}^{\mathrm{T}} \cdot (\boldsymbol{J}_{\mathrm{WK}} \cdot \boldsymbol{J}_{\mathrm{WK}}^{\mathrm{T}})^{-1} \tag{5.40}$$

再代入式(5.37)中,整理后可得

$$\dot{\boldsymbol{q}} = \boldsymbol{W}_q^{-1} \cdot \boldsymbol{J}^{\mathrm{T}} \cdot \boldsymbol{W}_P^{\frac{1}{2}} \cdot [\boldsymbol{W}_P^{\frac{1}{2}} \cdot \boldsymbol{J} \cdot \boldsymbol{W}_q^{-1} \cdot \boldsymbol{J}^{\mathrm{T}} \cdot \boldsymbol{W}_P^{\frac{1}{2}}]^{-1} \cdot \boldsymbol{W}_P^{\frac{1}{2}} \cdot \dot{\boldsymbol{P}} \tag{5.41}$$

上式将给出移动机械臂的加权最小范数或最小二乘解。考虑本节开头提到的避免关节运动极限问题,为避免移动机械臂与允许工作空间外的物体产生干涉,可考虑关节速度权重并将末端执行器速度权重设为单位矩阵。此时,式(5.41)将退化为

$$\dot{\boldsymbol{q}} = \boldsymbol{W}_q^{-1} \cdot \boldsymbol{J}^{\mathrm{T}} \cdot [\boldsymbol{J} \cdot \boldsymbol{W}_q^{-1} \cdot \boldsymbol{J}^{\mathrm{T}}]^{-1} \cdot \dot{\boldsymbol{P}} \tag{5.42}$$

在该关节速度权重矩阵中,$\sigma_i$ 应为与第 $i$ 个关节运动限制相关的权重参数。量化为

$$\boldsymbol{W}_q = \begin{bmatrix} \sigma_1 & 0 & \cdots & 0 & 0 & 0 \\ 0 & \sigma_2 & \cdots & 0 & 0 & 0 \\ \vdots & \vdots & & \vdots & \vdots & \vdots \\ 0 & 0 & \cdots & \sigma_n & 0 & 0 \\ 0 & 0 & \cdots & 0 & \sigma_{n+1} & 0 \\ 0 & 0 & \cdots & 0 & 0 & \sigma_{n+2} \end{bmatrix} \tag{5.43}$$

当前关节速度与运动限制间的关系，可以定义如下的关节限制性能指标函数[2]，即

$$H(q)=\sum_{i=1}^{n}\frac{1}{4}\frac{(q_{i\max}-q_{i\min})^2}{(q_{i\max}-q_i)(q_i-q_{i\min})} \tag{5.44}$$

式中，$q_i$ 表示移动机械臂的第 $i$ 个关节；$q_{i\min}$ 和 $q_{i\max}$ 分别对应该关节的运动上限与运动下限。可以看出，当 $q_i$ 处于该运动范围的中位时，$H(q)$ 将达到最小值。一种可行的方式是令

$$\sigma_n=1+\left|\frac{\partial H(q)}{\partial q_i}\right|=1+\left|\frac{(q_{i\max}-q_{i\min})^2\cdot(2q_i-q_{i\max}-q_{i\min})}{4\cdot(q_{i\max}-q_i)^2\,(q_i-q_{i\min})^2}\right| \tag{5.45}$$

则当 $q_i$ 处于该运动范围的中位时，$\sigma_i$ 将降为最小值 1，对应最安全状态，此时输入的关节速度也将正常执行；当 $q_i$ 接近运动范围的边界时，$\sigma_i$ 将趋于无穷大，对应危险状态，此时式(5.42) 中 $W_q^{-1}$ 对应的权重值将趋于 0，关节速度将受到极大程度限制，以避免其进一步靠近运动极限。为保证机械臂在极限位置附近时能够正常返程远离，可以附加下述分段条件，即

$$\sigma_n=\begin{cases}1+\left|\dfrac{\partial H(q)}{\partial q_i}\right|, & \Delta\left|\dfrac{\partial H(q)}{\partial q_i}\right|\geqslant 0\\[2ex] 1, & \Delta\left|\dfrac{\partial H(q)}{\partial q_i}\right|<0\end{cases} \tag{5.46}$$

**3. 考虑多个子任务的逆解法(Multi - Subtasks Method)**

在实际应用场景中，移动机械臂所需完成的复杂任务一般都可以分解为几个简单子任务的组合，此时可用考虑多个子任务的逆解法(MS 逆解法)。例如，图 5.4 所示的任务便可以简单分解为“移动避障”和“定点抓取”两个子任务。其中，在“移动避障”子任务中，机器人需要规划并跟踪避障轨迹；在“定点抓取”子任务中，机器人需要规划并跟踪抓取轨迹。过程中若不存在双轨迹同步跟踪的精确解，则移动机械臂控制器应优先跟随当前优先级较高的轨迹，并将误差尽可能分配给当前优先级较低的轨迹。优先级的设定应能够在两个子任务之间动态变化。当移动平台处于避障阶段时，出于安全考虑，应优先跟随移动平台的轨迹，这一阶段应能容许较大的末端执行器的轨迹误差，甚至对末端执行器的轨迹跟踪可以暂时中断，直到避障完成。此时，再将跟踪末端执行器轨迹设为较高优先级，完成定点抓取任务。MS 逆解法可以描述为

$$\dot{\boldsymbol{q}}=\boldsymbol{J}_1^{+}\dot{\boldsymbol{P}}_1+(\boldsymbol{I}-\boldsymbol{J}_1^{+}\boldsymbol{J}_1)\hat{\boldsymbol{J}}_2^{+}(\dot{\boldsymbol{P}}_2-\boldsymbol{J}_2\boldsymbol{J}_1^{+}\dot{\boldsymbol{P}}_1)+(\boldsymbol{I}-\boldsymbol{J}_1^{+}\boldsymbol{J}_1)(\boldsymbol{I}-\hat{\boldsymbol{J}}_2^{+}\hat{\boldsymbol{J}}_2)\boldsymbol{H} \tag{5.47}$$

式中，$\boldsymbol{J}_i(i=1,2,\cdots)$ 表示第 $i$ 个子任务的雅可比矩阵；$\boldsymbol{J}_i^{+}$ 为其对应的右伪逆矩阵；$\dot{\boldsymbol{P}}_i(i=1,2,\cdots)$ 表示第 $i$ 个子任务的期望输出速度；$\hat{\boldsymbol{J}}_2=\boldsymbol{J}_2(\boldsymbol{I}-\boldsymbol{J}_1^{+}\boldsymbol{J}_1)$。上式中等式右端的第一项为子任务一中欲得到期望速度 $\dot{\boldsymbol{P}}_1$ 的最小范数 / 二乘解；第二

项为在考虑子任务一的影响下得到的子任务二关节速度;第三项的作用是将向量 $\boldsymbol{H}$ 投影到剩余的子空间中。

### 5.3.2 机械臂的可操作性及可负载性分析

机械臂某一时刻的位姿仅存在奇异或非奇异两种状态。为保证安全,即使机器人目前尚处于非奇异位姿,也需要借助特定的指标来衡量其与奇异位姿的距离,以保证机器人在后续的运动中不发生奇异。当机器人位于奇异姿态时,其运动维度将产生不同程度的坍塌,可以通过定义可操作性(Manipulability)的概念来衡量机器人末端控制的运动能力。

**1. 机械臂可操作性分析(可操作性椭圆)**

考虑5.2.2节所述的二自由度机械臂,设其两个关节的运动范围分别为 $[0,\theta_1]$ 和 $[0,\theta_2]$,则2R(二自由度)机器人关节速度集和末端执行器速度集如图5.12所示。

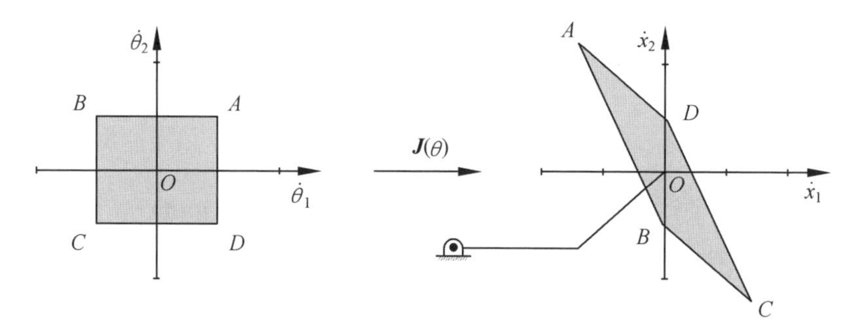


图5.12 2R机器人关节速度集和末端执行器速度集

图5.12中左图的 $A$ 点表示当两轴的运动速度都达到峰值的情况。该2R机器人的矩形二维速度集经过式(5.20)所示的雅可比矩阵将被映射成图5.12中右图所示的平行四边形集合。为便于建模分析,将图5.12中左图的矩形速度集替换为图5.13中的椭圆形速度子集,其中 $\theta_1$ 和 $\theta_2$ 分别对应椭圆的长轴和短轴坐标。此时,该2R机器人的椭圆二维速度集经过式(5.20)所示的雅可比矩阵将被映射成长短轴方向及大小均发生变化的椭圆集合。

2R机器人的椭圆关节速度集和可操作性椭球如图5.13所示。末端执行器的二维椭圆速度集表明处于当前位姿下的2R机器人在椭圆短轴方向上具有最大的移动速度,而在椭圆长轴方向上具有较小的移动速度。当机器人位姿发生变化时,对应末端执行器速度集的形状也会发生相应变化。定义这类能反映末端执行器在不同方向上运动能力的椭球速度集为可操作性椭球(Manipulability Ellipsoids)。特别地,当2R机器人处于奇异点时,其可操作性椭球将坍塌成二维平面上的一条直线。

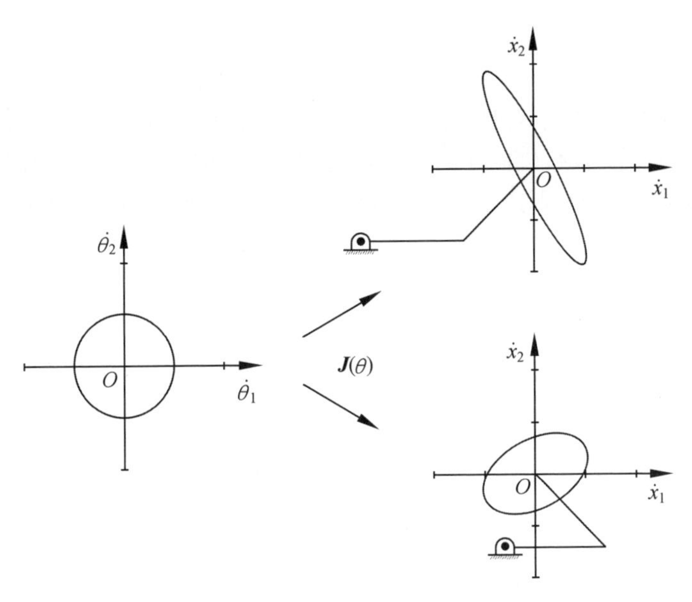


图 5.13　2R 机器人的椭圆关节速度集和可操作性椭球

为得出更一般的可操作性模型指标,假设某机器人满足下述速度微分学模型,即

$$\boldsymbol{v}_{\text{tip}} = \boldsymbol{J}(\theta)\dot{\boldsymbol{\theta}},\quad \boldsymbol{v}_{\text{tip}} \in \boldsymbol{R}^m, \dot{\boldsymbol{\theta}} \in \boldsymbol{R}^n, \boldsymbol{J}(\theta) \in \boldsymbol{R}^{m\times n} \tag{5.48}$$

并定义图 5.13 所示的圆形关节速度集为

$$\dot{\boldsymbol{\theta}}^{\mathrm{T}}\dot{\boldsymbol{\theta}} = \boldsymbol{1} \tag{5.49}$$

同时假设 $\boldsymbol{J}(\theta)$ 的逆矩阵(或伪逆)为 $\boldsymbol{J}^{-1}$,并将式(5.49)代入式(5.48)中可得

$$(\boldsymbol{J}^{-1}\boldsymbol{v}_{\text{tip}})^{\mathrm{T}}(\boldsymbol{J}^{-1}\boldsymbol{v}_{\text{tip}}) = \boldsymbol{1} \tag{5.50}$$

打开括号整理后可得

$$\boldsymbol{v}_{\text{tip}}{}^{\mathrm{T}}(\boldsymbol{J}\boldsymbol{J}^{\mathrm{T}})^{-1}\boldsymbol{v}_{\text{tip}} = \boldsymbol{1} \Rightarrow \boldsymbol{v}_{\text{tip}}{}^{\mathrm{T}}\boldsymbol{A}^{-1}\boldsymbol{v}_{\text{tip}} = \boldsymbol{1} \tag{5.51}$$

式中,$\boldsymbol{A} = \boldsymbol{J}\boldsymbol{J}^{\mathrm{T}} \in \boldsymbol{R}^{m\times m}$ 为正定对称阵。设其具有特征值 $\lambda_1,\cdots,\lambda_m$,对应特征向量分别为 $\alpha_1,\cdots,\alpha_m$,则式(5.51)实际上定义了一个具有 $m-1$ 维度的椭球曲面,其中 $m$ 个特征向量与该曲面围成的椭球体的 $m$ 个主轴同向,各主轴长度的一半与各自对应特征值的平方根相同。2R 机器人的可操作性椭球如图 5.14 所示。

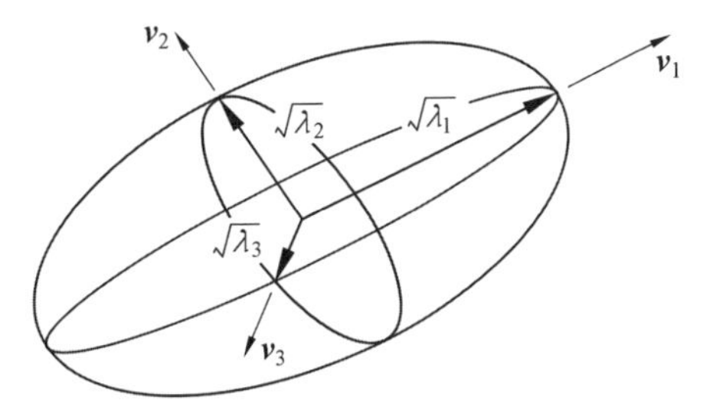


图 5.14　2R 机器人的可操作性椭球

为便于直观理解,借助 Matlab 机器人工具包对 PUMA560 机器人前三个关节进行可操作性行仿真,澳大利亚的 Peter Corke 编写的 *Robotics, Vision and Control Fundation Algorithm in Matlab* 是一个很实用的工具箱,Matlab 相关的机器人技术

都可参考这本书及其工具箱。由于仿真的机器人具有3个自由度,因此其末端执行器的可操作性在非奇异状态下将能张成三维的椭球曲面。保持底部旋转关节静止,当末端关节由初始位置不断向上旋转时,其可操作性椭球的体积将不断缩小;当末端关节与前部关节平行时,机械臂达到奇异,可操作性椭球将坍塌成可操作性椭圆。PUMA 机器人前三个关节的可操作性椭球随运动产生的变化如图 5.15 所示。

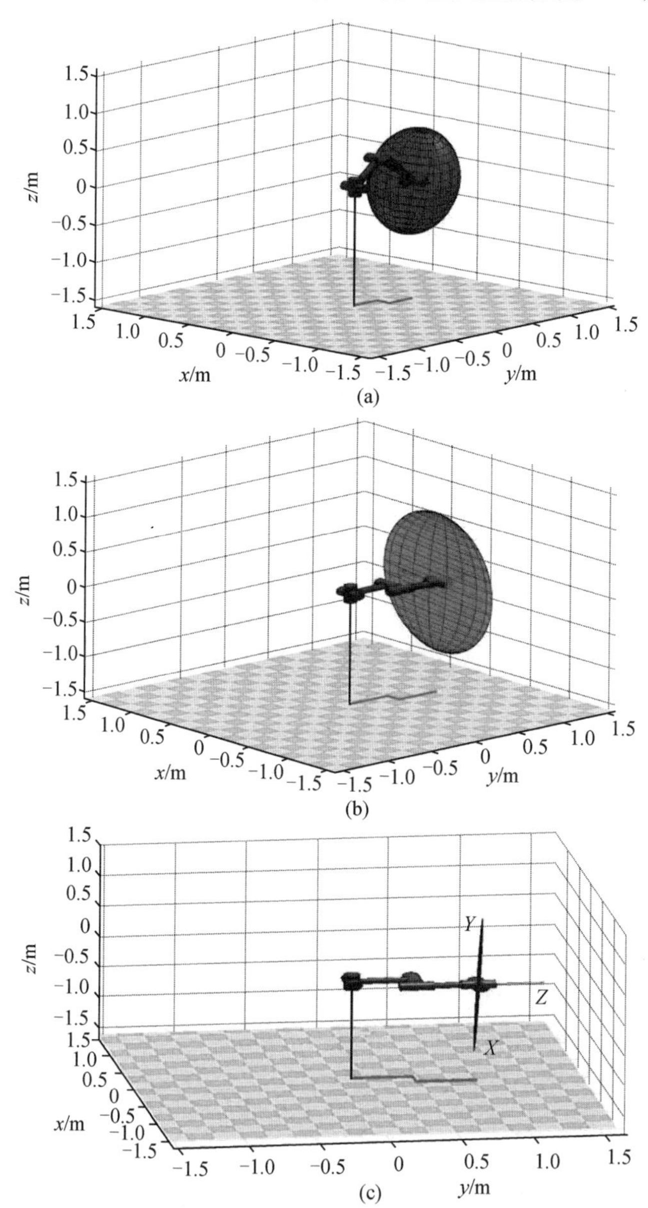


图 5.15　PUMA 机器人前三个关节的可操作性椭球随运动产生的变化

通过上述仿真可以看出,当末端执行器的可操作性椭球的某一方向发生或接近坍塌时,对应着机械臂达到或接近奇异点的情况,因此可以定义如下的三个可操作性指标来衡量当前姿态距离奇异点的距离。

可操作性指标实际表示椭球最长主轴与最短主轴长度之比,即

$$\mu_1(\boldsymbol{A})=\frac{\sqrt{\lambda_{\max}(\boldsymbol{A})}}{\sqrt{\lambda_{\min}(\boldsymbol{A})}}=\sqrt{\frac{\lambda_{\max}(\boldsymbol{A})}{\lambda_{\min}(\boldsymbol{A})}}\geqslant 1 \tag{5.52}$$

当$\mu_1(\boldsymbol{A})=1$时,称该机器人在当前位姿下的可操作性具有各向同性(Isotropic),此时末端执行器向各方向运动的能力均相同;当机械臂趋近奇异位置时,$\mu_1(\boldsymbol{A})$的值将趋近正无穷。类似地,也可以定义下述可操作性指标,即

$$\mu_2(\boldsymbol{A})=\frac{\lambda_{\max}(\boldsymbol{A})}{\lambda_{\min}(\boldsymbol{A})}\geqslant 1 \tag{5.53}$$

另外,也可以通过衡量可操作性椭球曲面围成的体积来判断当前位姿与奇异点的距离,即

$$\mu_3(\boldsymbol{A})=\sqrt{\lambda_1\lambda_2\cdots}=\sqrt{\det(\boldsymbol{A})} \tag{5.54}$$

**2. 机械臂力雅可比分析(可负载性椭球)**

雅可比矩阵也能够将关节力或力矩与末端执行器的受力关联起来,假设关节受力/力矩向量为$\boldsymbol{\tau}$,则根据物理学可知整个系统输出的功率为

$$\boldsymbol{P}=\dot{\boldsymbol{\theta}}^{\mathrm{T}}\boldsymbol{\tau} \tag{5.55}$$

同时假设能量仅在机械臂关节与末端执行器间转换,由末端力$\boldsymbol{f}_{\mathrm{tip}}$和末端速度$\boldsymbol{v}_{\mathrm{tip}}$表达的功率为

$$\boldsymbol{P}=\dot{\boldsymbol{\theta}}^{\mathrm{T}}\boldsymbol{\tau}=\boldsymbol{v}_{\mathrm{tip}}^{\mathrm{T}}\boldsymbol{f}_{\mathrm{tip}} \tag{5.56}$$

代入式(5.24)中可得

$$\boldsymbol{P}=\dot{\boldsymbol{\theta}}^{\mathrm{T}}\boldsymbol{\tau}=(\boldsymbol{J}(\theta)\dot{\boldsymbol{\theta}})^{\mathrm{T}}\boldsymbol{f}_{\mathrm{tip}}=\dot{\boldsymbol{\theta}}^{\mathrm{T}}\boldsymbol{J}^{\mathrm{T}}(\theta)\boldsymbol{f}_{\mathrm{tip}} \tag{5.57}$$

因此

$$\boldsymbol{P}=\dot{\boldsymbol{\theta}}^{\mathrm{T}}\boldsymbol{\tau}=(\boldsymbol{J}(\theta)\dot{\boldsymbol{\theta}})^{\mathrm{T}}\boldsymbol{f}_{\mathrm{tip}}=\dot{\boldsymbol{\theta}}^{\mathrm{T}}\boldsymbol{J}^{\mathrm{T}}(\theta)\boldsymbol{f}_{\mathrm{tip}}\Rightarrow\boldsymbol{\tau}=\boldsymbol{J}^{\mathrm{T}}(\theta)\boldsymbol{f}_{\mathrm{tip}} \tag{5.58}$$

上述模型将末端执行器期望受力与关节驱动力/力矩相关联,在力反馈控制中非常适用。由于末端执行器受力通常为已知条件,因此上式的另一种常见形式为

$$\boldsymbol{J}^{-\mathrm{T}}(\theta)\boldsymbol{\tau}=\boldsymbol{f}_{\mathrm{tip}} \tag{5.59}$$

注意左端的$\boldsymbol{J}^{-\mathrm{T}}$指代的是广义的雅可比逆矩阵:当$\boldsymbol{J}^{\mathrm{T}}$为方阵并可逆时,$\boldsymbol{J}^{-\mathrm{T}}$即指代其逆矩阵;当$\boldsymbol{J}^{\mathrm{T}}$非方阵或不可逆时,$\boldsymbol{J}^{-\mathrm{T}}$指代其伪逆矩阵。与式(5.20)类似,也可以将关节力/力矩的容许范围通过雅可比矩阵进行映射,2R机器人的关节力矩集和末端执行器受力集如图5.16所示。

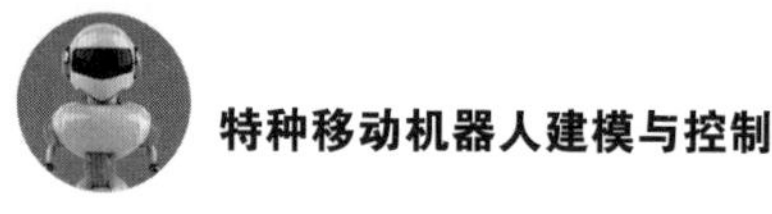


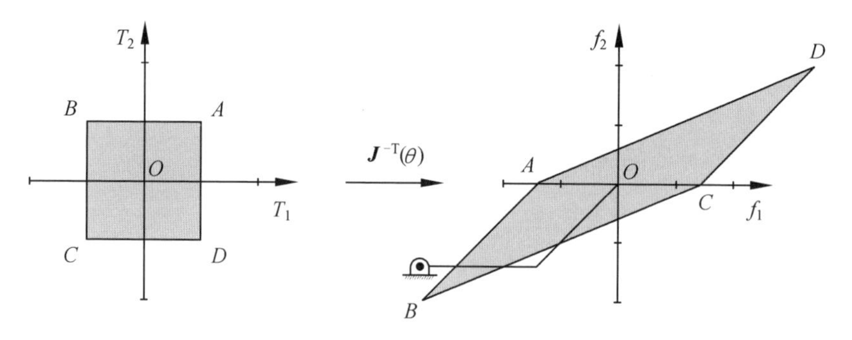


图 5.16　2R 机器人的关节力矩集和末端执行器受力集

类似地,也可以定义末端执行器的可负载性椭球(Bearability Ellipsoids) 以衡量机械臂在特定姿态下的受力能力,2R 机器人的椭圆关节力矩集和负载性椭球如图 5. 17 所示。

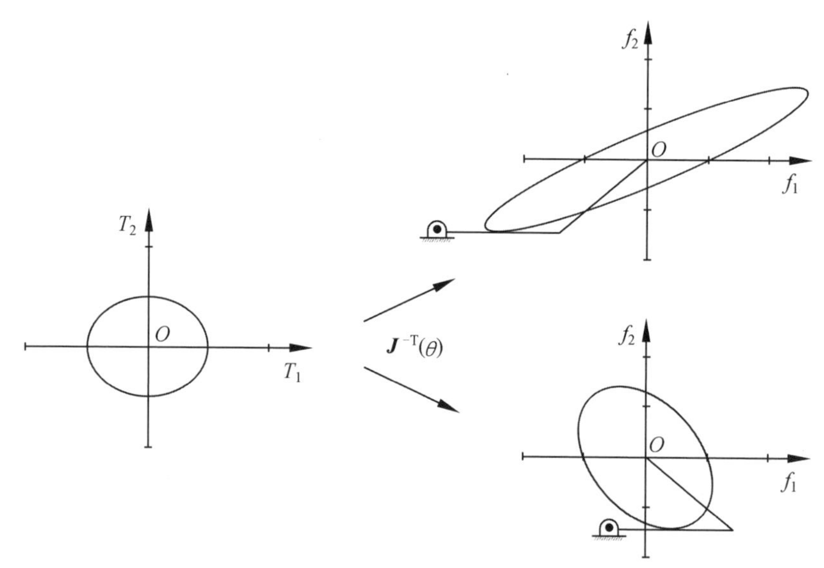


图 5.17　2R 机器人的椭圆关节力矩集和负载性椭球

对应地,只要令式(5. 51) 中的 $\boldsymbol{A} = (\boldsymbol{J}\boldsymbol{J}^{\mathrm{T}})^{-1} \in \boldsymbol{R}^{m\times m}$,其对应的椭球即为负载性椭球。为更好地理解可操作性和可负载性的关系,假设当 2R 机械臂处于奇异位置(两关节共线) 的情况。此时,机械臂末端能承受的沿机械臂方向的力将达到最大值(理想状况下是无穷大),对应机械臂关节为平衡该力所应输出的力矩将达到最小值(理想状况下为零)。同时,机械臂末端能承受的垂直于机械臂方向的力将达到最小值,对应机械臂关节为平衡该力所应输出的力矩将达到最大值。上述示例实际说明末端执行器在特定方向上的受力能力实际与其运动能力成反比。换言之,末端执行器若在某方向能够达到较高的速度,那么其在该方向

上的负载或受力能力将较为薄弱。2R 机器人位于不同位置时的受力示意图及特定位置下的可操作性椭球如图 5. 18 所示。

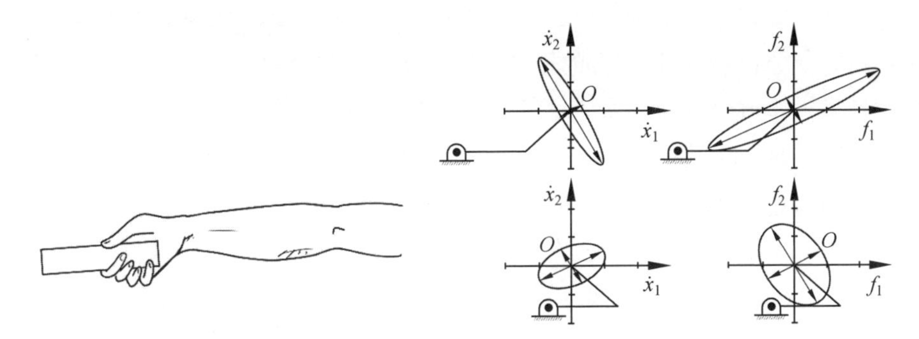


图 5. 18　2R 机器人位于不同位置时的受力示意图及特定位置下的可操作性椭球

由于在机械臂建模过程中一般将末端执行器的线性速度和角速度定义为

$$\dot{\boldsymbol{P}} = \begin{bmatrix} \dot{\boldsymbol{p}}_{3\times1} \\ \dot{\boldsymbol{\theta}}_{3\times1} \end{bmatrix} \tag{5.60}$$

因此对应的雅可比矩阵也可以写成

$$\boldsymbol{J}(\theta) = \begin{bmatrix} \boldsymbol{J}_v(\theta) \\ \boldsymbol{J}_\omega(\theta) \end{bmatrix} \in \boldsymbol{R}^{6\times n} \tag{5.61}$$

由于角速度和线速度的单位不同，因此可以基于 $\boldsymbol{J}_v(\theta)$ 和 $\boldsymbol{J}_\omega(\theta)$ 根据式(5. 61) 分别计算末端执行器的转向可操作性、可负载性及线性可操作性、可负载性，以分别分析机械臂当前位姿下的转向奇异性和线性奇异性。值得注意的是，在图 5. 18 所示的移动机械臂模型中，移动机械臂的集成设计和参数均包含在常向量 $\boldsymbol{R}$ 中(即将机械臂固定在移动平台的哪个位置)，因此在移动平台和机械臂结构确定以后，移动机械臂的定向分析和优化应当基于 $\boldsymbol{R}$ 展开。

## 5.3.3　移动机械臂的运动规划

运动规划(Motion Planning) 由路径规划(空间) 和轨迹规划(时间) 组成。

连接起点位置和终点位置的序列点或曲线称为路径，构成路径的策略称为路径规划(Path Planning)。 路径是机器人位姿的一定序列，而不考虑机器人位姿参数随时间变化的因素。路径规划(一般指位置规划) 是找到一系列要经过的路径点，路径点是空间中的位置或关节角度，而轨迹规划是赋予路径时间信息。路径规划的目标是使路径与障碍物的距离尽量远，同时路径的长度尽量短，这是多数移动平台的路径规划。

轨迹规划(Trajectory Planning) 的目的主要是使机器人关节在空间移动中运行时间尽可能短，或者需要的能量尽可能小。轨迹规划在路径规划的基础上加入时间序列信息，对机器人执行任务时的速度与加速度进行规划，以满足光滑性和速度可控性等要求，多用于机械臂轨迹规划。

运动控制则是主要解决如何控制目标系统准确跟踪指令轨迹的问题，即对于给定的指令轨迹，选择适合的控制算法和参数，产生输出，控制目标实时、准确地跟踪给定的指令轨迹。这部分内容在第 2 章中也介绍过。

**1. 运动规划问题**

运动规划问题(Motion Planning Problem)是移动机器人和机械臂在实际应用场景中需要解决的主要问题之一。对于移动机械臂来说，运动规划方法也是避障、抓取等任务的主要实现方式。假设 $\boldsymbol{q}$ 表示移动机械臂的位姿，并定义移动机械臂所有可能达到的姿态集合为 $C$，根据避障的任务需求将 $C$ 分为两个子集，有

$$C = C_{\text{free}} \cup C_{\text{coll}} \tag{5.62}$$

式中，$C_{\text{free}}$ 表示移动机械臂不与障碍物发生干涉的姿态集；$C_{\text{coll}}$ 表示移动机械臂与障碍物发生干涉的姿态集。

同时，定义移动机械臂的运动方程为

$$\dot{\boldsymbol{q}} = f(\boldsymbol{q}, \boldsymbol{u}), \quad \boldsymbol{u} \in \boldsymbol{U} \tag{5.63}$$

式中，$\boldsymbol{u}$ 表示输入向量。其积分形式为

$$\boldsymbol{q}(T) = \boldsymbol{q}(0) + \int_0^T f[\boldsymbol{q}(t), \boldsymbol{u}(t)]\mathrm{d}t \tag{5.64}$$

由此，可将移动机械臂的运动问题定义为：给定一个初始状态 $\boldsymbol{q}(0) = \boldsymbol{q}_{\text{start}}$ 和一个目标状态 $\boldsymbol{q}_{\text{goal}}$，在时间 $T$ 内寻求一系列输入 $\boldsymbol{u}:[0,T] \to \boldsymbol{U}$，使得机器人运动满足 $\boldsymbol{q}(T) = \boldsymbol{q}_{\text{goal}}$ 且在该时段内机器人的位姿 $\boldsymbol{q}(t)$ 均满足 $\boldsymbol{q}(t) \in C_{\text{free}}$，也就是满足构型空间的避障。

实际上，机器人领域中常见的轨迹规划、避障路线规划均属于上述运动规划问题的范畴。根据应用条件的不同，可以将运动规划问题分为以下几种不同的形式。

(1) 包含时间参量在内的轨迹规划问题和单纯的避障路线规划问题。

(2) 具有全方位自由度的机器人运动规划问题和缺少特定方向运动能力的机器人运动规划问题。

(3) 实时运动规划问题和离线运动规划问题。

(4) 最优化运动规划问题和满足特定指标的运动规划问题。

为解决上述的运动规划问题，需要将运动环境中存在的障碍物对应转化为机器人构型空间(Configuration Space)中的 $C_{\text{coll}}$，以便进行运动规划，规划算法参考第 2 章。下一节将以二自由度连杆机械臂为例进行说明。

### 2. 二自由度机械臂的避障规划(构型空间问题)

在第2章介绍移动机器人轨迹规划时,提到了构型空间的概念,也就是机器人在运动过程中自身需要的空间。而在机械臂轨迹规划方面将更加复杂,虽然规划了机械臂的末端轨迹可以通过障碍物,但是实际运行过程中机械臂臂体构型可能与障碍物碰撞,因此需要在构型空间中进行轨迹规划。下面以二自由度连杆机械臂为例进行介绍。

假设二自由度连杆机械臂的两个关节工作范围均为[0,2π],则2R机器人的位姿集 $C$ 和障碍物对应的 $C_{coll}$ 如图5.19所示。图5.19(c)只有A障碍,图5.19(c)有A、B、C障碍,在这两种情况下,障碍物和机械臂在实际工作环境中的分布情况(工作空间)分别如图5.19(a)和5.19(c)所示,图5.19(b)和图5.19(d)是构型空间中障碍物的分布情况。机械臂在工作空间中的形态是二连杆原型,因此在此空间中易于规划末端轨迹,构型避障只能通过碰撞检测实现,然后采用重新规划轨迹的方式来寻找无碰撞轨迹。而在构型空间机械臂是一个点,直接利用第2章建立的规划方法进行规划,就可以得到无碰撞轨迹。其算法可参考https://www.cs.unc.edu/ ~ jeffi/c - space/robot.xhtml。

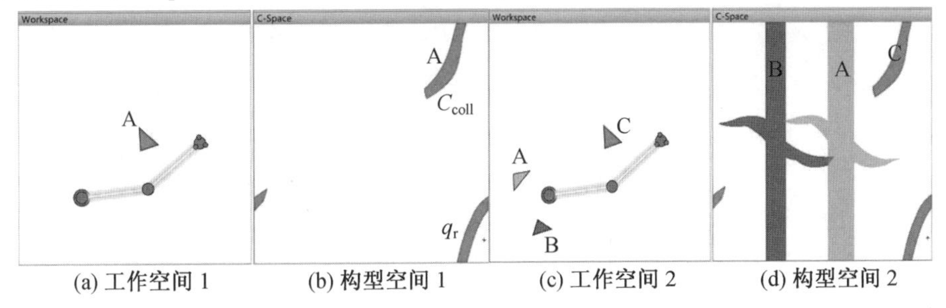


图5.19 2R机器人的位姿集 $C$ 和障碍物对应的 $C_{coll}$

可以通过图5.19中的一点 $q_r$ 来表示机械臂的当前位姿。同时,也可通过如图5.19所示的灰色区域 $C_{coll}$ 来表示障碍物A在机器人工作空间中的位置。由于旋转关节的位置2π和0是重合的,上述位姿空间的左右和上下两边实际为同一边,因此图5.20所示机器人的干涉位姿示例的三个灰色区域实际上是同一连通域。类似地,可以确定其他障碍物B、C占据的区域,并最终确定 $C_{coll}$。注意在考虑 $C_{coll}$ 时,通常还需要考虑机械臂的关节运动限制(此处已假设两个关节均无运动限制)。图5.20给出了几个位于 $C_{coll}$ 内的位姿点及该2R机器人对应的位姿。

据此,可以找出该2R机器人的4个连通的自由运动域及对应的工作空间,如图5.21所示。

由于各个自由连通域之间均被 $C_{coll}$ 隔断,因此仅当 $q_{start}$ 和 $q_{goal}$ 处于同一自由连通域时才存在可行的运动轨迹。图5.22所示为2R机器人一个具体的运动规划任务及一条可行的运动轨迹。起始点和终止点不在同一联通区域则没有可行轨迹,如图 5.23 所示。

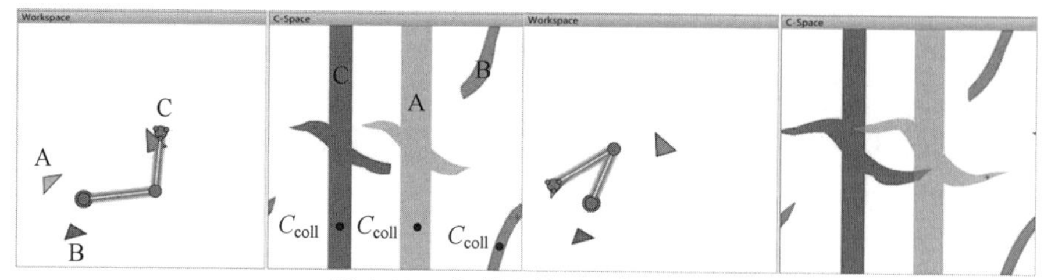


图 5.20 机器人的干涉位姿示例

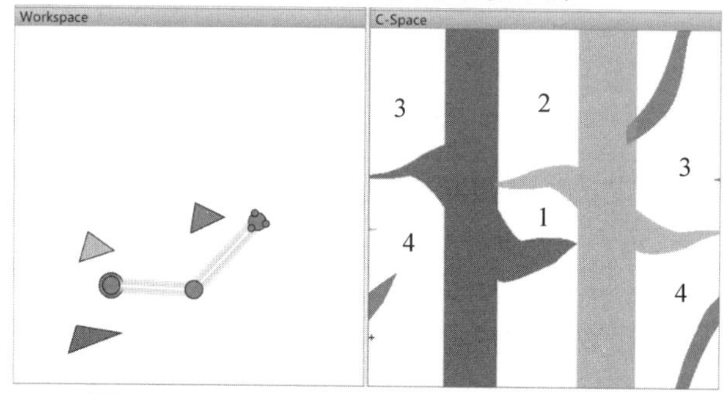


图 5.21 2R 机器人的 4 个连通的自由运动域

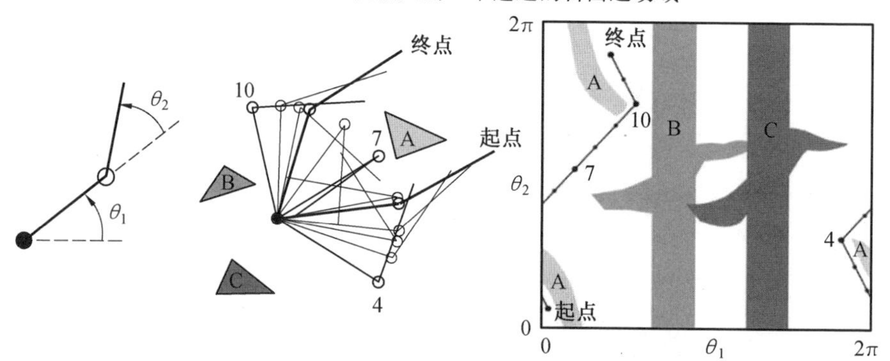


图 5.22 2R 机器人一个具体的运动规划任务及一条可行的运动轨迹

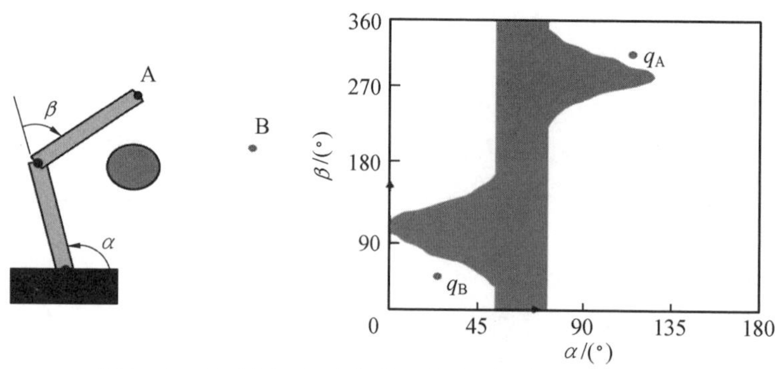


图 5.23 不在同一区域起始和终止则没有可行轨迹

综上,可以总结出机器人运动规划的基本步骤如下。

(1) 根据机器人各关节的运动限制和任务范围建立姿态集 $C$,并将已知的障碍物分布位置和关节运动限制转换到姿态空间内构成 $C_{coll}$。

(2) 根据 $C_{coll}$ 划分自由连通域,判断运动规划的可行性。

(3) 若可行,则根据具体的运动规划方法得出机器人的运动轨迹;若不可行,则终止任务。

现实环境中的障碍物一般具有较为复杂的几何外形,加上机器人姿态空间可能具有较高的维度,因此事先将障碍物准确地转换到姿态空间形成 $C_{coll}$ 是很难的。大多数的运动规划方法选择在规划过程中对运动轨迹上的姿态进行碰撞检测,其中具有代表性的包括康奈尔大学的 Hubbard. P 在 1996 年报告的借助球体逼近物体的三维物理形状的方法[2],使用该方法对机器人和障碍物进行形状近似表示,从而可通过计算球体间的欧式距离来判定机器人的当前位姿是否属于 $C_{coll}$。

### 3. 移动机械臂路径规划算法

移动机械臂多数用于大范围的物体抓取,因此以移动机器人抓取易拉罐为例介绍移动机械臂路径规划的方法,这个过程是将移动机器人和机械臂分开规划的。首先通过视觉或者其他传感器获得抓取目标的空间位姿,将移动机器人运动到目标位姿;其次识别目标物位姿,规划抓取策略和抓取路径,移动机械臂进行预抓取(仿真),虽然末端轨迹可以规划出来,但是因为机械臂构型空间的问题,机械臂关节可能会与周围环境产生碰撞,这样就不存在有效的动作集;最后利用移动平台调整位置和姿态,重新进行移动平台和机械臂的轨迹规划,直至找到可执行的路径,机械臂实现抓取。移动机械臂抓取规划流程如图 5.24 所示。

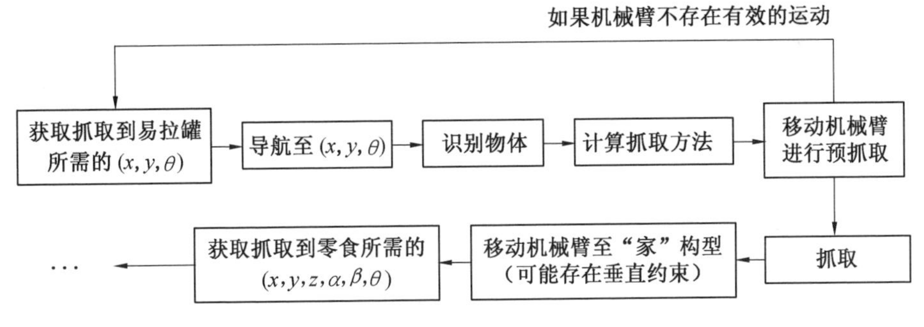


图 5.24　移动机械臂抓取规划流程

可以看出,对于移动机械臂的轨迹规划多数都是分离求解的,因此可以分为两部分,也就是移动平台的轨迹规划和移动机械臂的轨迹规划,分别实现移动机械臂运动到目标物附近及实现对目标物体的操作。从轨迹规划的特点可以看出移动机械臂的轨道规划是移动机器人的平面3DOF轨迹规划($x,y,\theta$)和移动机械臂的冗余机械臂在空间6DOF目标位姿的轨迹规划($x,y,z,\alpha,\beta,\theta$)的结合。轨迹规划的基本步骤和算法在第2章中已经介绍,首先通过激光雷达或者视觉实现对环境的感知和建模,建立表达环境信息的网格地图和点云地图等;其次,利用轨迹规划算法(如$A^*$算法和RRT算法)进行移动机器人平面运动避障轨迹规划或者机械臂的空间避障轨迹规划;最后在获得末端位姿轨迹的情况下,利用机器人运动学逆解将空间位姿运动控制转化为关节空间的运动控制,实现对机器人末端轨迹控制。

这个过程中,移动平台的运动学模型、轨迹跟踪控制和环境表达及路径规划可参考第2章内容。机械臂末端的路径规划也是利用前面介绍的$A^*$算法、RRT算法和PRM算法等。

**4. 移动机械臂运动规划讨论**

特定的移动机械臂轨迹可以基于其自身的状态、任务需求和优化标准等进行在线规划或离线规划,如基于"实时保证足够高的机械臂可操作性"的自身状态进行轨迹规划、基于"避开障碍"或"维持某移动方向"的任务需求进行轨迹规划等。然而,在某些特定情况下,如当移动平台必须避开前方的障碍物时,移动机械臂精确跟踪末端执行器轨迹的能力可能会受到一定程度的限制,也会出现因硬件限制无法同时跟踪末端执行器和移动平台的轨迹而需临时修改移动平台预定轨迹的状况。在一般的地图导航场景中,移动平台及其所搭载机械臂的轨迹的优先级是完全可以根据不同场合进行调整的。例如,当移动平台必须对其前方的障碍物进行躲避时,移动平台的轨迹应当拥有较高的优先级,机械臂末端执行器的优先级可以等移动平台完成避障动作以后再做修改。相对地,若末端执行器的轨迹在当前情况下比较重要(如末端执行器正握住门把手准备执行开门动作),其所对应的轨迹则应当拥有较高的优先级,此时适当的位置误差可以被允许进入移动平台的轨迹中。从数学层面上看,当移动机械臂有可能精确地沿着两条轨迹行进时,对该系统使用伪逆方法(Pseudo - Inverse Methods)所求出的逆运动学解是最小范数(Least - Norm)解;否则,其解将会是最接近期望轨迹的最小二乘法(Least - Square)和最小范数解。此时,可能引起的最小跟踪误差将被引入移动机械臂末端轨迹中,并根据系统预先定义的末端执行器和移动平台轨迹的优先级进行误差分配。

移动机械臂轨迹规划如图5.25所示,移动机械臂在构型1下因受到机械结构的限制而无法继续准确跟随末端执行器的轨迹,此时可以改变移动平台在其轨道上的位置,在保持其不脱离轨道的同时将移动机械臂移动到图中构型2的位置,此时末端执行器将能够继续跟随预定轨迹进行运动。

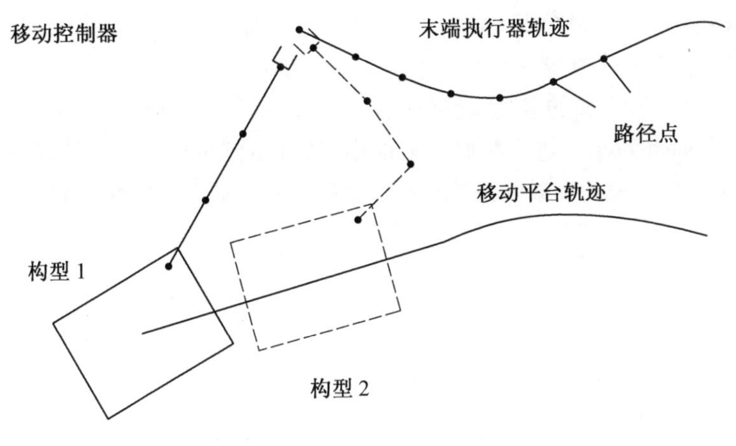


图5.25　移动机械臂轨迹规划

## 5.4　基于视觉的机械臂自主抓取方法

移动机械臂的应用需求是对目标物体的识别、位姿估计和抓取操作。下面以基于视觉的机械臂抓取为例介绍其实现过程。首先需要获得物体的位置和姿态,而目标识别是指机器人通过视觉传感器识别出视野范围内的目标物体,并获得它相对于机器人的位置和姿态信息。

然后通过仿真和实验说明此方法的实现过程,仿真平台基于ROS、通过MoveIt! 进行机械臂的运动规划算法验证,通过Gazebo实现抓取操作仿真。实验部分流程如下:第一,完成Kinect相机的手眼标定,保证目标识别和位姿估计的精度;第二,基于Kinect获得的3D点云,完成目标识别和6D位姿估计实验;第三,根据机械臂规划算法,完成MoveIt! 运动规划验证实验;第四,完成机器人抓取操作综合实验。

### 5.4.1　物体识别与位姿估计算法

物体识别是指在区域范围内准确找到目标物体,并获得目标位置。本书采用基于2D图像与3D点云融合的模型匹配方式完成物体识别,3D物体识别与位姿估计框架如图5.26所示。

该算法首先对RGB图像进行处理,以ORB(Oriented FAST and Rotated BRIEF)[3] 为主导进行特征提取与描述,以FLANN算法进行特征匹配,完成图像的模板匹配;其次对点云进行处理,对物体模板进行训练学习,对其中特征进行C - SHOT提取与描述;在此基础上对Kinect获得3D场景做特征提取与描述,与模板的描述子匹配,得到目标物体对应点集,完成目标识别,并以 2D Bounding Box 的方式作为识别的输出;最后使用 Correspondence Grouping[4] 进行对应分组,获得模型与场景的初始变换矩阵,利用 LM – ICP(Levenberg Marquardt Iterative Closest Point)进行精确点云配准,从而得到6D位姿(三维几何位置和三维旋转角),即模板到场景的三维变换矩阵[$\boldsymbol{R},\boldsymbol{T}$],完成目标物体的位姿估计。

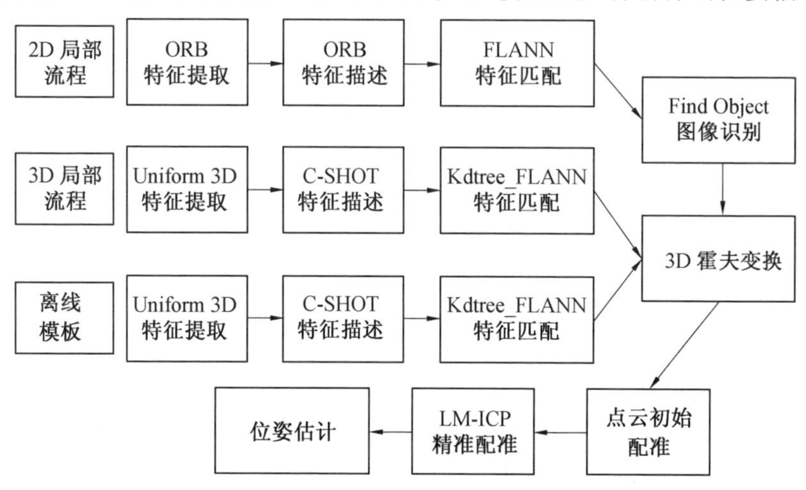


图 5.26　3D 物体识别与位姿估计框架

### 1. RGB – D 相机标定

RGB – D 相机标定是目标识别的重要前提,主要是为获得相机参数,目前已经有许多摄像机标定的方法,本书所用的是张正友标定法。对 Kinect 进行标定时,摄像机的模型采用的是针孔模型,利用透射变换和刚体变换得到坐标,坐标系的变换关系如图 5.27 所示。

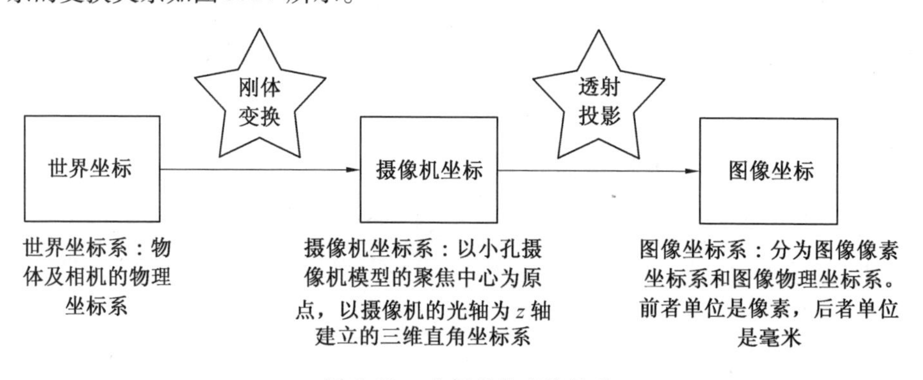


图 5.27　坐标系的变换关系

### 2. 图像 ORB 特征提取与匹配方法

利用 ORB 进行图像的特征点提取与描述,ORB 是一种兼顾了旋转不变性和降噪性的快速特征提取与描述方法,近年来在计算机视觉领域有广泛的应用。其中,Oriented FAST 被作为特征点检测和提取方法使用,弥补了 FAST 没有方向鲁棒性的不足;而 BRIEF 被作为特征点描述方法使用,在光照、模糊和透视畸变等方面有很强的鲁棒性。图 5.28 所示为 ORB 特征提取与描述。

图 5.28　ORB 特征提取与描述

### 3. 点云 C－SHOT 特征提取方法

相机获得的点云数据存在误差,数据集中有噪声的干扰和杂乱点,为点云特征提取造成很大的困难。利用 PCL_Filter 进行点云预处理,将一些离群点通过对每个点的邻域执行统计分析来过滤。滤波和修剪的过程是计算输入点云中点到邻近点距离的分布,针对目标点再计算点云中点与点的平均距离。通过假设得到的距离分布是高斯分布,那么平均值和标准偏差就是点云的平均距离在全局距离下的均值和标准偏差,并定义分布区间之外的点可以被认为是离群值并从数据集修剪。点云预处理对比图像与曲线分布如图 5.29 所示。

图 5.29　点云预处理对比图像与曲线分布

### 4. 模板匹配的 3D 物体识别方法

基于特征提取进行多目标物体识别,通过模板匹配检测场景中物体,完成模板与场景对应点集匹配。基于正则化理论,建立两个模板与场景的有限点集合之间的对应关系。设模型特征点为 $\boldsymbol{F}_i^{\mathrm{M}}$，质心为 $\boldsymbol{C}^{\mathrm{M}}$；场景特征点为 $\boldsymbol{F}_j^{\mathrm{S}}$，质心为 $\boldsymbol{C}^{\mathrm{S}}$，则点云法向量表示为特征点到质心的矢量，即 $\boldsymbol{V}_{i,G}^{\mathrm{M}} = \boldsymbol{C}^{\mathrm{M}} - \boldsymbol{F}_i^{\mathrm{M}}$，为使点云法向量具有尺度不变性和旋转不变性，再转换到特征空间下表示为

$$\boldsymbol{V}_{i,L}^{\mathrm{M}} = \boldsymbol{R}_{GL}^{\mathrm{M}} \cdot \boldsymbol{V}_{i,G}^{\mathrm{M}} \tag{5.65}$$

$$\boldsymbol{V}_{i,G}^{\mathrm{S}} = \boldsymbol{R}_{LG}^{\mathrm{S}} \cdot \boldsymbol{V}_{i,L}^{\mathrm{S}} + \boldsymbol{F}_j^{\mathrm{S}} \tag{5.66}$$

在特征空间下，将已知模板的每个点与未知场景上的一个点进行匹配，为最小化匹配的成本，首先选择使已知模板的边缘弯曲到未知场景上（基本上对齐两个模型），然后计算二者每对点之间的“形状距离”，使用形状距离、图像外观距离和弯曲能量的加权总和来衡量需要多少转换才能使两个模型对齐。使用最近邻分类器将场景物体的形状距离与已知模板的形状距离进行比较，来识别未知物体，利用 2D Bounding Box 进行输出，表示出物体的边界框和可行抓取曲面的法向量，完成目标物体的检测与识别。

利用 ROS 和 PCL 进行该算法的开发，利用其中的 PointCloud2 和 MarkerArray 进行识别输出，完成实验室环境下单个物体和多个物体的点云特征匹配与物体识别，多个物体匹配与识别如图 5.30 所示。

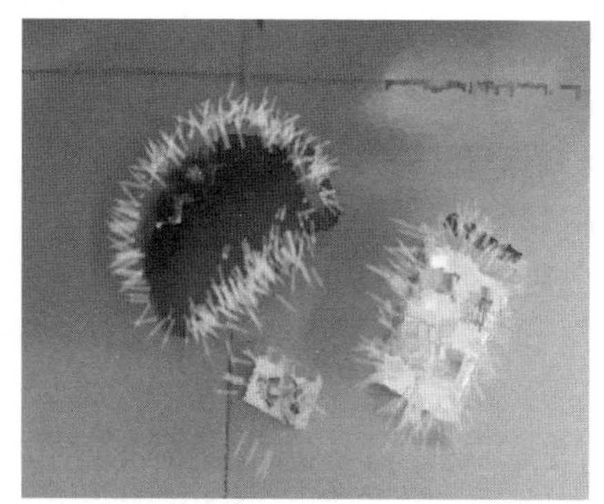

图 5.30　多个物体匹配与识别

**5. LM - ICP 的 6D 位姿估计方法**

基于 LM - ICP 进行点云配准与位姿估计。ICP 算法是一种用于最小化两个点云之间差异的算法；LM 算法是一种寻找函数最小值的优化算法[5]，广泛应用于非线性曲面问题求解。为实现算法稳定性，需要进行初始估计，因此使用随机采样一致性（Random Sample Consensus，RANSAC）来剔除误匹配，利用对应分组算法（Correspondence Grouping）进行对应分组，获得模型与场景的初始变换矩阵，接着利用 ICP 算法精确估计模型到场景的变换，再利用 LM 算法实现算法求解，充分发挥其非线性和鲁棒性，避免 ICP 算法在迭代时出现局部发散。

利用 ROS 和 PCL 进行该算法的开发实现，完成实验室环境下单个物体和多个物体的点云 6D 位姿估计，在 Rviz 中显示。算法是由 Kinect 相机直接输入点云，生成话

题/camera/depth_registered/image_raw 和/camera/rgb/image_rect_color,并配置到算法节点/find_object_3d,完成目标6D位姿估计,并生成物体质心的6D坐标。

### 5.4.2　基于ROS的抓取实例

下面基于ROS平台,通过OpenCV和PCL进行视觉算法的验证,通过MoveIt! 进行机械臂的运动规划算法验证,通过Gazebo实现模型构建和抓取操作仿真。

**1. 运动规划算法的MoveIt! 验证**

在笛卡儿空间下,利用MoveIt! 规划场景。MoveIt! 整合了运动规划、抓取操作、视觉感知、正逆运动学等先进算法,为广大用户提供开放包容的使用平台,利用planningscene API接口配置URDF和SRDF,构建两个抓取仿真场景,应用planningscene类对场景中的物体进行碰撞检测和约束检测,并动态地添加和移除对象,然后进行路径规划。MoveIt! 整体框架如图5.31所示,在终端的多种接口与move_group进行交互。

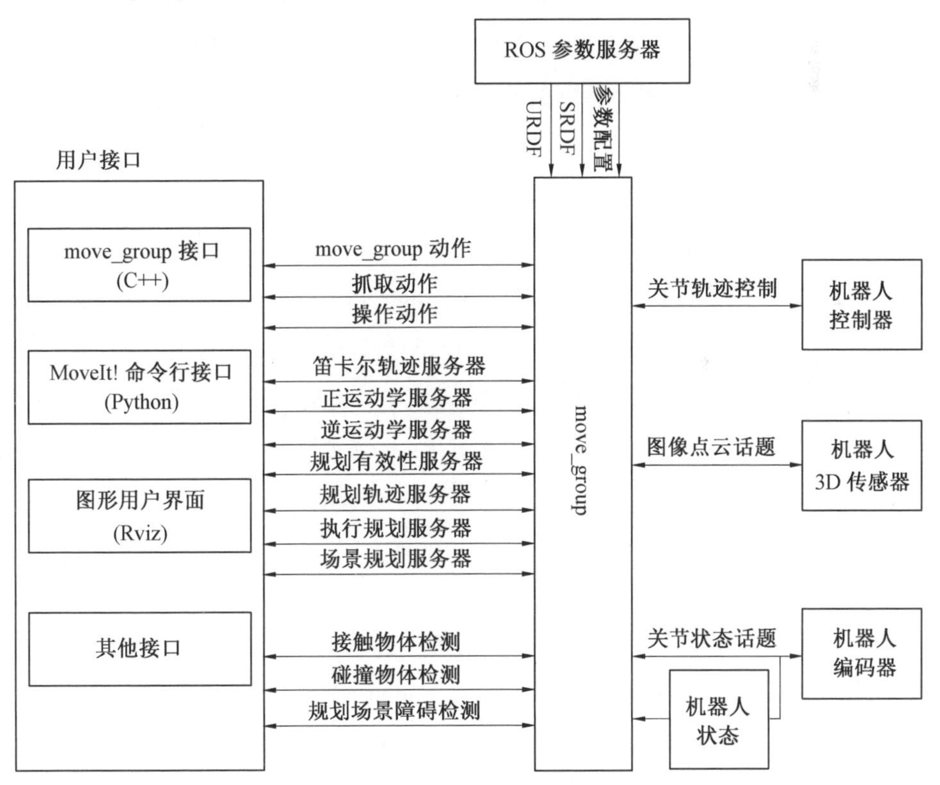


图5.31　MoveIt! 整体框架

在 MoveIt！中进行机械臂的抓取物体运动规划，机械臂 MoveIt！运动轨迹规划如图 5.32 所示。

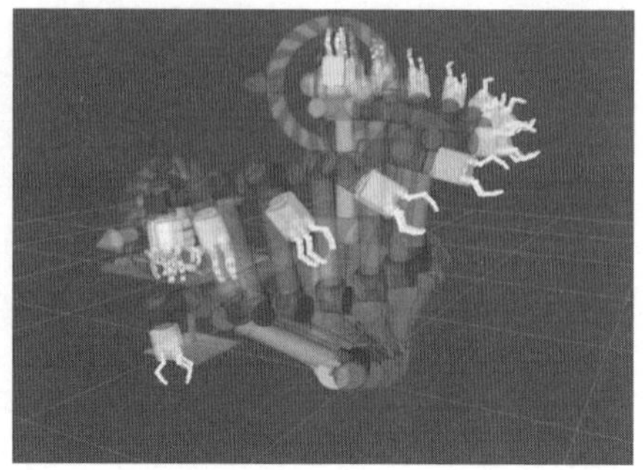

图 5.32　机械臂 MoveIt！运动轨迹规划

## 2. Gazebo 下机器人控制器设计与仿真

对咖啡桌上物体进行抓取，在笛卡儿空间中使用 Octomap 模块计算机器人周围的碰撞检测环境，并进行 MoveIt！姿态运动规划。在机械臂的规划过程中，Octomap 可以构建八叉树环境中的障碍，其算法目标实质是在给定数据图上估计后验概率，通过将概率模型转化为二进制估计问题，简化障碍物的表达过程，利用其服务器和在 Rviz 中更新 PointCloud2 来显示环境地图，这时前文所述规划器就可以进行机器人抓取规划。① 利用 Octomap 算法感知八叉树环境中的障碍物，利用视觉识别算法和位姿估计算法获得目标物体的位姿；② 将物体的位姿转化为相对于机器人的位姿，并设置为机器人的目标位姿；③ 利用 LBT - RRT 运功规划算法，规划和控制机器人先到达预抓取位置，过程如图 5.33(a) ~(d) 所示，紧接着利用欠驱动手的规划器张开手爪，并检测目标物体可行抓点；④ 规划和控制机器人运动至目标位姿，利用三指同时规划算法抓取物体，过程如图 5.33(e) ~(h) 所示。

在 MoveIt！抓取运动规划的同时，也能利用 Gazebo 接收规划命令和执行抓取物体的动作。首先，利用 MoveIt！编写虚拟控制器，进行机器人各个关节的 PID 控制；其次，通过 follow_joint_trajectory/action_topic 来进行 MoveIt！和 Gazebo 之间的通信，利用 joint_state_controller 反馈运动状态，实现闭环控制；最后，利用 ROS_control 为 Gazebo 配置控制器参数，接收 MoveIt！输出的运动轨迹。Gazebo 下抓取如图 5.34 所示。

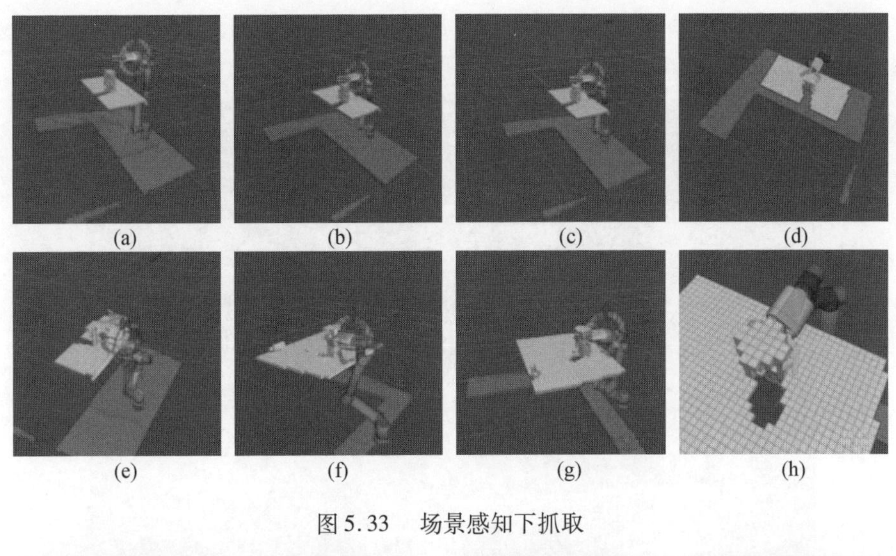

图5.33　场景感知下抓取

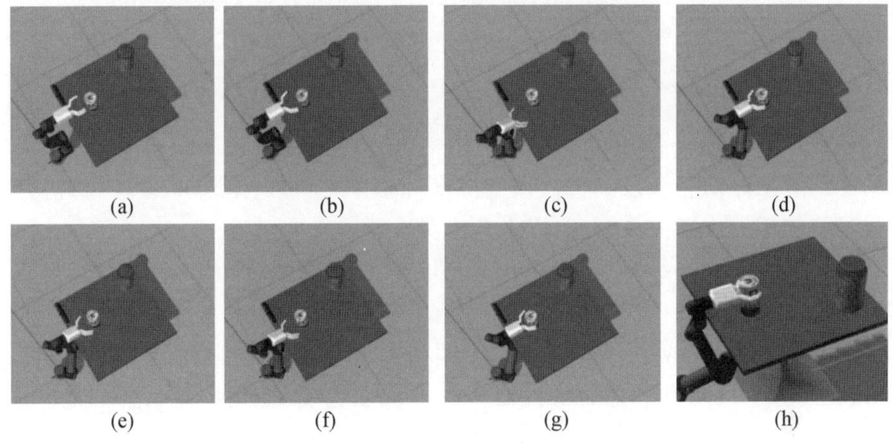

图5.34　Gazebo 下抓取

### 5.4.3　基于视觉识别的机器人抓取实验研究

搭建物理实验平台,实现基于视觉的识别和抓取。① 完成 Kinect 相机的手眼标定,保证目标识别和位姿估计的精度;② 基于 Kinect 获得的3D 点云,完成目标识别和6D 位姿估计实验;③ 根据机械臂规划算法,完成 MoveIt! 运动规划验证试验;④ 针对多个目标物体,分别完成机器人抓取操作综合实验。

**1. 实验装置和仪器**

实验装置如图5.35 所示,视觉抓取机器人为UR5 机械臂和三指欠驱动手,外加 Kinect V2 相机用于视觉识别,利用ROS 实现机器人虚拟仿真和物理真实运动控制，以 Rviz 为电脑终端机器人运动显示的可视化工具，用图像插件显示 Kinect V2 实时扫描的场景。

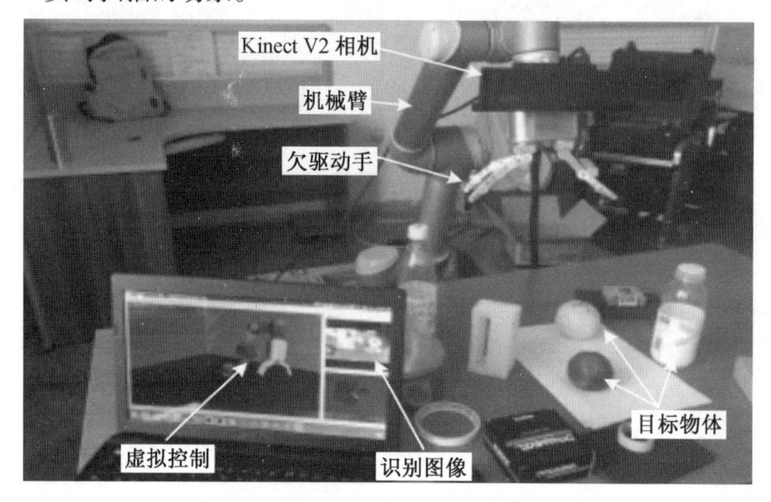


图 5.35　实验装置

**2. 视觉手眼标定**

手眼标定是指得到相机坐标系在机器人本体坐标系中的位置和姿态，将相机采集到的物体信息转换到机器人本体坐标系中。具体标定方法按照相机与机械臂安装的相对位置关系，分为以下两大类[6]。

(1) 眼在手上(eye - in - hand)。即相机位于机械臂的末端关节上，与机械臂构成伺服控制系统，实时性好，但相机视野变化快，目标识别计算量大。

(2) 眼在手外(eye - to - hand)。即相机位于机械臂以外位置，如天花板或固定在三脚架上，相机不会随着机器人的运动而运动，应用广泛，绝对误差相对较大。

下面以 eye - to - hand 的手眼标定方法为例介绍，eye - to - hand 的手眼标定原理示意图如图 5.36 所示。

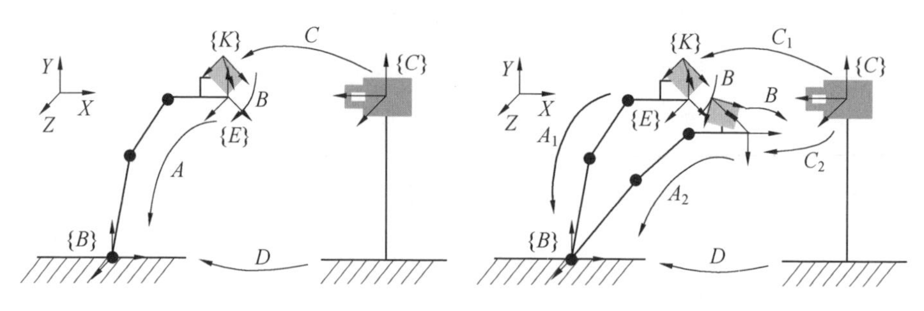


图 5.36　eye - to - hand 的手眼标定原理示意图

**3. 视觉识别方法**

若待抓取物体为未知物体，机器人在不知道其具体尺寸参数的情况下进行识别，需要在多个场景和多视角下采集目标物体图像作为模板，并建立模型与视角数据库，对6个物体进行30个视角的图像采集。

基于采集的图像结果，对图像进行特征提取与描述，生成特征描述子并导入Find_object图像识别算法，通过模板匹配的方式完成在场景中能够找到物体，并以2D Bounding Box的方式作为识别的输出。

其中，目标识别实验在三种情况下准确进行，分别为：在目标被部分遮挡的情况下准确识别（图5.37）；在光照条件不同的情况下准确识别（图5.38）；在目标姿态、位置、距离发生变化的情况下准确识别（图5.39）。

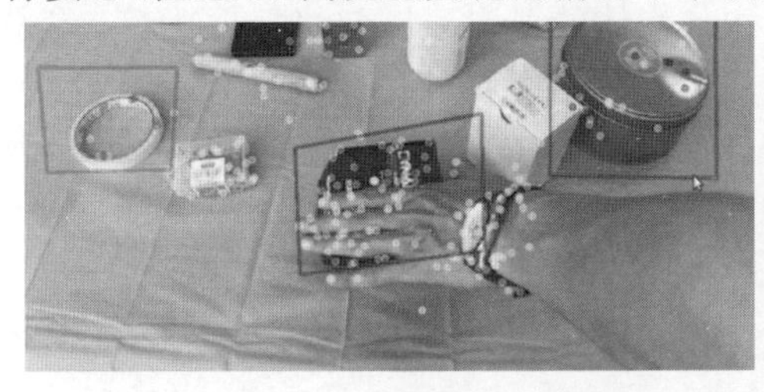

图5.37　有遮挡物体的识别结果

图5.38　静态物体的识别结果

图5.39　运动物体的识别结果

对于有遮挡物体识别获得的实验结果：方形盒和圆形盒等物体都能被识别，但是物体识别的准确率与物体的遮挡面积有关。

对于静态物体识别获得的实验结果：所有物体都能够100%识别，无论物体是否有纹理及物体的特征是否明显，都能够准确识别没有误差，并能够获得各个物体相对于相机的位姿，位姿信息以位置$(x,y,z)$和姿态$(x,y,z,w)$（四元数）的形式输出。

对于运动物体识别获得的实验结果：物体的运动对识别结果有一定影响，也说明了算法对动态物体识别的鲁棒性不好。

**4. 轨迹规划算法实验**

为验证LBT－RRT运动规划算法，对不同物体进行不同的抓取策略规划，分别对包络抓取、对心包络、平行捏取和对心捏取进行对比验证实验，以获得不同的物体位置，实现在高维空间下机械臂避障运动规划。

在实验过程中，将 LBT - RRT 运动规划算法整合到 MoveIt！运动规划框架中。对于每个抓取操作，使用这个运动规划器来计算两个无碰撞路径，一个路径是从识别姿态到预抓取姿态，另一个路径是从抓取后姿态到放置姿态。对于从桌面上抓取物体，由于预抓取和抓取后的姿势都在垃圾箱外，在工作空间中没有其他障碍物，因此此运动规划框架在大多数情况下可以成功地计算出无碰撞路径。对于在桌面上执行的抓取任务，需要避免碰到桌面上的电脑和其余物体，所以需要规划算法具有更高的避障性能，该平行捏取实验充分证明了 LBT - RRT 运动规划算法优秀的避障能力。

包络抓取和平行捏取均可实现对柱状物体的抓取。以包络抓取为例，首先规划机器人的不同预抓取位置，实现从观察位置到预抓取位置的规划与执行；然后以目标识别的结果为准，运动到目标物体所在位置；最后检测目标抓取点和创建抓取动作，实现欠驱动手的闭合抓取（图 5.40）。

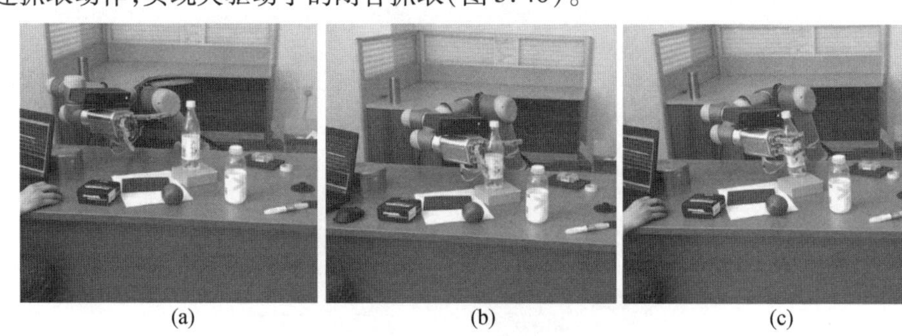

(a) (b) (c)

图 5.40　包络抓取实验

### 5. 综合实验及实验结果

为验证综合抓取和操作能力，对桌面上存在多层干扰的物体进行识别和抓取，分别采用眼在手上（eye - in - hand）和眼在手外（eye - to - hand）两种手眼相机方式进行目标物体的识别和位姿估计，以视觉识别信息为指引，调用运动规划算法完成机器人的抓取与操作。

以固定相机为指引，进行眼在手外的机器人抓取实验，如图 5.41 所示。图 5.41（a）~（c）为由初始位置运动到预抓取位置；图 5.41（d）为检测目标抓取点和创建抓取动作，欠驱动手抓取饮料瓶；图 5.41（e）~（g）为机器人操作和放置的运动过程；图 5.41（h）为识别垃圾箱位置，张开手爪和放下饮料瓶。在整个机器人系统中，体现了视觉识别算法和运动规划算法的优势，验证了机器人的定位能力、识别能力、运动能力和综合抓取操作能力。

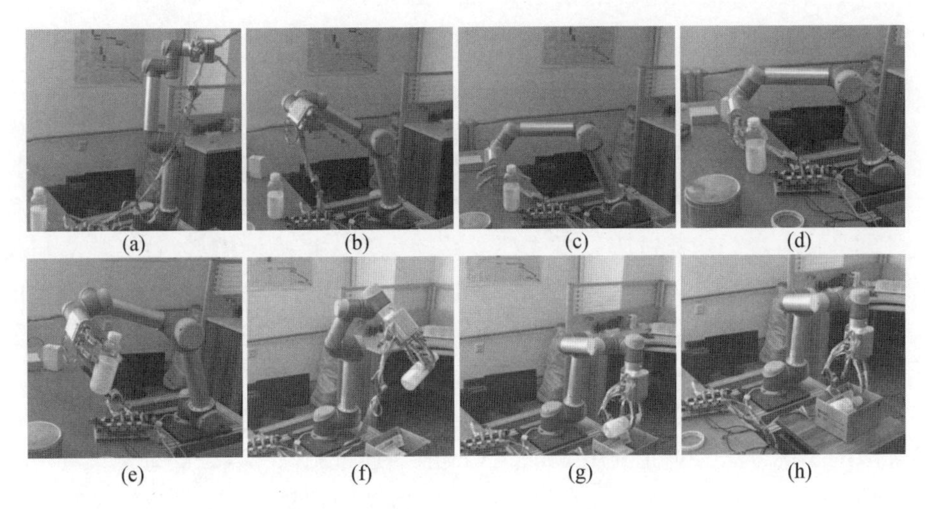

图5.41　眼在手外的机器人抓取实验

以伺服移动相机为指引，进行眼在手上的机器人包络抓取实验，如图5.42所示。抓取过程分为四个阶段：第一阶段，由初始位置运动到预抓取位置，如图5.42(a)～(b)所示；第二阶段，计算机器人从观察姿态移动到预抓取姿态的无碰撞路径并规划执行，如图5.42(c)～(d)所示；第三阶段，检测目标抓取点和创建抓取动作，欠驱动手抓取饮料瓶，将附着在欠驱动手上的物体从箱体移动到放置前姿势，如图5.42(e)～(g)所示；第四阶段，将抓取器移动到目标位置并释放抓取的物体，如图5.42(h)所示。整个过程既以视觉识别获得的信息为基础，又用运动规划来辅助，每个部分包含用于计算无碰撞轨迹以移动末端执行器的运动规划，以及用于计算抓取有效策略和抓取器放置目标物体的运动规划。

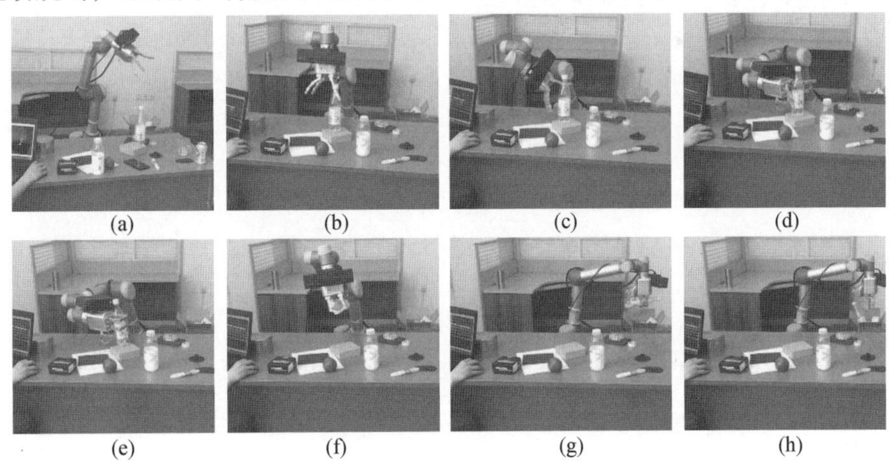

图5.42　眼在手上的机器人包络抓取实验

## 本 章 小 结

本章通过建立一个简单的移动机械臂模型,介绍了移动机械臂的建模过程和性能分析方法。建模过程是首先建立移动机器人运动学模型,然后建立机械臂模型,最后将两个模型联立构成移动机械臂的运动学模型。在运动学模型的基础上,介绍了移动机械臂逆运动学求解方法,并且通过建立的运动学模型,分析了机械臂的可操作度和可负载性,建立了其表达方法。

本章利用基于视觉的机械臂抓取的仿真和实验搭建,介绍了在 ROS 下机械臂抓取的实现方法。首先利用 Kinect V2 相机,通过图像和点云处理三维环境中的物体,实现了对单个目标物体和多个目标物体的识别,建立了坐标系转换模型,利用点云配准(LM - ICP),获得目标的6D位姿;其次基于ROS搭建了虚拟抓取仿真平台,利用 OpenCV 和 PCL 实现视觉识别算法,通过 MoveIt! 进行机械臂的运动规划,在 Gazebo 物理仿真环境下实现了模型构建和抓取操作仿真;最后搭建了机器人综合实验平台,阐述了机器手眼标定方法、目标识别和 6D 位姿估计方法、物体相对于相机的位置姿态信息获得方法,并通过 MoveIt! 运动规划和控制实现了 UR5 和 Kinect V2 的目标物体识别和抓取。

## 本章参考文献

[1] NAKAMURA Y. Advanced robotics: redundancy and optimization[M]. Boston: Addison-Wesley Publishing Company, 1990.

[2] TAN F C, DUBEY R V. A weighted least-norm solution based scheme for avoiding joint limits for redundant joint manipulators[J]. IEEE Transactions on Robotics and Automation, 1995, 2(11): 286-292.

[3] RUBLEE E, RABAUD V, KONOLIGE K, et al. ORB: an efficient alternative to SIFT or SURF[C]. Providence: IEEE International Conference on Computer Vision, 2012.

[4] BAUCKHAGE C, TSOTSOS J K. Bounding box splitting for robust shape classification[C]. Genoa: IEEE International Conference on Image Processing, 2005.

[5] RHEE S, KIM T. Dense 3D point cloud generation from uav images from image matching and global optimazation[C]. Prague: International Archives

of the Photogrammetry, Remote Sensing and Spatial Information Sciences, 2016.
[6] FLANDIN G , CHAUMETTE F , MARCHAND E . Eye-in-hand/eye-to-hand cooperation for visual servoing[C]. Kobe: IEEE International Conference on, 2009.

第 6 章

# 特种移动机器人同步定位及地图构建

本章介绍特种移动机器人同步定位及地图构建(Simultaneous Localization and Mapping,SLAM),关于 SLAM 技术方面的图书较多,本书不涉及过深的理论阐述,主要通过一些典型的算法介绍解决 SLAM 问题的思路。

SLAM 是指当某种移动设备从一个未知环境里的未知地点出发,在运动过程中通过传感器(如激光雷达、摄像头等)观测定位自身位置、姿态、运动轨迹,再根据自身位置进行增量式的地图构建,从而达到同时定位和地图构建的目的。SLAM 技术可以看作是一个鸡生蛋、蛋生鸡的问题:完美的定位需要用到一个无偏差的地图,但这样的地图又需要精确的位置估测来描绘,这就是一个迭代数学问题解决策略的起始条件。

特种移动机器人的 SLAM 技术同样需要解决三个关键的技术:一是如何实现精准地构建地图;二是机器人如何精准地定位;三是如何实现路径规划。在近几十年的研究中,对以上三个关键技术提出了多种有效的解决办法,极大地促进了特种机器人定位与导航技术的发展,下面也将围绕这三部分内容展开介绍。

## 6.1 SLAM 技术概述

### 6.1.1 引言

同步定位与地图构建的开创性工作始于 1986 年由 R. C. Smith 及 P. Cheeseman 对空间资料不确定性的展现与估算。由 Sebastian Thrun 带领团队设计的 STANLEY 自动驾驶车于 2005 年在由美国国防高级研究计划局(Defense Advanced Research Projects Agency,DARPA)发起的 DARPA 无人驾驶车大赛中

胜出，其后该团队在2007年设计的另一自动驾驶车JUNIOR在同样由DARPA发起的城市无人驾驶车挑战赛中再次胜出。其中，同步定位与地图构建系统引起了全球的广泛关注。

SLAM的基本概念如图6.1所示，SLAM技术主要解决精准构建地图、机器人定位和路径规划的问题，通俗地说就是让机器人知道“现在我在哪里？”“我周围是什么？”，就如同人到了一个陌生的环境一样，SLAM技术的目的就是获得观察者自身和周围环境的相对空间关系。“我在哪里？”对应的就是机器人的定位问题，而“我周围是什么？”对应的就是构建周围地图的问题。解决了上述两个问题，其实就完成了机器人对自身和周边环境的空间认知，以此为基础，就可以对机器人进行下一步的路径规划。为到达目的地，在运动过程中还需要机器人能够及时检测和躲避遇到的障碍物，保证运行的通畅与安全。

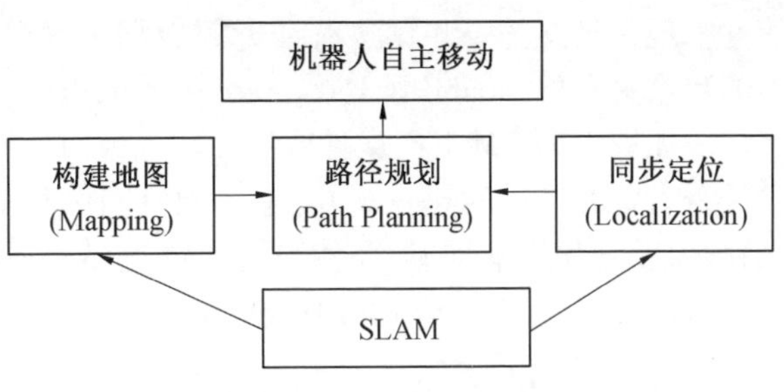


图6.1 SLAM的基本概念

## 6.1.2 SLAM关键问题

SLAM的关键问题主要包括三个部分：不确定性问题、数据关联问题和环境地图的表达。

**1. 不确定性问题**

不确定性问题本质上是后验概率的估计问题，其不确定性主要体现在以下三个方面：移动机器人轮子的打滑、未知外力的影响都会造成一定的不确定性；移动机器人传感器对环境特征观测的不确定性，主要是传感器本身参数（如分辨率、测量精度等）及噪声的影响；由于观测噪声等的影响，因此观测数据与地图数据对应匹配时可能会出现数据关联错误。由于移动机器人SLAM的不确定性，因此难以建立准确的模型，就传感器观测数据的不确定性来说，可采用高分辨率或者多传感器数据融合的办法来解决，最大限度减小误差累积。通过多传感器数据融合可提高SLAM的准确性，利用视觉和惯性传感器（如IMU）[1]，充分结合图像和测量信息（加速度和角速度）进行综合处理，减少客观存在的不确定性引起的误差。

**2. 数据关联问题**

数据关联问题是指建立当前传感器观测数据与地图中已观测数据间的对应关系，确定是否都来源于同一特征。数据关联在一定程度上体现了SLAM方法的准确性，其主要受以下三点因素的影响：由于错误的数据关联会导致对环境地图更新以及位姿估计的错误,因此对于环境特征的提取和描述有着很高的稳定性要求;传感器的测量噪声、动态环境特征等不确定因素也会影响数据关联的准确性;数据关联算法的选择也非常重要,这直接影响着机器人 SLAM 的准确性和鲁棒性。现在已有的一些算法有最近邻数据关联(Nearest Neighbor,NN)、基于概率的数据关联(Probability Data Association,PDA)、基于几何关系的数据关联等算法。在视觉SLAM 上把这种数据关联称为回环检测,实质上就是判断经过的地方是否为曾经经过的同一地方,是一种对图像相似性的检测方法。随着时间的推移,误差累积逐渐增加,会使得构建的地图边界不一致,所以它关系到估计的轨迹和地图边界在一段时间内的准确性。

**3. 环境地图的表达**

移动机器人通过传感器来感知周围环境,最终建立自己的环境地图。研究者对于地图存在不同的需求,构建地图主要是服务于定位,因此需要建立与任务要求对应的地图。构建的地图需满足以下三点要求:地图要能准确描述环境特征;在有噪声干扰等不确定信息的存在下能准确估计机器人的位姿;地图的构建能够充分展示环境的特征信息,根据不同的任务需求建立相应的地图模型,并保证 SLAM 的精度。在保证精度的同时,尽量减少地图构建过程中的数据量,提高 SLAM 算法的实时性。常用的一些环境地图的构建方法有 2D 栅格地图、2D 拓扑地图、3D 点云地图、3D 网格地图以及近两年刚兴起的八叉树,该方法占用存储空间小且能够实现动态建模,在实时性上优于 3D 点云地图。四种建图方法如图 6.2 所示。

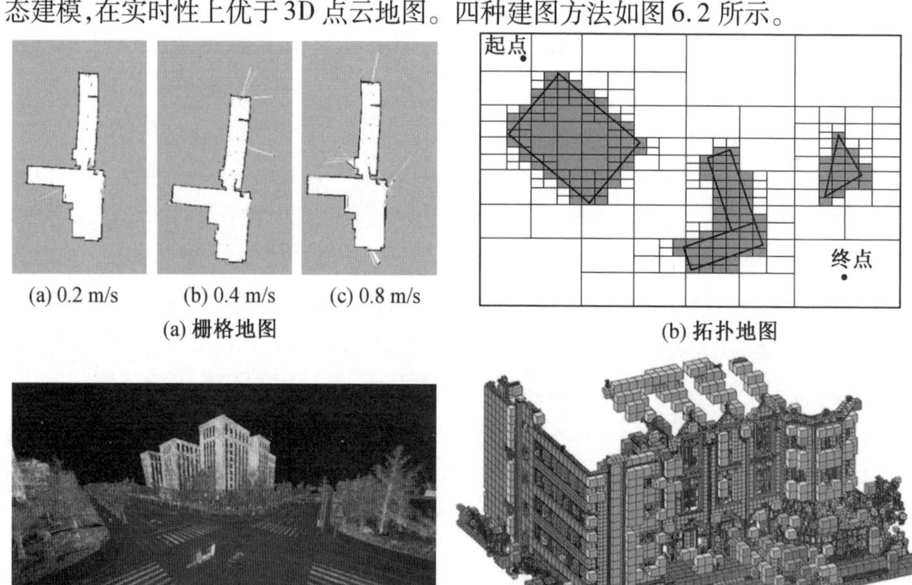


(a) 0.2 m/s　(b) 0.4 m/s　(c) 0.8 m/s

(a) 栅格地图　(b) 拓扑地图

(c) 点云地图　(d) 八叉树

图 6.2　四种建图方法

### 6.1.3 SLAM 技术发展现状

自 20 世纪 80 年代 SLAM 概念提出以来,其已经走过了 40 多年的历史。SLAM 系统使用的传感器在不断拓展,从早期的声呐到后来的 2D/3D 激光雷达,再到单目、双目、RGBD、ToF 等各种相机及与惯性测量单元 IMU 等传感器的融合。此外,SLAM 的算法也从开始的基于滤波器的方法(EKF、PF 等)向基于优化的方法转变。下面介绍发展过程中一些代表性的 SLAM 技术。

**1. 激光雷达 SLAM 的发展现状**

激光雷达 SLAM 建立的地图常使用占据栅格地图(Ocupanccy Grid)表示,详细的地图建立和轨迹规划可参考第 2 章内容。每个栅格以概率的形式表示被占据的概率,存储非常紧凑,特别适合进行路径规划。

激光 SLAM 的实现流程如图 6.3 所示,机器人在运动过程中通过编码器结合 IMU 计算得到里程计信息;运用机器人的运动模型得到机器人的位姿初始估计,然后通过机器人装载的激光传感器获取的激光数据结合观测模型(激光的扫描匹配)对机器人位姿进行精确修正,得到机器人的精确定位;最后在精确定位的基础上将激光数据添加到栅格地图中,如此反复,机器人在环境中运动,最终完成整个场景地图的构建。基于激光雷达 SLAM 进行占据栅格地图的构建过程及最终地图如图 6.4 所示。

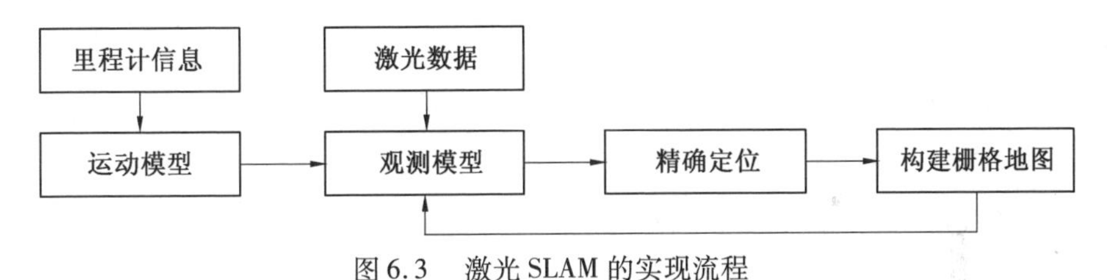


图 6.3　激光 SLAM 的实现流程

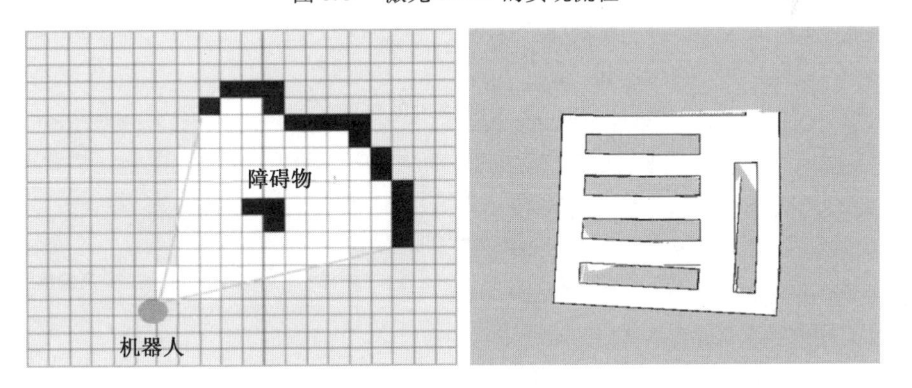


图 6.4　基于激光雷达 SLAM 进行占据栅格地图的构建过程及最终地图

Udacity 创始人(现任 CEO)、前 Google 副总裁、Google 无人车领导者 Sebastian Thrun 在他2005年的经典著作 *Probabilistic Robotics* 一书中详细阐述了利用2D激光雷达,基于概率方法进行地图构建和定位的理论基础[2],并阐述了基于 RBPF 粒子滤波器的 FastSLAM 方法,成为后来2D激光雷达建图的标准方法之一 GMapping 的基础,该算法也被集成到机器人操作系统(Robot Operation System,ROS)中。2016年,Google 开源其激光雷达 SLAM 算法库 Cartographer,它改进了 GMapping 计算复杂、没有有效处理闭环的缺点[3],采用 SubMap 和 Scan Match 的思想构建地图,能够有效处理闭环,达到了较好的效果。

与二维地图相比,基于激光雷达 SLAM 技术构建的三维地图包含的环境信息更多,可以还原物体形状的大小及获取空间的三维信息。可用多个2D激光雷达或单个3D激光雷达构建三维地图。3D激光雷达可以三维动态成像,能实时成像,所以在自动驾驶领域使用较多,如百度基于顺德数据中心生产的激光雷达采集车、Sebastian Thrun 主导的 GoogleX 实验室研发的全自动驾驶汽车。3D LiDAR 通过感知到的点云进行自我运动估计,并构建所经过环境的三维点云地图。以 Velodyne VLP16 传感器系统为例,该系统水平方向角分辨率可达0.1°~0.4°,垂直方向角分辨率达2°,精度达到 ±3 cm,是当前非常先进的雷达传感器系统。对于 Velodyne VLP16 而言,一次扫描即为一次测量,每秒可扫描5~20次。

LiDAR 里程计和地图构建软件系统框图如图6.5所示。其中,$\hat{P}$ 表示激光扫描得到的点;$P_k$ 是由 $k$ 次扫描采集点云的集合,$k$ 表示一次扫描。基于该传感器系统所建立的3D点云地图如图6.6所示。

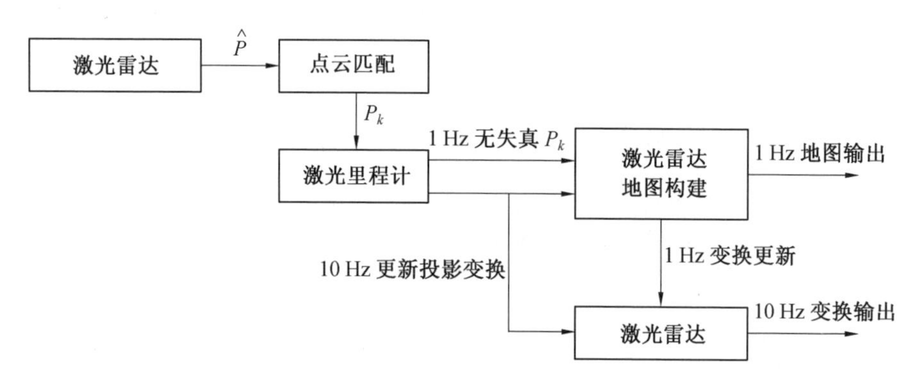


图6.5 LiDAR 里程计和地图构建软件系统框图(LOAM 框架)

图 6.6　3D 点云地图

## 2. 视觉 SLAM 的发展现状

视觉 SLAM 系统大概可以分为前端和后端,视觉 SLAM 系统框图如图 6.7 所示,视觉 SLAM 的内容可参考高翔的《视觉 SLAM 十四讲》[4]。前端完成数据关联,相当于 VO(视觉里程计),研究帧与帧之间的变换关系,主要完成实时的位姿跟踪,对输入的图像进行处理,计算姿态变化,同时也检测并处理闭环,当有 IMU 信息时,也可以参与融合计算(视觉惯性里程计 VIO 的做法);后端主要对前端的输出结果进行优化,利用滤波理论(EKF、PF 等) 或者优化理论进行树或图的优化,得到最优的位姿估计和地图。

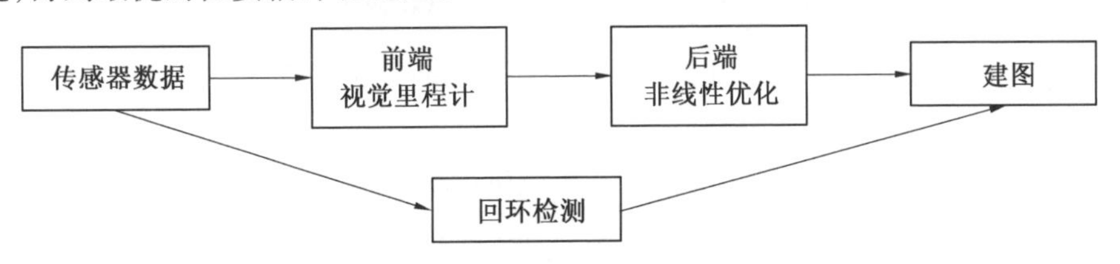


图 6.7　视觉 SLAM 系统框图

下面介绍视觉 SLAM 发展历程中几个比较有代表性的 SLAM 系统。由于 SLAM 问题涉及未知的环境描述和传感器噪声,因此大部分基于单目视觉的 SLAM 方法采用概率框架来描述该问题。其总体思路是在给定从初始时刻到当前时刻的控制输入以及观测数据的条件下,构建一个联合后验概率密度函数来描述摄像机姿态和地图特征的空间位置,通过递归的贝叶斯滤波方法对此概率密度函数加以估计,从而实现摄像机同步定位和地图创建。在该类方法中利用扩展卡尔曼滤波器(Extended Kalman Filter) 实现摄像机定位与地图创建是一种常用的解决方案,如一种基于扩展卡尔曼滤波器的实时单目视觉 SLAM 系统(MonoSLAM),该系统是 2007 年由 Davison 等开发的第一个成功的基于单目摄像头的纯视觉 SLAM 系统[5]。MonoSLAM 使用了扩展卡尔曼滤波,它的状态由相机运动参数和所有三维点位置构成,每一时刻的相机方位均带有一个概率偏差,每个三维点位置也带有一个概率偏差,可以用一个三维椭球表示,椭球中心为估计值,椭球体积表明不确定程度。基于 EKF 的 MonoSLAM 流程图如图 6.8 所示。在此概率模型下，场景点投影至图像的形状为一个投影概率椭圆。MonoSLAM 为每帧图像中抽取 Shi – Tomasi 角点，在投影椭圆中主动搜索(Active Search)特征点匹配。由于将三维点位置加入估计的状态变量中，则每一时刻的计算复杂度为 $O(n_3)$，因此只能处理几百个点的小场景。

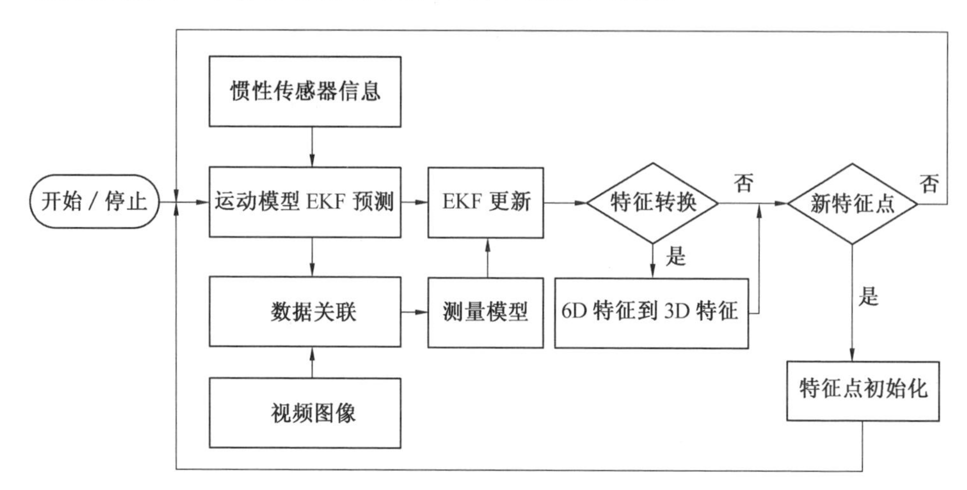


图 6.8　基于 EKF 的 MonoSLAM 流程图

同年，Oxford 的 Murray 和 Klein 发表了实时 SLAM 系统 PTAM[6](Parallel Tracking and Mapping)并开源，PTAM 系统框图如图 6.9 所示，它是首个使用非线性优化、引入关键帧机制以及引入多线程机制的单目视觉 SLAM 系统，随后在 2009 年移植到手机端上。PTAM 在架构上做出了创新的设计，它将姿态跟踪(Tracking)和建图(Mapping)两个线程分开并行进行，这在当时是一个创举，第一次让对地图的优化整合到实时计算中，并且整个系统可以运行起来。这种设计被后来的实时 SLAM(如 ORB – SLAM)效仿，成为现代 SLAM 系统的标配。

具体而言，PTAM 的姿态跟踪线程不修改地图，它分为粗阶段和精阶段。在粗阶段中选用图像金字塔最高层的 50 个特征点，利用恒速模型和扩大范围搜索，从这些测量中得出一个新姿态。在精阶段再将近千个特征点重新投影到图像中，执行更严格的块搜索(FAST 特征的局部 8 × 8 方块构成 patch 作为描述符)，并构建重投影误差得到最优的相机姿态。而建图线程主要是建立三维地图点的过程，它分为地图的初始化和地图的更新。首先，系统初始化时使用三角测量构建初始地图；在此之后，随着新关键帧的添加，地图将不断进行细化和扩展。具体为：系统初始化时，根据前两个关键帧提供的特征对应关系，采用 5 点算法和随机采样一致(RANSAC)估计本质矩阵(或使用平面情况的单应性分解)并三角化得到初始地图。当插入关键帧时，使用极线搜索和块匹配(零均值距离平方和 ZMSSD)计算得到精确匹配，从而精细化地图。即使建立地图线程耗时稍长，姿

态跟踪线程也仍然有地图可以跟踪(如果设备还在已建成的地图范围内)。此外,PTAM还实现丢失重定位的策略,如果成功匹配点(Inliers)数不足(如因图像模糊、快速运动等)造成跟踪失败,则开始重定位,将当前帧与已有关键帧的缩略图进行比较,选择最相似的关键帧作为当前帧方位的预测。

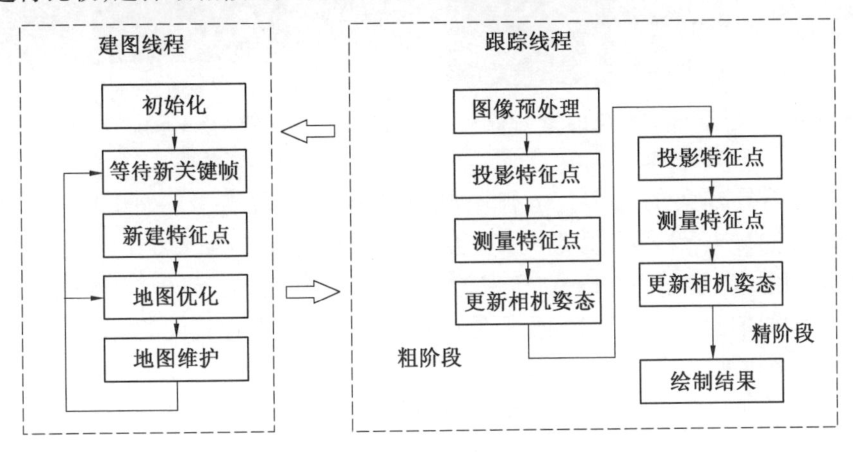


图6.9　PTAM系统框图

PTAM是为小场景AR设计的,没考虑全局的回环,而且存在明显的缺陷,如场景小(实际情况是6 000个点和150个关键帧)、跟踪容易丢失等,但是在当时确实是一个里程碑式的标志。

2016年,LSD - SLAM的作者、TUM机器视觉组的Engel等又提出了DSO系统[7]。该系统是一种新的基于直接法和稀疏法的视觉里程计,它将最小化光度误差模型和模型参数联合优化方法相结合。为满足实时性,不对图像进行光滑处理,而是对整个图像均匀采样。DSO不进行关键点检测和特征描述子计算,而是在整个图像内采样具有强度梯度的像素点,包括白色墙壁上的边缘和强度平滑变化的像素点。而且,DSO提出了完整的光度标定方法,考虑了曝光时间、透镜晕影和非线性响应函数的影响。该系统在TUM monoVO、EuRoC MAV和ICL -NUIM三个数据集上进行测试,达到了很高的跟踪精度和鲁棒性。基于DSO系统的室内视觉SLAM效果如图6.10所示。

2017年,香港科技大学的沈绍劼老师课题组提出了融合IMU和视觉信息的VINS系统[8],同时开源手机和Linux两个版本的代码。这是首个直接开源手机平台代码的视觉IMU融合SLAM系统。这个系统可以运行在IOS设备上,为手机端的增强现实应用提供精确的定位功能,同时该系统也应用在了无人机控制上,并取得了较好的效果。VINS - Mobile使用滑动窗口优化方法,采用四元数姿态的方式完成视觉和IMU融合,并带有基于BoW的闭环检测模块,累计误差通过全局位姿图得到实时校正。基于VINS系统的室内视觉SLAM效果如图6.11所示。

图 6.10　基于 DSO 系统的室内视觉 SLAM 效果

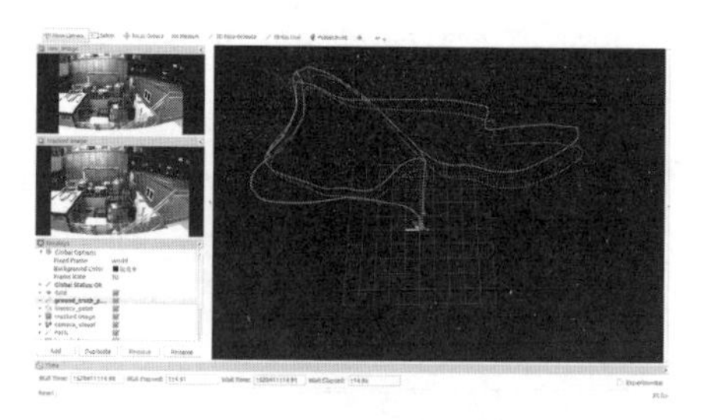
图 6.11　基于 VINS 系统的室内视觉 SLAM 效果

随着开源方案的增多，还有一些算法也逐渐被普及，如 DTAM、DVO、RGBD -SLAM - V2 等。视觉 SLAM 五种典型方法的比较见表 6.1。视觉 SLAM 很好地利用了丰富的环境信息，实现了从早期二维地图到三维地图的转化，丰富了地图信息，有很大的实用价值，但是在现实环境下还存在很大的鲁棒性和高适应能力技术挑战。

**表 6.1　视觉 SLAM 五种典型方法的比较**

| 方法 | 传感器形式 | 特点 | 优缺点 |
| --- | --- | --- | --- |
| MonoSLAM 2007 年 | 单目 | 每个特征点的位置服从高斯分布并用椭圆形式表达其均值和不确定性，在投影椭圆中主动搜索特征点进行匹配，后端采用扩展卡尔曼滤波器进行优化 | 优点：能够追踪前端非常稀疏的特征点<br>缺点：特征点容易丢失，路标数量有限，容易累积误差 |
| PTAM 2007 年 | 单目 | 将跟踪和建图作为两个独立的任务并在两个线程处理，后端以非线性优化为主而不是滤波 | 优点：实时响应图像数据，可应用于 AR<br>缺点：场景小，跟踪数据容易丢失 |
| RTAM - MAP 2014 年 | RGB - D | 建立实时的稠密地图 | 优点：能够实时地定位建图<br>缺点：信息量过大，复杂度较高 |
| LSD - SLAM 2015 年 | 单目、双目、RGB - D | 直接法在半稠密单目 SLAM 中应用，直接提取像素特征而非特征点，构建的地图有明显的像素梯度 | 优点：地图信息量更大，对特征缺失区域不敏感<br>缺点：对相机内参敏感，在快速运动中跟踪容易丢失 |
| ORB - SLAM 2015 年 | 单目、双目、RGB - D | 提出三线程结构，即特征点的实时跟踪、地图创建及局部优化、地图全局优化 | 优点：回环检测能有效防止误差累积，可应用于大环境<br>缺点：特征点计算耗时大，在弱纹理环境下鲁棒性差 |

### 6.1.4　小结

综上，本节讨论了激光 SLAM 与视觉 SLAM 的发展现状，并在细分项目上比较二者的优劣。在应用场景上，激光SLAM根据所使用的激光雷达的档次基本分为室内应用和室外应用，而视觉 SLAM 在室内外都有丰富的应用环境。视觉 SLAM 的主要挑战是光照变化，如在室外正午和夜间的跨时间定位与地图构建，其工作稳定性不如高端室外多线激光雷达。近年来，光照模型修正和基于深度学习的高鲁棒性特征点被广泛应用于视觉 SLAM 的研究中，体现出良好的效果，应当说视觉 SLAM 随着这些技术的进步将会在光照变化的环境中拥有更稳定的表现。

在影响稳定工作的因素方面，激光 SLAM 不擅长动态环境中的定位，如有大量人员遮挡其测量的环境；也不擅长在类似的几何环境中工作，如在一个又长又直、两侧是墙壁的环境。由于重定位能力较差，因此激光 SLAM 在追踪丢失后很难重新回到工作状态。而视觉 SLAM 在无纹理环境（如面对整洁的白墙面）及光照特别弱的环境中表现较差。

在定位与地图构建精度方面，在静态且简单的环境中，激光 SLAM 定位总体来讲优于视觉 SLAM。但在较大尺度且动态的环境中，视觉 SLAM 因为其具有的纹理信息而表现出更好的效果。在地图构建上，激光SLAM 的特点是单点和单次测量都更精确，但地图信息量更小。视觉 SLAM，特别是通过三角测距计算距离的方法，在单点和单次测量精度上的表现总体来讲不如激光雷达，但可以通过重复观测反复提高精度，同时拥有更丰富的地图信息。

在累积误差方面，激光 SLAM 总体来讲较为缺乏回环检测的能力，累积误差的消除较为困难。而视觉 SLAM 使用了大量冗余的纹理信息，回环检测较为容易，即使在前端累积一定误差的情况下仍能通过回环修正将误差消除。

除此之外，激光雷达成本均高于视觉传感器。但是激光雷达量产后成本大幅下降，3D 激光已到万元级别，能否降到同档次摄像头的水平仍存在疑问。

当前 SLAM 正在进入新的阶段，即“鲁棒 - 感知时期”，这也是目前研究的热点，这一阶段的关键要求如下。

（1）鲁棒性能。在很多情况下，SLAM 系统能够长时间以低错误率工作，它具有故障安全机制并且能够自我修复，因为它可以调整系统参数，从而适应当前的场景。

（2）高层次的理解。SLAM 系统不只能够做基础的几何重建，更能够对环境有高层次的理解（如高级的几何、语义、物理、启示）。

（3）资源意识。SLAM 系统会针对可用的传感器和计算资源量身定制，并且根据可用的资源提供调整计算负载的方式。

(4) 任务驱动的感知。SLAM 系统能够选择相关的感知信息并滤掉不相关的传感数据,从而支持机器人执行的任务,并且能产生自适应预测,其复杂性可能取决于当前的任务。

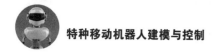

## 6.2 SLAM 传感器

### 6.2.1 里程计

在移动机器导航中,里程计用于测量其运动轨道,多数用轮子驱动电机的编码器获得。增量式光电码盘由光栅盘和光电检测装置组成。光栅盘在一定直径的圆板上等分地开通若干个长方形孔。电机旋转时,光栅盘与电动机同速旋转,经发光二极管等电子元件组成的检测装置检测输出若干脉冲信号,通过计算每秒光电编码器输出脉冲的个数就能了解当前电动机的转速。

增量式码盘是直接利用光电转换原理输出三组信号,A 相、B 相和 C 相。A、B 两组脉冲相位差 90°,从而可方便地判断出旋转方向;而 C 相每转只输出一个脉冲,用于单圈基准点校正。里程计/电机编码器如图 6.12 所示。

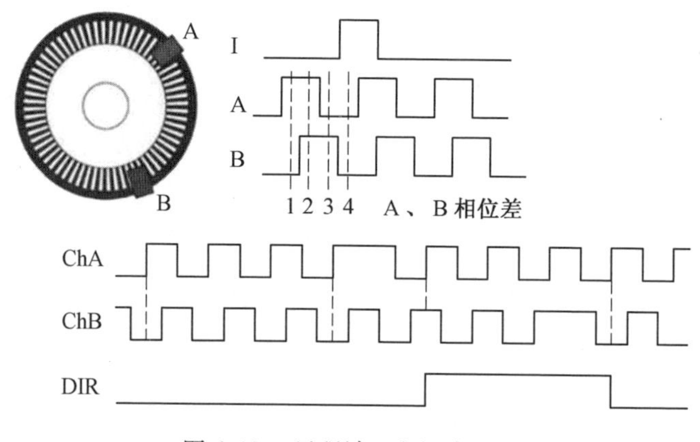


图 6.12 里程计/电机编码器

### 6.2.2 惯性传感器

惯性传感器包括电子罗盘、陀螺仪和加速度计等。电子罗盘又称数字罗盘,原理是测量地球磁场,进行机器人在水平面内偏转角度的测量。三轴电子罗盘可以测量机器人的俯仰、横滚和偏转(RPY) 角度,故易受磁场影响。

陀螺仪可以测量俯仰、横滚和偏转角度,可以与加速度计、GPS 等结合,组成惯性导航控制系统(Inertial Measurement Unit,IMU)。陀螺仪可以获得角速度,加速度计可以获得线加速度。

### 6.2.3　测距传感器

各种测距传感器的测量原理类似，都是通过测量时差法(Time of Flight，ToF)来判断距离，也就是光线发出之后开始计时，当光线接触物体发生反射被传感器接收后终止计时，这一段时间也就是光线飞行了 2 个距离的长度，这个长度可以用光速乘以计时时间计算。测距传感器包括激光雷达、超声波传感器、毫米波雷达、红外传感器等。其中，激光雷达与红外传感器类似，超声波传感器与毫米波雷达类似。下面分别介绍。

**1. 激光雷达**

激光雷达有 2D 或 3D 激光雷达(也称单线或多线激光雷达)，常见的激光雷达传感器如图 6.13 所示。

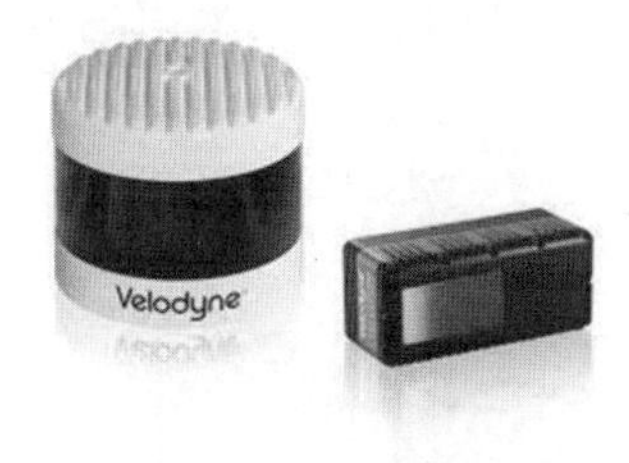


图 6.13　常见的激光雷达传感器

2D 实现的是对一个平面的扫描，也就是可以判断激光雷达所处的平面内物体的分布情况。3D 激光雷达又称多线激光雷达，可认为是多个 2D 激光雷达的叠加，所以也有学者将 2D 激光雷达增加一个自由度以获得 3D 激光雷达类似的 3D 点云数据。根据线数(激光层数)，3D 激光雷达可分为 16 线、32 线和 64 线。激光雷达返回的是点云信息，可利用这些点云建立环境或者目标物体的形状，进而实现对环境的感知和定位，在扫地机器人和自动驾驶汽车上广泛应用。

**2. 超声波传感器**

超声波传感器是由超声波发射器向外面某一个方向发射超声波，在空气中超声波的传播速度是 340 m/s，通过测量反射波的时间，从而计算距离。

**3. 毫米波雷达**

毫米波实质上就是电磁波。毫米波的频段比较特殊，其频率高于无线电，低于可见光和红外线，频率大致范围是 10 ~ 200 GHz。这是一个非常适合车载领域的频段。目前，比较常见的车载领域的毫米波雷达频段有以下三类。

(1)24 ~ 24.25 GHz。毫米波雷达目前大量应用于汽车的盲点监测及变道辅助。雷达安装在车辆的后保险杠内，用于监测车辆后方两侧的车道是否有车、可否进行变道。这个频段也有其缺点：频率比较低；带宽(Bandwidth)比较窄，只有 250 MHz。

(2)77 GHz。这个频段频率比较高,允许的带宽可达到 800 MHz,主要装配在车辆前保险杠,探测与前车的距离和前车速度,实现紧急制动和自动跟车,是汽车制动安全的主要部件。

(3)79 ~ 81 GHz。这个频段最大的特点是带宽非常高,比 77 GHz 高出 3 倍以上,其具有较高的分辨率,精度可达 5 cm。

**4. 激光雷达、毫米波和超声波的区别**

激光雷达与超声波/毫米波相比,其光线是点光源,可以精确测量前面物体的距离和形状,超声波则是扇形区域,在此区域内的全认为是目标,不能详细区分物体形状等信息。因此,机器人环境建模方面多数采用激光雷达。毫米波雷达与超声波雷达比较,其测量和响应速度更快,因此在行车过程中采用毫米波雷达,而在驻车和自动泊车方面可采用超声波雷达。激光雷达、超声波的测量原理如图 6.14 所示。

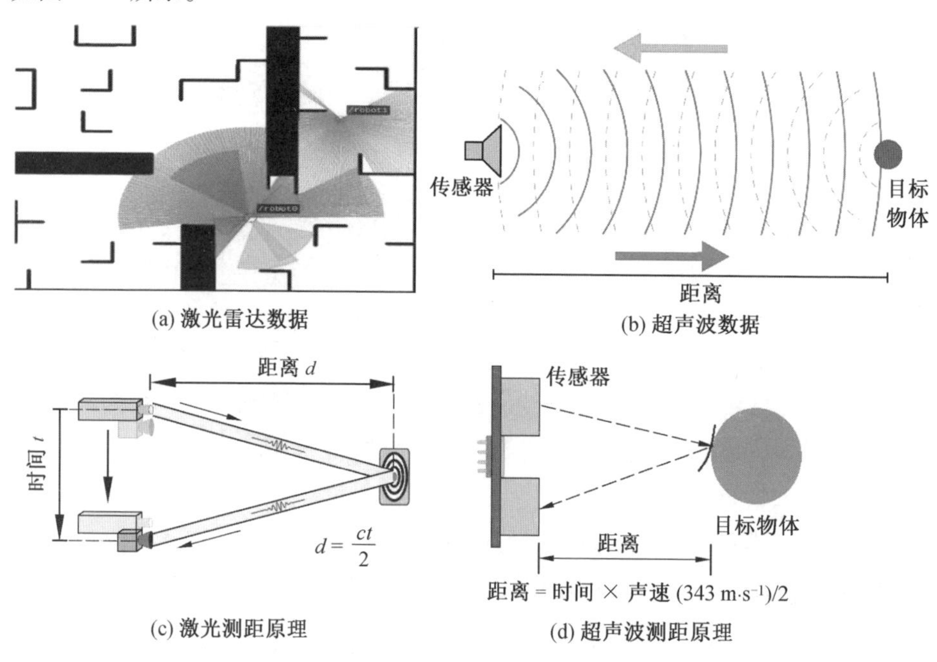


图 6.14　激光雷达、超声波的测量原理

## 6.2.4　视觉传感器

相比于激光雷达,作为视觉 SLAM 传感器的相机更加便宜、轻便,图像也能提供更加丰富的信息(颜色和纹理信息等),特征区分度更高,缺点是图像信息的实时处理需要很高的计算能力。

视觉SLAM使用的传感器目前主要有单目相机、双目相机和RGB－D相机三种。其中,RGB－D相机的深度信息有通过结构光原理计算的(如第一代Kinect),有通过投射红外pattern并利用双目红外相机来计算的(如Intel RealSense R200),也有通过TOF相机实现的(如第二代Kinect)。对用户来讲,这些类型的RGB－D都可以输出RGB图像和Depth图像。常见的视觉SLAM传感器如图6.15(a)所示。

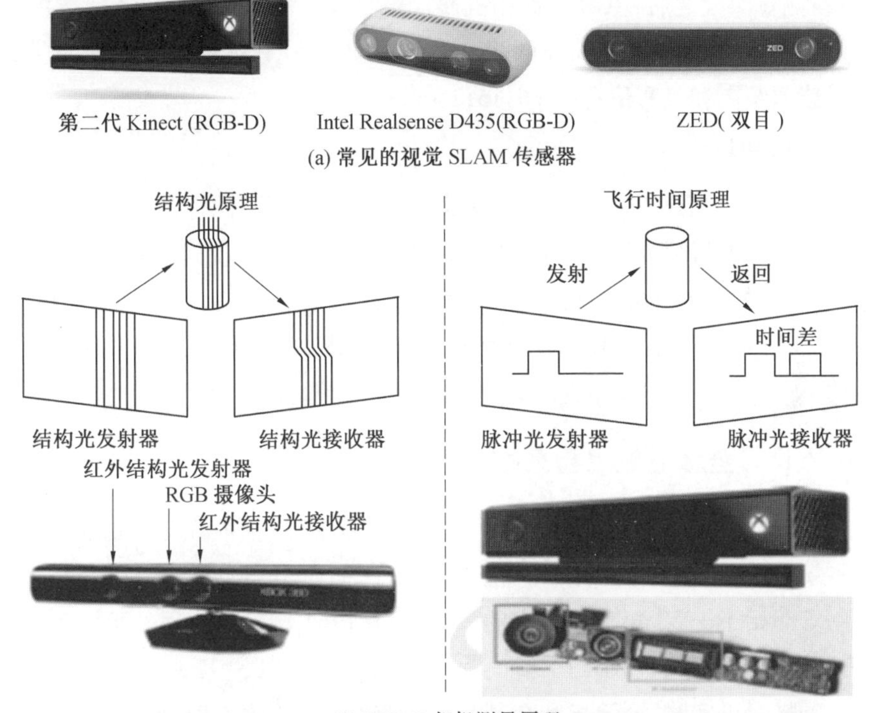

(b) RGB-D 相机测量原理

ORB 关键点

未筛选的匹配

筛选后的匹配

(c) 双目相机测量原理

图6.15　常见的视觉 SLAM 传感器及测量原理

随着相机技术的发展和相机成本的降低，在机器人环境感知和定位导航中多数采用 RGB - D 相机或者双目相机，下面介绍这两种相机的区别(图 6.15(b)、(c))。

**1. RGB - D 相机**

无论是结构光还是 ToF，RGB - D 相机都需要向探测目标发射光线(红外光)。在测量深度之后，RGB - D 相机通常按照各个相机的安装位置完成深度和色彩像素之间的配对，输出对应的彩度图和深度图，这样就可以在图像的任意像素位置读取距离和色彩信息(图 6.15(b))。

**2. 双目相机**

双目相机是通过左右两个相机采集两幅相同目标不同视角的图像，然后分别对两幅图像做特征提取，再对两幅图像的特征进行匹配，也就是找出目标场景中同一个点在不同相机中的成像位置，通过三角测量的方法得到深度信息(图 6.15(c))，可以看出 RGB - D 相机和双目相机对 3D 环境的感知原理是完全不同的。

### 6.2.5 全球导航卫星系统

全球导航卫星系统主要包括北斗卫星导航系统(以下简称北斗系统)和全球定位系统(Global Positioning System，GPS)，二者都是通过卫星对接收装置定位。GPS 起始于 1958 年美国军方的一个项目，1964 年投入使用。20 世纪 70 年代，美国陆海空三军联合研制了新一代卫星定位系统 GPS，其主要目的是为陆海空三大领域提供实时、全天候和全球性的导航服务，并用于情报搜集、核爆监测和应急通信等一些军事目的。经过 20 余年的研究实验，耗资 300 亿美元，到 1994 年，全球覆盖率高达 98% 的 24 颗 GPS 卫星星座已布设完成。

北斗系统是中国着眼于国家安全和经济社会发展需要，自主建设、独立运行的卫星导航系统，是为全球用户提供全天候、高精度的定位、导航和授时服务的国家重要空间基础设施。北斗系统具有以下特点：一是北斗系统空间段采用三种轨道卫星组成的混合星座，与其他卫星导航系统相比高轨卫星更多，抗遮挡能力更强，尤其低纬度地区性能特点更明显；二是北斗系统提供多个频点的导航信号，能够通过多频信号组合使用等方式提高服务精度；三是北斗系统创新融合了导航与通信能力，具有实时导航、快速定位、精确授时、位置报告和短报文通信服务五大功能。

## 6.3　机器人定位方法概述

特种移动机器人导航中,实现机器人自身的准确定位是一项最基本、最重要的功能。常用的定位技术包括基于航迹推算的定位技术、基于信号灯的定位技术、基于地图匹配的定位技术、基于路标的定位技术、基于视觉的定位技术和基于概率的定位技术。下面对这六种定位技术逐一展开介绍。

### 6.3.1　基于航迹推算的定位技术

航迹推算法是指利用机器人装备的各种传感器获取机器人的运动动态信息,通过递推式(6.1)获得机器人相对初始状态的估计位置。航迹推算法常用的传感器有码盘(类似于车辆里程计,记录车轮转数,获得机器人相对于上一采样时刻的状态改变量)、惯性传感器(如陀螺仪、加速度计,得到机器人的角速度和线速度,通过积分获得机器人的位置信息)。这种定位方法有累积误差,随着行驶时间、距离的不断增加,误差也不断增大。因此,航迹推算法不适合长时间、长距离的精确定位。

(1) 惯性单元定位方法。航迹推算流程图如图 6.16 所示。

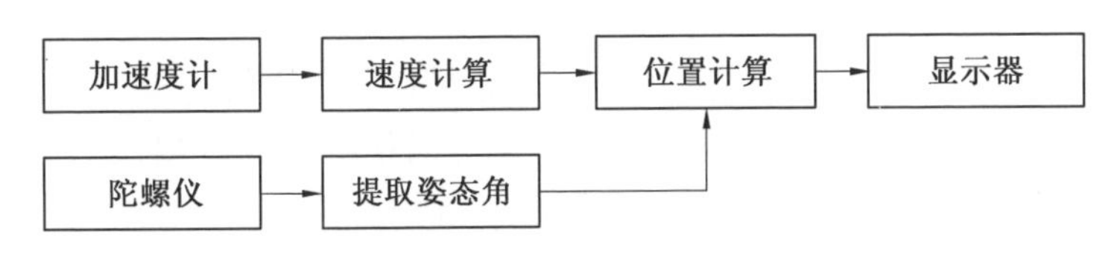


图 6.16　航迹推算流程图

以双轮差动驱动小车为例,在小车的两个轮上安装独立的驱动电机,通过控制电机的转速来控制小车的运动。航迹推算原理图如图 6.17 所示,有

$$x_1 = x_0 + S_0\cos\theta_0,\quad x_2 = x_1 + S_1\cos\theta_1$$

$$y_1 = y_0 + S_0\sin\theta_0,\quad y_2 = y_1 + S_1\sin\theta_1$$

$$\theta_1 = \theta_0 + \Delta\theta_0,\quad \theta_2 = \theta_1 + \Delta\theta_1$$

$$\begin{cases} x_k = x_0 + \sum\limits_{i=0}^{k-1} S_i\cos\theta_i \\ y_k = y_0 + \sum\limits_{i=0}^{k-1} S_i\sin\theta_i \\ \theta_k = \theta_{k-1} + \Delta\theta_{k-1},\quad k = 1,2,\cdots \end{cases} \tag{6.1}$$

式中,已知起始位置($x_0$,$y_0$)以及方位角 $\theta_0$(GPS 定位得到初始值),测量行驶距离 $S$ 和方位角变化 $\Delta\theta$(陀螺仪和加速度计分别测量出旋转率和加速度,再进行积分,得到航向变化和走过的距离),结合式(6.1)计算出下一时刻位置。

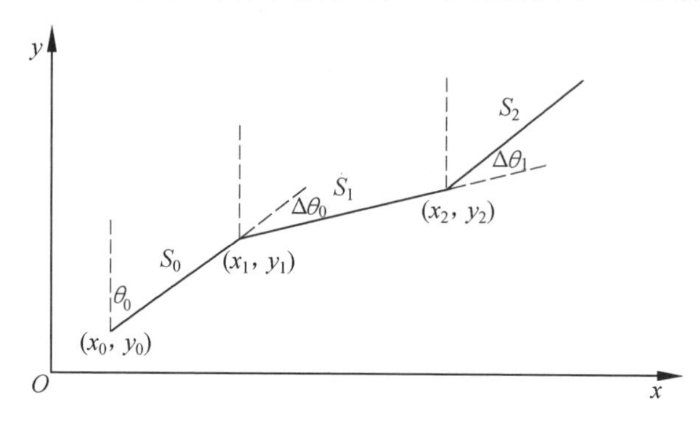


图 6.17　航迹推算原理图

(2)运动学模型里程计。通过第 2 章的移动机器人运动学模型(正运动学),结合轮子的编码器信息,可以获得移动平台的空间运行速度和所处位置。小车在世界坐标系下的速度表示为

$$v_x = \frac{1}{2}R(\omega_1 + \omega_r)\cos\theta,\quad v_y = \frac{1}{2}R(\omega_1 + \omega_r)\sin\theta,\quad \dot{\theta} = \frac{R(\omega_1 - \omega_r)}{h} \tag{6.2}$$

式中,$\omega_1$、$\omega_r$、$h$ 分别表示小车左、右轮的角速度与左、右轮的轴距,对速度积分可得世界坐标系下小车的线位移与角位移。也可以利用 IMU 等惯性传感器和编码器的多信息融合来获得机器人的空间位置,提高定位精度。

### 6.3.2　基于信号灯的定位技术

信号灯定位系统是船只和飞行器普遍采用的导航定位手段。基于信号灯的定位系统依赖一组安装在环境中已知位置的信号灯。在移动机器人上安装传感器,对信号灯进行观测。信号灯定位方式中主要有两种实现技术:三角测量(Triangulation)和三边测量(Trilateration)。

(1)三角测量原理。如图 6.18 所示,在测量过程中,已知“灯塔 A”和“灯塔 B”之间的距离 $L$,通过测量手段可以得到船分别与“灯塔 A”和“灯塔 B”的角度 $\alpha$ 和 $\beta$,这样可以得到船与岸边的垂直距离,三角测量原理如图 6.18 所示,有

$$L = L_1 + L_2 = \frac{d}{\tan\alpha} + \frac{d}{\tan\beta} = d\left(\frac{\cos\alpha}{\sin\alpha} + \frac{\cos\beta}{\sin\beta}\right) = d\,\frac{\sin(\alpha+\beta)}{\sin\alpha\sin\beta} \tag{6.3}$$

$$d = L\,\frac{\sin\alpha\sin\beta}{\sin(\alpha+\beta)} \tag{6.4}$$

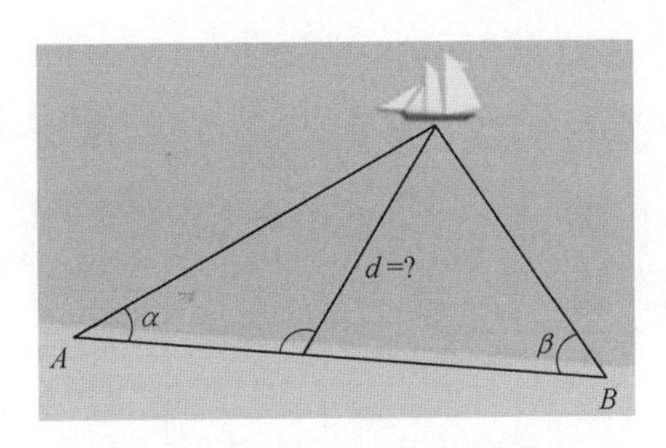


图6.18　三角测量原理

(2) 三边测量原理。确定移动机器人的位置是基于与已知信标的距离测量结果。在三边测量导航系统中至少要有三个发射器在已知的位置(信标)上安装,而接收器安装在移动机器人上。GPS就是一种利用三边测量进行定位定姿的例子。

超声波网络定位系统如图6.19所示,分为主动式和被动式。二者本质区别在于机器人是否主动发射超声波信号,典型代表分别为Andy Ward等于1999年提出的Bats系统[9]和Priyantha等于2000年提出的Cricket系统[10]。主动式定位系统的特点是定位周期短,可对快速移动的机器人进行实时定位,但不宜对多机器人进行同时定位;被动式定位系统可对多个机器人同时定位,但其定位周期长,要求定位时机器人静止或缓慢移动。

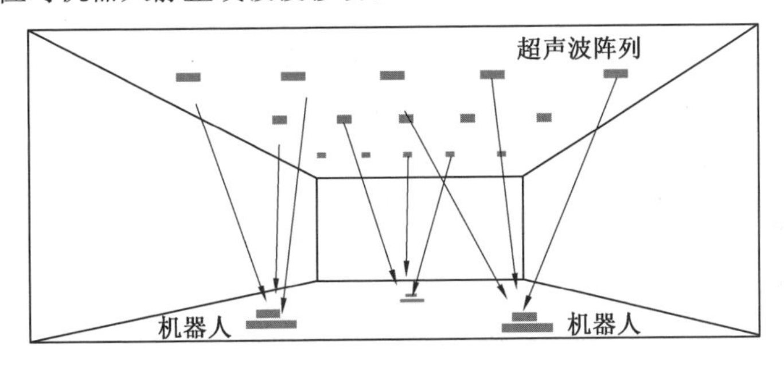


图6.19　超声波网络定位系统

随着射频(Radio Frequency,RF)技术的发展,人们对基于RF的室内定位系统的研究也日益增多。RF分为WLAN、Zig Bee、Bluetooth、超宽带(Ultra Wide Band,UWB)、无线RFID[11-12]。基于RF的定位又称无线传感器网络定位,在无线局域网中通过对接收到的RF信号的特征信息(如接收信号强度指示(RSSI))进行分析,根据特定的算法来计算出机器人所在的位置。RSSI就是利用通道传播模型去描述路径损耗对于距离的变化情况。基于无线传感器网络的定位过程分为三个部分,无线传感器网络定位过程如图6.20所示。采用WLAN、Zig Bee、

Bluetooth 的定位系统虽然有不受视距约束的优点,但由于无法建立准确的 RSSI 模型,定位精度较低,因此还不能满足移动机器人室内定位的高精度要求。

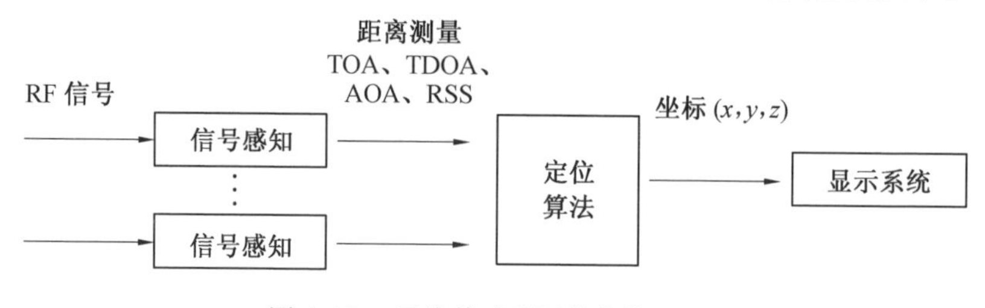


图 6.20　无线传感器网络定位过程

### 6.3.3　基于地图匹配的定位技术

基于地图匹配的移动机器人定位问题着重分析地图上机器人可能位置的搜索和判别,其核心在于机器人感知获得的局部环境信息与已知地图中的环境信息的匹配。基于地图匹配的定位方法分为两种:一种是环境地图事先已知;另一种是环境地图事先未知。

第一种情况,在定位之前,需要事先对机器人的工作环境建立全局地图,并将地图信息存储在机器人中。目前多采用特征法、拓扑法和栅格法来构建环境地图。进行地图匹配定位时,利用机器人上携带的传感器探测周围环境并建立局部环境地图,通过局部地图与全局地图的对比确定移动机器人的全局位姿。目前,研究人员采用超声波、激光雷达、CCD 摄像机等传感器扫描环境、建立环境地图,获得了很高的定位精度和较好的定位效果。

第二种情况,机器人在一个完全未知的环境中,从一个未知的位置出发,在建立环境地图的同时,利用已经建立的地图来更新自身的位姿,即机器人的同时定位与地图构建(SLAM) 问题,这是当今自主移动机器人的一个重要的研究方向。目前对 SLAM 的研究主要基于随机匹配模型,该模型中机器人的位姿和地图特征位置均由一状态矢量表示,当观察到新的相匹配的特征时,机器人的位姿和地图特征位置将被更新。Luo 等采用他们提出的 CI – PSO(Covariance Intersection – Particle Swarm Optimal) 方法进行位姿估计[13],应用多传感器(激光雷达和视觉) 信息融合构造地图并进行地图更新。Roh 等应用栅格地图和激光雷达数据,采用极坐标扫描匹配和 fastSLAM 方法进行地图构造和地图更新[14]。然而,目前大多数研究都是假设机器人所在的环境为静态的,当环境为动态环境时,SLAM 方法可能会因系统误差增大而失效。

### 6.3.4　基于路标的定位技术

路标是机器人从其传感输入所能认出的不同特性。路标可以是几何形状

(如线段、圆或矩形),也可以包括附加信息。路标定位分为自然路标定位和人工路标定位。

**1. 自然路标定位**

自然路标定位就是选取与周围环境有明显差异且容易识别的自然物作为路标,并需要提前建立可靠的全局地图或局部地图。该方法主要用于移动机器人沿已规划好的路径运动的情况。

**2. 人工路标定位**

人工路标定位就是在移动机器人的工作环境中人为设置数量足够、位置确定、特征明显(形状和颜色)、易识别的路标。采用人工路标定位法时,一般使用形状规则的路标,移动机器人能较容易地识别出人工路标。此外,路标位置已知,根据人工路标信息可确定移动机器人相对人工路标的位姿关系,进而完成移动机器人的自主定位。采用人工路标定位时,根据所设路标选用合适的传感器,因此形成了不同的定位方法,如基于蓝牙、相机、红外传感器、超声波传感器及激光测距仪等的人工路标定位方法。图6.21所示为相机配合二维码对车辆进行定位的示意图。

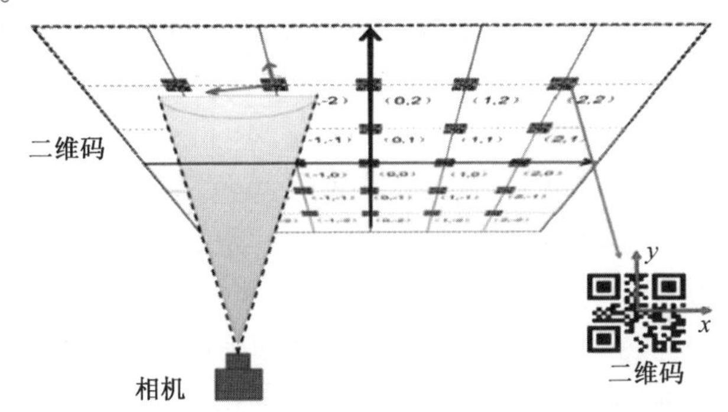


图6.21　相机配合二维码对车辆进行定位的示意图

## 6.3.5　基于视觉的定位技术

自从将视觉传感器引入机器人定位这一领域以来,出现了许多基于视觉的机器人定位方法,这些定位方法大致可分为以下三类:第一类是基于立体视觉的方法,这类方法的突出优点是能获取周围环境的深度信息,从而能够实现较为准确的定位,但存在需要对摄像机进行标定等问题;第二类是基于全方位视觉传感器的定位方法,使用这种视觉传感器不需要控制摄像头,但是它会对感知到的环境产生很大的畸变;第三类是基于单目视觉的机器人定位算法,这部分在6.1.3节的视觉SLAM中已介绍。

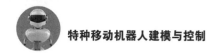

### 6.3.6 基于概率的定位技术

为提高移动机器人的自主定位能力和定位精度，已经出现了内、外传感器相融合的定位方法。这种定位方法的位姿估计过程如图 6.22 所示，可分为三个阶段：位姿预测、位姿观测和位姿更新。位姿预测是根据初始位姿和内部传感器模型给出移动机器人的先验位姿估计，然后根据外部传感器获得的环境信息对机器人的位姿进行观测，最后采用一定的位姿估计算法对机器人的当前位姿进行更新。

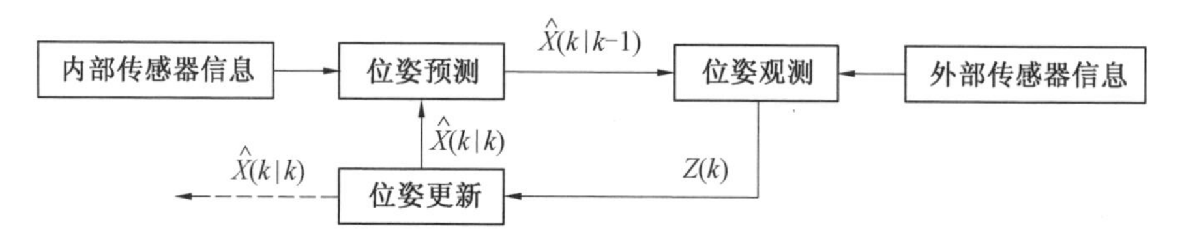


图 6.22　位姿估计过程

由于机器人存在的机械制造误差和编码器、外部传感器受测量噪声及运动控制误差的影响，因此机器人运动的真实位置具有不确定性，人们为克服这种困难，提出了许多基于贝叶斯滤波理论的移动机器人位姿估计算法：一类是基于滤波估计的算法，主要有卡尔曼滤波（Kalman Filter，KF）、扩展卡尔曼滤波（Extended Kalman Filter，EKF）、无迹卡尔曼滤波（Unscented Kalman Filter，UKF）和多假设跟踪（Multi-Hypothesis Tracking，MHT）；另一类是基于贝叶斯推理的算法，主要有马尔可夫定位（Markov Localization，ML）和粒子滤波（Particle Filtering，PF）。下面大致介绍一下这两类算法。

**1. 基于滤波估计的算法**

KF 是移动机器人定位中最常用的线性最优递推位姿估计算法，当假设系统状态模型和观测模型都是线性模型且服从高斯分布，同时假设噪声也是高斯分布时，只需要知道噪声的均值和方差即可进行迭代求解。但是，实际机器人系统模型和观测模型是非线性的，与 KF 的线性假设相悖，使得 KF 在移动机器人定位领域的应用受到了限制，而且 KF 无法实现全局定位，不能解决多峰分布问题。

正态分布（Normal Distribution）又称高斯分布（Gaussian Distribution），是一种非常常见的连续概率分布。正态分布在统计学上十分重要，经常用于自然和社会科学来代表一个不明的随机变量（图 6.23）。

正态分布的数学期望值或期望值决定了分布的位置，方差分布的不确定度决定了分布的幅度，有

$$p(y)=\frac{1}{\sigma\sqrt{2\pi}}\mathrm{e}^{-\frac{(y-\mu)^2}{2\sigma^2}}$$

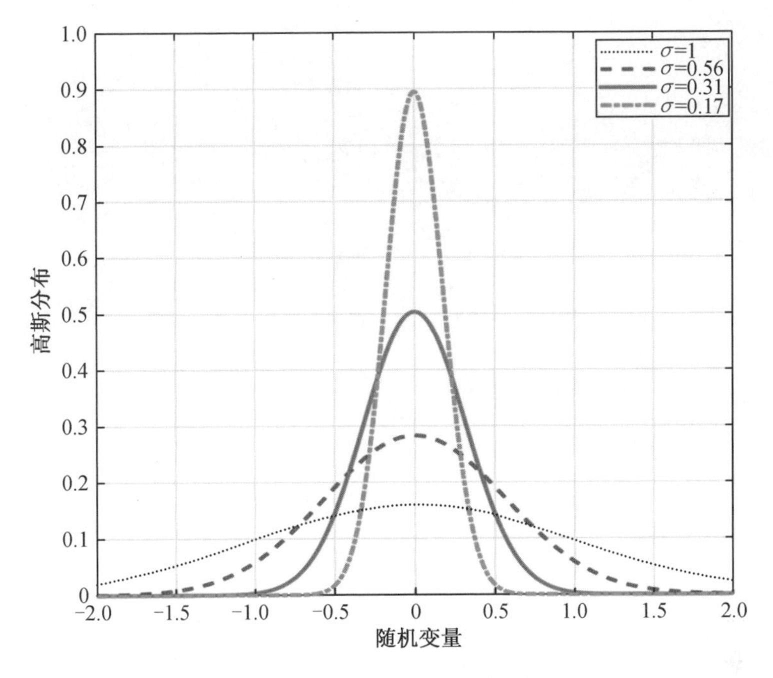


图6.23　正态分布

KF是一种高效率的递归滤波器(自回归滤波器),它能够从一系列不完全及包含噪声的测量中估计动态系统的状态。卡尔曼滤波算法是二步骤的程序,如图6.24所示。在估计步骤中,卡尔曼滤波会产生有关目前状态的估计,其中也包括不确定性。观测到下一个量测(其中一定含有某种程度的误差,包括随机噪声)后,会通过加权平均来更新估计值,而确定性越高的量测加权比重也越高。卡尔曼滤波算法就是按照上面思路利用上一状态及测量值去估计当前状态,通常称其为状态方程和测量方程,通过卡尔曼滤波可以将这两个估计通过权重系数合成为新的状态估计。

下面以移动机器人的运动位置估计为例,介绍卡尔曼滤波如何实现对机器人位置(状态)的估计。首先介绍状态方程,利用运动的物理知识,假定机器人匀速运行,则在$t$时刻的位置为$p(t)=vt$,但是这个方程是存在误差的(图6.25),实际的机器人位置可能在高斯分布的钟形区域,造成整个误差的原因有自然因素(如刮风、下雨、地震)、小车结构不紧密、轮子不圆等。假设每个状态分量受到的不确定因素都服从正态分布,可以看出,因为图6.25中上一个状态的位置估计值是上一个循环的卡尔曼估计,所以也存在移动误差。而通过这次估计之后,误差更大了。

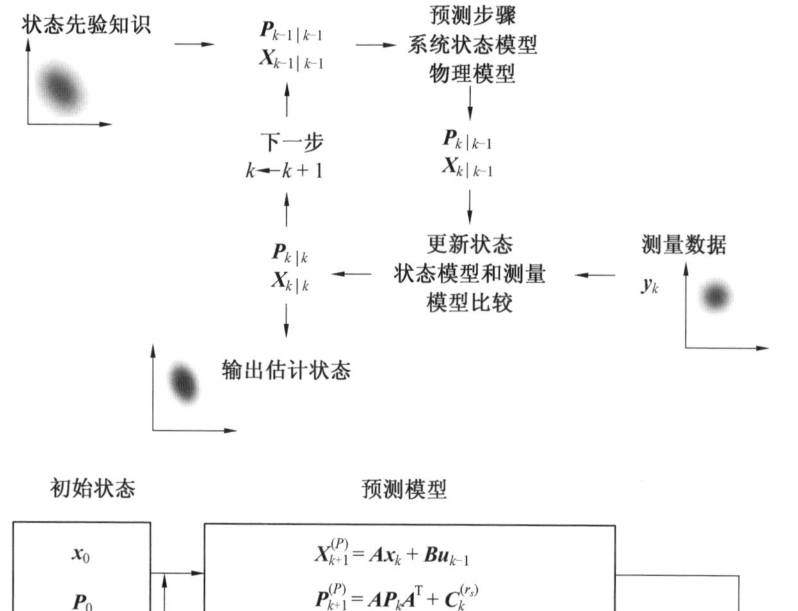


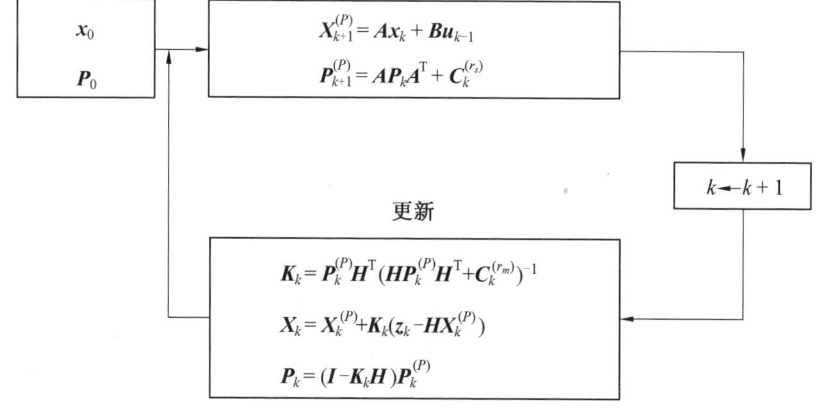


图 6.24　卡尔曼滤波算法

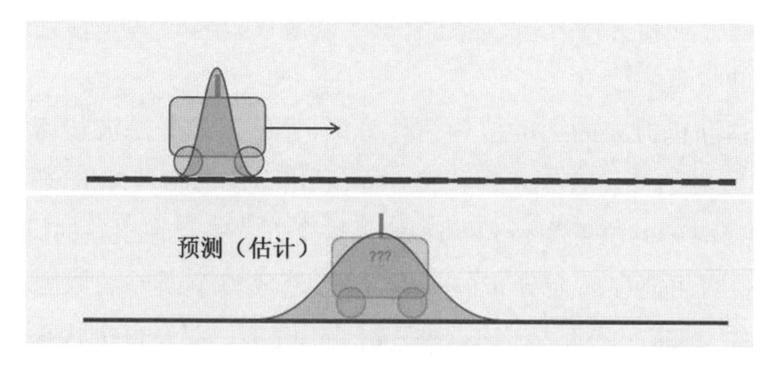


图 6.25　状态方程模型

下面介绍测量方程部分，小车的位置既可以通过状态方程获得，也可以通过传感测量获得，卡尔曼滤波多数被用于多传感器融合，也就是获得同一信息的不

同方法进行最优化融合,最终得到能够最优表征实际状态的信息。在此例中,用激光来测量小车的位置,由于传感器自身特性和外界干扰也会导致测量结果存在误差,因此该误差也用正态分布表示,如图 6.26 中实测(噪声)的正态分布所示。

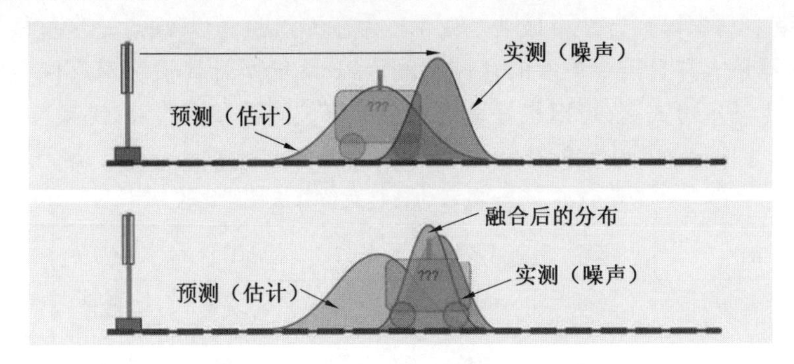


图 6.26　状态方程和测量模型融合

得到两个不同的结果之后,可以通过加权叠加进行简单处理,然而 Kalman 找到了相应权值,使预测(估计)与实测(噪声)分布合并为图 6.26 中融合后的分布的正态分布,这个分布均值位置在预测(估计)与实测(噪声)均值间的比例称为 Kalman 增益(如图 6.26 中近似为 0.8,就是各种公式里的 $K(t)$)。

融合后的分布不仅保证了在预测(估计)与实测(噪声)给定的条件下,小车位于该点的概率最大,而且还是一个正态分布。这样,一个 Kalman 滤波的周期就完成了,得到的融合后的正态分布就是此时的估计值,同时也将此估计值作为下一时刻的初始值进行新周期的 Kalman 计算。可以看出,正态分布(高斯分布)的特性是 Kalman 滤波能够迭代的关键。Kalman 滤波算法的本质就是利用两个正态分布的融合仍是正态分布这一特性进行迭代。

理论依据是两个互相独立的正态分布 $X \sim N(\mu_X, {\sigma_X}^2)$、$Y \sim N(\mu_Y, \sigma_Y^2)$,它们的和仍然满足正态分布 $U = X + Y \sim N(\mu_X + \mu_Y, \sigma_X^2 + {\sigma_Y}^2)$。

**2. 基于贝叶斯推理的算法**

粒子滤波又称蒙特卡洛定位(Monte Carlo Localization,MCL)。机器人位置的概率密度函数用一组“Samples”/“Particles”来近似。通过采样技术表示机器人的暂态,在全局定位中采用较多样本的采样,在局部跟踪时采用小样本采样。MCL 的优势在于:相对于 KF,该方法能够描述多峰分布,可有效解决全局定位和机器人“绑架”问题,该方法在机器人自定位和 SLAM 中都得到了很好的应用。但是 MCL 存在着粒子退化的缺陷,针对这一问题,利用统计学迭代 Sigma Point KF 来精确设计粒子滤波器的重要性函数[15],提出了基于改进无迹粒子滤波(Improved Unscented Particle Filtering,IUPF)的 MCL 方法,增加了有效粒子数。

综上,KF 是一种高效、高精度的局部定位算法,可成功解决局部跟踪问题,但约束条件多,只能表示单峰概率分布,无法解决全局定位和机器人"绑架"问题。多假设定位可以解决全局定位和多峰分布问题,但仍依赖于卡尔曼滤波的条件约束。马尔可夫方法可成功解决 KF 存在的问题,但其缺点是定位精度相对要低、计算量大并且需要更多的存储空间。PF 降低了计算量和对存储空间的需求,精度比马尔可夫高,可以很好地解决全局定位问题和机器人"绑架"问题。基于概率的各种定位算法性能比较见表 6.2。

**表 6.2　基于概率的各种定位算法性能比较**

| 算法 | KF | EKF | UKF | MHT | ML | PF |
|---|---|---|---|---|---|---|
| 系统模型 | 线性 | 非线性 | 非线性 | 非线性 | 非线性 | 非线性 |
| 概率分布 | 单峰 | 单峰 | 单峰 | 多峰 | 多峰 | 多峰 |
| 全局定位 | 不可 | 不可 | 不可 | 可 | 可 | 可 |
| 定位精度 | 高 | 高 | 高 | 高 | 差 | 高 |
| 计算效率 | 高 | 高 | 高 | 一般 | 差 | 一般 |
| 可实现性 | 好 | 好 | 好 | 差 | 一般 | 好 |

以上即为移动机器人常用的几类定位技术,这些定位技术各有利弊,都有优化的空间。在机器人定位领域目前还没有完善的标准规范,许多的定位技术还处于试验阶段,距离技术落地还有一定的距离。作为机器人导航的先决条件,机器人定位技术在未来会得到越来越多的关注,需要解决的问题也会越来越多。

## 6.4　环境建模方法

### 6.4.1　环境地图建立

环境建模即对移动机器人工作空间(环境信息)进行有效表达,是移动机器人导航定位的基础。环境建模方法有很多种,目前在移动机器人路径规划中,大部分将环境信息转换成图的问题,对环境空间的骨架图进行描述。

对于低维姿态空间的环境地图表示方法,可概括为栅格地图法(Grid Map)、几何特征地图法(Geometric Feature Map)和拓扑地图法(Topological Map)三种基本地图表示法,由它们可引申得到顶点图像法、链接图法、最短 Voronoi 图法、广义 Voronoi 图法、切线图法、自由空间法、广义锥法等多种表示方法。二维地图

的表示方法在第2章中已经介绍了,这里主要介绍3D点云地图。

**1.点云数据获取**

什么是点云？点云是某个坐标系下周围环境的3D数据集,该数据集除包含几何位置信息外,还有强度信息、分类值和时间等。常用于获取3D点云数据的传感器有普通摄像头、全景摄像机系统、深度相机和激光雷达等。相比摄像头获取的2D图像,3D点云可以提供更多的几何结构等空间信息。同时,3D点云获取设备(如Kinect、TOF、激光雷达)的快速发展使得相关领域的研究人员更容易以越来越低的成本获得精度越来越高的3D点云数据,特别是利用激光扫描技术可以快速、高精度、简便地获取空间信息数据。在复杂的现场环境及空间中,利用激光扫描技术可以直接得到各种大型、复杂、不规则、标准或非标准的实体或实景的3D数字几何信息。

目前,常用的3D点云数据获取方法主要分为基于立体视觉、激光和视觉与激光融合的方法。基于立体视觉的3D场景重建方法本质上是模仿人眼的“视差原理”,这种使用视觉方法进行3D重建的稳健性很差。虽然在比较理想的情况下,目前好的多目视觉方案精度可以达到厘米级别,但是当外界光线由强变弱,或者物体表面纹理信息缺乏时,容易产生误匹配,精度会大打折扣。因此,基于立体视觉进行3D场景重建,其精度会因周围环境的变化而受到影响,不仅不具有良好的实时性,反而具有相当大的局限性,限制了此方法在3D重建领域的广泛应用。而基于Kinect和ToF的3D场景重建由于摄像头拍摄视野范围比较小,只能探测几米的范围,因此一般只能应用于室内场景。对于激光3D重建方法,虽然激光的探测距离相对较远,但是得到的只有场景的几何结构信息,缺乏场景的彩色信息,因此不利于后期基于场景的语义分割、场景理解等上层研究。

**2.地图构建方法**

获取点云数据之后,接下来的任务便是制作点云地图,实际上就是SLAM的过程。PCL库[16]已经提供了相应的算法,根据上面的信息,反复迭代几轮,就可以制作出相应场景下的3D点云地图。自动驾驶技术中绘制的3D点云地图如图6.27所示。下面介绍两种匹配方法,分别是迭代最近点(Iterative Closest Point,ICP)和图优化(General Graph Optimization,g2o)。

图6.27　自动驾驶技术中绘制的3D点云地图

### 3. ICP 算法

迭代最近点是一种点集对点集配准方法。移动机器人在前进的过程中,每一步都可以扫描获得视野内的点云数据,如何与前面建立地图的点云进行共同部分的匹配是机器人定位和建图的关键。2D 和 3D 点云匹配如图 6.28 所示,细线条为机器人在当前位置利用激光雷达测量的环境点云数据,粗线条为前面建立的地图。通过相同部分点云的匹配,实现对机器人位姿的纠正以及地图的精确匹配和建模。

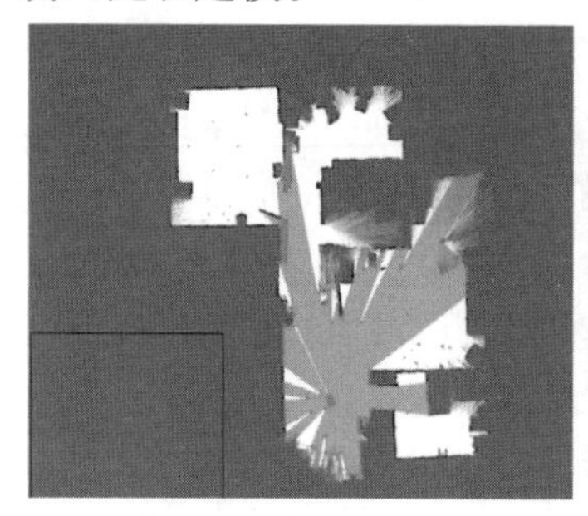

图 6.28　2D 和 3D 点云匹配

用数学来描述则是给定两个点云集 $X=\{x_1,x_2,\cdots,x_{N_p}\}$、$P=\{p_1,p_2,\cdots,p_{N_p}\}$,求解旋转矩阵 $\boldsymbol{R}$ 和平移矩阵 $\boldsymbol{T}$,使得误差最小,即

$$E(\boldsymbol{R},\boldsymbol{T})=\frac{1}{N_p}\sum_{i=1}^{N_p}\|x_i-\boldsymbol{R}p_i-\boldsymbol{T}\|^2$$

ICP 匹配可以分为两类:已知对应点的求解方法和未知对应点的求解方法。在基于点云数据的匹配中,利用的是未知对应点的 ICP 匹配方法。而对于一些可以提取的视觉特征和语义特征点,如两帧图像中的对应特征点,则可以采用已知对应点的 ICP 匹配方法。

已知对应点的 ICP 匹配求解方法是得到两个点云集 $X=\{x_1,x_2,\cdots,x_{N_p}\}$、$P=\{p_1,p_2,\cdots,p_{N_p}\}$ 的质心,即

$$u_x=\frac{1}{N_p}\sum_{i=1}^{N_p}x_i,\quad u_p=\frac{1}{N_p}\sum_{i=1}^{N_p}p_i \tag{6.5}$$

每个点云集与其质心求偏差,即

$$X'=\{x_1-u_x\}=\{x'_i\},\quad P'=\{p_1-u_p\}=\{p'_i\} \tag{6.6}$$

定义互协方差矩阵 $\boldsymbol{W}$,并且对其做 SVD 分解得

$$\boldsymbol{W}=\sum_{i=1}^{N_p}x'_ip'^{\mathrm{T}}_i=\boldsymbol{U}\begin{bmatrix}\sigma_1&0&0\\0&\sigma_2&0\\0&0&\sigma_3\end{bmatrix}\boldsymbol{V}^{\mathrm{T}} \tag{6.7}$$

然后,可以获得旋转矩阵和平移矩阵为

$$R = UV^{T}$$
$$T = u_x - Ru_p \tag{6.8}$$

未知对应点的 ICP 求解方法：① 寻找最优点；② 根据最优点，计算 $R$ 和 $T$；③ 对点云进行转换，计算误差；④ 不断迭代，直至误差小于某一值。2D 点云匹配如图 6.29 所示。

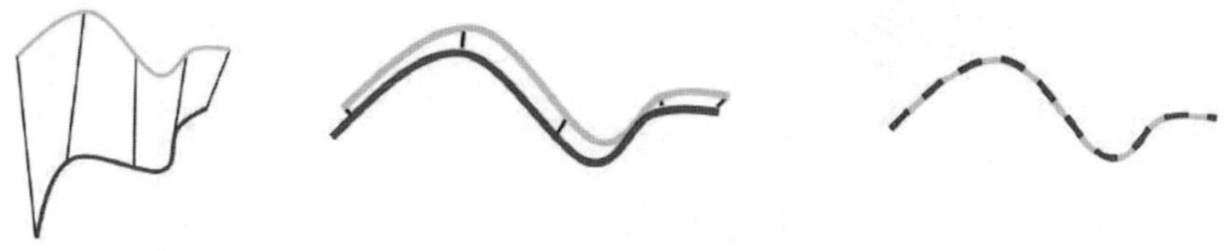

图 6.29　2D 点云匹配

可以看出，选取最优点是算法的关键。下面介绍三种方法：最近邻点(Closet Point)法、法方向最近邻点(Normal Shooting)法、投影法(Projection)。最近邻点法也就是在另一个点云数组中找距离最近的点，这种算法稳定，但是速度慢；法方向最近邻点法则是向目标点云集中找在此点法向量上的点，这种算法平滑效果好，但是对噪声敏感；投影法多数应用在观测角度已知的情况下，沿着观测角度进行投影。邻近点选取方法如图 6.30 所示。

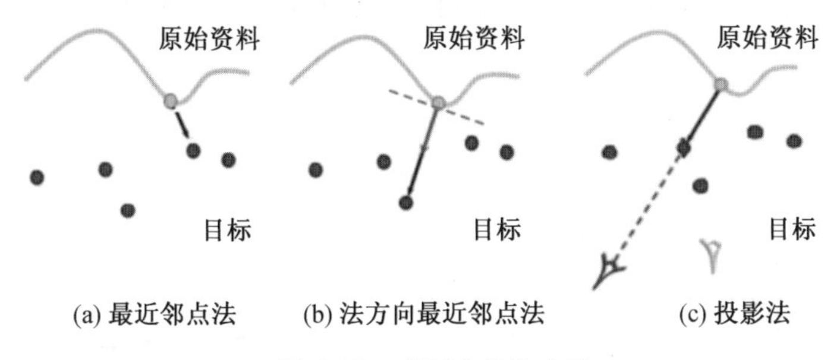


图 6.30　邻近点选取方法

(1) ICP 算法的优点：可以获得非常精确的配准效果；不必对处理的点集进行分割和特征提取；在较好的初值情况下可以得到很好的算法收敛性。

(2) ICP 算法的不足之处：在搜索对应点的过程中，计算量非常大，这是传统 ICP 算法的瓶颈；标准 ICP 算法中寻找对应点时，认为欧氏距离最近的点就是对应点，这种假设有不合理之处，会产生一定数量的错误对应点。

**4. g2o 算法**

图是由节点和边构成的，SLAM 问题怎么构成图呢？在 graph - based SLAM 中，机器人的位姿是一个节点(Node)或顶点(Vertex)，位姿之间的关系构成边(Edge)。具体而言，如 $t+1$ 时刻和 $t$ 时刻之间的 odometry 关系可以构成边，或者由视觉计算出来的位姿转换矩阵也可以构成边，那么一旦图构建完成了，就要调整机器人的位姿去尽量满足这些边构成的约束。

g2o 示意图如图 6.31 所示,先堆积数据,机器人位姿为构建的顶点。边是位姿之间的关系,可以是编码器数据计算的位姿,也可以是通过 ICP 匹配计算出来的位姿,还可以是闭环检测的位姿关系。

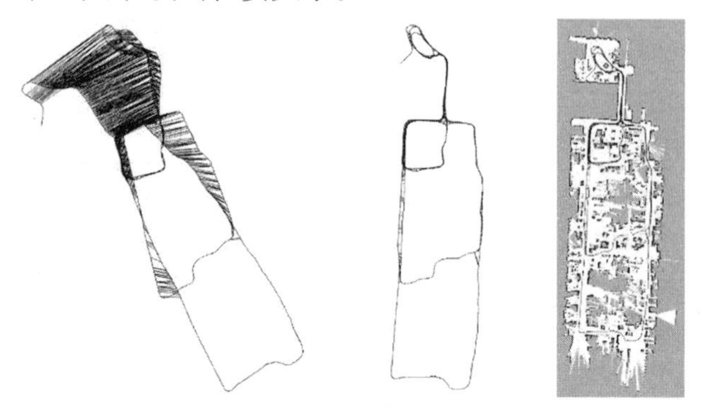

图 6.31　g2o 示意图

g2o 实例如图 6.32 所示,假设一个机器人初始起点在 0 处,然后机器人向前移动,通过编码器测得它向前移动了 1 m,到达第二个地点;接着又向后返回,编码器测得它向后移动了 0.8 m,但是通过闭环检测发现它回到了原始起点。

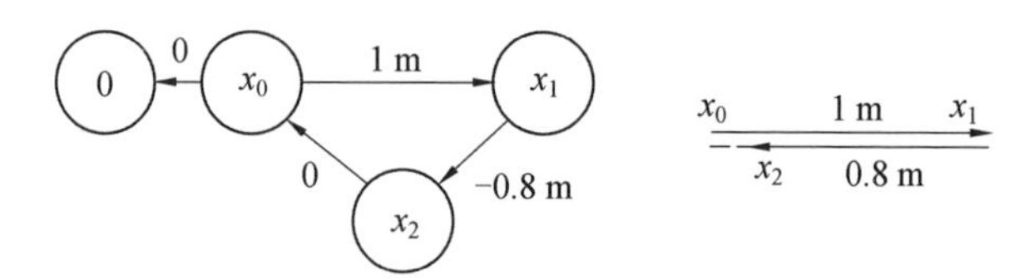


图 6.32　g2o 实例

这个运动用下面式子的左边部分表示,并将其转化为右边函数的方式,用最小二乘法求解结果 $x_0 = 0, x_1 = 0.93, x_2 = 0.07$,利用图优化的方法实现坐标的更新。公式为

$$\begin{cases} x_0 = 0 \\ x_1 = x_0 + 1 \\ x_2 = x_1 - 0.8 \\ x_2 = x_0 \end{cases} \Rightarrow \begin{cases} f_1 = x_0 = 0 \\ f_2 = x_1 - x_0 - 1 = 0 \\ f_3 = x_2 - x_1 + 0.8 = 0 \\ f_4 = x_2 - x_0 = 0 \end{cases}$$

### 6.4.2　路径规划算法

移动机器人的路径规划也分为两类:已知地图的路径规划和未知地图的探索规划(未知环境探索)。区别是第一类是有确定目标点的;而第二类则是在探

测目标点，也就是在对未知环境建模的过程中不断根据探测的目标物体信息进行探测路径规划，最终确定目标物体的位置。

**1. 已知地图的路径规划**

在第 2 章中介绍的多数路径规划方法都是基于已知地图的，包括 A* 算法、RRT 算法等，在此不做详细介绍。

**2. 未知地图的探索规划**

未知地图的探索规划除实现建图外，还要对下一步要走的方向进行规划。未知环境下机器人整体寻源框架如图 6.33 所示，在放射源搜索任务中建立障碍物几何场和辐射源分布物理场的信息熵增益，利用此增益结合扩展随机树结构进行路径规划。

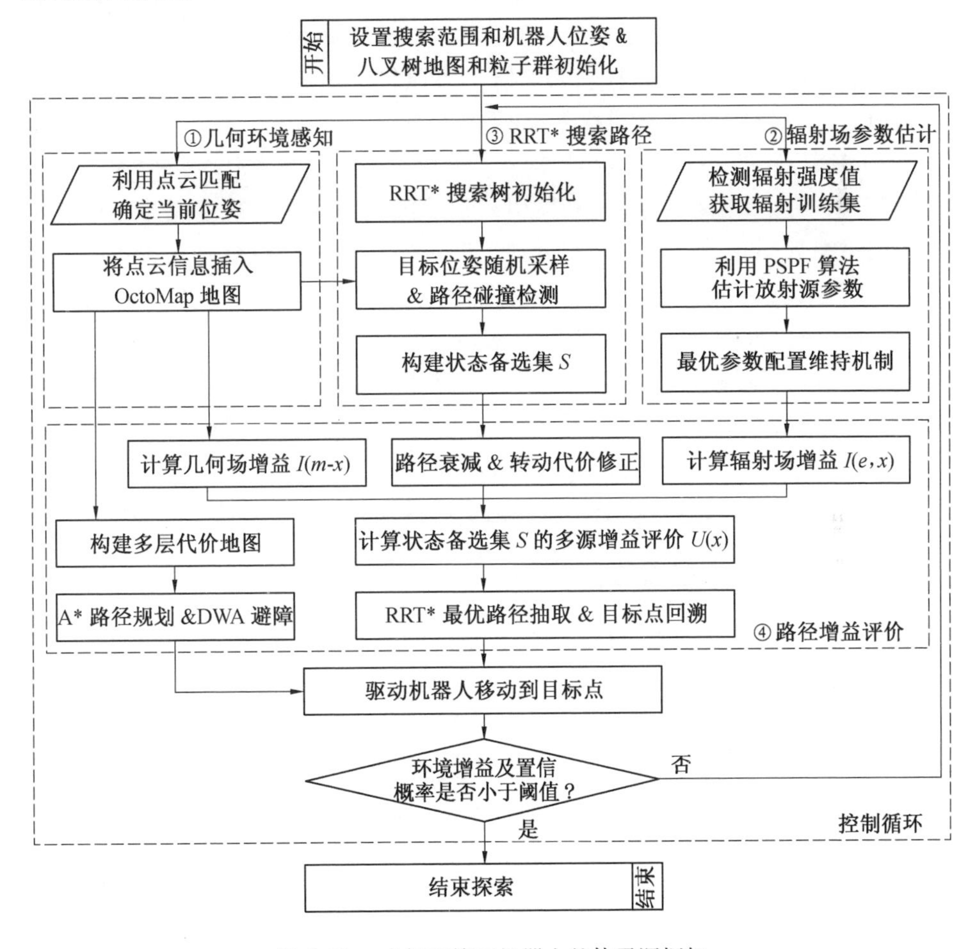


图 6.33　未知环境下机器人整体寻源框架

针对多目标搜索任务进行整体运行框架设计，如图 6.33 所示。多目标搜索框架可以概括为环境感知与测量、放射源状态估计、目标状态采样与搜索路径构建、多源增益评价及路径规划和机器人运动各模块循环执行的过程。各模块的工作机制阐述如下。

（1）几何环境感知模块。机器人主要通过三维点云和惯性里程信息来确定自身位姿和感知周围环境。本书采用当前主流激光 SLAM 框架实现机器人的定位，同时考虑到点云信息不利于状态存储和几何增益计算，故采用体素地图 OctoMap 完成三维环境信息的状态更新、信息压缩和增益运算。另外，将三维体素地图转换成二维栅格地图，并加入膨胀代价层形成多层代价地图，实现与机器人底层导航功能的接洽，解决底层驱动和实时避障问题。

（2）辐射场参数估计模块。对于辐射场的表征可以通过确定放射源位置和强度参数的方式实现，其主要难点在于放射源数目未知、稀疏测量点分布和在线预测等问题，这些关键问题通过 PSPF 算法可以较好地解决，因此将这种在线非参数估计算法集成到本章多目标寻源框架中。

（3）基于 RRT* 的搜索路径规划器。考虑到耦合场寻源任务需要兼顾环境探索和辐射信息获取等要求，规划器引入扩展随机树结构实现多点路径增益累积，进而平衡远端环境边界探索和近端辐射场估计等规划目标。相较于传统的全局优化算法及局部探索方法，基于 RRT 的路径规划器既保证了实时规划能力，同时也能够较为准确、快速地完成针对未知环境的边界探索。

（4）路径增益评价模型。扩展随机树结构需配合多源增益评价模型才能实现探索和寻源之间的目标平衡。区别于传统的多目标优化函数，评价模型除考虑几何场和辐射场增益外，还把路径距离衰减、平台转动代价、重复区域探索等因素纳入规划增益中，这种增益模型保证了机器人的探索有效性和准确性。

### 6.4.3 环境建模及导航实例

本节将以履带式移动机器人为例，在室内环境下进行定位、建图和导航。本例中使用 Velodyne 三维激光雷达作为实现定位功能的传感器，结合激光 SLAM 算法实现定位功能。常见的激光 SLAM 算法主要有两种：基于滤波器的 SLAM 算法和基于图的 SLAM 算法。基于滤波器的 SLAM 算法中较为经典的是 GMapping，而基于图的 SLAM 算法以 Google - Cartographer 为代表。

GMapping 是目前最经典、应用最广泛的激光 SLAM 算法之一，采用 Rao - Blackwellized 粒子滤波器，将 SLAM 中定位问题和建图问题分离，在完成定位的基础上实现已知机器人位姿的建图。Rao - Blackwellized 粒子滤波器的基本原理是

$$p(x_{1:t,m} \mid z_{1:t}, u_{1:t}) = p(m \mid x_{1:t}, z_{1:t}) p(x_{1:t} \mid z_{1:t}, u_{1:t}) \tag{6.9}$$

式中，$x_{1:t}$ 表示估计的1 ~ $t$ 时刻机器人的位姿；$m$ 为构建的地图；$z_{1:t}$ 和 $u_{1:t}$ 分别为1 ~ $t$ 时刻传感器的观测值与控制增量，在激光 SLAM 中传感器观测值指激光雷达数据，而控制增量指里程计数据，即机器人的码盘数据；$p(x_{1:t}, m \mid z_{1:t}, u_{1:t})$ 用来描述已知传感器观测值与控制增量条件下同时估计机器人位姿与环境地图的问题；$p(x_{1:t} \mid z_{1:t}, u_{1:t})$ 表示机器人位姿估计；$p(m \mid x_{1:t}, z_{1:t})$ 表示已知机器人位姿条件下的建图。因此，基于 Rao - Blackwellized 粒子滤波器的 SLAM 算法中，主体问题是机器人的位姿估计问题。

粒子滤波算法使用粒子群表示机器人位姿，机器人位姿估计是一个增量迭代过程，即

$$p(x_{1:t} \mid z_{1:t}, u_{1:t}) = \eta p(z_t \mid x_t) p(x_t \mid x_{t-1}, u_t) p(x_{1:t-1} \mid z_{1:t-1}, u_{1:t-1}) \tag{6.10}$$

式中，$\eta$ 为常数；$p(x_{1:t-1} \mid z_{1:t-1}, u_{1:t-1})$ 为根据1 ~ $t-1$ 时刻的传感器观测值和控制增量得到的1 ~ $t-1$ 时刻机器人位姿估计值；$p(x_t \mid x_{t-1}, u_t)$ 指在上一时刻估计的位姿 $x_{1:t-1}$ 的基础上通过控制增量 $u_t$ 实现状态转移并生成的预测分布；$p(z_t \mid x_t)$ 指在预测分布 $x_t$ 的基础上引入传感器观测值 $z_t$ 生成粒子权重，最后引入表征离子退化程度的有效粒子数 Neff 参数，根据采样重要性重采样(Sampling Importance Resampling，SIR)更新粒子状态，通过不断迭代实现粒子状态更新与估计位姿的更新。

基于滤波器的 SLAM 算法因引入了粒子滤波而继承了粒子滤波的一些缺陷。

(1) 粒子耗散问题。由重采样中的大权重粒子复制、小权重粒子丢弃而导致粒子多样性丧失，$N_{\mathrm{eff}}$ 参数只能一定程度缓解粒子耗散，而无法避免粒子耗散，因此制约了基于滤波器的 SLAM 算法只能运行在较小的环境中。

(2) 当里程计误差较大时很难保证预测分布的准确性，因此需要引入大量的粒子来获得较准确的后验概率分布。这种方式增大了计算量，而且由于每个粒子均携带自己的栅格地图数据，因此大量的粒子会消耗大量的内存。

(3) 基于滤波器的 SLAM 算法的实质是对状态进行贝叶斯估计，这种方法只能估计当前的状态，而对以前的状态无法修改，因此当状态估计偏差较大时，误差不断累积且无法得到修正。

Cartographer 作为目前运行效果最好的开源激光 SLAM 算法，相比于基于滤波器的激光 SLAM，其主要特点是引入了图结构。这种方式不仅可以估计机器人的当前位姿，还可以修正当前位姿之前的位姿，即优化机器人的运动轨迹而非单一位姿，此时 SLAM 前端为构建图结构，后端为图优化过程以估计最优轨迹。基于图的SLAM算法使用图结构中的节点表示待估计的机器人位姿，使用两个节点间的边

表示两个位姿的约束关系,算法的最终目标是通过配置各节点位姿使得图整体的预测位姿与观测求得的位姿间误差和最小,当传感器观测值与之前观测数据出现大量重复时,判定为出现回环,添加回环边可以优化回环内所有位姿,起到修正累积误差的作用,SLAM 位姿图优化基于非线性最小二乘实现,其目标函数为

$$\Delta x = \operatorname{argmin} \sum_{ij} e_{ij}^{\mathrm{T}}(x + \Delta x) \boldsymbol{\Omega}_{ij} e_{ij}(x + \Delta x) \tag{6.11}$$

式中,$\Delta x$ 为迭代增量,使用 $i$ 和 $j$ 表示两节点序号,用于形成边;$e_{ij}$ 表示 $i$ 节点和 $j$ 节点间预测与观测的误差,表示误差函数;$\boldsymbol{\Omega}_{ij}$ 为信息矩阵,用于衡量观测值的可靠度。

构成误差函数的预测位姿由机器人里程计得到,观测值由匹配算法得到。Cartographer 使用 Ceres 实现非线性最小二乘优化得到单帧位姿作为观测值,即

$$E(T_{\xi}) = \underset{T_{\xi}}{\operatorname{argmin}} \sum_{k=1}^{K} [1 - M(T_{\xi} h_k)]^2 \tag{6.12}$$

式中,$h_k$ 为单帧激光点;$K$ 为总点数;$T_{\xi}$ 将激光点转化到地图坐标系;$M(x)$ 用来表示 $x$ 位置的地图占用概率。由于栅格地图为离散地图,因此为求解梯度,Cartographer 内使用双立方插值对地图函数进行平滑处理。

相比于 GMapping 算法,Cartographer 定位满足实时性要求和精度要求,且具有回环检测功能以便纠正定位累积误差,符合本例中移动机器人的定位需求,同时考虑到基于滤波器的 GMapping 算法的相关缺陷,因此使用 Cartographer 作为本例机器人的定位方案。

本例中移动机器人建图指构建环境尺度地图,分为二维栅格地图构建和三维点云地图构建两部分。其中,二维栅格地图结合激光雷达实时更新数据生成环境代价地图用于机器人导航;三维点云地图通过点云重建技术重建机器人周边环境,协助操作人员判断周围环境状态。图 6.34 所示为机器人在导航过程中的建图效果。

二维栅格地图通过 SLAM 算法在定位的同时构建完成,地图将搜索范围按照指定分辨率切分为栅格形式,每个栅格除携带位置信息外还附加占用概率信息。占用概率为 1 时,表示栅格处于占用状态,栅格处存在障碍物;而占用概率为 0 时,表示栅格处于空闲状态,能够通过。由于栅格地图内各栅格相互独立,因此已知位姿的栅格地图构建问题可以描述为

$$m^* = \underset{m}{\operatorname{argmax}}\, p(m \mid x_{1:t}, z_{1:t}) = \underset{m}{\operatorname{argmax}} \prod p(m_i \mid x_{1:t}, z_{1:t}) \tag{6.13}$$

式(6.13)表示已知机器人位姿 $x_{1:t}$ 和激光雷达观测值 $z_{1:t}$ 的条件下估计最有可能的地图 $m$,$m_i$ 表示地图内的栅格。由于栅格地图内的栅格 $m_i$ 为二元随机变量,因此结合贝叶斯公式可得

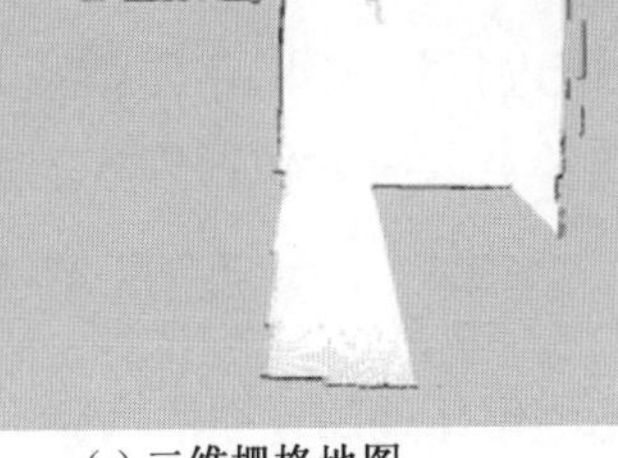

(a) 二维栅格地图　　(b) 三维点云地图

图 6.34　机器人在导航过程中的建图效果

$$\frac{p(m_i \mid x_{1:t}, z_{1:t})}{1-p(m_i \mid x_{1:t}, z_{1:t})}=\frac{p(m_i \mid x_t, z_t)}{1-p(m_i \mid x_t, z_t)} \frac{p(m_i \mid x_{1:t-1}, z_{1:t-1})}{1-p(m_i \mid x_{1:t-1}, z_{1:t-1})} \frac{1-p(m_i)}{p(m_i)} \tag{6.14}$$

为简化式(6.14),引入 logit 变换及其逆变换,分别为

$$L(x)=\log \frac{p(x)}{1-p(x)} \tag{6.15}$$

$$p(x)=1-\frac{1}{1+\mathrm{e}^{L(x)}} \tag{6.16}$$

式中,$L(x)$ 称为 log - odds 项。因此,式(6.14) 可以转化为

$$L(m_i \mid x_{1:t}, z_{1:t})=L(m_i \mid x_t, z_t)+L(m_i \mid x_{1:t-1}, z_{1:t-1})-L(m_i) \tag{6.17}$$

如式(6.17) 所示,栅格地图概率更新问题转化为简单的迭代问题,求解出 $L(m_i \mid x_{1:t}, z_{1:t})$ 后可通过式(6.16) 转换,以表示栅格 $m_i$ 的更新概率,$L(m_i \mid x_t, z_t)$ 为激光雷达的逆观测模型,表征若激光穿过栅格则减小该栅格的占用概率。当激光击中栅格且未达到光线射程最大值时,则增加该栅格的占用概率;当占用概率大于占用阈值时,则判定栅格为占用;当占用概率小于空闲阈值时,则判定栅格为空闲,实现栅格地图的构建与更新过程。

三维点云地图使用 Velodyne 激光信息作为输入,结合 SLAM 算法产生的定位信息,通过点云叠加的形式描述机器人周边环境。三维点云地图的构建需要考虑建图效率、地图所占存储空间、是否能全面直观反馈周边环境信息等要求。本例中基于已知位姿的单帧点云地图构建过程,有

$$M_i=f_{\mathrm{v}}\left[\sum_{i=1}^{m}\left({}_{L}^{M}\boldsymbol{T} \cdot p_i-f_{\mathrm{p}}(X, Y, Z)\right)\right] \tag{6.18}$$

式中,$M_i$ 代表单帧点云地图;${}_{L}^{M}\boldsymbol{T}$ 表示由激光雷达坐标系转化到地图坐标系的齐

次坐标变换矩阵;$\boldsymbol{p}_i$ 表示激光雷达坐标系下的单个点云;$m$ 表示激光雷达单次扫描采集到的点云个数;$f_{\mathrm{v}}(x)$ 代表体素滤波器,用于降低点云密度;$f_{\mathrm{p}}(x)$ 表示直通滤波器,能够滤除地面无用点云。两种滤波器均能有效减少点云数量,提高建图效率。

点云地图构建过程中除需要对单帧地图进行处理外,不同帧点云间存在的重叠现象还严重占用存储空间,通过对相邻帧点云集合使用体素滤波的方式能够有效减少点云叠加,即

$$M_{1:t} = M_{1:t-2} + f_{\mathrm{v}}(M_{t-1} + M_t) \tag{6.19}$$

式中,$M_{1:t}$ 表示累加 $t$ 时间后构建的整体地图。整体地图在先前构建的地图 $M_{1:t-2}$ 的基础上累加了最后两帧经滤除重复点后的地图,提高了建图质量。

构图过程中还采用了基于八叉树的重复位姿检测方法,通过位姿搜索判断机器人当前位姿是否为重复位姿,若不是重复位姿则构建地图,否则不再重新建图,可以有效避免重复数据叠加,减少数据量和计算量。通过设置八叉树重复检测分辨率约束建图空间间隔,可以达到稀疏化建图的效果,避免点云地图过密、数据量过大导致的处理和传输困难,且适当的参数设置不影响地图的表达效果。点云地图与建图场景的对照效果如图 6.35 所示,可以看出地图较好地还原了楼梯、电梯、窗户等真实环境的特征。

(a) 建图场景

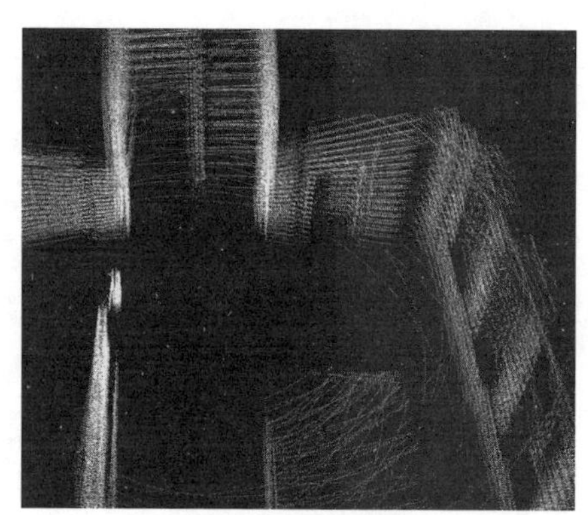

(b) 点云地图

图 6.35　点云地图与建图场景的对照效果

在精确定位与建图的基础上实现导航功能是自主搜索的基本要求,本例中为保证机器人正常运行,不会与障碍物发生摩擦或碰撞,需要算法在控制机器人运动到指定地点的同时躲避障碍物。使用 ROS Navigation stack 作为该移动机器人导航模块,该模块主要分为全局路径规划和局部路径规划两个部分。其中,全局路径规划结合 SLAM 过程中生成的栅格地图为机器人规划从起始位置到目标位置的运动路线,局部路径规划根据激光雷达反馈数据比对出与现有全局地图

中存在差异的部分,并对差异进行更新,以实现动态障碍物识别与避障。

全局路径规划基于 $A^*$ 算法实现,是 Dijkstra 贪心算法的一种扩展算法。$A^*$ 算法需首先给定环境栅格地图,以标注地图内的障碍物位置,地图内的每个栅格对应图结构内的节点,每个节点均通过指针连接其父节点,以此形式形成节点网络即规划路径。

局部路径规划基于 DWA(动态窗口法)算法实现,DWA 算法是一种速度控制算法,在已知机器人线速度与角速度限定区间的情况下,从速度采样空间内采样多组可行的线速度、角速度组合,根据多目标评价函数评估各速度组合的预期控制性能,得到最优控制速度。DWA 算法通过衡量机器人的加减速性能来控制采样空间内线速度与角速度组合的动态窗口,则动态窗口内机器人实际可达速度可以表示为

$$V_{\mathrm{d}} = \{(v,\omega) \mid v \in [v_{\mathrm{c}} - \dot{v}_{\mathrm{b}}\Delta t, v_{\mathrm{c}} + \dot{v}_{\mathrm{a}}\Delta t], \omega \in [\omega_{\mathrm{c}} - \dot{\omega}_{\mathrm{b}}\Delta t, \omega_{\mathrm{c}} + \dot{\omega}_{\mathrm{a}}\Delta t]\} \tag{6.20}$$

式中,$\Delta t$ 表示一个采样周期;$v_{\mathrm{c}}$ 和 $\omega_{\mathrm{c}}$ 分别表示机器人当前的线速度与角速度;$\dot{v}_{\mathrm{b}}$ 和 $\dot{v}_{\mathrm{a}}$ 分别表示减速和加速时的最大线加速度;$\dot{\omega}_{\mathrm{b}}$ 和 $\dot{\omega}_{\mathrm{a}}$ 分别表示减速和加速时的最大角加速度。在得知速度窗口 $V_{\mathrm{d}}$ 的情况下,根据航迹推算可以得知机器人在每个采样周期内的运动轨迹,结合激光雷达更新的障碍物信息可以计算出按照预定运动轨迹运动后机器人与障碍物间的最小间隙。DWA 算法的多目标评价函数为

$$G(v,\omega) = \alpha \cdot \mathrm{heading}(v,\omega) + \beta \cdot \mathrm{dist}(v,\omega) + \gamma \cdot \mathrm{velocity}(v,\omega) \tag{6.21}$$

式中,$\mathrm{heading}(v,\omega)$ 用来评价预期运动轨迹末端朝向与目标之间的角度差;$\mathrm{dist}(v,\omega)$ 用来评价预期轨迹与障碍物间的最小间隙;$\mathrm{velocity}(v,\omega)$ 用来评价预期轨迹速度大小;$\alpha$、$\beta$ 和 $\gamma$ 表示三种评价指标的权重分配。移动机器人自主导航功能的实现除需要导航模块的支撑外,还需要为导航模块提供目标位姿,本例中目标位姿由其他的搜索算法提供。为控制机器人运动至目标位姿,首先将目标位姿数据配置为 ROS 系统的 action 格式,然后发送至导航模块,导航模块通过路径规划算法输出线速度与角速度指令,经解析后指令通过 Socket 通信实时发送至下位机以实现机器人运动。

使用履带式移动机器人平台可实现导航避障过程,机器人导航避障如图 6.36 所示。导航场景设置为带拐角的走廊,障碍物设置为椅子,图中箭头代表目标位姿,连接目标位姿与机器人的曲线为规划路径,机器人周边的密集点为运动中构建出的环境点云地图,可以看出机器人在避障操作的同时较好地完成了导航任务。

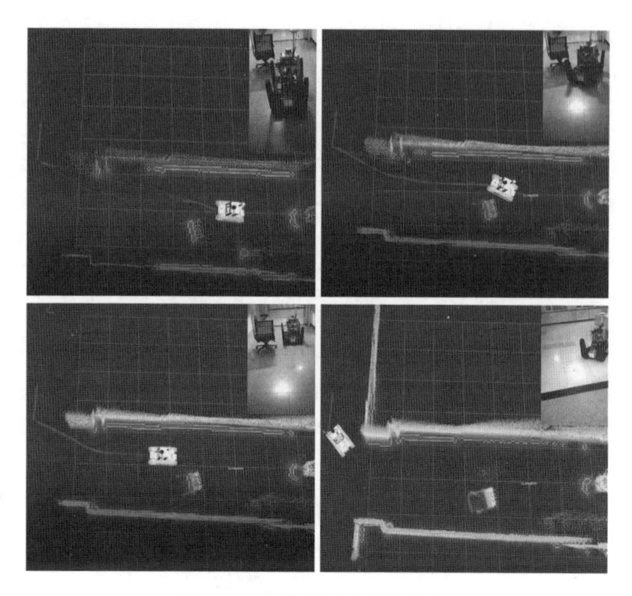

图 6.36　机器人导航避障

## 本 章 小 结

本章介绍了移动机器人应用最广泛的SLAM技术,学界大部分都认为,SLAM问题的“正在得到解决”是过去十年间机器人研究领域的最重大成果之一。该领域中仍有许多有待解决的难题,如图像匹配和计算复杂度等方面的相关问题。

本章针对 SLAM 技术中的两个关键问题 —— 定位和建图进行了详细阐述,移动机器人常用的定位技术包括以下几种:基于航迹推算的定位技术、基于信号灯的定位技术、基于地图匹配的定位技术、基于路标的定位技术、基于视觉的定位技术和基于概率的定位技术,重点介绍了卡尔曼滤波和粒子滤波定位方法。在此基础上,介绍了环境地图表述方法,其中二维地图的表述方法在第 2 章中已经介绍,在此主要说明3D点云地图的表述方法,重点介绍了点云匹配方法ICP和图优化。然后在定位建图的基础上,介绍路径规划方法,常用的地图构建方法在第 2 章中已经介绍,在此没有展开说明,只是对未知地图的探索问题进行了简要的介绍。最后用一个 SLAM 的例子说明了整个实现过程。

# 本章参考文献

[1] 杜光勋，全权，蔡开元. 视觉与惯性传感器融合的隐式卡尔曼滤波位置估计算法[J]. 控制理论与应用，2012(7)：833-840.

[2] THRUN S. Probabilistic robotics[J]. Communications of the Association for Computing Machinery, 2002, 45(3):52-57.

[3] HESS W , KOHLER D , RAPP H , et al. Real-time loop closure in 2D LIDAR SLAM[C]. Stockholm: IEEE International Conference on Robotics and Automation, 2016.

[4] 高翔，张涛. 视觉 SLAM 十四讲[M]. 北京：电子工业出版社，2017.

[5] DAVISON A J , REID I D , MOLTON N D , et al. MonoSLAM: real-time single camera SLAM[J]. IEEE Transactions on Pattern Analysis and Machine Intelligence, 2007, 29(6):1052-1067.

[6] KLEIN G, MURRAY D. Parallel tracking and mapping for small AR workspaces[C]. Washington: IEEE & Acm International Symposium on Mixed & Augmented Reality, 2007.

[7] ENGEL J, KOLTUN V, CREMERS D. Direct sparse odometry[J]. IEEE transactions on pattern analysis and machine intelligence, 2017, 40(3): 611-625.

[8] QIN T, LI P L, SHEN S J. Vins-mono: a robust and versatile monocular visual-inertial state estimator[J]. IEEE Transactions on Robotics, 2018, 34(4): 1004-1020.

[9] ANDY W, ALAN J. A new location technique for the active office[J]. Personal Communications,1999, 4(5): 42-47.

[10] PRIYANTHA N B, CHAKRABORTY A, BALAKRISHNAN H. The cricket location-support system[C]. New York: Proceedings of the 6th Annual International Conference on Mobile Computing and Networking, 2000.

[11] RHEE S, KIM T. Dense 3D point cloud generation from uav images from image matching and global optimazation[J]. The International Archives of Photogrammetry, Remote Sensing and Spatial Information Sciences, 2016, 41:1005.

[12] 方毅. 基于 RFID 技术的移动机器人定位方法研究[J]. 微型电脑应用，2011(06)：1-4.

[13] LUO R C, LAI C C. Enriched indoor map construction based on multisensor fusion approach for intelligent service robot[J]. IEEE Transactions on Industrial Electronics, 2011, 59(8):3135-3145.
[14] ROH H C, SUNG C H, KANG M T, et al. Fast SLAM using polar scan matching and particle weight based occupancy grid map for mobile robot[C]. Incheon: 8th International Conference on Ubiquitous Robots and Ambient Intelligence, 2011.
[15] 宋宇，孙富春，李庆玲. 移动机器人的改进无迹粒子滤波蒙特卡罗定位算法[J]. 自动化学报，2010，36(6):851-857.
[16] RUSU R B, COUSINSS, et al. Point cloud library (PCL)[DB/OL]. [2020-12-7]http://pointclouds.org/, 2011.

# 特种移动机器人设计举例

本章以移动机械臂作为设计案例,介绍移动机械臂的设计过程,其中包括移动机械臂设计指标、机械系统、控制系统和软件系统设计等内容。通过设计一个移动机器人,了解和实践前面介绍的特种移动机器人的理论在机器人设计和控制中的应用。

在机械系统设计中,由于多数的技术参数都是基于机构设计来实现的,因此机构设计是机器人能否完成任务的基础。首先介绍越障越壕设计,利用第4章介绍的越障动作规划和稳定性分析理论;然后介绍机器人机动性和通过性的需求,利用第3章介绍的地面力学的知识;最后介绍移动机械臂的设计,一般根据负载能力和臂展等设计输入指标,进行机械臂的构型设计、刚度分析、运动学建模、工作空间分析和灵巧度分析等。

控制系统是指机器人的电器硬件系统,其中包括运动控制系统、通信系统、传感器系统、供电系统和人机交互系统。运动控制系统是机器人运动的基础,包括电机、驱动器和控制器等;通信系统是机器人与控制台完成信息交互的载体,包括控制信号的传输、传感器信号的传输和视频信息的传输;传感器系统是根据实际应用场景和需求配置不同的环境传感器和导航传感器等,视频相机是必须携带的,一方面是人为遥控的信息反馈,另一方面则是机器人环境感知的基础传感器;最后则是人机交互系统,完成操作者信息采集和双向控制信息的交互。

软件系统包含上位机软件和下位机软件,下位机主要在 ARM 或者 FPGA 等嵌入式实时系统中实现,如底层的运动控制等,上层的一些传感器采集和智能控制算法则是在上位机实现。此方面主要介绍基于 ROS 系统的软件搭建。首先介绍 ROS 操作系统及机械臂控制 MoveIt! 和平台导航 move_base 等机器人软件构成插件;然后阐述基于 ROS 仿真环境的构建,包括 RVIZ、MoveIt! 和 Gazebo 环境的构建方法;最后阐述移动机械臂的控制系统实现过程。

# 7.1 机构设计

## 7.1.1 移动机械臂一般性指标

移动机械臂包括移动平台和机械臂部分,设计输入指标一般如下。

(1) 基本机构参数。

质量:不超过 300 kg。

尺寸:小于 900 mm(长) × 500 mm(宽) × 800 mm(高)。

驱动轮:履带式。

防护等级:IP66。

(2) 地面适应性和越障能力。

爬楼梯能力:标准楼梯。

垂直障碍:40 cm。

跨越壕沟:30 cm。

斜坡:40°。

速度:1 m/s。

负载能力:100 kg。

连续工作时间:3 h,待机 10 h。

(3) 机械臂作业能力。

机械臂臂展:1 200 mm。

负载能力:10 kg。

自由度配置:6DOF。

平行开合手爪:力感知。

(4) 通信能力。

无线通信距离:500 m。

光纤通信距离:500 m。

显示视频信息、双向声音和传感器信息。

(5) 传感器系统。

包括前后摄像头和照明系统。

手臂末端摄像头。

不锈钢体设计、易去污,带控制台和采集信息显示平台。

环境气体传感器和探测需求传感器等。

(6) 导航定位传感器。

激光雷达,双目视觉、IMU 等。

### 7.1.2　全地形全气候轮履复合式移动平台设计

**1. 移动模式选取**

移动模式可以分为以下几类。

① 轮式移动模式。移动速度快、灵活。

② 履带式移动模式。对地面适应性和通过性好，但是传动效率低、噪声大，多用于野外环境。

③ 仿生移动模式。仿动物和人类的移动模式进行设计，具有较好的地面通过性，但自由度角度、建模和控制方面较难。

④ 复合式移动模式。综合各类特点，但是会造成机构复杂、质量增加和可靠性降低等，如轮腿、履腿复合式等。

(1) 轮式移动模式分类。轮式机器人根据轮子的数量进行分类，如图 7.1 所示。两轮式移动机器人，如平衡车。三轮式移动机器人，这种三轮式移动机器人应用较为广泛，因为三点构成了平面，保证了支撑稳定性，也可以认为三轮是稳定轮式机器人的最简布置结构，应用最多的是两轮差速驱动加一个万向从动轮的配置结构。四轮驱动在现实生活中也较多，如日常生活中的汽车。4 轮以上的多轮机构，像月球车是由 6 个轮子组成，随着机器人轮子增多，其与地面的接触从点接触向线接触发展。多轮设计的过程中往往会设计几个被动轮作为支撑，但要注意多轮与地面接触的情况，三点确定平面，若出现多轮，则可能会有轮子被悬空，若驱动轮被悬空，则会失去驱动力。针对这个问题，可以通过设计悬架或者多轮驱动的方式来解决。

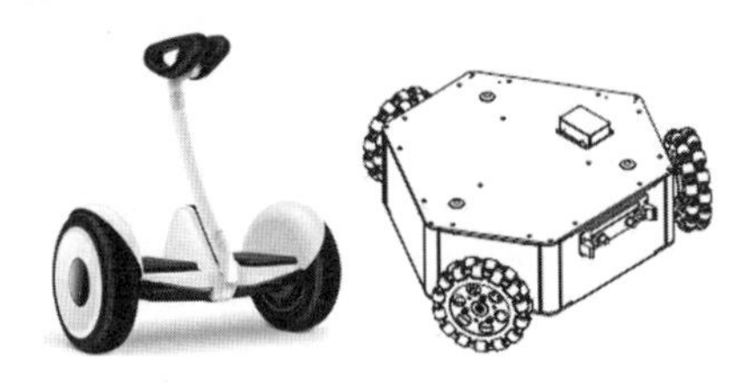

图 7.1　根据轮子的数量分类

(2) 履带式移动模式分类。履带式移动模式构型如图 7.2 所示，可以是长方形、三角形、梯形和复合形状等。最基本的布置方式则是两条履带，而对于 4 条履带和 6 条履带，往往增加了摆臂机构，根据不同的地面驱动需求切换履带与地面接触的数量，从而提高地面适应性和通过性。

**2. 基于地面力学的设计**

机器人需要应对各种复杂的地面类型，包括沙地、草地、雪地、泥地和碎石地等，驱动履带的运动性能直接决定了机器人在不同地面上的通过性和牵引性，运动失效会发生侧滑或者是失去运动能力。因此，需要对履带与不同地面的作用情况进行分析。这部分设计可以参考第 3 章地面类型在线辨识和牵引特性分析的内容。

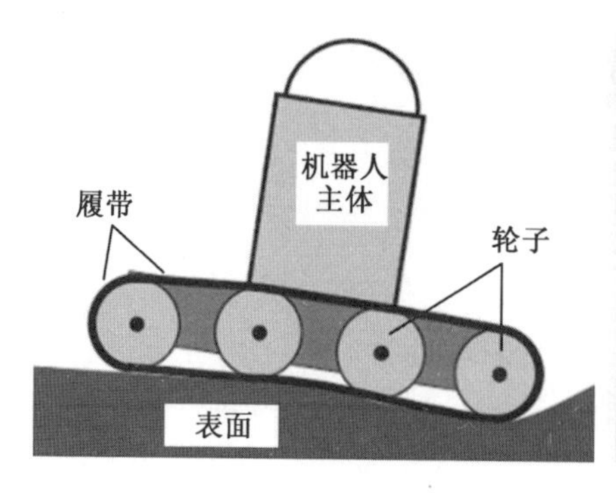

图 7.2　履带式移动模式构型

建立履带与地面作用模型(图 7.3)进行理论分析,并结合 ADAMS 仿真分析(图7.4)、土槽实验(图7.5)来验证理论模型。这样不仅可以根据分析结果对履带的结构形式进行优化设计,而且可以将履带地面作用模型应用到机器人的行驶动力学模型中,从而有效控制移动平台驱动打滑、侧滑、侧翻和失去行驶与控制能力,实现在复杂地面环境中以最优能耗、最快速度和最稳定可靠的行驶,提高平台在全地形上的机动性。

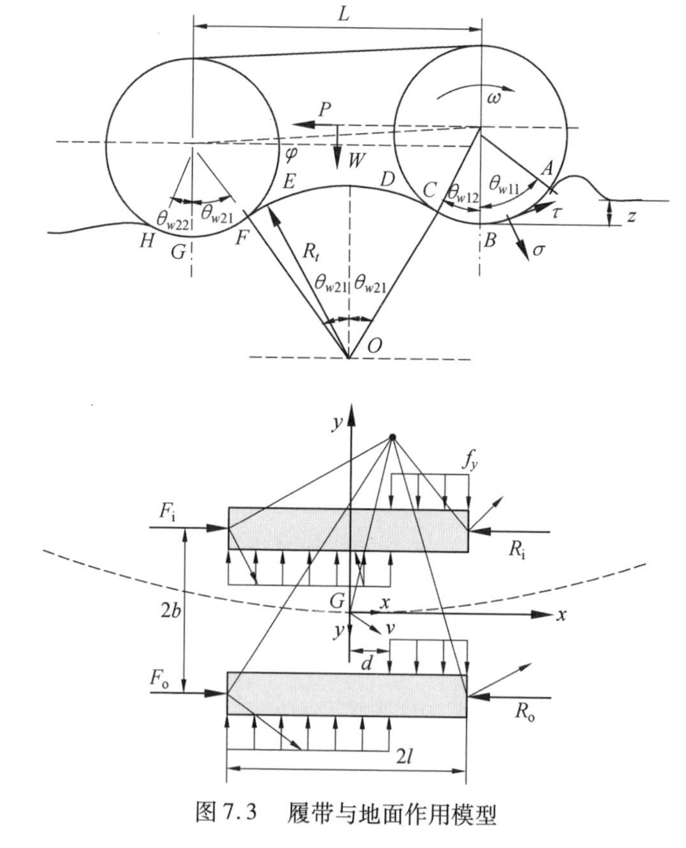


图 7.3　履带与地面作用模型

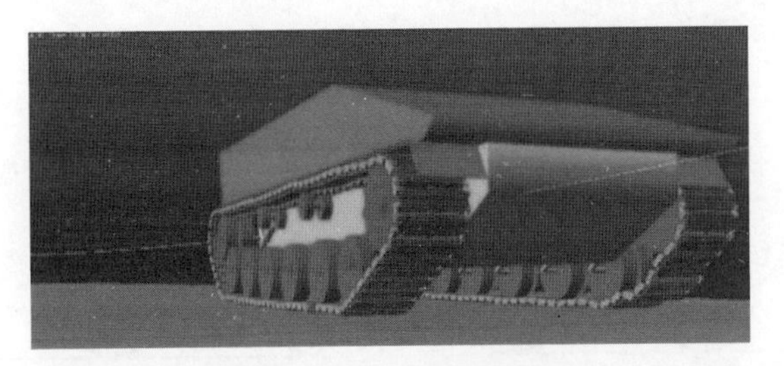

图 7.4　履带运行仿真

图 7.5　履带地面作用机理土槽实验

### 7.1.3　移动平台越障性能分析

移动平台跨越障碍的类型包括标准楼梯、垂直障碍、壕沟和斜坡等，设计方法可以参照第 4 章越障动作规划和稳定性分析。下面以跨越壕沟和垂直障碍为例分析。

(1) 跨越壕沟。跨越壕沟主要取决于机器人的重心前后位置，壕沟宽度满足如下条件的均能越过：当机器人接近壕沟的右边沿时，如果要越过壕沟，则机器人重心前部的有效车体长度 $L_1$ 应当大于壕沟的宽度 $L$；当机器人接近壕沟的左边沿时，机器人重心后部的有效长度 $L_2$ 应当大于等于壕沟的宽度 $L$，则壕沟的宽度必须满足 $L < L_1$ 和 $L \leqslant L_2$，也就是 $L < \min(L_1, L_2)$，跨越壕沟分析如图 7.6 所示。

(2) 较低垂直障碍可以直接越过。机器人摆臂摆动到某个位置，具体的位置和高度根据障碍的高度来确定。另外能不能跨越高度取决于机器人电机输出力矩、机器人重心位置、障碍与地面构成的夹角以及摆臂的长度，跨越较低的垂直障碍如图 7.7 所示。

(3) 较高垂直障碍需要在摆臂的辅助下越过。跨越较高的障碍可以分为两种方法：一种方法是在辅助摆臂的协调下从机器人的前方跨越障碍；另一种方法是从机器人后方开始跨越障碍。

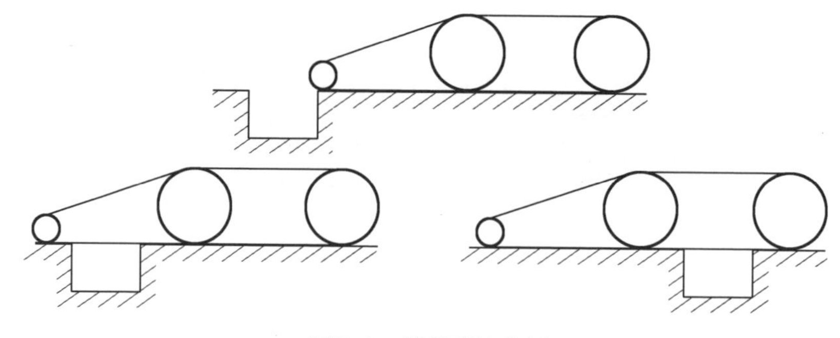

图 7.6　跨越壕沟分析

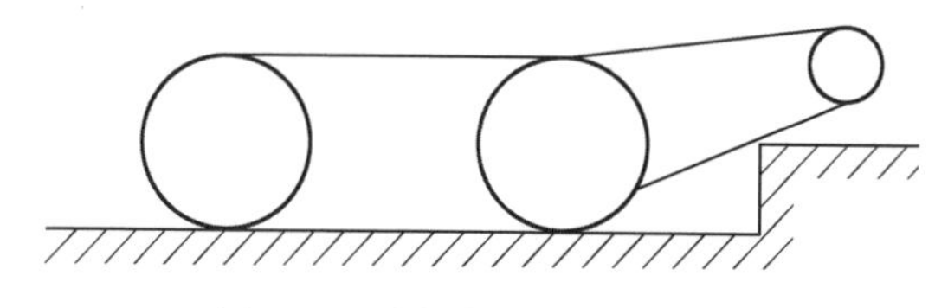

图 7.7　跨越较低的垂直障碍

对于较高的垂直障碍,可通过改变履带和腿移动机构的相对位置,先将履带移动机构支撑在障碍物上,腿机构部分与地面接触,然后通过腿机构履带的驱动,翻越障碍。跨越较高的垂直障碍如图 7.8 所示。

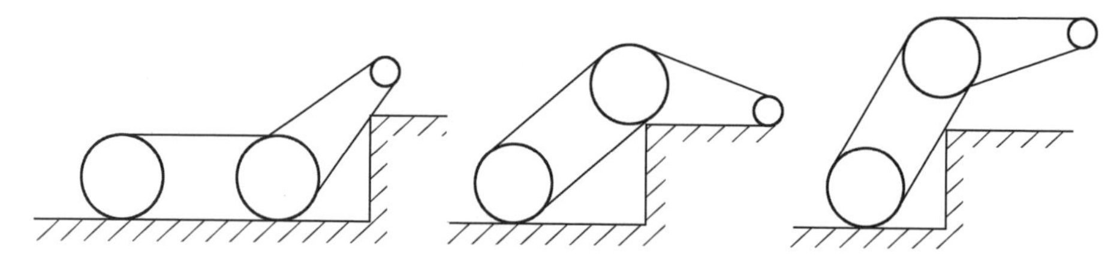

图 7.8　跨越较高的垂直障碍

由图7.8可知以前方支起机器人跨越障碍的过程:摆臂与机器人成一定的角度,待摆臂与障碍接触之后,将机器人支起,然后在机器人自身动力的作用下,机器人将向前移动。机器人跨越障碍的高度取决于机器人的重心是否能够越过障碍的支撑点。

### 7.1.4　6DOF 作业机械臂设计及优化

#### 1. 作业机械臂设计

设计作业机械臂时,首先根据工作空间和工作模式等确定机械臂构型,如 PUMA 机器人和 SCARRA 机器人等;接下来确定机器人的自由度配置,标准的是 6DOF,也可以根据具体的应用选择 4DOF 和 5DOF,这样可以降低移动平台负

载。这种应用往往是对操作姿态要求不高的场合，位置自由度是必须要保证的，在必要的场合移动平台的运动也可以辅助实现一些特殊位姿要求。而对于复杂的操作则要增加冗余自由度，多数是增加伸缩自由度，以提高机械臂的工作空间，或者增加回转自由度，提高机械臂的操作灵巧度，对于冗余机械臂的运动学求解则要利用零空间。对于欠自由度的求解多数采用数值解法，也就是满足误差范围的方程组数值求解。7DOF 机械臂的关节标准坐标系如图 7.9 所示。

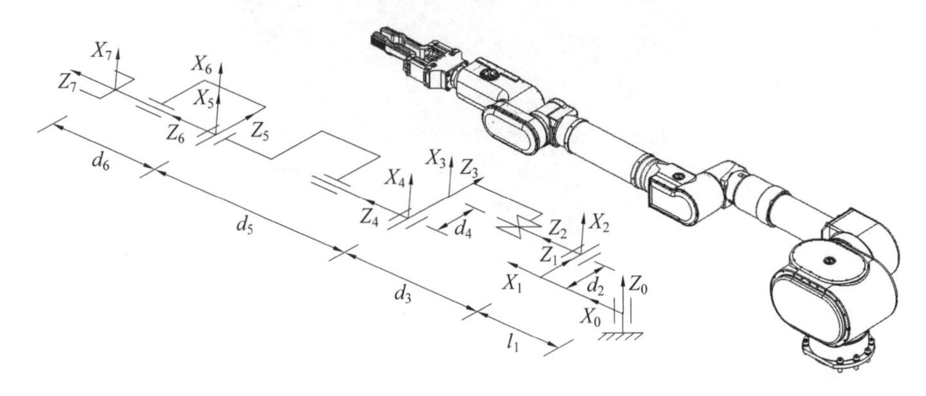


图 7.9　7DOF 机械臂的关节标准坐标系

## 2. 工作空间灵巧度优化

以全局条件数作为优化指标，利用遗传算法对机械臂进行尺寸优化。其中，用于遗传优化的目标函数为全局条件数指标（Global Conditioning Index，GCI），反映机构灵巧度在整个工作空间的平均状况，表达式为

$$\begin{cases}\eta = \dfrac{\int_w \dfrac{1}{k} d_w}{\int_w d_w} \\ k = \|\boldsymbol{J}\| \cdot \|\boldsymbol{J}_i\| = \sqrt{\operatorname{tr}(\boldsymbol{J}^{\mathrm{T}}\boldsymbol{J})} \cdot \sqrt{\operatorname{tr}(\boldsymbol{J}_i^{\mathrm{T}}\boldsymbol{J}_i)}\end{cases}$$

其中，$w$ 为机械臂的工作空间；$k$ 为雅可比矩阵的条件数；$\eta$ 为 GCI 指标。雅可比条件数表征的是，机械臂在各个方向上的速度均匀性，值越大表示各方向速度差异越大，值越小（最小为 1）表示个方向速度越趋于一致。为便于评估取倒数，此时数值越大表示各个方向越趋于均匀。

最后，在同一关节空间尺度下将 7DOF 机械臂与 6DOF 机械臂进行比较（图 7.10、图 7.11），表明在同一笛卡儿空间位置，7DOF 机械臂的平均灵活度较 6DOF 机械臂的灵活度略高，且加大了机械臂的整体空间运动范围[1]。

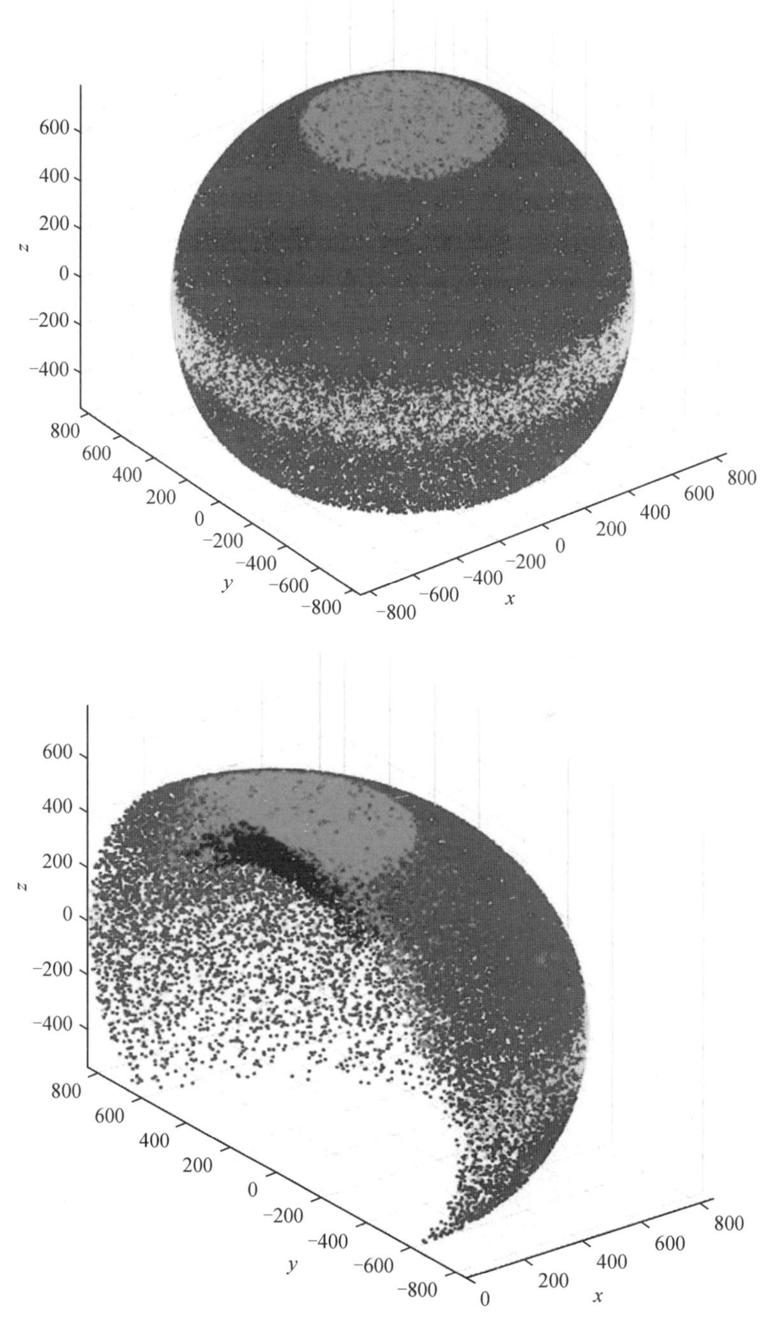


图 7.10　7DOF 机械臂的空间灵活度

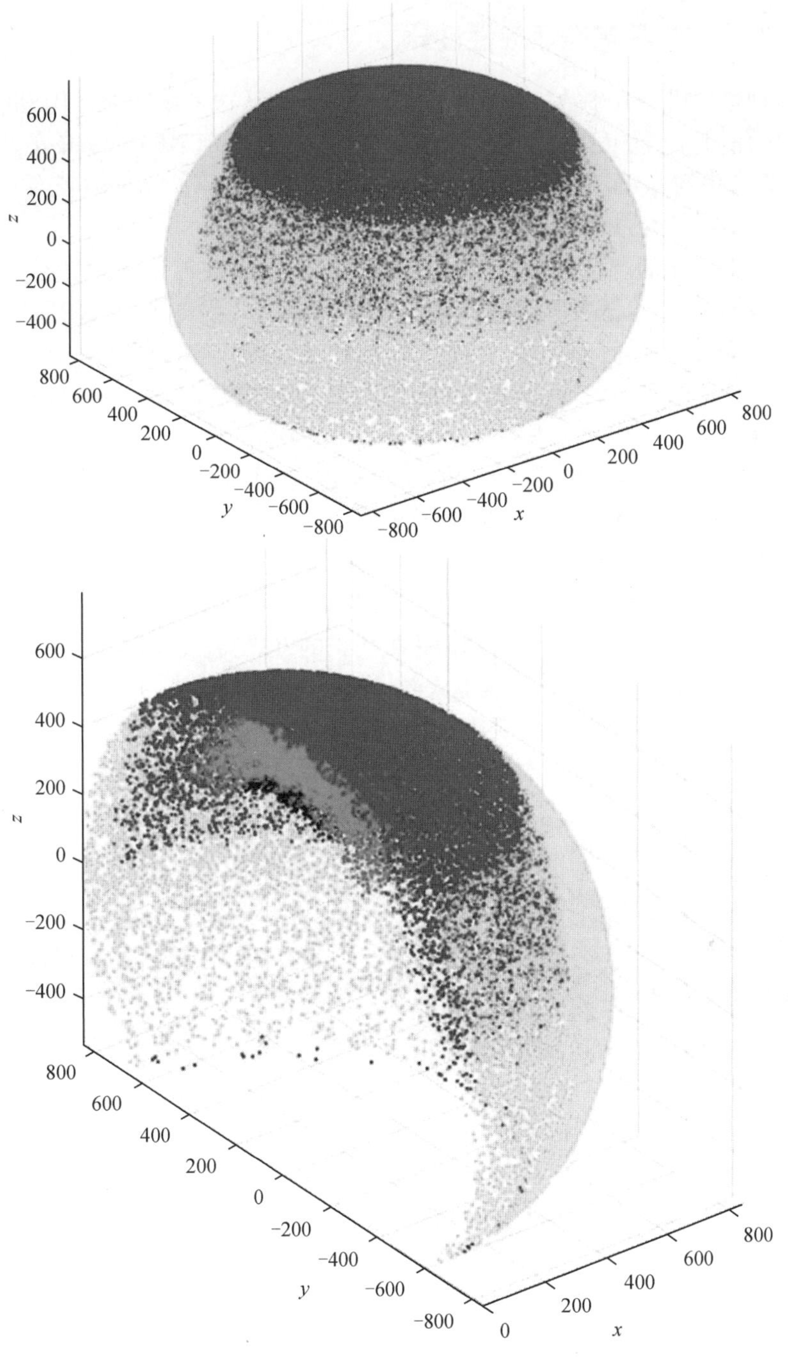


图7.11　6DOF机械臂的空间灵活度

### 7.1.5 特种环境适应性设计

特种移动机器人多数应用在危险场合,将人类从这种场合中替代出来,完成危险的作业处置任务。危险场合被定义为 CBRNE:Chemical(化学)、Biological(生物)、Radiological(辐射)、Nuclear(核)和 Explosives(爆炸物)。根据具体的应用场合,机器人需要有针对性的设计。

机器人工作的环境包括废墟环境和腐蚀环境,因此首先需对机器人开展全天候全地形设计,以适应不同的作业环境和地面类型,提高机器人的通过能力和环境适应能力;其次针对化学、生物、核、放射性和爆炸等特殊的应用环境,对机器人开展特殊的防护设计(防水、防核辐射、防生化和防爆等)。下面是几种特殊场合设计实例。

(1) 生物和化学环境。需要进行密封防护,在此基础上还应具备水浴的防水能力,一般在执行完任务之后,要进行洗消。

(2) 核和辐射环境。由于电子元器件在核环境辐射之后会失效,包括履带等橡胶器件也会受到不同程度的老化损伤,因此核环境作业机器人需要做防辐射设计,可以通过筛选抗辐射器件和做铅板防护的方式实现防辐射。

(3) 煤矿井下可燃环境。机器人救援的环境充满可燃气体,细小的火花都会导致二次爆炸(石油行业救援类似),因此需要对机器人做防爆设计,也就是机器人内部电气不能产生火花,或者产生火花也不能传播到壳体外面。

特种环境应用场景如图 7.12 所示。

(a) 煤矿井下可燃环境

(b) 生物和化学环境

(c) 核和辐射环境

图 7.12 特种环境应用场景

## 7.2 控制系统设计

### 7.2.1 控制系统框架

机器人控制系统包括实时控制系统和上位机系统:实时控制系统包括所有的运动控制系统,由 ARM 构成;而上位机在 Ubuntu 下运行,主要实现对传感器数

据和图像信息的采集和处理。机器人控制系统框架如图 7.13 所示。

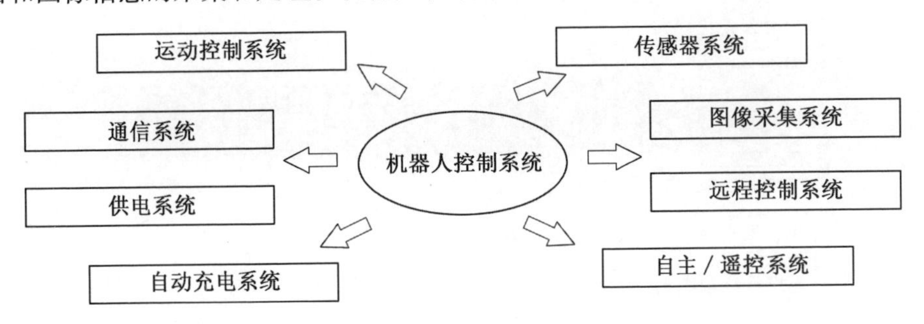


图 7.13　机器人控制系统框架

## 7.2.2　机器人通信系统设计

多数的危险作业机器人都需要将现场的信息传输回控制端,并且将控制信息传输给机器人,所以通信系统在室外特种移动机器人中起着关键作用。通信方式分为无线通信和有线通信:无线通信比较便捷,不需要电缆,因此多采用无线通信;而像煤矿等地下环境对无线信号衰减较大,有线通信也必须配置,多数选择光纤进行通信。

有线通信和无线通信共存则称为多模通信模式。无线和有线通信方式分别适用于野外超视距大范围作业和城市楼群体内环境作业。

### 1. 有线通信系统

有线通信系统用于城市楼群内的作业,机器人的作业半径范围是1 000 m。由于楼群作业环境具有地形复杂和环境多变的特点,无线控制方式造成的延时会导致执行任务失败,同时环境中众多障碍物的存在会影响无线通信传输的稳定性,因此选用有线通信设备是合理且必需的选择。

有线通信设备通过电缆传输控制和反馈信号,而辐照环境对电缆的选择提出了更高的要求,要求在辐射环境下均能完整执行其控制功能,而已有的传统电缆均不能满足此类要求。需选用抗辐射半柔/半硬同轴电缆,这种电缆抗辐射强度大于 $1 \times 10^6$ Gy,可长期工作于 $-100 \sim +150$ ℃ 温度范围。该电缆包括内导体、绝缘层、外导体、护套层,可用作探测机器人的信号传输,具有质量轻、强度高、直径小、防水、阻燃、耐刮碰等优点(图 7.14(a))。

由于在城市楼群复杂环境中,机器人采用拖缆方式可能会造成光缆损坏(拽断、刮破和磨损等),并且增加机器人拖拽负载,因此采用机器人携带光缆进行放缆的方式,设计光纤释放机构以实现光纤的排布和匀速释放,避免打结、折叠、碾压等损坏光纤的情况发生(图 7.14(b))。

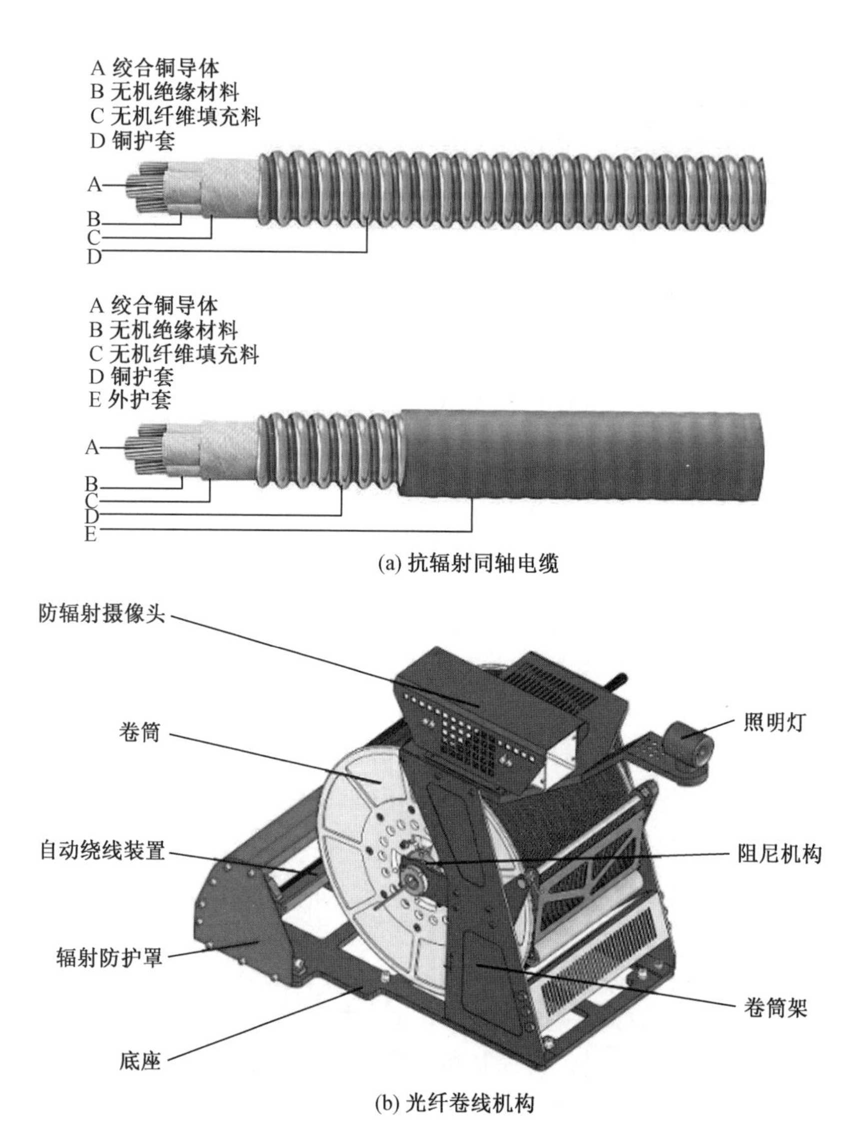


(a) 抗辐射同轴电缆

(b) 光纤卷线机构

图 7.14　机器人光纤卷线装置

卷线机构通过电机连接两个带轮传动,分别将运动传导到轴线布线机构和卷筒机构,同步实现线缆的轴向布线和卷放线缆,同时提供手动绕轮装置,实现线缆的快速收放和整理。考虑到卷线装置的防辐射需求,对卷线电机进行防护加固。光纤卷线装置安装于防辐射移动车的装配方式如图 7.14(b) 所示,有线光纤通信方式如图 7.15 所示。

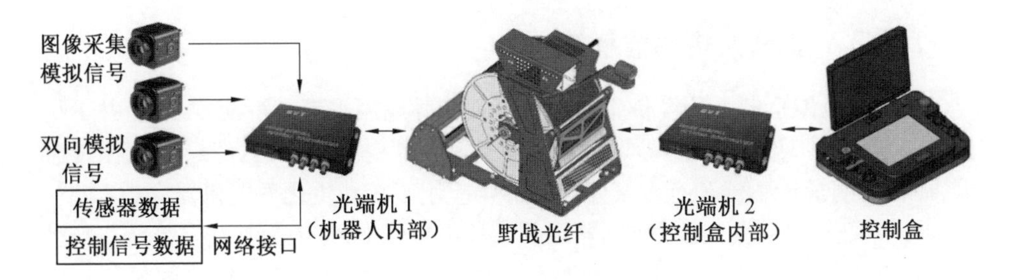


图 7.15　有线光纤通信方式

**2. 无线通信系统**

无线通信系统用于在野外超视距的环境作业，机器人的作业半径范围是 2 000 m。野外环境中视野较广、障碍较少但地形复杂，易对传输光纤造成磨损和破坏，采用无线传输方式控制机器人可扩大机器人执行任务范围，适合野外失控放射源的快速大范围搜索场合。

由于要传输图像信号、语音信号、控制信号和传感器感知信号等，数据量较大且要求实时性较高，因此采用 OFDM 调制方式进行信号传输，以 5.8 GHz 左右的电磁波进行数据传输。为提高作业范围和现场侦查能力，在主操作端将通信天线和电源装备集成到单兵背包中，便于人机协同操作和突发情况处理；从操作端采用全向天线，便于从各个角度接收和发射信号。主从端无线通信设备如图 7.16(a) 所示，其有效作业范围是 2 000 m。

从图 7.16(b) 中可以看出，操作者穿戴集成了电源、交换机和无线通信设备的单兵背包，就可以通过操作盒方便地对机器人下达各项指令，并监控机器人状态和周围环境信息。这种可穿戴式的主操作设备可大幅度拓展机器人的搜索范围和现场决策智能。

(a) 主从端无线通信设备

(b) 主操作端单兵操作示意图

图 7.16　主从端无线通信设备及主操作端单兵操作示意图

## 7.2.3 机器人传感器系统

(1) 环境传感器。环境传感器需要根据实际应用需求进行配置,煤矿井下机器人一般会携带温度、湿度、风速等环境传感器和 CO、$O_2$、$CO_2$、$CH_4$ 等气体传感器,而辐射剂量传感器和有毒气体传感器则应用于核和生化处置机器人中。

(2) 视觉传感器。视觉传感器之所以被单独列出,是因为其几乎是所有特种移动机器人的标配,机器人进入危险环境的第一目的就是将现场的图像传输回控制端。视觉的布置分为如下几种:首先,主相机应具有 360° 回转和 -30° ~ +90° 俯仰云台;其次,应具有手爪抓取视觉或者机械臂整体动作监控视觉,也就是机械臂手爪末端需布置传感器;最后,则是机器人行走视觉,也就是提供给遥控操作者一个运动视角,方便操作。

(3) 自主定位导航传感器。定位导航传感器在前面章节已经介绍,此处汇总布置以供选型参考,如图 7.17 所示。

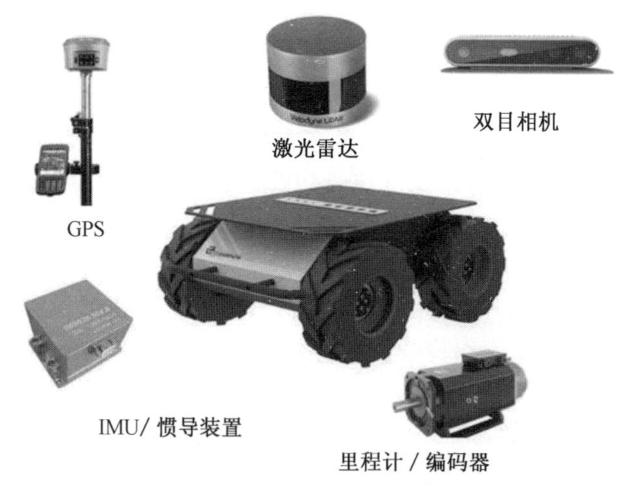


图 7.17 定位导航传感器

## 7.2.4 电源管理系统

特种移动机器人的电源管理系统有两个功能:一个是电池供电的电源管理和稳压功能,因锂离子电池不稳定,需要做电池充放电管理系统,另外电池供电输出的电压随着电池电量的变化而变化,如 DC 24 V 电池的输出电压范围是 18.6 ~29.4 V,并且机器人内还有 +12 V 和 +5 V 的供电也需要稳压;另一个功能是自动充电,特别是在野外无人值守的巡检机器人,其应具备自动充电功能。

# 7.3 软件系统设计

## 7.3.1 ROS 的基本应用

关于 ROS 的介绍，有很多专业书籍和网络共享资源[2]，在这里不做详细的介绍，只介绍用于移动机械臂控制系统构建的核心部分 MoveIt! 和 move_base。

**1. 程序包(packages)**

程序包是 ROS 应用程序代码的基本组织单元，ROS 的应用程序是以程序包为单位开发的，程序包必须包含至少一个节点或拥有运行其他程序包节点的配置文件，它有一个重要的清单：Manifests 清单(package. xml)，其中包含软件包的元数据，如名称、版本、描述依赖关系等。将具有共同目的的程序包的集合称为元程序包(metapackage)，如导航元程序包包含很多个程序包。

程序包中常用操作命令分为以下四部分。

(1) 查看软件包列表。

说明：运行该命令将会获取系统已安装的所有 ROS 程序包，并以列表的形式显示。

例如，输入命令 rospack list，会显示如下运行结果。

```
actionlib/opt/ros/indigo/share/actionlib
actionlib_msgs/opt/ros/indigo/share/actionlib_msgs
actionlib_tutorials/opt/ros/indigo/share/actionlib_tutorials
...
```

其中，actionlib、actionlib_msgs、actionlib_tutorials 为程序包名称，后面为程序包所在目录。

(2) 查找某程序包所在的目录。

说明：运行该命令能获得该程序包所在目录。通过 tab 命令补全的方法可获得完整的程序包名称。

例如，查找程序包 camera_calibration 的目录，输入命令 rospack find actionlib，会显示如下运行结果。

```
actionlib        actionlib_msgs        actionlib_tutorials
```

(3) 查看程序包。

说明：运行该命令能获得该程序包目录下所有文件。

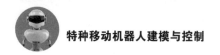

例如,已知 actionlib 的目录为 opt/ros/indigo/share/actionlib,输入命令 rosls actionlib,会显示如下运行结果。

```
action cmake msg      package. xml
```

(4) 访问程序包。

说明:通过运行该命令可访问某程序包的目录。

例如,输入命令 roscd actionlib,会显示如下运行结果。

```
/opt/ros/indigo/share/actionlib $
```

将当前目录切换到 actionlib 目录,从而可对该目录完成进一步操作。

**2. 节点(Node) 和节点管理器(Master)**

(1) 节点(Node) 是执行具体任务的进程,是 ROS 中运行的最小处理器单元。它为独立运行的可执行文件,因此 ROS 设计以节点为单位进行模块化,不同的节点可以使用不同的编程语言,分布运行于不同的主机。节点在系统中的名称必须唯一,如一个节点控制激光测距仪、一个节点控制车轮电机、一个节点执行定位、一个节点执行路径规划、一个节点提供系统的图形视图等。

(2) 节点管理器(ROS Master)。节点管理器为节点提供命名和注册服务,跟踪和记录话题/服务通信,辅助节点相互查找、建立连接,提供参数服务器的控制中心。节点使用此服务器存储和检索运行时的参数,没有节点管理器,节点无法找到彼此以及执行交换消息或调用服务。运行 ROS 的流程为在一个终端启动节点管理器,再打开其他终端运行其他程序。

**3. 话题和服务**

(1) 消息(Messaage)。节点之间通过传送消息完成通信,具有一定的类型和数据结构,包括 ROS 提供的标准类型和用户自定义的类型,消息可以包含任意的嵌套结构和数组(类似于 C 语言的结构 structs)。使用编程语言无关的 msg 文件定义,编译过程中生成对应的代码文件。

(2) 话题(Topic)。话题是一种以发布/订阅的方式传递消息的异步通信机制,节点间用来传输数据的重要总线,一个节点可以在一个给定的主题中发布消息,数据由发布者传输到订阅者。

(3) 发布与发布者。发布是指以与话题内容相对应的消息的形式发送数据,为了执行发布,发布者节点在主节点上注册自己的话题等多种信息,并向希望订阅的订阅者节点发送消息。

(4) 订阅与订阅者。订阅是指以与话题内容相对应的消息的形式接收数据，为执行订阅，订阅者节点要在主节点上注册自己的话题等多种信息，并从主节点接收发布此节点要订阅的话题发布者节点的信息。发布和订阅概念中的话题是异步的。

虽然基于话题的发布/订阅模型是很灵活的通信模式，但是它广播式的路径规划对于可以简化节点设计的同步传输模式并不适合。

(5) 服务(Service)。服务是通过一个字符串和一对严格规范的消息定义：一个用于请求，一个用于回应。服务消息通信是服务客户端(Service Client)和服务服务器(Service Server)之间的同步双向消息通信。使用与编程语言无关的.srv文件定义请求和应答数据结构，编译过程中生成对应的代码文件。与话题不同，服务只有一个节点可以任意独有的名字广播一个服务。

① 服务服务器。服务服务器是以请求作为输入，以响应作为输出的服务消息通信的服务器，服务和响应都是消息，服务服务器在接受请求之后执行相应的服务，然后把执行结果反馈给服务客户端，服务服务器用于执行指定命令的节点。

② 服务客户端。服务客户端是以请求作为输出，以响应作为输入的服务消息通信的客户端，服务客户端用于传达给定命令并接收结果值的节点。

③ 常用命令。常用命令包括rostopic话题系列(如rostopic echo)、rosmsg消息系列(如rosmsg show)、rossrv服务系列(如rossrv show)，另外可以通过rqt_graph查看信息流。

**4. 话题编程实例**

下面通过编程实例完成话题的定义与使用，其他的实例可参考ROS的WIKI网站。

第一，自定义话题消息，在功能包中创建一个msg文件夹，在msg中创建Person.msg文件，定义Person.msg文件，其中数据接口与语言无关。

```
string name
uint8 sex
uint8 age
uint8 unknown = 0
uint8 male = 1
uint8 female = 2
```

第二，根据数据接口定义设置编译规则，在package.xml中添加功能包依赖项。

```
<build_depend>message_generation</build_depend>
<exec_depend>message_runtime</exec_depend>
```

第三，在 CmakeLists. txt 中添加编译选项，添加 add_message_files(FILES Person. msg) 和 generate_messages(DEPENDENCIES std_msgs)，在 find_ package(……) 中添加 message_generation，在 catkin_package() 中添加 message_runtime。

第四，通过 catkin_make 编译生成语言相关文件，完成自定义话题消息。

通过下面代码创建发布者。

```
/*** 该例程将发布 /person_info 话题，自定义消息类型 learning_topic::
Person */
#include <ros/ros.h>
#include "learning_topic/Person.h"
int main(int argc,char **argv)
{
  ros::init(argc,argv,"person_publisher");// ROS 节点初始化
  ros::NodeHandle n;// 创建节点句柄
  ros::Publisher person_info_pub = n.advertise <learning_topic::Person >
("/person_info",10);// 创建一个 Publisher，发布名为 /person_info 的 topic，消息
类型为 learning_topic::Person，队列长度 10
  ros::Rate loop_rate(1);  // 设置循环的频率
  int count = 0;
  while(ros::ok())
  {
    learning_topic::Person person_msg;// 初始化 learning_topic::Person 类型的消息
    person_msg.name = "Tom";
    person_msg.age = 18;
    person_msg.sex = learning_topic::Person::male;
    person_info_pub.publish(person_msg);// 发布消息
    ROS_INFO("Publish Person Info:name:%s  age:%d  sex:%d",
      person_msg.name.c_str(),person_msg.age,person_msg.sex);
    loop_rate.sleep();// 按照循环频率延时
    }
    return 0;
  }
```

通过下面代码创建订阅者。

```
/*** 该例程将订阅 /person_info 话题，自定义消息类型 learning_topic::
Person */
#include < ros/ros.h >
#include "learning_topic/Person.h"
// 接收到订阅的消息后,会进入消息回调函数
void personInfoCallback(const learning_topic::Person::ConstPtr& msg)
{
  ROS_INFO("Subcribe Person Info:name:% s   age:% d   sex:% d",
    msg -> name.c_str(),msg -> age,msg -> sex);   // 将接收到的消息打印
出来
}
  int main(int argc,char **argv)
  {
    ros::init(argc,argv,"person_subscriber");// 初始化 ROS 节点
    ros::NodeHandle n;// 创建节点句柄
    // 创建一个 Subscriber，订阅名为 /person_info 的 topic，注册回调函
数 personInfoCallback
    ros::Subscriber   person_info_sub   =   n.subscribe(  "/person_info",
10,personInfoCallback);
    ros::spin();// 循环等待回调函数
    return 0;
  }
```

然后在 CMakeLists.txt 中设置需要编译的代码和生成的可执行文件,设置链接库,添加依赖项,代码如下。

```
add_executable(person_publisher src/person_publisher.cpp)
targer_link_libraries(person_publisher ${catkin_LIBRARIES})
add_dependencies(person_publisher ${PROJECT_NAME}_generate_messages_cpp)
add_executable(person_subscriber src/person_subscriber.cpp)
targer_link_libraries(person_subscriber ${catkin_LIBRARIES})
add_dependencies(person_subscriber ${PROJECT_NAME}_generate_messages_cpp)
```

编译后运行 roscore、person_subscriber 和 person_publisher。

运行后关闭 roscore 发现并不影响发布者和订阅者传输消息，这是因为 roscore 只是用来建立联系的,而与传输消息无关。

## 7.3.2 MoveIt! 用于机械臂规划

MoveIt! 是控制机械臂运动的一系列包和工具，可以完成移动和抓取任务，进行正逆运动学解算(FK&IK)和路径规划(MP)，其主要功能包含运动规划、执行器操纵、3D 感知、运动学、障碍检测和控制。在控制接口方面，MoveIt! 不仅具有一个非常友好的基于 Rviz 的前端界面，也有很好的 C ++ 应用接口(API)，用于不同场景下对机器人的操作与控制。机械臂规划接口节点 move_group 的主要框架如图 7.18 所示。本节简要介绍基于界面的操作方法和 C ++ API 的编程方法。

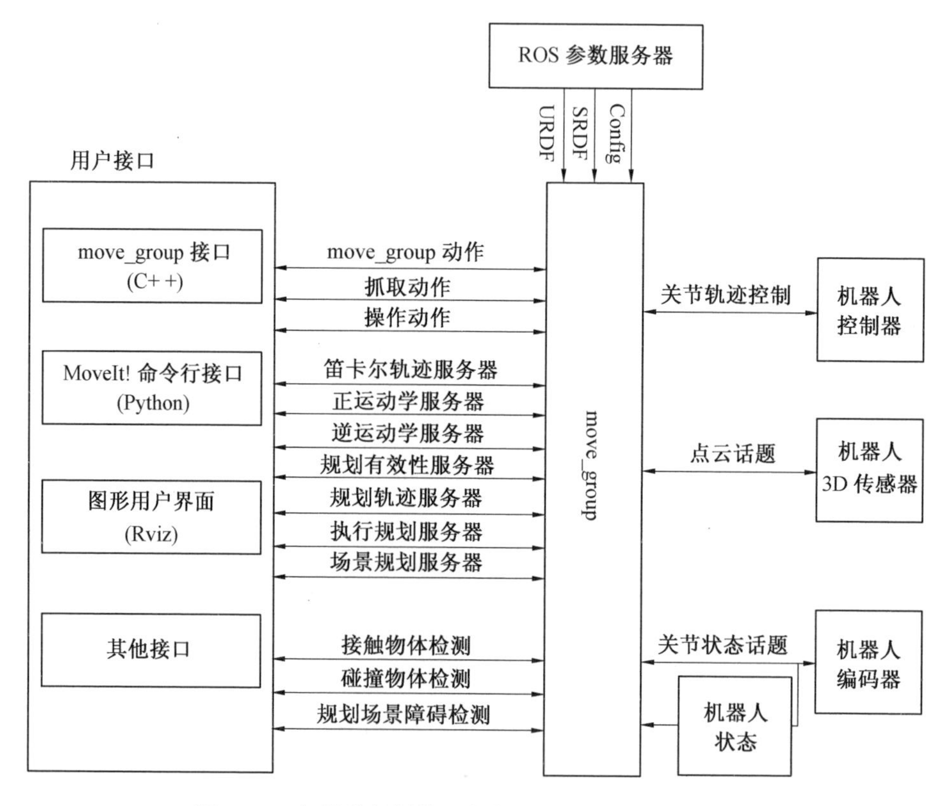


图 7.18　机械臂规划接口节点 move_group 的主要框架

### 1. move_group 类 C ++ 接口的使用

除交互式控制界面外，还可以通过 MoveIt! 提供的 move_group 类实现极限比规划的大部分功能，包括设置关节或目标姿态，创建行为规划，移动机器人，在环境中增加对象，给机器人增加或减少对象。各类基本操作阐述如下。

(1) 将 move_group 类实例化。

在 move_group 类中,首先提供想去控制或规划的 group 组名 right_arm。

```
moveit::planning_interface::move_group group("right_arm");
```

使用 PlanningSceneInterface 类去直接处理环境信息。

```
moveit::planning_interface::PlanningSceneInterface  planning_scene_interface;
```

在 Rviz 中创建一个发布用于可视化规划。

```
ros::Publisher display_publisher = node_handle.advertise < moveit_msgs::
DisplayTrajectory > ("/move_group/display_planned_path",1,true);
moveit_msgs::DisplayTrajectory display_trajectory;
```

(2) 规划一个姿态目标。

为这个组规划一个动作,移动末端执行器到希望的姿态。

```
geometry_msgs::Pose target_pose1;
target_pose1.orientation.w = 1.0;
target_pose1.position.x = 0.28;
target_pose1.position.y = -0.7;
target_pose1.position.z = 1.0;
group.setPoseTarget(target_pose1);
```

调用运动规划器去计算规划和可视化过程,注意该操作只是规划,不要求 move_group 去实际移动机器人。

```
moveit::planning_interface::move_group::Plan my_plan;
bool success = group.plan(my_plan);
ROS_INFO("Visualizing plan 1(pose goal)% s",success? "":"FAILED");
sleep(5.0);
```

(3) 移动到目标姿态。

移动到目标位姿类似于上述规划步骤,move() 功能尝试将机械臂移动到目标位姿。该函数是一个阻塞函数,需要控制器为激活状态,执行应答成功后的轨迹。

```
group.move();
```

(4) 规划到一个关节空间内的目标。

现在规划一个到关节空间内的目标并向其移动，该操作会替代之前设置的目标位姿。首先获取指定组当前关节的设置。

```
std::vector < double > group_variable_values;
group. getCurrentState( ) - > copyJointGroupPositions( group. getCurrentState( ) - >
getRobotModel( ) - > getJointModelGroup( group. getName( ) ),group_variable_
values);
```

修改一个关节，规划到新的目标并可视化。

```
group_variable_values[0] = - 1.0;
group. setJointValueTarget( group_variable_values);
success = group. plan( my_plan);
ROS_INFO(" Visualizing plan 2(joint space goal)% s" ,success? "" :"FAILED");
/* Sleep to give Rviz time to visualize the plan. */
sleep(5.0);
```

(5) 路径约束规划。

路径约束功能是用来约束机器人的路径和目标姿态，首先是定义路径约束。

```
moveit_msgs::OrientationConstraint ocm;
ocm. link_name =" r_wrist_roll_link" ;
ocm. header. frame_id =" base_link" ;
ocm. orientation. w = 1.0;
ocm. absolute_x_axis_tolerance = 0.1;
ocm. absolute_y_axis_tolerance = 0.1;
ocm. absolute_z_axis_tolerance = 0.1;
ocm. weight = 1.0;
```

接下来将约束加入机械臂定义组。

```
moveit_msgs::Constraints test_constraints;
test_constraints. orientation_constraints. push_back( ocm);
group. setPathConstraints( test_constraints);
```

利用之前设定的机械臂目标位姿规划机械臂路径，由于之前设定的初始状态不满足路径约束，因此需重新设定初始状态。

```
robot_state::RobotState start_state(*group.getCurrentState());
geometry_msgs::Pose start_pose2;
start_pose2.orientation.w = 1.0;
start_pose2.position.x = 0.55;
start_pose2.position.y = -0.05;
start_pose2.position.z = 0.8;
const robot_state::JointModelGroup *joint_model_group =
start_state.getJointModelGroup(group.getName());
start_state.setFromIK(joint_model_group,start_pose2);
group.setStartState(start_state);
```

对带有路径约束的机械臂进行规划。

```
group.setPoseTarget(target_pose1);
success = group.plan(my_plan);
ROS_INFO("Visualizing plan 3(constraints)%s",success? "":"FAILED");
sleep(10.0);
```

结束路径规划后,需清除规划路径的约束条件。

```
group.clearPathConstraints();
```

(6) 笛卡儿坐标系下路径规划。

move_group 类提供对末端执行器的笛卡儿路径规划,输入向量为一系列末端笛卡儿位姿(不包括初始状态)。

```
std::vector<geometry_msgs::Pose> waypoints;
geometry_msgs::Pose target_pose3 = start_pose2;
target_pose3.position.x += 0.2;
target_pose3.position.z += 0.2;
waypoints.push_back(target_pose3);  // up and out
target_pose3.position.y -= 0.2;
waypoints.push_back(target_pose3);  // left
target_pose3.position.z -= 0.2;
target_pose3.position.y += 0.2;
target_pose3.position.x -= 0.2;
waypoints.push_back(target_pose3);  // down and right(back to start)
```

期望笛卡儿路径的插值分辨率为 1 cm,因此将笛卡儿移动步长设置为 0.01,另外将允许阈值设置为 0,即禁止该功能。

```
moveit_msgs::RobotTrajectory trajectory;
double fraction = group.computeCartesianPath(waypoints,
                  0.01,  // eef_step
                      0.0,  // jump_threshold
                      trajectory);
ROS_INFO("Visualizing plan 4(cartesian path)(%.2f%% acheived)",fraction *
100.0);
sleep(15.0);
```

(7) 添加/删除对象和附着/分离对象。

首先定义碰撞对象消息。

```
moveit_msgs::CollisionObject collision_object;
collision_object.header.frame_id = group.getPlanningFrame();
collision_object.id = "box1";/* The id of the object is used to identify it. */
shape_msgs::SolidPrimitive primitive;/* Define a box to add to the world. */
primitive.type = primitive.BOX;
primitive.dimensions.resize(3);
primitive.dimensions[0] = 0.4;
primitive.dimensions[1] = 0.1;
primitive.dimensions[2] = 0.4;
geometry_msgs::Pose box_pose;/* A pose for the box(specified relative
to frame_id) */
box_pose.orientation.w = 1.0;
box_pose.position.x =  0.6;
box_pose.position.y = -0.4;
box_pose.position.z =  1.2;
collision_object.primitives.push_back(primitive);
collision_object.primitive_poses.push_back(box_pose);
collision_object.operation = collision_object.ADD;
std::vector<moveit_msgs::CollisionObject> collision_objects;
collision_objects.push_back(collision_object);
```

再将碰撞对象加入世界环境中。

```
ROS_INFO("Add an object into the world");
planning_scene_interface.addCollisionObjects(collision_objects);
/* Sleep so we have time to see the object in Rviz */
sleep(2.0);
```

由于带有碰撞检测的规划是很慢的,因此需要制定计划时间以确保规划有足够的时间,这里设定为 10 s。

```
group.setPlanningTime(10.0);
```

现在规划轨迹时,机械臂将避免环境障碍。

```
group.setStartState( *group.getCurrentState());
group.setPoseTarget(target_pose1);
success = group.plan(my_plan);
ROS_INFO("Visualizing plan 5(pose goal move around box)%s",success? "":
"FAILED");
/* Sleep to give Rviz time to visualize the plan. */
sleep(10.0);
```

把碰撞物体附加到机器人上。

```
ROS_INFO("Attach the object to the robot");
group.attachObject(collision_object.id);
/* Sleep to give Rviz time to show the object attached(different color). */
sleep(4.0);
```

从机器人中分离碰撞物体。

```
ROS_INFO("Detach the object from the robot");
group.detachObject(collision_object.id);
/* Sleep to give Rviz time to show the object detached. */
sleep(4.0);
```

从世界上删除碰撞对象。

```
ROS_INFO("Remove the object from the world");
std::vector < std::string > object_ids;
object_ids.push_back(collision_object.id);
planning_scene_interface.removeCollisionObjects(object_ids);
/* Sleep to give Rviz time to show the object is no longer there. */
sleep(4.0);
```

### 7.3.3　move_base 用于移动平台导航

MoveIt! 可以实现对机械臂的轨迹规划和控制,move_base 则可实现移动平台轨迹规划和运动控制。ROS 导航功能总体框架如图 7.19 所示,图中椭圆形文本框里面的内容表示需要提供的节点，圆形文本框里面的内容表示可选择提供的节点，长方形文本框里面的内容表示与特定平台有关的节点。

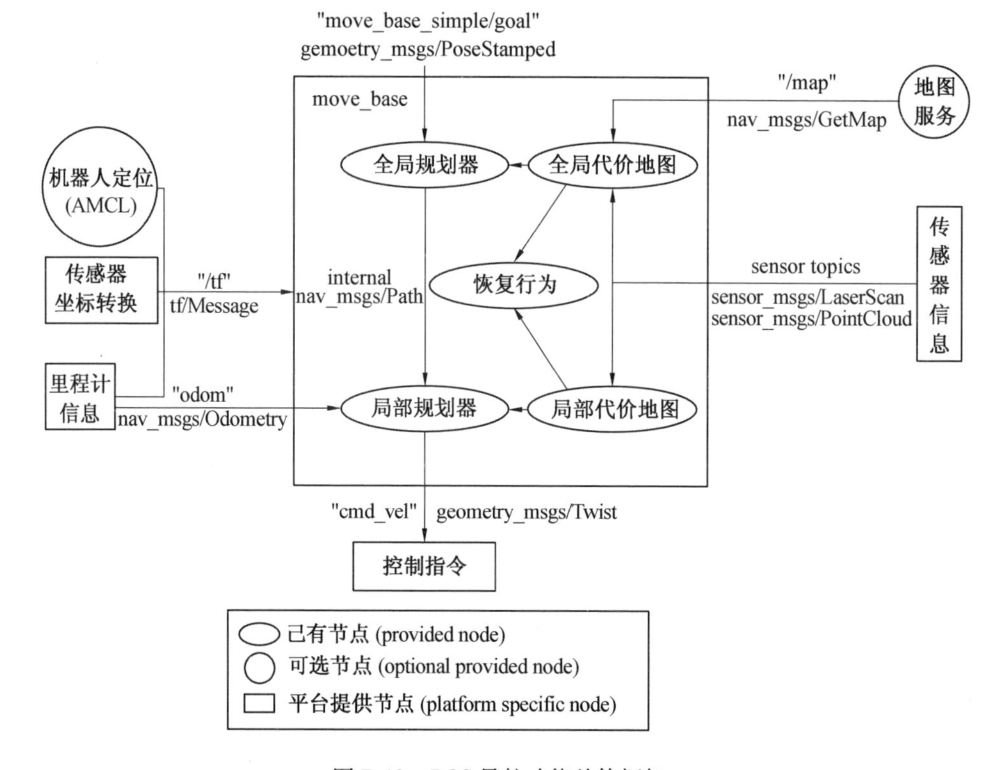


图 7.19　ROS 导航功能总体框架

可以看到，ROS 的导航框架主要包括 AMCL 与 move_base 两大部分。其中，AMCL 实现二维地图中机器人的定位；move_base 实现机器人导航中的最优路径规划。

move_base 提供了 ROS 导航的配置、运行、交互接口，内部主要包括以下几部分。

① 全局路径规划（global planner）。根据给定的目标位置进行总体路径的规划。

② 本地实时规划（local planner）。根据附近的障碍物进行躲避路线规划。

（1）目标位置数据结构。

ROS 中定义了 MoveBaseActionGoal 数据结构来存储导航的目标位置数据，其中最重要的就是位置坐标（position）和方向（orientation）。

```
$ rosmsg show move_base_msgs/MoveBaseActionGoal
[move_base_msgs/MoveBaseActionGoal]:
std_msgs/Header header
  uint32 seq
  time stamp
  string frame_id
actionlib_msgs/GoalID goal_id
  time stamp
  string id
move_base_msgs/MoveBaseGoal goal
  geometry_msgs/PoseStamped target_pose
    std_msgs/Header header
      uint32 seq
      time stamp
      string frame_id
    geometry_msgs/Pose pose
      geometry_msgs/Point position
        float64 x
        float64 y
        float64 z
      geometry_msgs/Quaternion orientation
        float64 x
        float64 y
        float64 z
        float64 w
```

在 Rviz 中进行仿真时可通过鼠标在加载的静态地图上点击来为机器人指定目标位置，下一步机器人将执行运动规划向目标位置运动。在实际调试机器人的过程中，可以通过节点向机器人发布话题 move_base_simple/goal 来为机器人指定目标位置，该话题的消息类型为 geometry_msgs/PoseStamped，数据结构与消息 move_base_msgs/MoveBaseActionGoal 的数据结构相似，可在 ROS 系统中通过命令 rosmsg show geometry_msgs/PoseStamped 获取详细信息。其他 move_base 话题和服务可通过官网进一步探索。

(2) 配置文件。

move_base 使用前需要配置一些参数：运行成本、机器人半径、到达目标位置的距离、机器人移动的速度等。这些参数都在 ROS 导航包的以下几个配置文件中。

```
base_local_planner_params. yaml;
global_planner_params. yaml_
Costmap_common_params. yaml;
global_Costmap_params. yaml;
local_Costmap_params. yaml;
move_base_params. yaml_
```

### 1. 全局路径规划

全局路径规划是根据系统所给的目标位置和全局地图进行总体的路径规划。在 ROS 导航包中主要使用 Dijkstra 算法或 A* 算法进行全局路径规划,计算出机器人从当前位置到达目标位置的最优路线作为机器人的全局路线。

global_planner_params. yaml 配置文件中的部分代码如下。

```
GlobalPlanner:
old_navfn_behavior:false
use_quadratic:true
use_dijkstra:true
use_grid_path:false
allow_unknown:true
planner_window_x:0.0
planner_window_y:0.0
default_tolerance:0.0
publish_scale:100
lethal_Cost:253
neutral_Cost:50
Cost_factor:3.0
publish_potential:true
```

该配置文件声明机器人全局规划采用 dijkstra 算法,并且设置算法中需要用到的各种参数以及是否允许机器人在导航过程中穿过未知空间。具体执行过程参见 ROS 官方网站 https://wiki. ros. org/global_planner? distro = kinetic。

### 2. 本地实时规划

当机器人根据全局路径规划获得全局路线之后,在实际运动过程中往往无法严格执行全局路线,因此需要针对地图信息和机器人周围的障碍物信息规划机器人每个周期内所要执行的局部路线,并使其最大限度地接近全局最优路径。ROS 导航包中的 local_planner 模块使用 Trajectory Rollout 和 Dynamic Window approaches 算法搜索机器人能够执行的多条路径,根据各种评价标准

(如撞到障碍物的概率、执行所用的时间等)来选择最优路径,进而计算机器人在行驶周期内的线速度和角速度。

Trajectory Rollout 和 Dynamic Window approaches 算法的主要思路如下:①采样机器人当前的状态(dx,dy,dtheta);②针对每个采样的速度,计算机器人以该速度行驶一段时间后的状态,得出一条行驶的路线;③利用一些评价标准为多条路线打分;④根据打分,选择最优路径,进而计算机器人在该周期内的线速度与角速度;⑤重复上述过程。具体参见 http://www.ros.org/ wiki/ base_local_ planner? distro = kinetic。

base_local_planner_params.yaml 配置文件中的部分代码如下。

```
TrajectoryPlannerROS:
# Robot Configuration Parameters
  max_vel_x:0.18
  min_vel_x:0.08
  max_vel_theta:1.0
  min_vel_theta: - 1.0
  min_in_place_vel_theta:1.0
  acc_lim_x:1.0
  acc_lim_y:0.0
  acc_lim_theta:0.6
# Goal Tolerance Parameters
  xy_goal_tolerance:0.10
  yaw_goal_tolerance:0.05
```

该配置文件表明机器人的本地实时规划采用 Trajectory Rollout 算法,并且设置算法中需要用到的机器人的速度、加速度阈值以及目标阈值等参数。

ROS 导航框架中的另一部分是 AMCL,即蒙特卡洛定位,这是一种基于概率统计的方法,针对已有地图使用粒子滤波器跟踪机器人的姿态,它的性能对机器人的本地实时规划有很大影响。AMCL 节点输入地图、激光扫描信息和 tf 转换信息,输出位姿估计,在启动时根据提供的参数完成粒子滤波器初始化。但是需要注意,如果没有指定参数值,会使用默认参数,初始的滤波器状态将是中心为(0,0,0),含有中等尺度大小粒子的云。与 AMCL 节点相关的话题如图7.20所示。

与 AMCL 功能包有关的话题和服务及相应的解释见表7.1。AMCL 功能包中可供配置的参数较多,详细的配置信息可在 ROS 官网中查看。AMCL 节点将激光扫描获取的信息转换为里程计坐标系下的信息(odom_frame_id),因此必须存在一条穿过 tf 树的路径,该路径能够从激光坐标系变换到里程计坐标系。此外,在第一次接收到激

光扫描信息后,AMCL 查找激光坐标系和里程计坐标系(odom_frame_id)之间的转换并将其永久锁存。因此,AMCL 无法处理激光传感器相对于基座运动的情况。

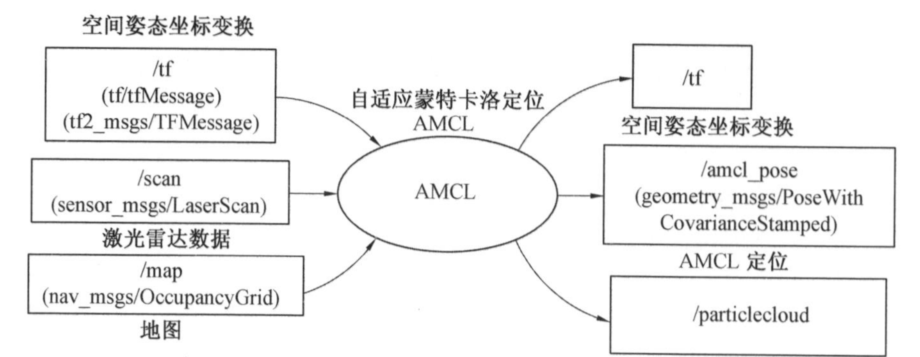


图 7.20　与 AMCL 节点相关的话题"AMCL"

**表 7.1　与 AMCL 功能包有关的话题和服务及相应的解释**

| 类型 | 名称 | 类型 | 描述 |
|---|---|---|---|
| 话题订阅 | /scan | sensor_msgs/LaserScan | 激光雷达数据 |
|  | /tf | tf/tfMessage | 坐标变换信息 |
|  | /initialpose | Geometry_msgs/PoseWithCovarianceStamped | 用来初始化粒子滤波器的均值和协方差 |
|  | /map | nav_msgs/OccupancyGrid | 设置 use_map_topic 参数时,AMCL 订阅 map 话题以获得地图数据,用于激光定位 |
| 话题发布 | /amcl_pose | geometry_msgs/PoseWithCovarianceStamped | 机器人在地图中的位姿估计,带有协方差信息 |
|  | /particlecloud | geometry_msgs/PoseArray | 粒子滤波器维护的位姿估计集合 |
|  | /tf | tf/tfMessage | 发布从 odom 到 map 的转换 |
| 服务 | /global_localization | std_srvs/Empty | 初始化全局定位,所有粒子被随机撒在地图上的空闲区域 |
|  | /request_nomotion_update | std_srvs/Empty | 手动执行更新并发布更新的粒子 |
| 服务调用 | /static_map | nav_msgs/GetMap | AMCL 调用该服务来获取地图数据 |

在机器人运动过程中,里程计信息可以帮助机器人定位,AMCL 同样也可以帮助机器人定位,roswiki(http://wiki.ros.org/amcl)根据 tf 变换介绍了二者的区别,里程计定位与 AMCL 定位中的 tf 变换如图 7.21 所示。

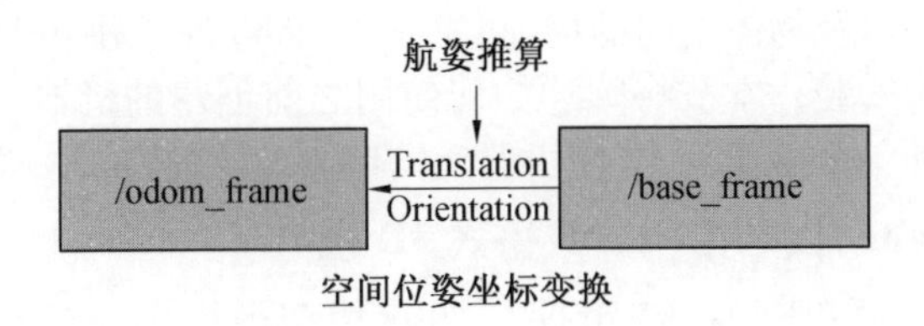


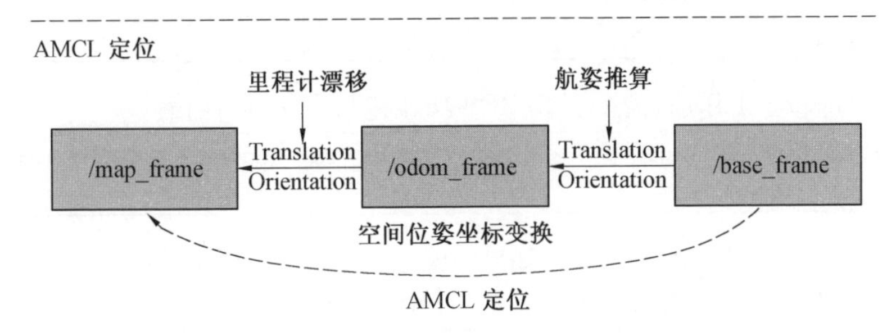


图 7.21　里程计定位与 AMCL 定位中的 tf 变换

可以看出，里程计定位只是通过里程计的数据来处理 /base_frame 与 /odom_frame 之间的 tf 变换。而 AMCL 定位可以估算机器人在地图坐标系（/map_frame）下的位姿信息，即全局坐标系下的信息，它可以提供 /base_frame、/odom_frame、/map_frame 之间的 tf 变换。本质上，此变换考虑了使用航迹推算发生的漂移，已发布的 tf 变换会过时。

综合本节内容，机器人只需要发布必要的传感器信息和导航的目标位置，ROS 即可根据导航功能包完成导航任务。在导航框架中，move_base 功能包提供导航的交互接口。为保障导航路径的准确性，机器人还需要对自己所处的位置进行精确定位，该部分由 AMCL 功能包实现。具体实现流程如下。

① 导航功能包采集机器人的传感器信息（二维激光信息或者三维点云信息），以达到实时避障的效果。

② 导航功能包订阅机器人发布的里程计信息和 tf 信息，使用 AMCL 定位发布相应的 tf 变换。

③ 机器人根据 move_base 功能包进行全局路径规划与本地实时规划。

④ 导航功能包输出 geometry_msgs/Twist 格式的速度指令，机器人解析指令中的线速度与角速度，完成相应的运动。在每个周期内如此循环，直至到达目标位置。

### 7.3.4　利用 Gazebo 构建物理仿真环境

Gazebo（http://gazebosim.org/）是一种适用于复杂室内和室外环境的多机器

人仿真环境。它能够在三维环境中对多个机器人、传感器及物体进行仿真，生成实际传感器的反馈以及物体之间的物理交互。Gazebo 现在独立于 ROS，并在 Ubuntu 中以独立功能包安装。本节将阐述如何使用之前创建的机器人模型、如何加载一个激光传感器和一个摄像头，并使机器人模型像真的机器人一样移动。

**1. 在 Gazebo 中使用 URDF 格式 3D 模型**

为使示例更简单一些，本节使用四轮移动平台创建的模型并不包含机械臂。通过以下命令确定已安装 Gazebo。

```
$ gazebo
```

在 Gazebo 工作前，需要安装 ROS 功能包与 Gazebo 通信。

```
$ sudo apt - get install ros - < distr > - gazebo - ros - pkg ros - < distr > - gazebo
- ros - control
```

接下来将打开 Gazebo GUI。如果一切正常，则准备好要在 Gazebo 中运行的机器人模型，可以使用以下命令测试 Gazebo 与 ROS 的集成状态，并检查 GUI 是否打开。

```
$ roscore & rosrun gazebo_ros Gazebo
```

为在 Gazebo 中导入机器人模型，需要先完成 URDF 模型，可参考相关资料“http://wiki. ros. org/urdf/Tutorials”。要在 Gazebo 中使用 URDF 模型，需要声明很多字段。本书也将使用. xacro 文件，虽然这可能更复杂，但是对于代码开发来说其功能非常强大。修改后的文件如下。

```
< link name = "base_link" >
  < visual >
    < geometry >
      < box size = "0.2.3.1"/ >
    < /geometry >
    < origin rpy = "0 0 1.54" xyz = "0 0 0.05"/ >
    < material name = "white" >
      < color rgba = "1 1 1 1"/ >
    < /material >
  < /visual >
  < collision >
    < geometry >
      < box size = "0.2.3 0.1"/ >
    < /geometry >
  < /collision >
  < xacro:default_inertial mass = "10"/ >
< /link >
```

这是机器人底盘base_link的新代码。collision和inertial部分对于在Gazebo中运行模型是必需的,这样才能计算机器人的物理响应。要启动所有的东西,将要创建一个新的. launch文件。可以创建一个名为gazebo. launch的启动文件,并添加以下代码。

```
<? xml version ="1.0"?  >
< launch >
<!  -- these are the arguments you can pass this launch file,for example paused:
= true -- >
< arg name ="paused" default ="true" / >
< arg name ="use_sim_time" default ="false" / >
< arg name ="gui" default ="true" / >
< arg name ="headless" default ="false" / >
< arg name ="debug" default ="true" / >
<!  -- We resume the logic in empty_world. launch,changing only the name of the
world to be launched -- >
< include file =" $ (find gazebo_ros)/launch/empty_world. launch"  >
< arg name ="world_name" value =" $ (find robot1_gazebo)/worlds/robot. world"
/ >
< arg name ="debug" value =" $ (arg debug)" / >
< arg name ="gui" value =" $ (arggui)" / >
< arg name ="paused" value =" $ (arg paused)" / >
< arg name ="use_sim_time" value =" $ (arg use_sim_time)" / >
< arg name ="headless" value =" $ (arg headless)" / >
< /include >
<!  -- Load the URDF into the ROS Parameter Server -- >
< arg name ="model" / >
< param name ="robot_description" command =" $ (find xacro)/xacro. py  $ (arg
model)"/ >
<!  -- Run a python script to the send a service call to gazebo_ros to spawn a
URDF robot -- >
< node name ="urdf_spawner" pkg ="gazebo_ros" type ="spawn_model" respawn
="false"
output ="screen" args =" - urdf - model robot1 - paramrobot_description - z
0.05" / >
< /launch >
```

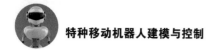

启动 Gazebo 仿真环境,需要使用以下命令。

```
$ roslaunch robot1_gazebo gazebo. launch model: = " 'rospack find robot1_
description'
/urdf/robot1_base_01. xacro"
```

现在可以在 Gazebo 虚拟环境中看到机器人,但模型没有任何纹理渲染。尽管 URDF 中声明的颜色纹理可以在 Rviz 中识别,但 Gazebo 并不识别。为解决这个问题,可以在新建的"robot. gazebo" 文件中定义新的纹理标识。

```
< gazebo reference = "base_link" >
   < material > gazebo/Orange < /material >
< /gazebo >
< gazebo reference = "wheel_1" >
   < material > gazebo/Black < /material >
< /gazebo >
< gazebo reference = "wheel_2" >
   < material > gazebo/Black < /material >
< /gazebo >
< gazebo reference = "wheel_3" >
   < material > gazebo/Black < /material >
< /gazebo >
   < gazebo reference = "wheel_4" >
< material > gazebo/Black < /material >
< /gazebo >
```

加入以上纹理标识后,可以发现机器人在 Gazebo 中已经可以看到纹理。

**2. 在 Gazebo 中添加传感器**

在 Gazebo 中能够对机器人的物理运动进行仿真,同样能仿真各类传感器的功能和数据。通常情况下添加一个新的传感器时,需要自行实现传感器行为,但幸运的是,有些传感器已经在 Gazebo 和 ROS 中完成了开发和集成。

本节将会向模型中添加一个摄像头和激光传感器，该传感器将会成为机器人的一个新部件。首先在 Gazebo 模型中选定安装位置，以一个立方体代表 Hokuyo 激光传感器，然后从 gazebo_ros_demos 功能包中调用激光插件，唯一需要做的是向. xacro 文件中增加这些代码来为机器人添加激光 3D 模型。

```
<? xml version ="1.0" encoding ="UTF - 8"?  >
< link name ="hokuyo_link" >
  < collision >
    < origin xyz ="0 0 0" rpy ="0 0 0" / >
    < geometry >
      < box size ="0.1 0.1 0.1" / >
    < /geometry >
  < /collision >
  < visual >
    < origin xyz ="0 0 0" rpy ="0 0 0" / >
    < geometry >
      < mesh filename ="package://robot1_description/meshes/hokuyo.dae" / >
    < /geometry >
  < /visual >
  < inertial >
    < massvalue ="1e - 5" / >
    < originxyz ="0 0 0" rpy ="0 0 0" / >
    < inertia ixx ="1e - 6" ixy ="0" ixz ="0" iyy ="1e - 6" iyz ="0"
izz ="1e - 6" / >
  < /inertial >
< /link >
```

在. gazebo 文件里添加 libgazebo_ros_laser 插件，这样就可以模拟 Hokuyo 激光测距雷达的测距行为。

```
<gazebo reference="hokuyo_link">
  <sensor type="ray" name="head_hokuyo_sensor">
    <pose>0 0 0 0 0 0</pose>
    <visualize>false</visualize>
    <update_rate>40</update_rate>
    <ray>
      <scan>
        <horizontal>
          <samples>720</samples>
          <resolution>1</resolution>
          <min_angle>-1.570796</min_angle>
          <max_angle>1.570796</max_angle>
        </horizontal>
      </scan>
      <range>
        <min>0.10</min>
        <max>30.0</max>
        <resolution>0.01</resolution>
      </range>
      <noise>
        <type>gaussian</type>
        <!-- Noise parameters based on published spec for Hokuyo laser
achieving "+-30mm"
            accuracy at range <10m. A mean of 0.0m and stddev of 0.01m will put
99.7% of samples
            within 0.03m of the true reading. -->
        <mean>0.0</mean>
        <stddev>0.01</stddev>
      </noise>
    </ray>
    <plugin name="gazebo_ros_head_hokuyo_controller" filename=
"libgazebo_ros_laser.so">
    <topicName>/robot/laser/scan</topicName>
      <frameName>hokuyo_link</frameName>
    </plugin>
  </sensor>
</gazebo>
```

采用类似的方法，向.gazebo和.xacro文件中添加几行代码以增加另一个传感器（一个摄像头），就可以得到带有Hokuyo激光和模拟摄像头的仿真机器人，Gazebo环境中带有激光传感器和摄像机的机器人如图7.22所示。

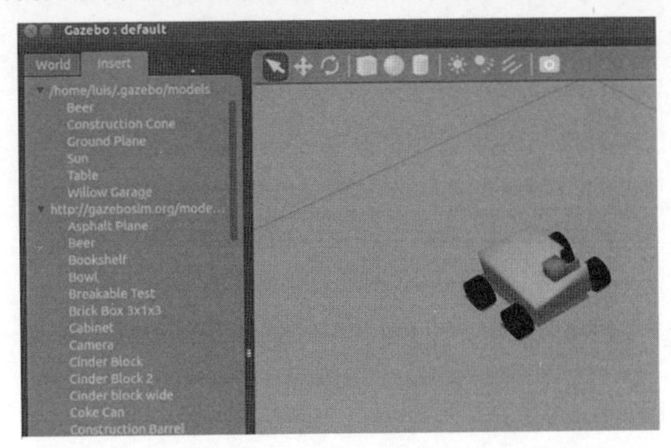


图7.22　Gazebo环境中带有激光传感器和摄像机的机器人

在Gazebo环境中建立的激光传感器会像真实的激光一样产生“真实”的传感器数据，可以通过rostopic echo命令看到这些数据。

```
$ rostopic echo /robot/laser/scan
```

对于摄像头，同样也可以观察到gazebo仿真环境中的图像。

```
$ rosrun image_view image_view image: = /robot/camera1/image_raw
```

Gazebo允许使用右边菜单在环境中添加对象，图7.23中已经添加了一个交通锥标、桌子和罐子。第一个截图是Gazebo仿真环境，第二个截图是从上向下视角的Rviz显示及激光数据，最后是摄像头传回的可视化图像，如图7.23所示。

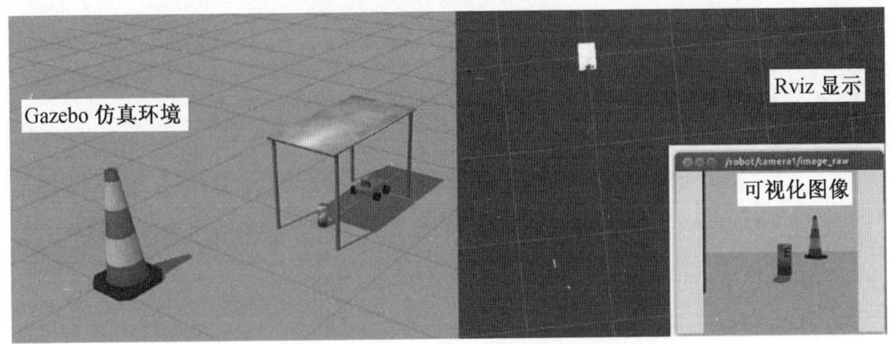


图7.23　Gazebo环境中带有激光传感器和摄像机的机器人

### 3. 在 Gazebo 中加载和使用地图

在 Gazebo 中除添加简单物体外,还可以添加一些构建完的地图环境。本节将会使用一张 Willow Garage 公司办公室的地图,这张地图在 ROS 软件中应该已经默认安装,保存在 gazebo_worlds 功能包中。如果没有安装这个功能包,应在进行以下步骤之前安装它。为检查是否安装模型,可以使用以下命令启动. launch 文件。

```
$ roslaunch gazebo_ros willowgarage_world. launch
```

在以上环境中可以看到 3D 办公室,当前环境中只有墙壁。可以添加桌子、椅子和其他想要添加的物体,Gazebo 具有在线模型下载功能。通过插入和放置物体,可以在 Gazebo 中建立自己的世界来仿真机器人。通过选择 Menu | > Save as 选项来保存自己的仿真环境,Gazebo 环境中带有激光传感器和摄像机的机器人,如图 7.24 所示。

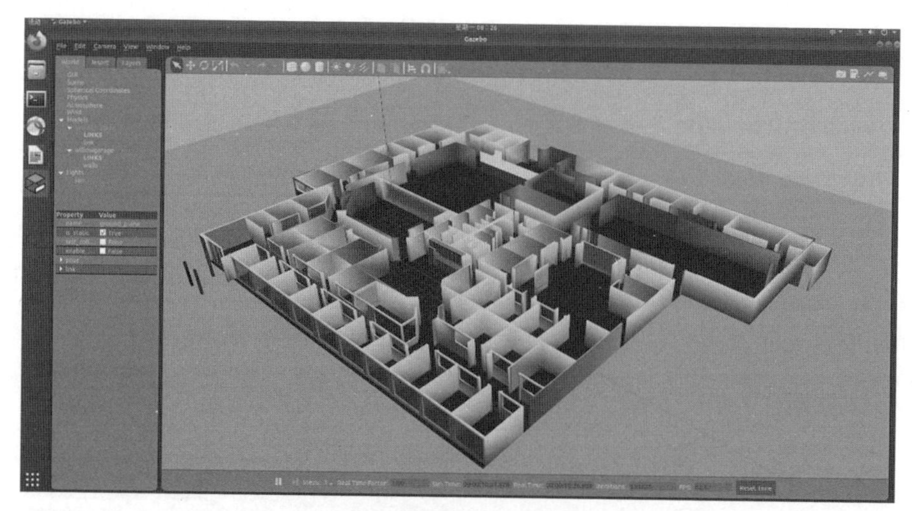

图 7.24　Gazebo 环境中带有激光传感器和摄像机的机器人

现在要做的是创建一个新的. launch 文件来同时加载地图和机器人。为实现这个功能,在 robot1_gazebo/launch 文件夹下创建一个名为 gazebo_wg. launch 的文件,并添加以下代码。

```
<? xml version ="1.0"?  >
< launch >
  < include file =" $(find gazebo_ros)/launch/willowgarage_world.launch" / >
  < /include >
  <!  -- Load the URDF into the ROS Parameter Server -- >
  < param name ="robot_description" command =" $(find xacro)/xacro.py
'$(find robot1_descripti -- on)/urdf/robot1_base_03.xacro'" / >
  <!  -- Run a python script to the send a service call to gazebo_ros to spawn a
URDF robot -- >
  < node name ="urdf_spawner" pkg ="gazebo_ros" type ="spawn_model"
respawn ="false"
    output ="screen" args =" -urdf -model robot1 -paramrobot_description -z
0.05"/ >
< /launch >
```

运行带有激光模型的启动文件,可以在 Gazebo GUI 中看到机器人和地图信息,willow_garage 物理仿真环境及获得的激光和图像信息如图 7.25 所示。

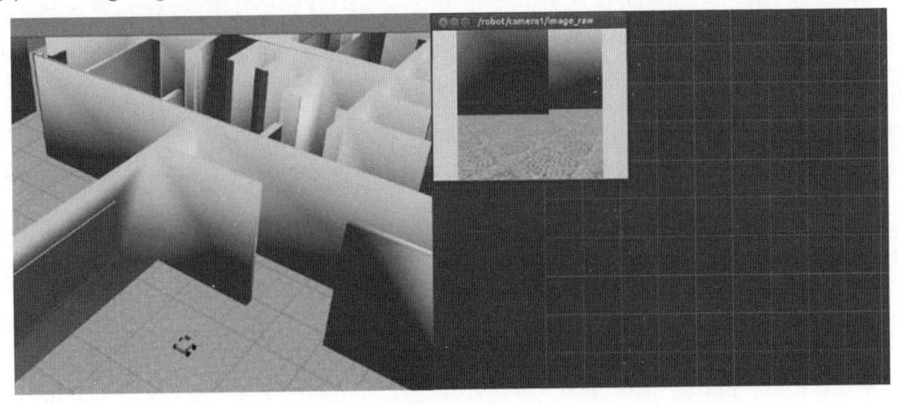


图 7.25　willow_garage 物理仿真环境及获得的激光和图像信息

### 4. 在 Gazebo 中移动机器人

滑移转向(skid - steer)机器人是一种对机身两侧轮子分别进行驱动的移动机器人。它通过将两侧轮子控制在不同的转速(所产生的转速差)进行转向,而不需要轮子有任何转向运动。与前面描述的激光传感器相同,Gazebo 也已经有了差动底盘的驱动实现,能够将之作为插件来控制机器人移动。为使用此控制器,只需要在模型文件中增加以下代码即可。

```
< gazebo >
< plugin name = "skid_steer_drive_controller" filename = "libgazebo_ros_skid_
steer_drive. so" >
< updateRate > 100.0 < /updateRate >
< robotNamespace > / < /robotNamespace >
< leftFrontJoint > base_to_wheel1 < /leftFrontJoint >
< rightFrontJoint > base_to_wheel3 < /rightFrontJoint >
< leftRearJoint > base_to_wheel2 < /leftRearJoint >
< rightRearJoint > base_to_wheel4 < /rightRearJoint >
< wheelSeparation > 4 < /wheelSeparation >
< wheelDiameter > 0.1 < /wheelDiameter >
< robotBaseFrame > base_link < /robotBaseFrame >
< torque > 1 < /torque >
< topicName > cmd_vel < /topicName >
< broadcastTF > 0 < /broadcastTF >
< /plugin >
< /gazebo >
```

在代码中能够看到的参数都是一些简单配置,以使这个控制器能够支持4个轮子的机器人工作。例如,选择 base_to_wheel1、base_to_wheel2、base_to_wheel3 和 base_to_wheel4 关节作为机器人的驱动轮。

另一个重要参数是 topicName,用以确定控制机器人的话题名称。当发布一个 < sensor_msgs/Twist > 格式调用/cmd_vel 话题时,机器人将会移动。正确配置轮子关节的方向非常重要,按照 xacro 文件中的当前方向,机器人将上下移动,因此有必要修改四个轮子的初始位姿,如以下代码中的 base link 和 wheel1 关节。

```
< joint name = "base_to_wheel1" type = "continuous" >
   < parent link = "base_link"/ >
   < child link = "wheel_1"/ >
   < origin rpy = " - 1.5707 0 0" xyz = "0.1 0.15 0"/ >
   < axis xyz = "0 0 1" / >
< /joint >
```

定义了移动平台插件后,使用以下命令启动带有控制器和地图的模型。

```
$ roslaunch robot1_gazebo gazebo_wg. launch
```

在 Gazebo 屏幕中将会看到机器人在地图上。现在使用键盘来移动地图中的

机器人,该节点在 teleop_twist_keyboard 功能包中,功能是通过 /cmd_vel 话题发布键盘控制指令。可以在终端中运行以下命令以安装此功能包。

```
$ sudo apt - get install ros - kinetic - teleop - twist - keyboard
$ rosstack profile
$ rospack profile
```

通过运行 teleop_twist_keyboard 功能包中的 teleop_twist_keyboard. py 节点,就可以通过(u,i,o,j,k,l,m,",",".")按键来移动机器人并设置最大速度。如果一切顺利,差动机器人就可以被控制穿越 Willow Garage 的办公室,还可以观察到激光数据和摄像头显示的图像(图 7. 25、图 7. 26)。

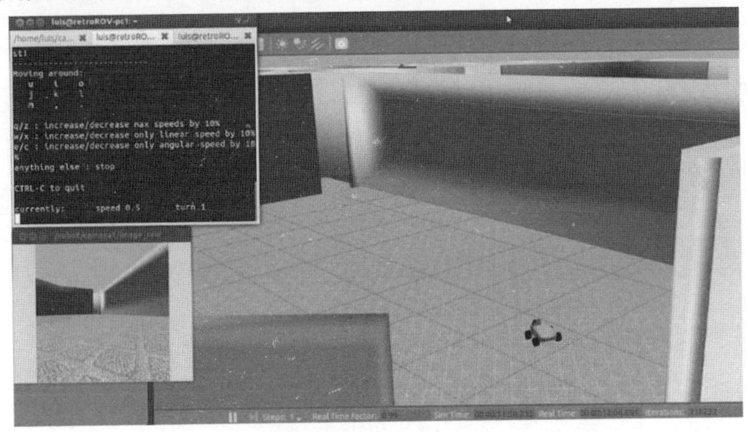


图 7. 26　最终构建的仿真环境及键盘控制界面

# 7.4　移动机器人控制系统设计

## 7.4.1　机器人的硬件控制系统实现

移动机器人的主从式遥操作控制平台如图 7. 27 所示,其整体硬件控制系统的实现原理图如图 7. 28 所示,机器人车载工控机通过 Ethercat 总线连接机械臂、移动平台和末端执行器的驱动器,进而驱动机器人各类执行机构完成指定任务。考虑到车载计算机的运算能力有限,机器人移动平台的路径规划模块和操作臂的抓取规划功能由操作端电脑完成,再下发操作指令完成机器人操作。

对于机器人环境感知和路径规划模块,主要通过采集机器人 GPS 位置信息和惯性传感器姿态信息确认机器人当前位姿状态,并通过放射源传感器提供的辐射强度信息和方向信息确定机器人下一测量位置,通过 move_base 路径规划器模块实时规划机器人的行走路径,并进行局部自主避障,最终达到目标位置。

图 7.27　移动机器人的主从式遥操作控制平台

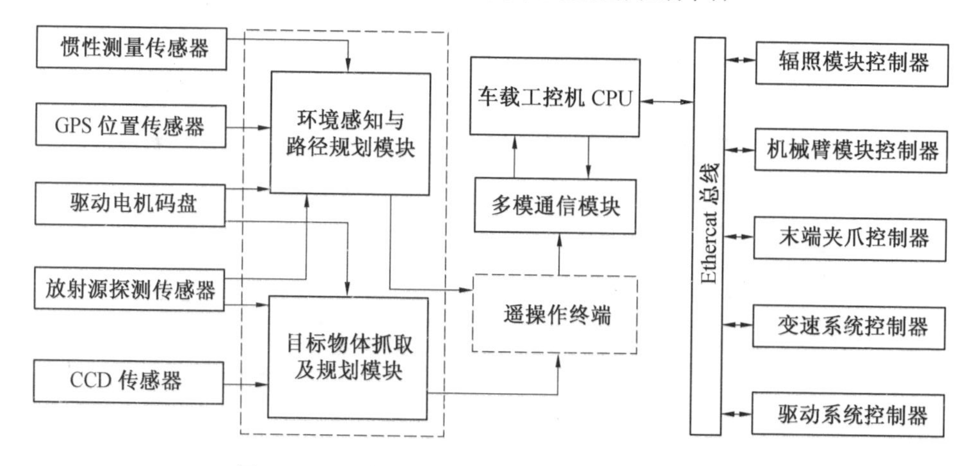


图 7.28　机器人整体硬件控制系统的实现原理图

对于目标物体抓取及规划模块，主要通过图像信息进行特征点匹配和描述子计算，实现对目标物体的图像识别与跟踪，再通过配置在手眼相机处的激光测距传感器测出相机相对跟踪物体的距离，获得机械臂末端的规划目标点，进而通过 move_group 模块规划机械臂轨迹，实现基于图像的目标抓取。另外，操作者也可通过控制盒遥控操作机械臂，实时调整作业臂位姿实现目标物体抓取。

机器人硬件系统组成及其连接如图 7.29 所示，包括移动作业臂系统的各个关节电机、编码器、制动器、驱动器、多轴运动控制器、车载工控机及控制盒，也包括车载中控计算机与各网络设备通过交换机和多模通信设备实现的网络互联。

上位机运行放射源回归定位算法和机械臂轨迹规划算法，并实时显示移动机械臂的状态，通过连接计算机进行放射源定位回归和机械臂轨迹规划的应用场景如图 7.30 所示。

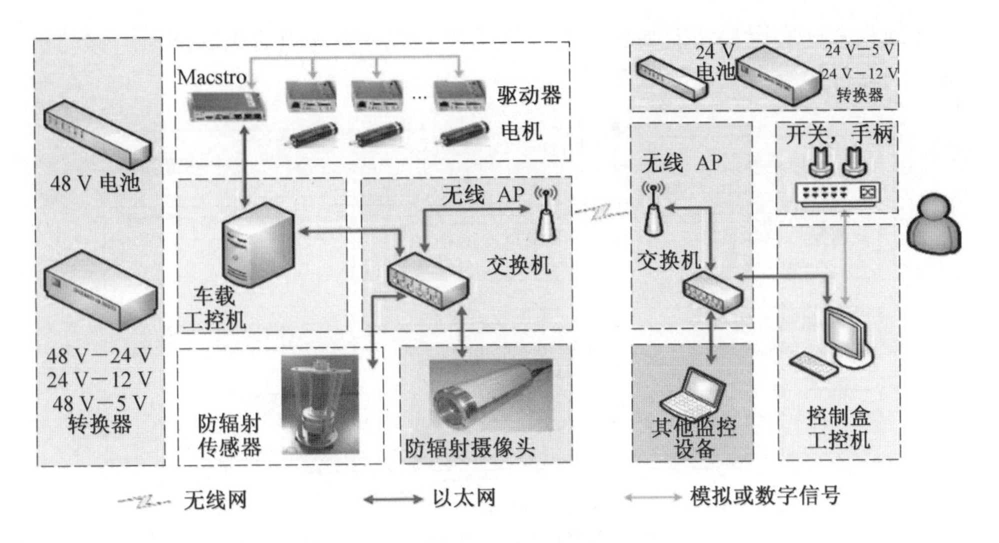


图7.29 机器人硬件系统组成及其连接

图7.30 通过连接计算机进行放射源定位回归和机械臂轨迹规划的应用场景

## 7.4.2 机器人的软件控制实现

机器人软件控制框架分为五个模块：可视化遥操作界面；针对不同任务（如辐射场感知任务和运动避障任务）的运动规划策略和逆运动学算法；多轴运动控制器；与多轴运动控制器交互的接口程序（或驱动程序）；不同模块间的通信框架。本实例在软件控制框架实现过程中，首先实现了机器人遥操作基本框架，然后在此框架下对机械臂自主规划和移动平台寻源导航功能进行了拓展，最后基于 Gazebo + ROS 开发了虚拟仿真平台，大大地方便了智能算法的集成测试和有效性验证。

### 1. 机器人遥操作软件框架实现

基于 ROS 开发了对移动机器人操作的遥操作控制系统，鉴于 ROS 平台的分布式拓扑型通信架构，可以直接保证上层模块间的通信可靠性，所以遥操作功能的实现只考虑底层运动控制器的接口程序和上层策略规划的控制框架。移动机器人的软件控制框架如图 7.31 所示。

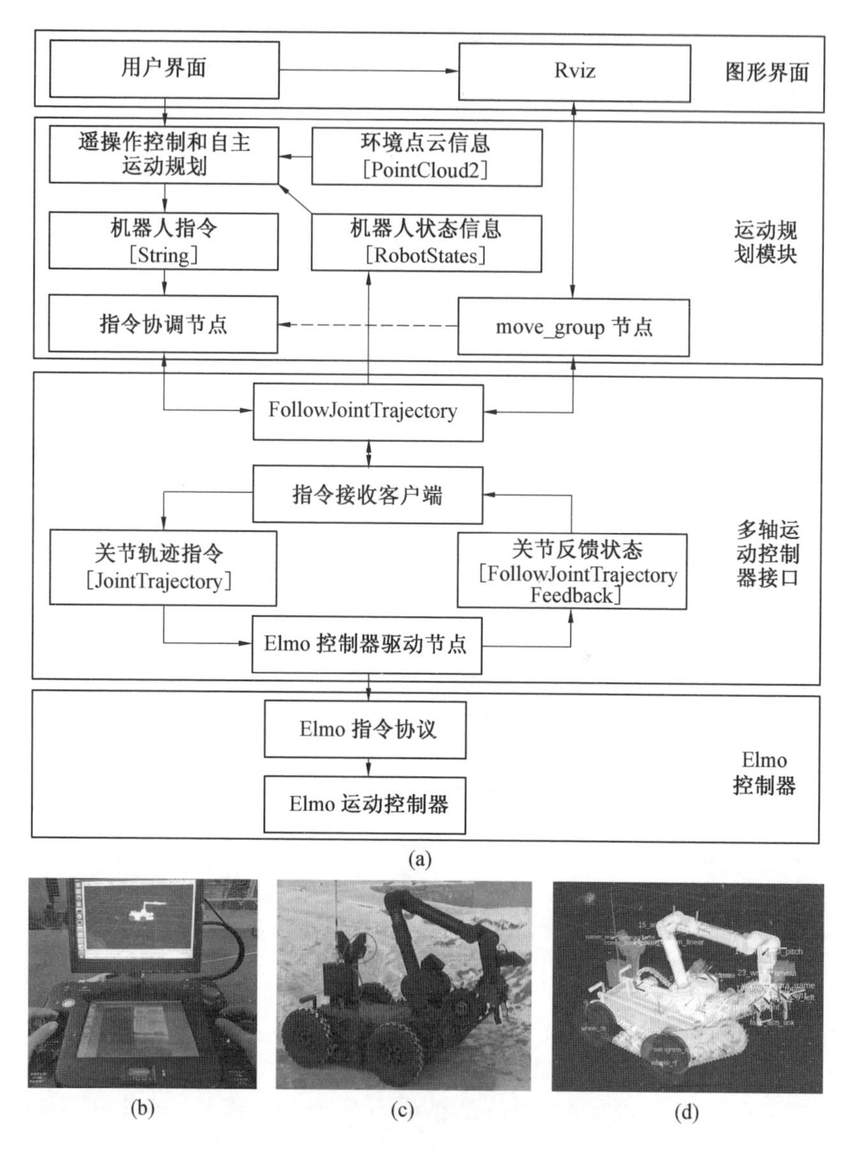


图 7.31　移动机器人的软件控制框架

由图 7.31 可知，机械臂的运动控制模块实际上是设计了两个平行的规划通道：一个是利用 MoveIt！功能包实现的运动规划通道，该通道可以通过监测 Rviz 中机器人和周围环境的状态来实时规划避障轨迹，也可以通过 Rviz 进行界面交互控制，但这种方法并不适合遥操作控制（轨迹规划时间长，且没有其他交互接

口);另一个控制通道是直接利用 MoveIt! 里的运动学库来实现遥操作控制,并开发了友好的人机交互控制盒以及相关的控制指令集。

从实现原理上讲,上下位机接口程序是被设计成一个有限状态机,如图 7.32(a) 所示。该模块启动后自动进入停止状态,停止状态的控制流程如图 7.32(b) 所示,初始化状态的控制流程图如图 7.32(c) 所示,运动状态的控制流程图如图 7.32(d) 所示,它接收、检查并存储机器人的目标关节指令,再由运动

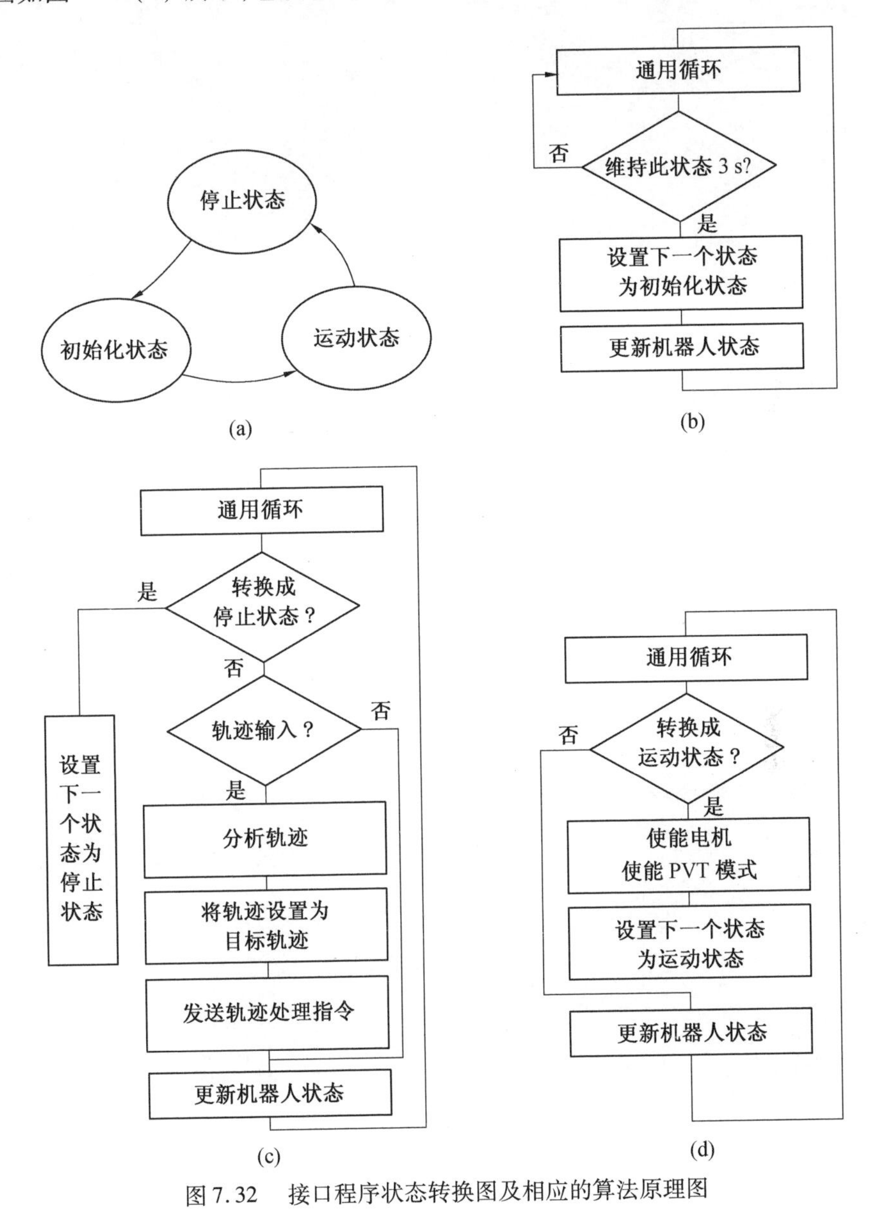


图 7.32 接口程序状态转换图及相应的算法原理图

控制器剩余规划点决定是否下发运动指令，当检测到错误的关节轨迹命令时，程序将转向停止状态。

对完成硬件装配和遥操作软件框架搭建的防辐射机器人进行实地抓取实验，分别进行室内抓取实验和室外抓取实验，机器人各功能模块工作正常(图 7.33)。

(a) 室内遥操作抓取实验

(b) 室外遥操作抓取实验

图 7.33　机器人实地抓取实验(遥操作控制)

## 2. 机器人自主抓取软件框架实现

对于机械臂自主抓取功能，具体阐述如下。机器人通过 CCD 相机和激光测距仪获得包含目标物体的图像和深度信息，经过特征识别和匹配算法，获得与模板标记物体具有相同特征的图像区域及相关深度，即抓取目标的位姿信息。以上信息转化为向 ROS 系统发布的 tf 信息，进而确定全局坐标下的跟踪目标位置，在规划机械臂轨迹之前，操作人员可以对目标位置进行监视和修正。通过 ROS 平台的 move_group 模块对机械臂的运动轨迹进行规划，再通过示教模式下的三次项插补算法实现机械臂的视觉伺服抓取。机器人视觉伺服抓取示意图如图 7.34 所示。

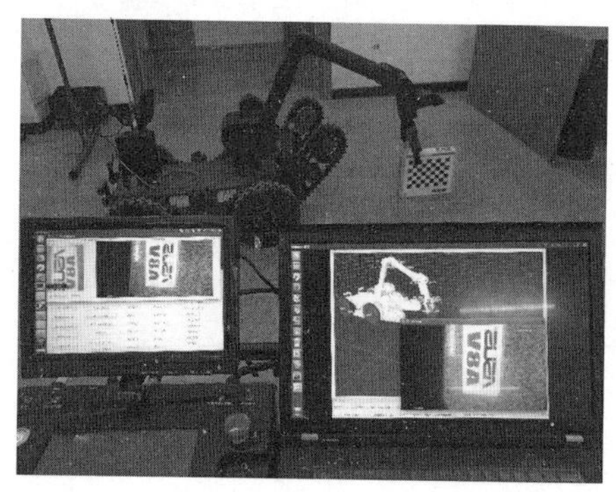

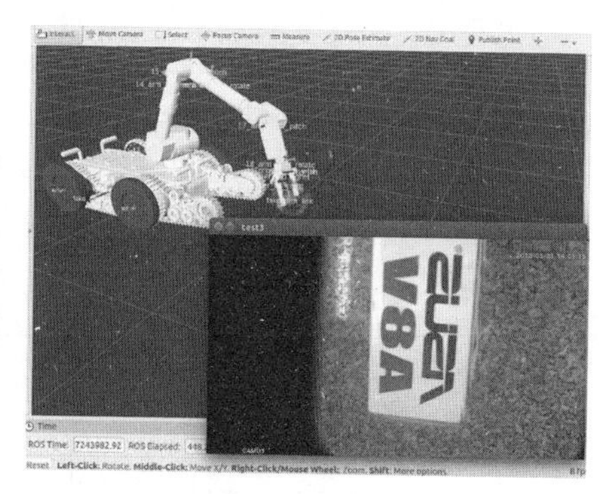


图 7.34　机器人视觉伺服抓取示意图

对于移动平台自主寻源功能阐述如下。机器人通过放射源传感器获得辐射场强信息和最大场强对应的传感器角度信息，同时通过 GPS 和 IMU 传感器获得机器人位姿信息，将具有相同时间戳的两组信息打包发给放射源寻源规划节点。规划器节点通过设定固定的搜索步长，将基于全局坐标系的路径规划点发送给 move_base 模块，进而驱动小车运动到目标位置，实现放射源的逐步搜索。与机械臂自主抓取一样，在自主搜索过程中操作人员可以对目标位置进行监测、干预和修正。机器人自主导航示意图及操作界面如图 7.35 所示。

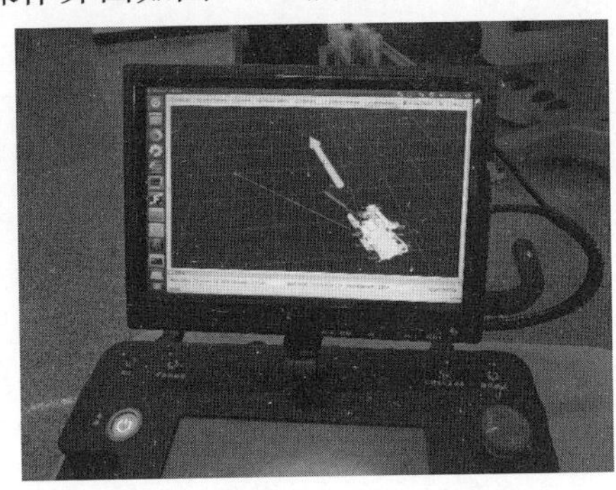

图 7.35　机器人自主导航示意图及操作界面

## 本章小结

本章介绍了移动机械臂的设计过程，因为多数机器人的设计都可采用 ROS 来实现。ROS 同时提供很多上层的包，如视觉识别、导航定位和 SLAM 等软件包。机器人要能想利用 ROS 的资源来开发控制软件，则其控制系统需兼容 ROS，基于此目的构建本章内容。本章首先介绍了 ROS 系统的几个关键概念，并且附了几个简单例子辅助了解实现过程；然后介绍了基于 ROS 的仿真环境的搭建，包括实现运动学求解的 MoveIt! 库和移动平台 move_base，以及实现可视化的 Rviz，实现动力学仿真的 Gazebo，在没有实际物理系统的情况下，可以通过这三个模块实现机器人系统的仿真；最后介绍了本书研制的放射源处置机器人的控制系统，包括控制系统硬件框架和软件框架，主要介绍了基于 ROS 的软件系统的实现过程。

## 本章参考文献

[1] CORKE P I, KHATIB O. Robotics, vision and control: fundamental

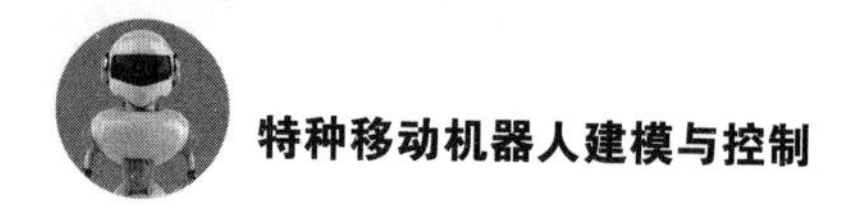


algorithms in MATLAB[M]. Berlin: Springer, 2011.
[2] JOSSEPH L, CACACE J. Mastering ROS for robotics programming: design, build, and simulate complex robots using the Robot Operating System[M]. Birmingham: Packt Publishing Ltd, 2018.

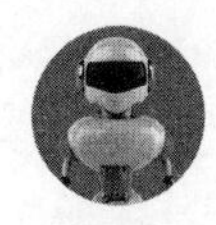

# 名词索引

## F



## G



## H



## I



## J



## K



## L

## M



## O



## P



## Q



## R



## S



## T

## V



## W



## X



## Y



## Z